国家职业技能等级认定培训教材
高技能人才培养用书

U0168530

焊 工

（技师、高级技师）

国家职业技能等级认定培训教材编审委员会 组编
主 编 赵 卫 王 波
副主编 雷淑贵 刘文强
参 编 刘昌盛 焦 锐 朱 献 欧阳黎健
苏 振 彭章祝 许贤杰 陈阿海 蒋百威
主 审 尹子文 周培植

机 械 工 业 出 版 社

本书内容紧密结合生产实际，力求重点突出、少而精，做到图文并茂，知识讲解深入浅出、通俗易懂，便于培训指导。内容分为技师和高级技师两部分。技师部分包括：焊条电弧焊、熔化极气体保护焊、非熔化极气体保护焊、钎焊、自动化熔化极气体保护焊、自动化非熔化极气体保护焊、机器人弧焊、机器人点焊、机器人激光焊、焊接技术管理、培训与指导 11 个项目；高级技师部分包括：焊条电弧焊、非熔化极气体保护焊、可达性较差的结构焊接、非铁金属材料组合件的焊接、机器人焊接工艺优化、机器人焊接、焊接技术管理、焊接质量管理、培训与指导 9 个项目。本书在技能训练方面贯彻了学以致用的原则，既有操作步骤，又有注意事项和焊接质量检验要求等。

本书既可作为各级职业技能鉴定培训机构、企业培训部门的培训教材，又可作为读者的考前复习用书，也可作为职业技术院校、技工院校的专业课教材，还可作为焊接技师、焊接工程技术人员的参考资料。

图书在版编目（CIP）数据

焊工：技师、高级技师/赵卫，王波主编. —北京：机械工业出版社，2023.5

国家职业技能等级认定培训教材　高技能人才培养用书

ISBN 978-7-111-73020-0

Ⅰ.①焊…　Ⅱ.①赵…②王…　Ⅲ.①焊接-职业技能-鉴定-教材　Ⅳ.①TG4

中国国家版本馆 CIP 数据核字（2023）第 068268 号

机械工业出版社（北京市百万庄大街 22 号　邮政编码 100037）

策划编辑：侯宪国　　　　责任编辑：侯宪国　王　良

责任校对：潘　蕊　梁　静　　　责任印制：常天培

北京机工印刷厂有限公司印刷

2023 年 7 月第 1 版第 1 次印刷

184mm×260mm · 18.5 印张 · 459 千字

标准书号：ISBN 978-7-111-73020-0

定价：59.80 元

电话服务　　　　　　　　　　网络服务

客服电话：010-88361066　　机　工　官　网：www.cmpbook.com

010-88379833　　机　工　官　博：weibo.com/cmp1952

010-68326294　　金　　书　　网：www.golden-book.com

封底无防伪标均为盗版　　机工教育服务网：www.cmpedu.com

国家职业技能等级认定培训教材
编审委员会

主　任　李　奇　荣庆华

副主任　姚春生　林　松　苗长建　尹子文　周培植　贾恒旦
孟祥忍　王　森　汪　俊　费维东　邵泽东　王琪冰
李双琦　林　飞　林战国

委　员（按姓氏笔画排序）

于传功　王　新　王兆晶　王宏鑫　王荣兰　卞良勇
邓海平　卢志林　朱在勤　刘　涛　纪　玮　李祥睿
李援瑛　吴　雷　宋传平　张婷婷　陈玉芝　陈志炎
陈洪华　季　飞　周　润　周爱东　胡家富　施红星
祖国海　费伯平　徐　彬　徐丕兵　唐建华　阎　伟
董　魁　臧联防　薛党辰　鞠　刚

序

新中国成立以来，技术工人队伍建设一直得到了党和政府的高度重视。20世纪五六十年代，我们借鉴苏联经验建立了技能人才的“八级工”制，培养了一大批身怀绝技的“大师”与“大工匠”。“八级工”不仅待遇高，而且深受社会尊重，成为那个时代的骄傲，吸引与带动了一批批青年技能人才锲而不舍地钻研技术、攀登高峰。

进入新时期，高技能人才发展上升为兴企强国的国家战略。从2003年全国第一次人才工作会议，明确提出高技能人才是国家人才队伍的重要组成部分，到2010年颁布实施《国家中长期人才发展规划纲要（2010—2020年）》，加快高技能人才队伍建设与发展成为举国的意志与战略之一。

习近平总书记强调，劳动者素质对一个国家、一个民族发展至关重要。技术工人队伍是支撑中国制造、中国创造的重要基础，对推动经济高质量发展具有重要作用。党的十八大以来，党中央、国务院健全技能人才培养、使用、评价、激励制度，大力发展技工教育，大规模开展职业技能培训，加快培养大批高素质劳动者和技术技能人才，使更多社会需要的技能人才、大国工匠不断涌现，推动形成了广大劳动者学习技能、报效国家的浓厚氛围。

2019年国务院办公厅印发了《职业技能提升行动方案（2019—2021年）》，目标任务是2019年至2021年，持续开展职业技能提升行动，提高培训针对性实效性，全面提升劳动者职业技能水平和就业创业能力。三年共开展各类补贴性职业技能培训5000万人次以上，其中2019年培训1500万人次以上；经过努力，到2021年底技能劳动者占就业人员总量的比例达到25%以上，高技能人才占技能劳动者的比例达到30%以上。

目前，我国技术工人（技能劳动者）已超过2亿人，其中高技能人才超过5000万人，在全面建成小康社会、新兴战略产业不断发展的今天，建设高技能人才队伍的任务十分重要。

机械工业出版社一直致力于技能人才培训用书的出版，先后出版了一系列具有行业影响力，深受企业、读者欢迎的教材。欣闻配合新的《国家职业技能标准》又编写了“国家职业技能等级认定培训教材”。这套教材由全国各地技能培训和考评专家编写，具有权威性和代表性；将理论与技能有机结合，并紧紧围绕《国家职业技能标准》的知识要求和技能要求编写，实用性、针对性强，既有必备的理论知识和技能知识，又有考核鉴定的理论和技能题库及答案；而且这套教材根据需要为部分教材配备了二维码，扫描书中的二维码便可观看相应资源；这套教材还配合天工讲堂开设了在线课程、在线题库，配套齐全，编排科学，便于培训和检测。

这套教材的出版非常及时，为培养技能型人才做了一件大好事，我相信这套教材一定会为我国培养更多更好的高素质技术技能型人才做出贡献！

中华全国总工会副主席

高凤林

前　言

为了适应经济社会发展和科技进步的客观需求，弘扬新时代工匠精神，进一步提高技术工人的职业素质，培养追求卓越、创新创造的优秀品质，中华人民共和国人力资源和社会保障部在2019发布了新的《国家职业技能标准　焊工》。本书依据新标准中规定的焊工技师、高级技师必须掌握的理论知识和操作技能，以“实用、创新”为宗旨，按照岗位培训需要编写而成。

本书内容紧密结合生产实际，力求重点突出、少而精，做到图文并茂，知识讲解深入浅出、通俗易懂，便于培训指导。主要内容分为技师部分和高级技师部分，技师部分包括焊条电弧焊、熔化极气体保护焊、非熔化极气体保护焊、钎焊、自动化熔化极气体保护焊、自动化非熔化极气体保护焊、机器人弧焊、机器人点焊、机器人激光焊、焊接技术管理、培训与指导11个项目；高级技师部分包括焊条电弧焊、非熔化极气体保护焊、可达性较差的结构焊接、非铁金属材料组合件的焊接、机器人焊接工艺优化、机器人焊接、焊接技术管理、焊接质量管理、培训与指导9个项目。

本书由中车株洲电力机车有限公司技师协会负责组织编写工作，特组织了一批长期从事专业工作、经验丰富的资深专家和工程技术人员，组成了以中车株洲电力机车有限公司车体事业部总经理许景良为主任委员，谢平华为副主任委员的编辑委员会，特邀请中车首席技能专家赵卫、中车资深管理专家欧阳黎健、朱献、苏振、刘文强及一批中车焊接技能专家参加编写，使得本书既体现了焊接技术的发展成果又汇集了很多生产实例，能够供焊接技术人员学习培训和参考。本书由赵卫、王波任主编，雷淑贵、刘文强任副主编，参编人员还有刘昌盛、焦锐、朱献、欧阳黎健、苏振、彭章祝、许贤杰、陈阿海、蒋百威。全书由尹子文、周培植主审。

本书在编写过程中参阅了部分著作、技术标准，在此向相关作者表示最诚挚的感谢。本书的编写得到了中车株洲电力机车有限公司人力资源部和车体事业部及工会的大力支持和帮助，在此表示衷心的感谢。

鉴于本书对标现行标准进行编写，还需要大家进一步探索和验证，加上编者水平有限，书中不足之处在所难免，恳请广大读者批评指正。

编　者

目　录

技师部分

高级技师部分

技师部分

项目1

焊条电弧焊

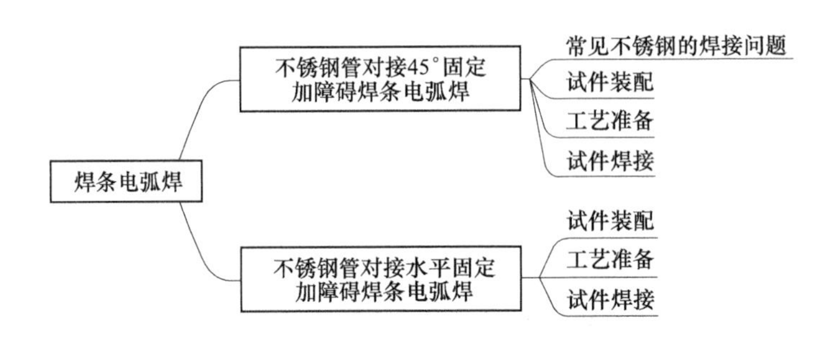

1.1　不锈钢管对接45°固定加障碍焊条电弧焊

1.1.1　常见不锈钢的焊接问题

1. 奥氏体型不锈钢的焊接

奥氏体型不锈钢焊接的主要问题是晶间腐蚀和热裂纹。

（1）晶间腐蚀　在焊接热循环过程中，母材与焊缝金属的局部区域在危险温度范围内停留，或者母材及填充材料选择不当，或焊接工艺选择不当，这些给焊接接头产生晶间腐蚀创造了条件。特殊焊接产品的某些焊后热处理，也可能是引起晶间腐蚀的外因。

晶间腐蚀是奥氏体型不锈钢焊接接头最危险的一种破坏形式。防止焊接接头出现晶间腐蚀是非常必要的，应从焊接工艺及填充材料的选择两个方面去防止焊接接头出现晶间腐蚀。

1）在焊接工艺方面应采取的措施。采用尽可能快的焊接速度；焊条最好不做横向摆动；多道焊时，等前一道焊缝冷却到60℃以下时，再焊下一道；与腐蚀介质接触的焊缝最后焊接等。这些措施都能减少焊接接头在危险温度范围内的停留时间，这是防止产生晶间腐蚀的重要工艺措施，也是焊接奥氏体型不锈钢的主要工艺特点。

2）在材料的选择方面应采取的措施。首先应根据设计要求采用适当牌号的母材，必要时按设计要求对母材及焊接接头进行晶间腐蚀检验。

（2）热裂纹　当采用熔敷金属为奥氏体-铁素体双相组织的焊条焊接贝氏体不锈钢时，热裂纹倾向一般是不大的。但是有时也会出现热裂纹，特别是弧坑裂纹较为常见。在生产上，除了保证焊缝为双相组织外，必要时还可以采取下列措施防止热裂纹：

① 采用低氢型焊条能促使焊缝金属晶粒细化，减少焊缝中有害杂质，提高焊缝的抗裂性。

② 采取尽可能快的焊接速度，等待焊道冷却后再焊下一道焊缝，以减少焊缝过热，增强焊缝抗热裂纹的能力。

③ 焊接结束或中断时，收弧要慢，弧坑要填满，以防止产生弧坑裂纹。另外，铬镍奥氏体型不锈钢的热导率较小（约为低碳钢的1/3），而线胀系数比低碳钢大50%。因此，在焊接时，奥氏体型不锈钢变形倾向较大。由于铬镍奥氏体型不锈钢的电阻比低碳钢大，焊接时焊条易发红。所以，奥氏体型不锈钢焊条的焊接电流要比同直径的低碳钢焊条小10%~20%，同时要选择小直径焊条、小电流、大焊速、不摆动，以减小焊接热输入，防止焊件出现大的变形。

2. 马氏体型不锈钢的焊接

马氏体型不锈钢的焊接冶金性能主要与其碳含量和铬含量有关。除了超低碳复相马氏体型不锈钢外，常见的马氏体型不锈钢均有淬硬倾向，并且碳含量越高，淬硬倾向越大。超低碳复相马氏体型不锈钢无淬硬倾向，并具有较高的塑韧性。对于铬含量较高（质量分数≥17%）的马氏体型不锈钢，奥氏体区域已被缩小，淬硬倾向较小。因此，焊接碳含量较高、铬含量较低的马氏体型不锈钢时，常见问题是热影响区脆化和冷裂纹。

（1）热影响区脆化　马氏体型不锈钢，尤其是铁素体形成元素含量较高的马氏体型不锈钢，具有较大的晶粒长大倾向。冷却速度较小时，焊接热影响区易产生粗大的铁素体和碳化物；冷却速度较大时热影响区会产生硬化现象，形成粗大的马氏体。这些粗大的组织会使马氏体型不锈钢焊接热影响区的塑性和韧性降低而脆化。此外，马氏体型不锈钢还具有一定的回火脆化倾向，因此，焊接马氏体型不锈钢时，要严格控制冷却速度。防止热影响区脆化的措施有以下几种：

1）正确选择预热温度，预热温度不应超过450℃，以避免产生“475℃脆化”。

2）合理选择焊接材料，调整焊缝的成分，尽可能避免焊缝中产生粗大铁素体。

（2）冷裂纹　马氏体型不锈钢含铬量高，固溶空冷后会发生马氏体转变。焊接时近缝区和焊接热影响区的组织为硬而脆的马氏体组织。随着淬硬倾向的增大，焊接接头对冷裂纹更加敏感，尤其当焊接接头刚度大或有氢存在时，马氏体型不锈钢更易产生延迟裂纹。

当焊接含镍较少，含铬、钼、钨或钒较多的马氏体型不锈钢时，焊后除了获得马氏体组织外，还形成一定量的铁素体组织。这部分铁素体组织使马氏体回火后的冲击韧度降低。在粗大铸态焊缝组织及过热区中的铁素体，往往分布在粗大的马氏体晶间，严重时可呈网状分布，这会使焊接接头对冷裂纹更加敏感。防止冷裂纹的措施有以下方面：

1）正确选择焊接材料。为保证使用性能，最好采用同质填充金属；为了防止冷裂纹，也可采用奥氏体型不锈钢型填充金属。

2）焊前预热。预热是防止焊缝淬硬和产生冷裂纹的一个很有效的措施。预热温度可根据工件的厚度和刚度来决定，一般为200~400℃，碳含量越高，预热温度也越高。但预热温度过高，会在接头中引起晶界碳化物沉淀和形成铁素体，对韧性不利，尤其是焊缝碳含量偏低时。这种铁素体+碳化物的组织仅通过高温回火不能改善，必须进行调质处理。

3）采用较大的焊接电流，减缓冷却速度，以提高焊接热输入。

4）焊后热处理。焊后缓冷到150~200℃，并进行焊后热处理以消除焊接残余应力，去除接头中的扩散氢，同时也可以改善接头组织和力学性能。

3. 奥氏体+铁素体型不锈钢的焊接

所谓铁素体奥氏体双相不锈钢是指铁素体与奥氏体的体积分数各占50%的不锈钢。它的主要特点是屈服强度可达400~550MPa，是普通不锈钢的两倍，因此可以节省用材，降低设备制造成本。在耐腐蚀性能方面，特别是在介质环境比较恶劣的条件下，双相不锈钢的耐点蚀、耐缝隙腐蚀、耐应力腐蚀及耐腐蚀疲劳的性能明显优于通常的Cr-Ni及Cr-Ni-Mo奥氏体型不锈钢。与此同时，双相不锈钢具有良好的焊接性，与铁素体型不锈钢及奥氏体型不锈钢相比，它既不像铁素体型不锈钢的焊接热影响区，由于晶粒严重粗化而使塑韧性大幅度降低；也不像奥氏体型不锈钢那样，对热裂纹比较敏感。

对于双相不锈钢，由于铁素体的体积分数约达50%，因此存在高Cr铁素体钢所固有的脆化倾向。在300~500℃范围内停留时间较长时，将发生“475℃脆性”及由于$\alpha \to \alpha'$相变所引起的脆化。因此，双相不锈钢的使用温度通常低于250℃。

双相不锈钢具有良好的焊接性，尽管其凝固结晶为单相铁素体，但在一般的拘束条件下，焊缝金属的热裂纹敏感性很小，当双相组织的比例适当时，其冷裂纹敏感性也较低。但应注意，双相不锈钢中毕竟具有较多的铁素体，当拘束度较大及焊缝金属含氢量较高时，还存在焊缝氢致裂纹的危险。因此，在焊接材料选择与焊接过程中应控制氢的来源。

1.1.2 试件装配

1. 试件打磨及清理

试件装配前应将试件坡口内外及两侧20mm范围内的油污、水分、氧化物等杂质清除干净，露出金属光泽，防止在焊接过程中产生气孔等焊接缺陷，影响焊缝质量。

2. 试件组对及定位焊

不锈钢管45°固定焊接时，由于铁液流动性大和熔池下坠倾向严重，对于钝边和间隙尺寸的要求也更加严格。试件组对尺寸见表1-1，组对及定位焊如图1-1所示，试件装夹如图1-2所示。

表1-1 试件组对尺寸

错边量/mm	定位焊缝长度/mm	组对间隙 b/mm	钝边 p/mm
≤0.5	8~10	2.5~3	0.5~1

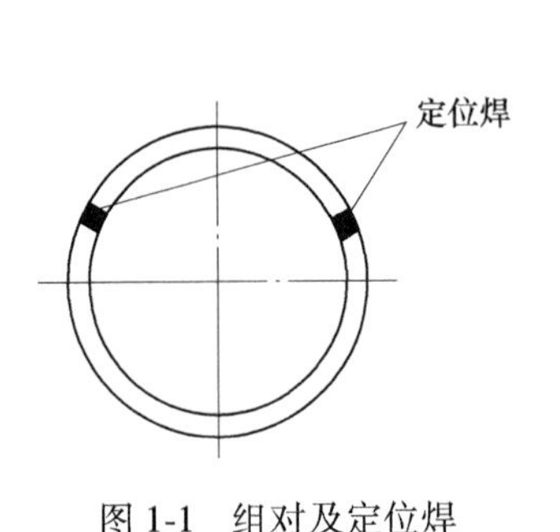

图1-1 组对及定位焊

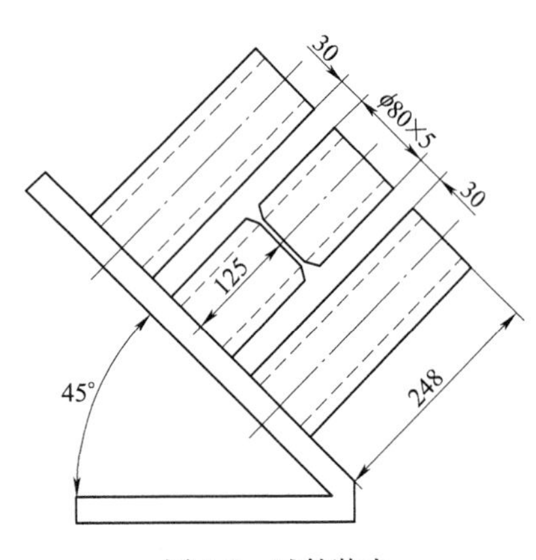

图1-2 试件装夹

定位焊的焊接应在坡口内进行，定位焊缝应与正式焊缝焊接质量要求一样，定位焊缝长度为8~10mm，并且不能在坡口以外引弧和破坏坡口边缘。定位焊有两处，分别在时钟面的10点和2点处，并将定位焊焊缝两端打磨成缓坡形。

1.1.3　工艺准备

1. 试件材质及尺寸

（1）试件材质　06Cr19Ni10。

（2）试件尺寸　ϕ60mm×5mm×100mm两件。

（3）坡口形式及尺寸　坡口形式为V形坡口，坡口尺寸如图1-3所示。

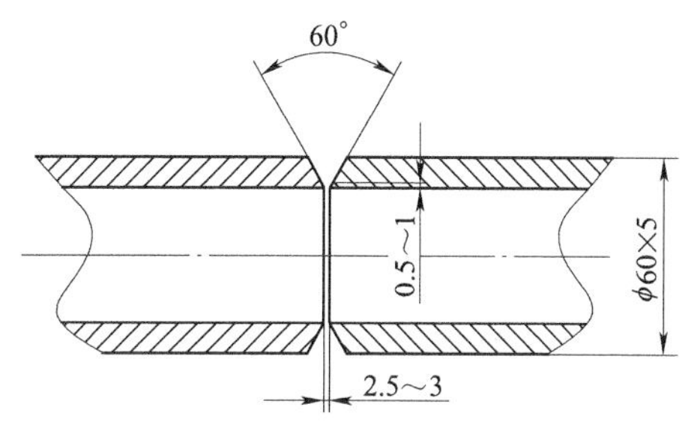

图1-3　试件坡口尺寸

2. 焊接材料及设备

（1）焊接材料　E308-16焊条，烘干温度75~150℃，烘干时间1~2h，烘干后放入保温筒内随用随取。

（2）焊接设备　选用ZX7—400型逆变直流弧焊机。

（3）焊接参数　焊接参数见表1-2。

表1-2　焊接参数

焊接层次（道数）	焊条直径/mm	焊接电流/A	焊接电压/V	极性	示意图
打底焊（1）	2.5	60~75	17~19	反接	2 1
盖面焊（2）	2.5	60~70	17~19	反接	

1.1.4　试件焊接

1. 打底焊

小径管45°固定的焊接位置是介于水平固定与垂直固定之间，其操作要领与水平固定和垂直固定的焊接有着很多相同和不同之处，综合了平焊、横焊、立焊、仰焊四种位置的焊接特点。

小径管45°固定的焊接与水平固定一样分为前后两个半圆进行焊接，它包括斜仰位、斜仰爬坡位、斜立位、斜立爬坡位和斜平位五种位置的焊接。

（1）采用灭弧逐点法进行打底层的焊接

1）引弧与焊接。施焊时，先从6点处起焊，经9点到12点的方向进行焊接，然后再从6点处经3点处焊到12点处位置，如图1-4所示。

先从时钟面的6点处起焊，用直击法或划擦法在上坡口处引弧，将电弧压至坡口钝边根部中间，击穿钝边并稍微停顿，待熔滴与两侧钝边熔合并形成熔孔后迅速灭弧，这时便形成了第一个熔池，熔池的前沿可以看到钝边两侧各熔化0.5mm左右的熔孔，下坡口的熔孔应略小一些，否则容易产生焊缝偏下的现象。再从上坡口根部的熔孔处重新引弧，击穿钝边，当听到“噗噗”的击穿声音时稍作停顿，当熔滴尺寸积累至间隙的一半时迅速灭弧，看到熔池变成暗

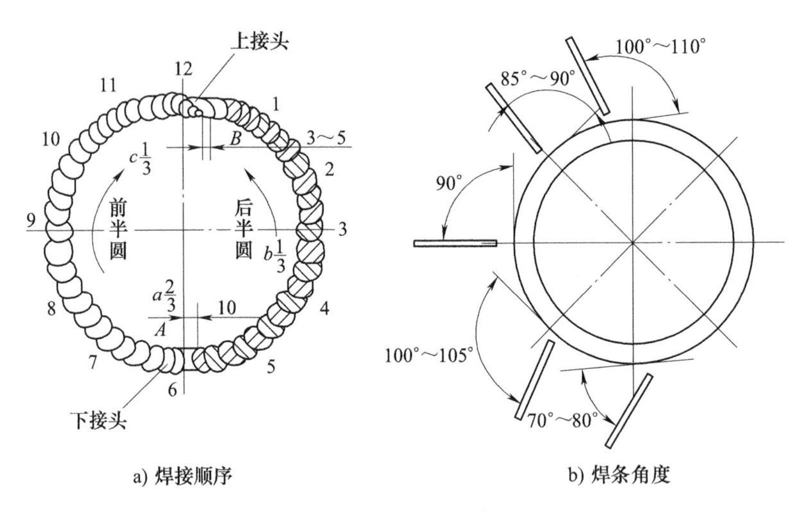

a) 焊接顺序　　b) 焊条角度

图 1-4　45°固定管的焊接顺序及焊条角度

红色时，再从下坡口熔孔处引弧，引弧时，动作要快，落点要准，看到熔滴与下坡口钝边熔合后立即灭弧，便形成了第二个熔池。当形成了第三个熔池后，再返回到第二和第三个熔池之间的上部补充一点铁液。这样做的目的（一是为了减小熔池下坠，可以使下坡口根部熔合良好并且在始焊部位形成缓坡，有利于后半圈起焊时接头；二是使焊道上侧的焊肉低于母材表面 1mm 左右，而坡口下侧的焊肉要低于母材表面 2mm 左右，形成一个上高下低的缓坡形焊道，为盖面焊创造好的条件）。此时形成了三点循环，如此重复，直至全道焊缝焊完。引弧、灭弧频率为 60~70 次/min。要注意的是，每次引弧的位置一定要在正对熔孔的位置，否则容易使熔滴短路并产生焊条粘连在焊件上的现象，并且注意保护好坡口外边缘线。

仰焊及仰焊爬坡部位是 45°固定管焊接时难度最大的部位，仰焊时电弧全部在坡口背面燃烧，电弧在坡口上侧稍作停顿，下侧熔合即收，动作要迅速，熔池要重叠 1/3；焊接到立焊部位时焊条端部位置要适当后移，前后熔池要重叠 1/2，到平焊部位时前后熔池要重叠 2/3，以保证背面焊缝高度均匀、一致，形成正面仰低平高的焊道，为盖面焊接打好基础。

2）收弧。更换焊条收弧时，要加快引弧、灭弧频率，缓慢降低熔池的温度，以防止产生缩孔和弧坑裂纹，二至三次之后将焊条带到熔池后方收弧。

3）焊条角度。正常焊接位置，焊条与工件轴心倾角为 80°~90°，与焊缝下侧母材表面夹角为 70°~80°。在每半圈的始焊端与终焊端障碍处焊接时焊条要最大限度地垂直于轴心方向，当在障碍过渡位置焊条角度发生变化时要根据情况适当调整引弧、灭弧频率，同时也要防止产生熔孔过大的现象，且应尽量在越过障碍中心点 5~10mm 处引弧和灭弧，为后半圈接头创造条件。

① 后半圈仰焊接头位置的焊接。在前半圈焊缝起头处的缓坡处引弧并将电弧压低，由上坡口压入熔孔部位击穿钝边，听到击穿声音时迅速灭弧，进行反方向三点循环，开始正常焊接，其他位置的焊接方法均与前半圈相同。

② 焊接封闭接头（收弧）。焊接至距收口处的坡前熔孔位置时，同样将电弧在熔孔四周划圆后向坡口根部压送，并稍作停顿，收口后以稍快一些的焊接速度越过收弧点 5~10mm 后收弧。

4）焊接电流。由于采用灭弧焊法，焊接电流不宜过小。

（2）采用连弧焊接法进行小径不锈钢管45°固定对接加排管障碍打底层的焊接　与灭弧逐点法一样，先从时钟面的6点处越过障碍中心点5~10mm处引弧起焊。在坡口中间处引弧，将电弧压入坡口根部击穿钝边，待熔滴铁液与钝边熔合形成熔池时将电弧移至上坡口熔孔处稍作停顿，待熔池铁液堆至间隙的一半时，再将电弧向下坡口熔孔位置移动，与之充分熔合后，迅速将电弧移动到上坡口停顿击穿钝边、积累铁液和下移电弧，铁液与下坡口充分熔合后再迅速将电弧上移，减少电弧在下坡口的停留时间，形成一个电弧移动时上快下慢、电弧停顿时间上长下短的循环，采用斜环形运条方法进行焊接。

1）随着焊接位置的向上移动，焊条角度与电弧长度和熔池重叠量也要随着发生变化。在仰焊位置时，焊条端部距离钝边背面约1mm，电弧全部在背面燃烧，熔池重叠1/3；仰焊爬坡到达立焊时，熔池重叠1/2，焊条与钢管垂直轴心方向倾角为90°。上爬坡和平焊部位的焊接时，电弧继续向外延长，焊条端部离坡口底部约2mm，熔池重叠2/3，这时1/3左右的电弧在坡口背面燃烧。上爬坡的焊条角度与管轴心方向倾角为85°~90°，平焊时要根据障碍限制情况尽量垂直于轴心方向，并在越过中心5~10mm处收弧。

2）后半圈仰焊接头位置的焊接。在前半圈焊缝起头缓坡处引弧，摆动到正对熔孔时压低电弧，听到被击穿的声音时，稍作停顿静止不动，待电弧燃烧达到正常焊接弧长时开始反方向斜环形运条进行正常焊接，其他位置的焊接方法均与前半圈相同。

3）焊接封闭接头（收弧）。焊接至收弧处的坡前熔孔位置时，将电弧在熔孔四周画圆后向坡口根部压送并稍作停顿，以保证熔合良好，收口后以稍快一些的焊接速度越过收弧点5~10mm后收弧。

2. 盖面焊

盖面层施焊前，应将打底层的熔渣和飞溅清除干净，焊接接头处打磨平整。

1）前半圈的焊接。引弧前先观察坡口的深度和宽度，然后从时钟面的6点处用直击法或划擦法在上坡口处引弧，将焊条压至下坡口越过中心线5~10mm时向左采用直线形运条，焊至坡口宽度的1.5~2倍的长度时，快速将电弧向上回拉至刚刚焊完的焊缝起头上部3mm处进行排焊，直至排焊到上坡口处形成一个正三角形，然后采用斜锯齿形路线由三角形顶部向下斜拉至焊条下侧与下坡口边缘线对齐，熔合后立即迅速地将电弧带回上坡口稍作停顿、积累铁液后再次向下斜拉至焊条下侧与下坡口边缘线对齐，采用上快下慢的运条速度，如此重复，并在越过中心线12点5~10mm位置形成倒三角形的斜坡，完成前半圈的盖面焊接。

2）后半圈的焊接。在时钟面6点处仰位三角形右侧5~10mm处引弧后用长弧预热三角形斜坡，将电弧压到三角形顶部稍作停顿、积累铁液后再向下斜拉至焊条下侧与下坡口边缘线对齐，采用向上快向下慢的运条速度，如此反复，焊至时钟面12点位置形成的斜坡前用排焊方法将倒三角焊满，完成后半圈的盖面焊接，如图1-5所示。

如果是管壁薄、坡口窄的焊道，则应采用灭弧焊法进行盖面层的焊接。焊前要检查打底层焊缝的清理情况和坡口宽度，确定采用一点或两点盖面。从时钟面的6点处用直击法或划擦法在上坡口处引弧，将焊条压至下坡口（注意：焊条下侧要与下坡口边缘线对齐）越过中心线5~10mm，向左采用灭弧焊法在封底层焊道下部连续引弧、灭弧送入铁液并覆盖封底焊道的2/3，熔合后立即灭弧。若坡口较窄采用单点盖面时，从第三次引弧开始，都要在焊道中间引弧并稍作停顿，观察坡口两侧直到各增宽0.5~1mm，前后熔池重叠3/4，电弧停留时间要短，做到即熔即收。若坡口较宽，则采用上下两点盖面，让下部铁液覆盖封底焊缝的 2/3，让铁液覆盖下部熔池的 2/3，如此重复，完成盖面层焊接。

焊接后半圈接头时，电弧将接头处预热后迅速把电弧拉到坡口上部，压低电弧稍做停顿，将焊条下侧拉到下坡口边缘线熔合后即收弧，按照上述方法完成焊接。图 1-6 所示为盖面焊部分完成后的试件。

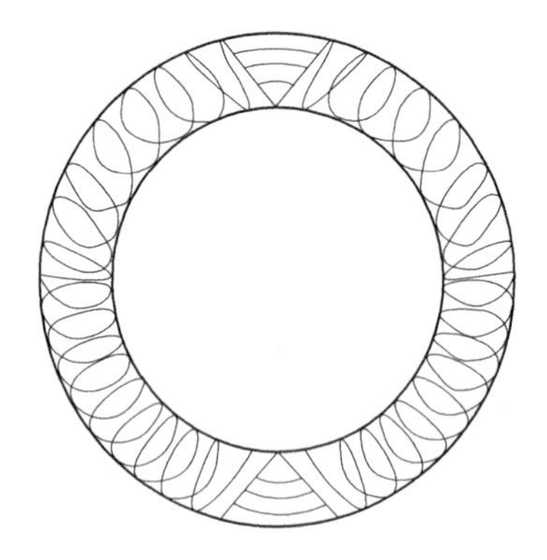

图 1-5　焊接方式

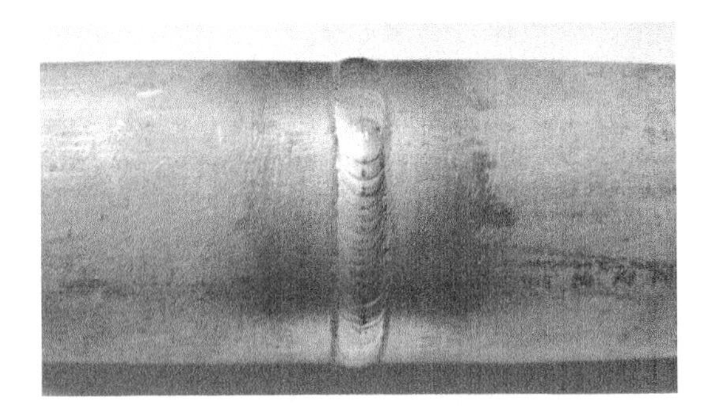

图 1-6　盖面焊部分完成后的试件

3. 操作难点和要领

1）焊接时焊条应随着焊接位置的变化不断变化角度，焊工操作姿势也应随焊接位置的变化不断调整，以便保持最佳的观察角度。

2）打底焊时，要控制好灭弧和引弧时间、节奏，间隔时间短容易粘条，间隔时间过长不易引弧。

3）为保证焊件打底焊缝反面成形良好，避免仰焊位置、斜仰焊位置焊缝反面内凹，立焊到平焊位置焊缝反面余高过大。打底焊在仰焊、斜仰焊的位置焊接时，焊条引燃电弧后在坡口根部要适当向上顶到立焊和平焊位置，焊条起弧点位置要适当地往坡口内收。

1.2　不锈钢管对接水平固定加障碍焊条电弧焊

在实际焊接工作中，特别是在检修焊接过程中，会遇到很多带障碍焊接的情况。所以，焊工培训中经常采用一些模拟实际焊接现场带障碍施焊情况的案例。经常采用的障碍形式有排管障碍和十字障碍，如图 1-7 和图 1-8 所示。

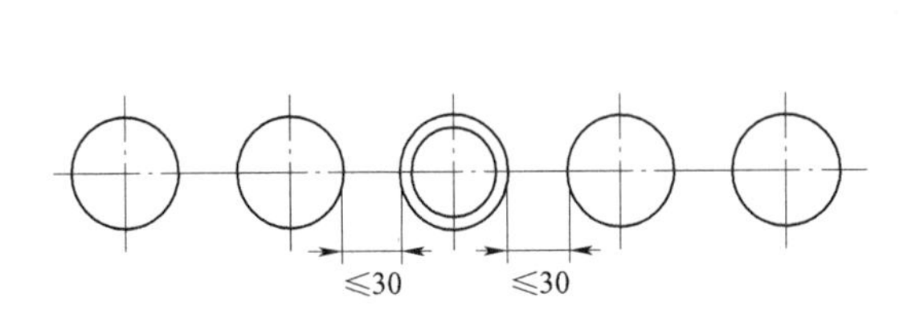

图 1-7　排管障碍

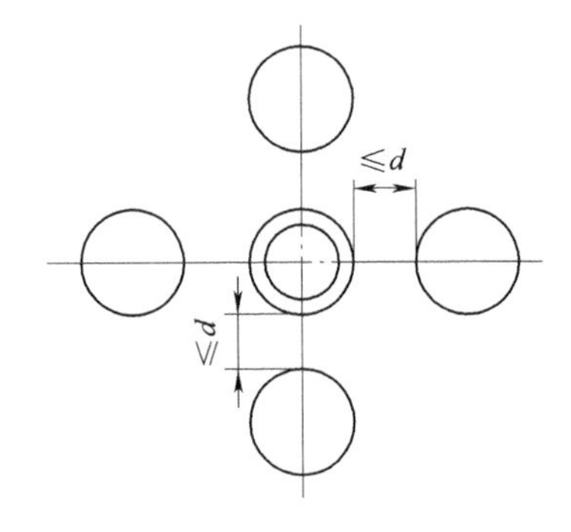

图 1-8　十字障碍（d 为管径）

1.2.1　试件装配

1. 试件打磨及清理

试件装配前应将试件坡口内外及两侧20mm范围内的油污、水分、氧化物等杂质清除干净，露出金属光泽，防止在焊接过程中产生气孔等焊接缺陷，影响焊缝质量。

2. 试件组对及定位焊

不锈钢焊接时铁液流动性大和焊缝横向收缩量大、熔池下坠倾向严重，对于钝边和间隙尺寸的要求也更加严格。试件组对尺寸见表1-3。试件定位焊位置如图1-9所示。

表1-3　试件组对尺寸

错边量/mm	定位焊缝长度/mm	组对间隙 b/mm	钝边 p/mm
≤0.5	8~10	2.5~3	0.5~1

定位焊的焊接应在坡口内进行，定位焊缝应与正式焊缝焊接质量要求一样，定位焊缝长度为8~10mm，并且不能在坡口以外引弧和破坏坡口边缘。定位焊为两处，分别在时钟面的12点和3点处，并将定位焊焊缝两端打磨成缓坡形。

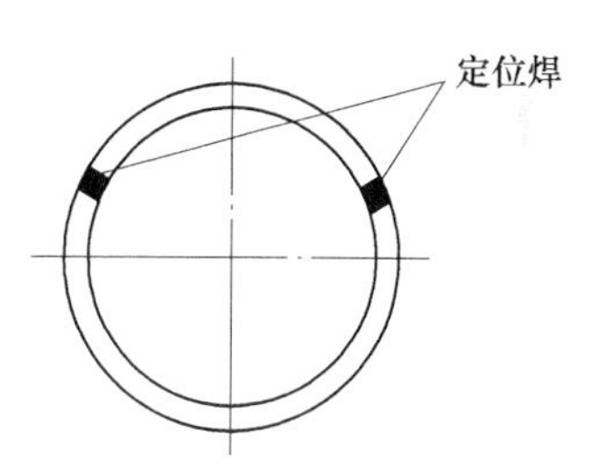

图1-9　定位焊位置

1.2.2　工艺准备

1. 试件材质及尺寸

（1）试件材质　06Cr19Ni10。

（2）试件尺寸　ϕ60mm×5mm×100mm，两件。

（3）坡口形式及尺寸　坡口形式为V形，坡口尺寸如图1-10所示。

2. 焊接材料及设备

（1）焊接材料　E308-16焊条，烘干温度75~150℃，烘干时间1~2h，烘干后放入保温筒内随用随取。

（2）焊接设备　选用ZX7—400型逆变直流弧焊机。

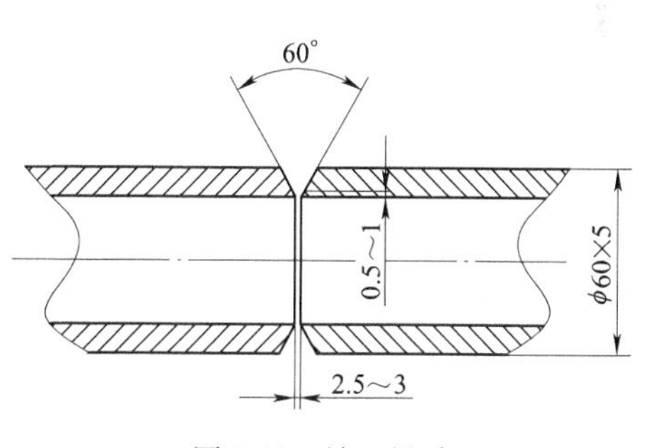

图1-10　坡口尺寸

3. 焊接参数

焊接参数见表1-4。

表1-4　焊接参数

焊接层次（道数）	焊条直径/mm	焊接电流/A	焊接电压/V	极性	示意图
打底焊（1）	2.5	60~75	17~19	反接	
盖面焊（2）	2.5	60~80	18~20	反接	

1.2.3 试件焊接

1. 打底焊

（1）采用灭弧逐点法进行打底层的焊接　由于不锈钢管管径小、管壁薄、散热量小和铁液流动性差等特点，在焊接过程中温度上升较快，熔池温度容易过高。因此，打底层焊接多采用灭弧逐点法施焊，要求熔滴给送要均匀，位置要准确，灭弧和再引燃时间要灵活、准确。

1）引弧与焊接。前半圈先从超过时钟面的6点5~10mm处仰焊部位起焊，经9点向12点处焊接。用直击法或划擦法在坡口内引弧，将电弧压入坡口根部击穿钝边后稍微停顿，至两侧铁液熔合形成熔池后迅速向前方灭弧，熔池的前沿应能看到熔孔，两侧钝边各熔化0.5mm左右。

第一个熔池形成后迅速灭弧，使熔池降温，待熔池变成暗红色时，在坡口内熔孔一侧位置重新将电弧引燃，将电弧压低至坡口底部，使电弧完全在坡口背面燃烧，当听到电弧击穿坡口钝边的声音时迅速灭弧，再从坡口内熔孔另一侧位置重新将电弧引燃向背面压送，便形成了第二个熔池，如此在熔孔的左右交替进行（目的：一是减小熔池下坠，防止背面凹陷；二是可以使坡口根部击穿和熔合良好，保证正面焊缝平整），引弧、灭弧的频率不低于60次/min。

起焊点处要尽量薄一些，形成缓坡，以利于后半圈接头。仰焊部位焊接时电弧全部在坡口背面燃烧，熔池要重叠1/3，焊接到立焊部位时焊条端部位置要适当后移，前后熔池要重叠1/2，到平焊部位时前后熔池要重叠2/3，以保证背面焊缝高度均匀、一致，正面焊缝仰低平高，为盖面焊接打好基础。如此反复，直至全道焊缝焊完。

2）收弧。更换焊条收弧时，要提高引弧、灭弧的频率，将焊条快速地在熔池点二至三次，之后在坡口面收弧。

3）接头。在熔池后方5~10mm处用直击法或划擦法引弧，将电弧摆动到正对熔孔时压入熔孔，当听见电弧击穿试件根部的声音时，即可灭弧，然后开始正常焊接。焊至距定位焊点的坡前熔孔位置时，将电弧在熔孔四周画圆后向坡口根部压送，并稍作停顿，收口后以稍快一些的焊接速度焊过定位焊点，并在收弧前预留好缓坡。

后半圈仰焊接头位置的焊接：在前半圈焊缝起头处的缓坡处引弧，将电弧压入坡口根部击穿钝边，听到击穿声音时迅速熄弧，开始正常焊接，其他位置的焊接方法均与前半圈相同。

焊接封闭接头（收口）：焊至距收口处的坡前熔孔位置时，同样将电弧在熔孔四周画圆后向坡口根部压送，并稍作停顿，收口后以稍快一些的焊接速度焊过收弧点5~10mm收弧。

4）焊接电流。由于采用灭弧焊法，不断灭弧和引弧，为了便于操作，焊接电流不宜过小。

5）焊条角度。焊条与工件轴心倾角为85°~90°，与焊缝两侧倾角各为90°，如图1-11所示。

（2）采用连弧焊接法进行打底层的焊接

1）引弧与焊接。先从时钟面6点处引弧，经9点到12点焊前半圈，起焊时采用划擦法在坡口内引弧，将电弧压入坡口根部击穿钝边后稍微停顿至两侧铁液熔合形成熔池，熔池的前沿应能看到熔孔，两侧钝边各熔化 0.5mm 左右。起焊点要尽量焊薄一些，形成缓坡，以利于后半圈起焊时接头。仰焊部位焊接时电弧全部在坡口背面燃烧，采用小锯齿形运条，横向摆动速度要快，两侧稍作停顿。熔池要重叠 1/3，焊接到立焊部位时焊条端部位置要适当后移，前后熔池要重叠 1/2，到平焊部位时前后熔池要重叠 2/3，以保证背面焊缝高度均匀一致，正面焊缝仰低平高，为盖面焊接打好基础。如此重复，直至全道焊缝焊完。

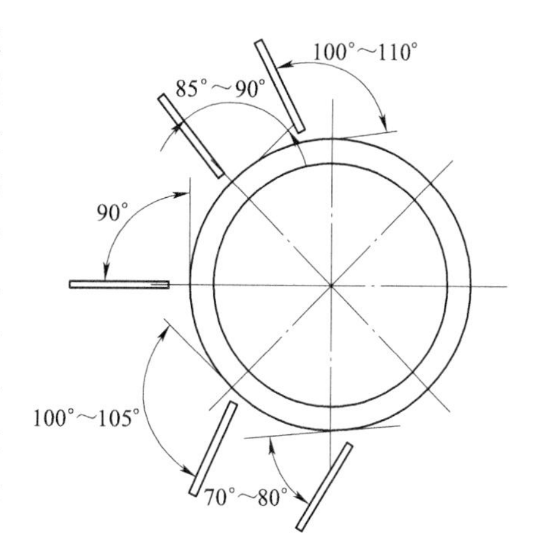

图 1-11 焊条角度

2）收弧、接头方法和焊接封闭接头（收口）：与灭弧逐点法的收弧与接头方法相同。

后半圈仰焊接头位置的焊接：在前半圈焊缝起头处的缓坡处引弧，将电弧压入坡口根部击穿钝边，听到击穿声音时，开始正常焊接，其他位置的焊接方法均与前半圈相同。

3）焊接电流。由于采用连弧焊法，焊接电流不宜过大。

4）焊条角度。在每半圈的始焊端与终焊端障碍处焊接时，要最大限度地垂直于轴心方向。

2. 盖面焊

盖面焊要求焊缝外观美观，无缺陷。盖面层施焊前，应将封底层的焊渣和飞溅清除干净，焊缝接头处打磨平整。

前半圈焊缝起头和收尾部位相同于封底层，都要超过工件中心部位 5~10mm。在焊缝的 7 点处引弧，拉过中心线 5~10mm 位置用长弧预热，当待焊处形成熔池时，压低电弧在始焊处运条稍微快一些以形成缓坡状焊缝，这样有利于后半圈焊缝的接头。仰焊至立焊处采用锯齿形运条、立焊至平焊处采用月牙形运条方法连续施焊，摆动时焊条靠近坡口的一侧与坡口边缘对齐并稍作停顿，横向摆动的时间与两侧停顿的时间比例以 2∶1∶2 为佳，当熔池扩展到熔入坡口边缘 0.5~1mm 处即可。

盖面层焊缝接头：在熔池前 10~15mm 处引燃电弧，当电弧稳定燃烧后在熔池内侧将电弧以反划“?”号的方法进行接头，如图 1-12 所示。需要注意的是，电弧的摆动必须在熔池的边缘线内运行。

后半圈焊缝的接头在仰焊部位 5 点处引弧，拉到前半圈焊缝起头部位用长弧预热后，按照前半圈焊接方法焊至 12 点处填满弧坑收弧完成焊接。图 1-13 所示为盖面焊部分完成后的试件。

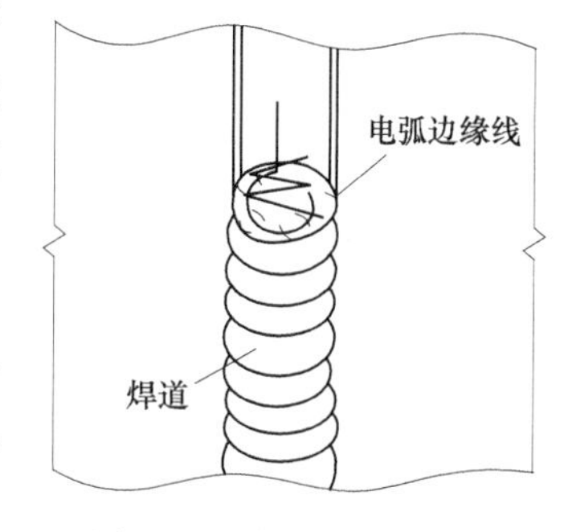

图 1-12 盖面层焊接方法

3. 操作难点及要领

1）焊接时焊条应随着焊接位置的变化不断变化角度，焊工操作姿势也应随焊接位置变化不断调整，以便保持最佳的观察角度。

2）打底焊时，要控制好灭弧和引弧时间、节奏，间隔时间短容易粘条，间隔时间过长不易引弧。

3）焊接过程中焊缝要与定位焊缝相接时，焊条电弧要向根部间隙位置顶一下，当听到“噗、噗”声后，将焊条快速运条到定位焊缝的另一端根部预热，看到端部定位焊缝熔化后，焊条要往根部间隙处压弧，听到“噗、噗”声后，稍做停顿，仍用原先焊接手法继续施焊。

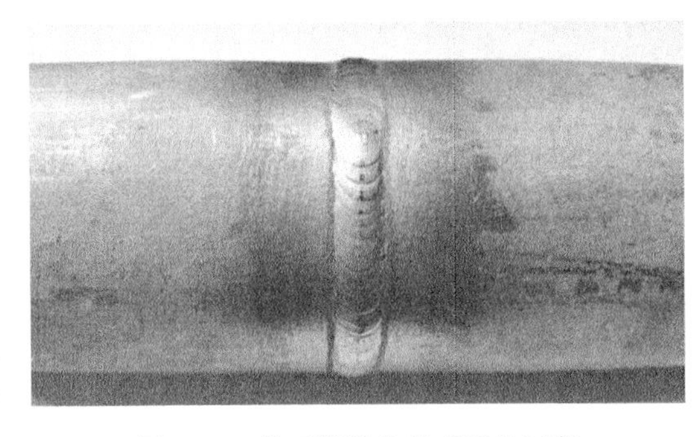

图 1-13　盖面焊部分完成后的试件

4）盖面层焊接时，熔池始终保持椭圆形状并且大小一致，熔池明亮清晰。前半圆收弧时，要对弧坑稍填些熔化金属，使弧坑成斜坡状，为后半圈焊缝收尾创造条件。

项目2

熔化极气体保护焊

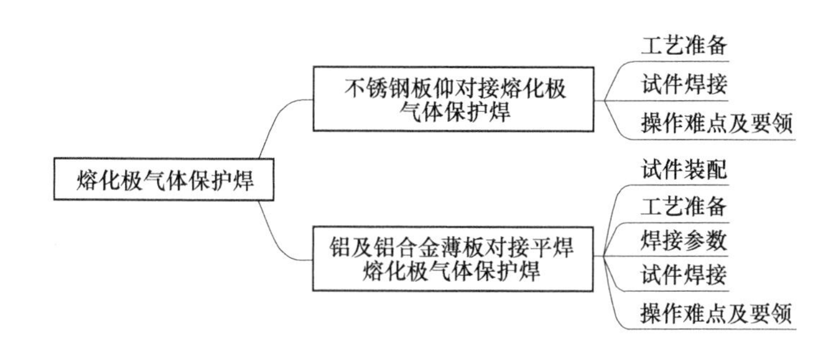

2.1 不锈钢板仰对接熔化极气体保护焊

由于不锈钢具有很强的化学稳定性，同时也有足够的强度与塑性，并且在一定的高温或低温下具有稳定的力学性能和耐蚀性能，因此被广泛地应用于石油、化工、医疗、电力、交通等领域，而不锈钢与碳钢相比具有电阻率高、线胀系数大、热导率低等物理特性，所以在焊接中出现焊接缺陷与工艺问题也较碳钢多，且对于焊工的操作技能也有一定要求，其中5mm不锈钢板仰对接焊接是不锈钢焊接中一个难点之一。

2.1.1 工艺准备

1. 焊前准备

（1）电源　福尼斯4000TPS数字逆变焊接电源，焊枪为推丝式焊枪。

（2）气体　2%（体积分数）O_2+余量Ar。

（3）焊丝　ER 308LSi，直径ϕ1.0mm。

（4）母材　材质为SUS304。

（5）试板尺寸　5mm×150mm×300mm。

2. 试件准备与焊前清理

（1）试件准备　单边坡口30°，坡口根部保留1mm钝边。

（2）焊前清理　用异丙醇清洗坡口两侧20mm表面的油脂、污物等，减少焊接缺陷的产生。

3. 注意事项

焊接操作中要避免穿堂风对焊接过程的影响，空气的剧烈流动会引起气体保护不充分，从而产生焊接气孔。

4. 定位焊

1）定位焊焊缝焊在坡口内，每段长约 20mm 并将定位焊打磨成缓坡状，装配间隙起始端为 1.5~2.0mm，收弧端为 2.0~2.5mm，如图 2-1 所示。

2）为保证试板焊后没有角变形，在试板装配后预留反变形 7°左右。

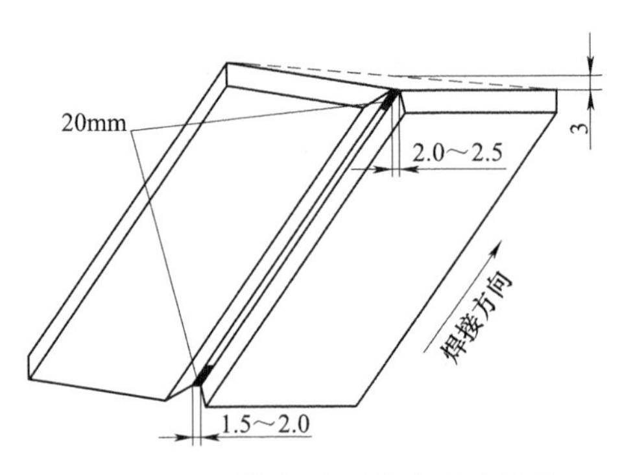

图 2-1 不锈钢板仰对接装配示意图

2.1.2 试件焊接

1. 焊接参数

采用二层二道焊接，具体参数见表 2-1。

表 2-1 焊接参数

层次	电流/A	弧长	气体流量/(L/min)
盖面层	90~110	0~10	20
打底层	110~130	0~2	20

2. 施焊要领

1）打底层先从起始端开始焊接。打底焊时采用直线运条方法焊接，为了保证焊缝的背面成形，焊接中，焊丝走在熔池前端且必须有一个熔透的小孔，如图 2-2 所示，必须保持 2/3 的电弧吹向背面，如图 2-3 所示；利用电弧的吹力将熔化的铁液吹向背面以保证焊缝背面不凹陷，并保持熔孔在焊接过程中始终一致。

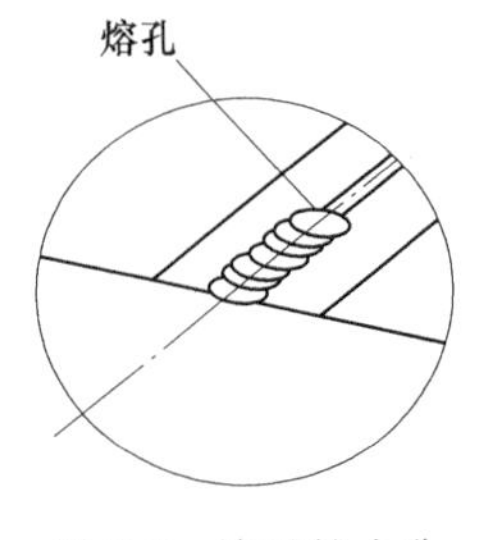

图 2-2 熔透的小孔

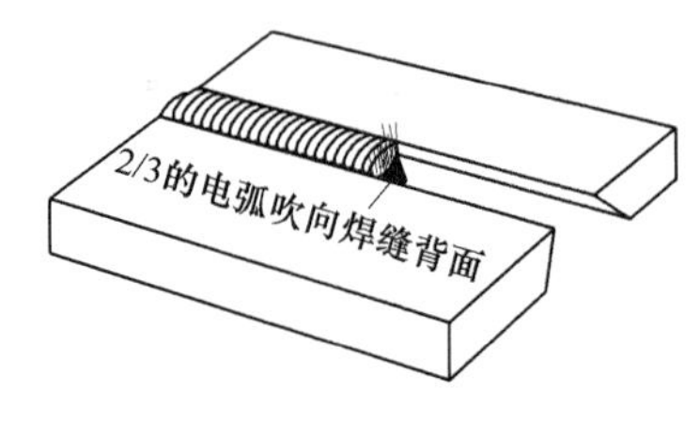

图 2-3 电弧示意图

2）打底层焊接时焊枪角度与焊接前进速度对熔池的大小影响较大，如果在焊接过程中控制好焊枪角度与焊接前进速度就能保证焊缝有良好的成形。

3）盖面层焊缝焊接采用直线停顿+小幅摆动的焊接运条方法进行焊接，在焊接时应控制停顿的时间与摆动宽度，在观察到焊丝将坡口填满后应及时往前走避免余高超标。

4）在焊接过程中为防止盖面层焊缝把打底层焊缝熔透而形成背面焊缝内凹，焊接时应控制停顿的时间与前进的速度，并适当压低电弧，使焊缝既具有良好的熔合又没有较大的熔深来保证焊缝的正面与背面的成形。

5）盖面时还会出现咬边现象，产生这种焊接缺陷与焊丝的摆动宽度有关，焊接时需将焊丝摆动至坡口两侧并填满后再向另一侧摆动，但摆动幅度尽量小些，以免影响正面的外观成形。

2.1.3　操作难点及要领

1. 焊缝背面的内凹

（1）原因分析　5mm 不锈钢板仰对接在焊接时，由于热导率低的物理特性，使焊缝熔池的结晶较碳钢慢，在自身重力影响下熔化的焊缝金属容易产生塌陷的现象，从而形成焊缝背面的内凹。

（2）解决措施

1）工艺方面

① 为减少熔池在熔化状态下停留的时间，增加一道打底焊缝，采用二层二道焊接来加快焊缝的结晶速度，将焊缝金属自生重力影响降至最低。

② 为保证在焊接过程中熔滴过渡电弧推力的作用，采用不带脉冲的直流电源进行焊接，使熔化的焊缝金属在结晶过程中始终有一个电弧推力形成的往上支撑力，来避免产生焊缝熔化金属塌陷的现象。

2）操作技能方面

① 焊接中在保证坡口两侧有良好的熔合的前提下，尽量加快焊接的前进速度，来减少打底焊的焊缝厚度（一般为 2~3mm）。

② 焊接时采用直线的运条方法，控制好焊枪角度为95°左右（见图 2-4），并在焊接过程中尽量保持焊枪角度的一致性，使电弧推力始终向上来控制焊缝成形。

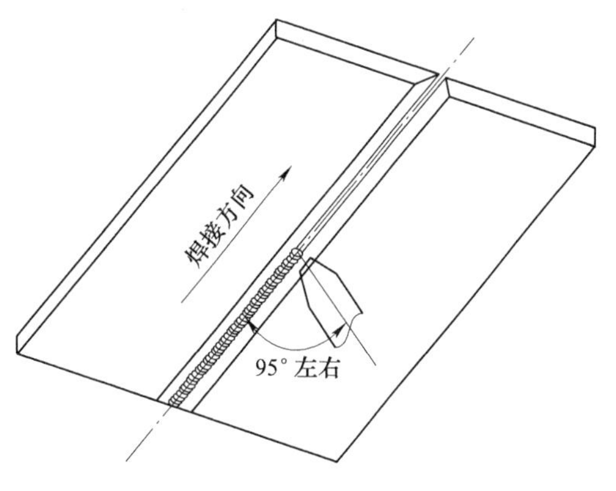

图 2-4　焊枪角度示意图

2. 焊缝正面的超高

（1）原因分析　由于不锈钢的物理特性，熔化的焊缝金属结晶较慢，在自身的重力作用下焊缝很容易形成凸起，引起焊缝余高超标。此外打底焊缝的成形不良与厚度过大也是造成焊缝正面超高的重要原因之一。

（2）解决措施

1）工艺方面

① 采用带脉冲的直流焊接电源，减小焊接热输入，控制母材的熔敷量，来加快熔池的结晶速度。

② 控制好打底焊缝的成形厚度，使打底焊缝与坡口表面有 2mm 左右的深度且余高在 1mm 以内，如图 2-5 所示，来减少焊缝正面余高超标现象。如果打底焊不能达到如图 2-5 所示尺寸，应采用砂轮进行打磨后再焊接。

2）操作技能方面

① 采用直线停顿+小幅左右摆动的运条方式焊接，使焊材的熔敷量减小，来加快熔池的结晶速度。

② 控制好焊枪角度在 95°左右，如图 2-4 所示；焊接时可加快前进速度，来降低焊接热输入与母材的熔敷量，降低焊缝正面的余高。

经采用上述焊接工艺措施后，焊缝在外观检验中，正面余高控制在 2mm 以内，背面也不能低于母材，焊缝的正面与背面宽窄一致，在焊缝内部检验中，通过 X 射线检测，焊缝质量等级达到 1 级无缺陷等级，焊缝的外观与内部质量完全符合 EN 287-1 国际焊工考试的标准，此外在力学性能试验中的各项指标（具体力学性能结果见表 2-2）也达到了 EN 15085 焊接工艺评定标准。

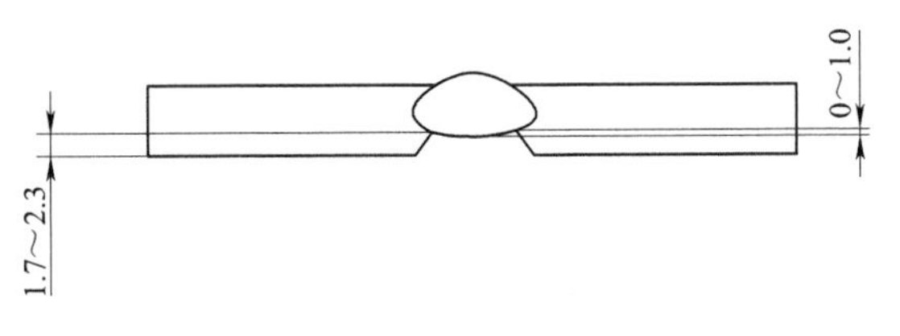

图 2-5　打底层焊接示意图

表 2-2　5mm 不锈钢板仰对接焊接接头试件的力学性能

抗拉强度 R_m/MPa	屈服强度 R_e/MPa	断面收缩率 A(%)	正弯（2 倍板厚弯曲直径）	背弯（2 倍板厚弯曲直径）
590	395	45.5	180°	180°

2.2　铝及铝合金薄板对接平焊熔化极气体保护焊

2.2.1　试件装配

（1）材质　6082。

（2）试件规格　3mm×150mm×300mm，2 块，如图 2-6 所示。

由于铝合金的热导率要比铁大数倍，线胀系数大，熔点低，电导率高等，且母材本身也存在刚度不足，在焊接过程中极易产生较大的焊接变形，如果不采用焊接工装夹紧进行焊接，在焊接过程中很容易产生焊接弯曲变形从而影响正常焊接，专用工装夹具如图 2-7 和图 2-8 所示。

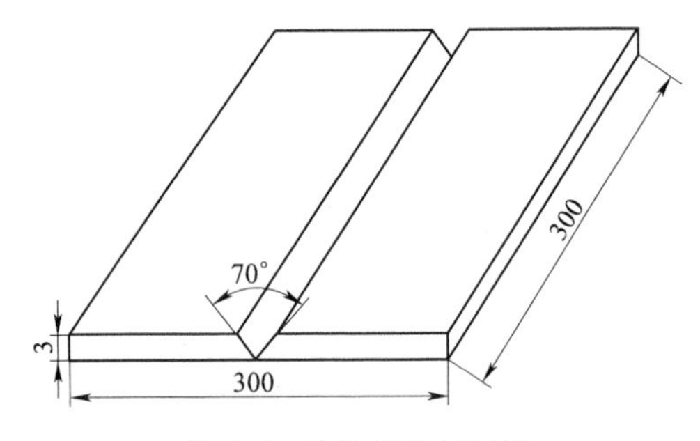

图 2-6　试件规格与材质

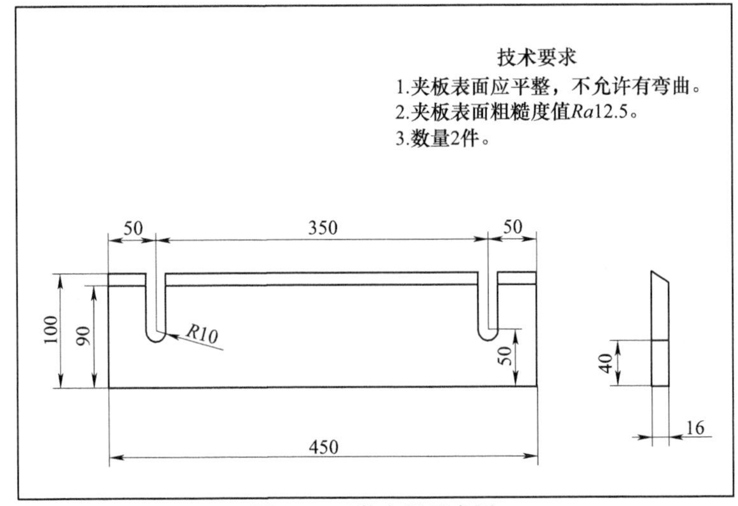

图 2-7　工装夹板示意图

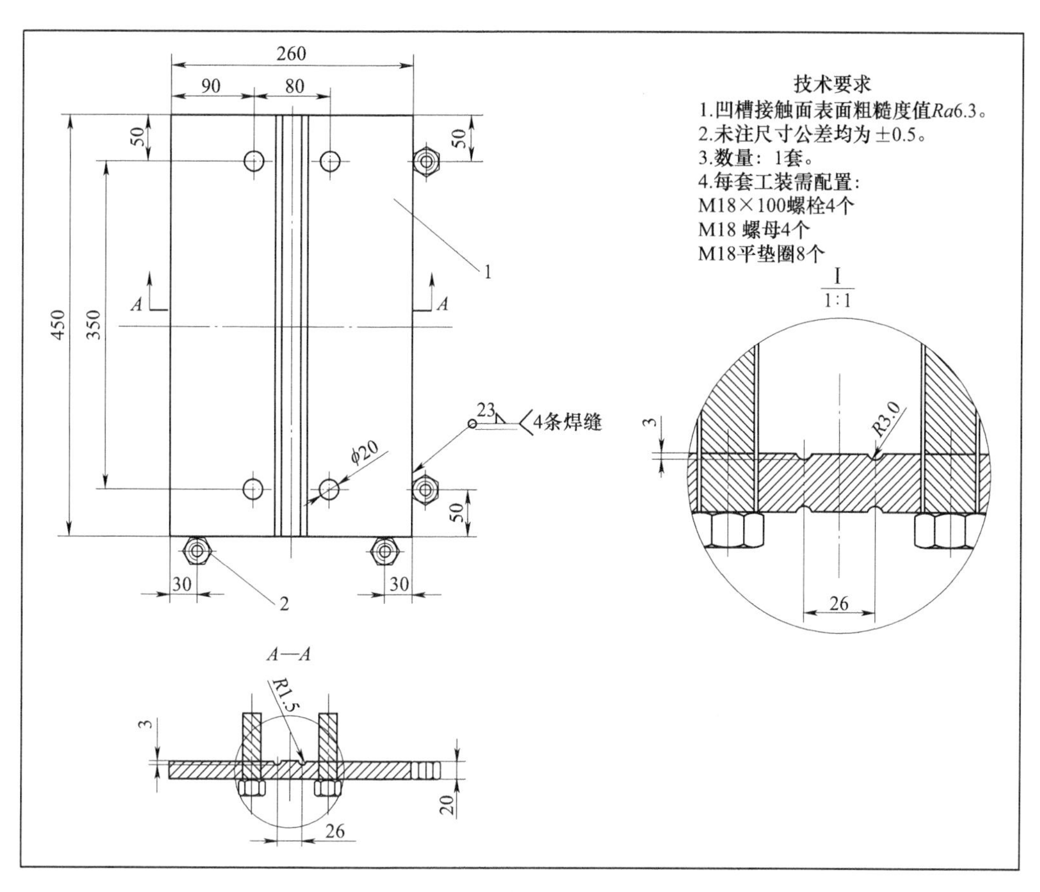

图2-8　工装垫板示意图

（3）焊接过程中为保证焊缝预留装配间隙3.0~3.5mm　试件在组对时采用3mm不锈钢板放在试板中间作为装配时的预留间隙。对焊缝进行定位焊，定位焊为坡口内侧20~30mm以内，定位焊需全焊透。首先进行起弧端定位焊，定位焊长度为20mm，再对收弧端进行定位焊，收弧端的装配间隙应大于起弧端装配间隙约0.5~1.0mm，定位焊长度为30mm，保证焊缝的焊接收缩，最后将定位焊部位露出坡口根部的金属部分用角磨机修磨平整，如图2-9所示。

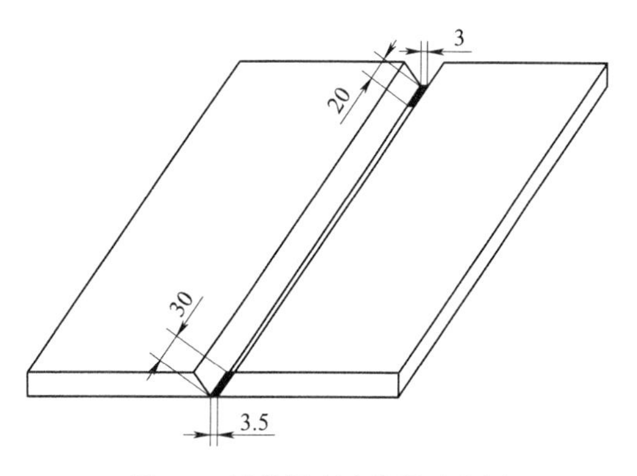

图2-9　试件装配定位焊示意图

2.2.2　工艺准备

1）焊丝牌号。ER5087，焊丝直径为1.2mm。

2）保护气体。体积分数为99.999%氩气（Ar）。

3）坡口、装配间隙、钝边准备、错边，见表2-3。

表 2-3 试件坡口形式及装配间隙

坡口形式	坡口角度（°）	装配间隙/mm	钝边/mm	错边/mm
V	70	3.0~3.5	0.5	≤0.5

4）现场作业环境：由于铝合金焊接对产生气孔较为敏感，故现场的温湿度作业环境要求较高。在焊接操作时，要注意避免穿堂风对焊接过程的影响，以免产生焊接气孔与保护不良。

5）焊缝区域及表面处理：焊缝区域的表面清洁处理对铝合金焊接尤为重要，如焊接区域存在油污、氧化膜等未清理干净，在焊接过程中极易产生气孔，严重影响产品焊接质量。

6）在试件组装前，要求先对焊缝位置采用异丙醇或酒精进行清洗，以清理坡口两侧30mm表面的油脂、污物等。

7）对试件焊缝采用风动钢丝轮或砂纸进行抛光、打磨，抛光要求呈亮白色，不允许存有油污和氧化膜等。

8）对组装过程中的定位焊部位进行修磨，要求将定位焊接头打磨呈缓坡状。

9）焊接时焊枪角度要正确，焊接时焊枪角度不正确，容易引起焊缝熔合不良。

2.2.3 焊接参数（表 2-4）

表 2-4 铝合金 3mm V 形坡口平对接焊接参数

焊层	焊接电流/A	焊接电流/V	弧长/mm	焊丝伸出长度/mm	气体流量/(L/min)	层道分布
打底层	140~160	13~15	0~2	12~15	15~20	

2.2.4 试件焊接

1. 试板放入工装夹紧

将定位焊好的焊接试板放入焊接工装的垫板上，并用工装夹板与螺栓将试板夹紧。为保证焊接正常进行，试板应紧贴工装垫板上，夹紧方式如图 2-10 所示。

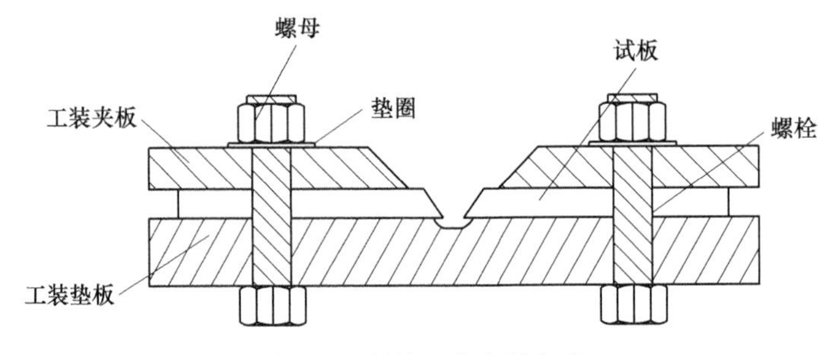

图 2-10 焊接工装夹紧方式

2. 采用单层单道焊接

1）为保证起头的保护效果，引弧前先按提前放气5~10s。

2）起弧时要注意保持适宜的焊丝伸出长度，干伸长度过长气体保护效果不好，过短容易产生烧导电嘴，出现堵丝现象，一般控制在8~10mm之间。

3）采用左焊法进行焊接及直线停顿的运条，如图2-11所示。

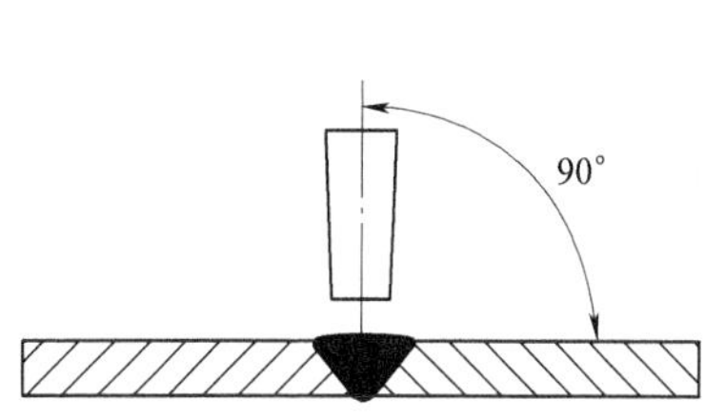

图2-11　焊接运条方法

4）焊缝焊接时，焊枪与焊缝方向呈80°~85°，与母材保持在90°，如图2-12所示。

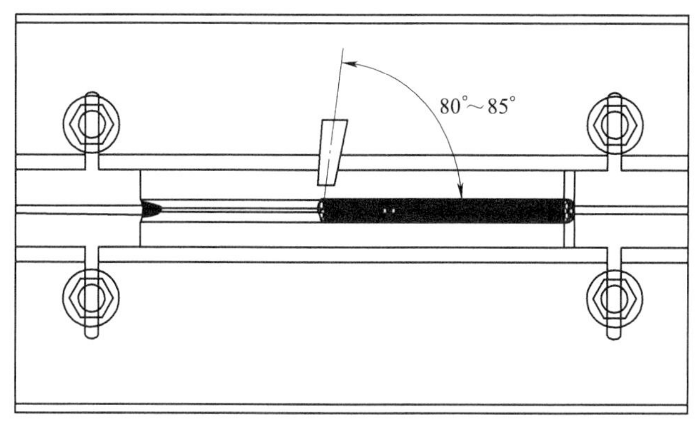

图2-12　焊枪角度

5）电弧以熔池边缘超过坡口两条棱边1~2mm为佳，这样能较好地控制焊缝的宽窄以及保证焊缝与试板很好地熔合。为保证焊缝的外观成形美观，避免焊缝两侧产生咬边，停顿时应观察熔池是否填满，保持焊接速度均匀，使焊缝的余高趋于一致。

6）为避免起弧端焊接时焊缝熔化金属因重力的作用造成往下流形成焊瘤，在起弧位置采用熄弧法定位焊2~3点，然后再进行连续焊接，收弧时采用反复收弧方法或采用设定收弧坑程序的方式将弧坑填满。

7）试件焊完后要彻底清除焊缝及试件表面的“黑灰”、熔渣和飞溅。

2.2.5　操作难点及要领

1）焊接过程中为保证背面焊透、熔合良好，在打底焊时，应始终保持熔池在焊缝前端，而且母材两侧分别熔入1~1.5mm，形成一明显的熔孔，并在焊过程中尽量控制焊速均匀，熔孔大小一致，确保焊缝正面与母材熔合良好无“夹沟”，背面成形美观，如图2-13所示。

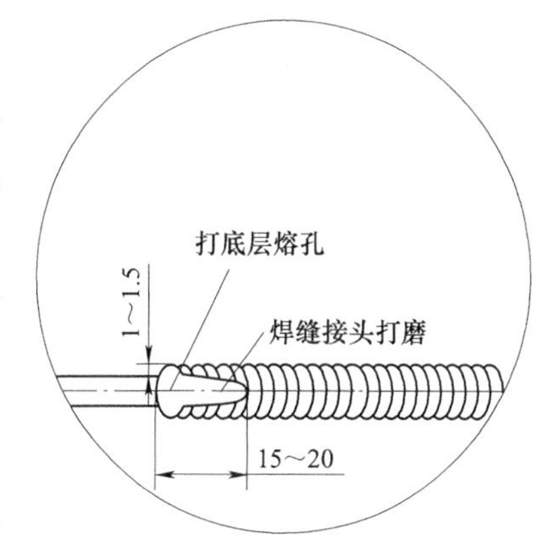

图2-13　焊接过程中的熔孔及接头打磨

2）接头时，应先采用角磨机对焊缝进行修磨，修磨位置呈缓坡状长度15~20mm，如图2-13所示，并修磨至根部形成一个熔孔，焊缝接头从打磨位置的5~10mm处起弧进行接头，当运条至根部位置时，应稍压低电弧进行焊接，避免接头产生气孔。焊接至收弧时迅速采用直线往返的运条方式焊接 5~10mm，可有效避免收弧位置产生焊瘤。

3）铝合金焊接很容易产生气孔，特别是在焊缝的接头处，产生的气孔主要是氢气孔。除了焊前对试件进行清洗抛光、提前送气及控制周围的温湿度环境等控制气孔产生的工艺措施外，对焊枪角度控制及焊接手法也有一定的要求，在接头焊接时焊枪角度应与焊缝方向呈 85°夹角，同时压低电弧以减少空气中氢侵入熔池，把接头处产生气孔概率降至最低。

项目3

非熔化极气体保护焊

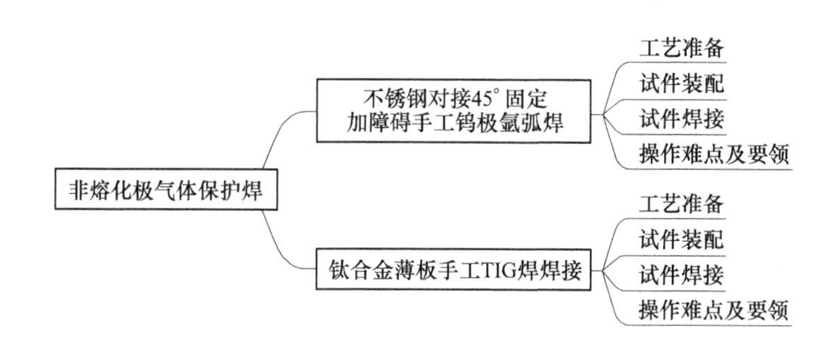

3.1 不锈钢对接45°固定加障碍手工钨极氩弧焊

3.1.1 工艺准备

1. 试件材质及尺寸

(1) 试件材质 12Cr18Ni9。

(2) 试件尺寸 ϕ42mm×5mm，两件。

(3) 坡口形式 V形坡口，如图3-1所示。

2. 焊接材料及设备

(1) 焊接材料 焊丝H0Cr21Ni10(ER-308)，ϕ1.6mm，焊前去除油污、锈蚀等；钨极WCe-20型，ϕ2.5mm；氩气(Ar)保护，氩气纯度为99.99%(体积分数)，氩气流量(正面、背面)为8~12L/min。

(2) 焊接设备 ZX7—400型焊机，直流正接。

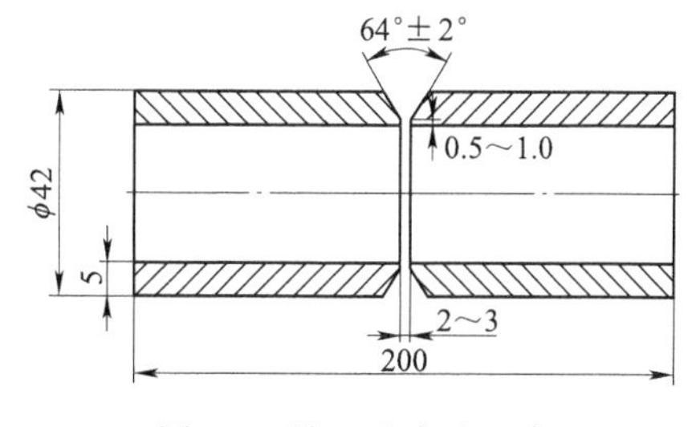

图3-1 坡口形式及尺寸

3. 焊接参数(表3-1)

表3-1 焊接参数

焊层	焊接电流/A	电弧电压/V	图示
打底层(1)	60~70	10~12	3 2 1
填充层(2)	70~80	10~12	
盖面层(3)	70~80	10~12	

3.1.2 试件装配

1. 试件打磨及清理

将坡口及两侧 20mm 范围内的铁锈、油污、氧化物等清理干净，使其露出金属光泽。

2. 试件组对、定位焊及障碍形式

组对间隙为 2~3mm；错边量≤1mm；钝边尺寸为 0.5~1mm。工件定位焊所用焊接材料与焊接工件的相同，定位一点，焊点长 10~15mm，定位焊缝位于管道截面上相当于 11 点钟位置，要求不能有焊接缺陷，上下两端修磨出斜坡，以利于下一接头熔合良好。障碍形式及定位焊位置如图 3-2 和图 3-3 所示。

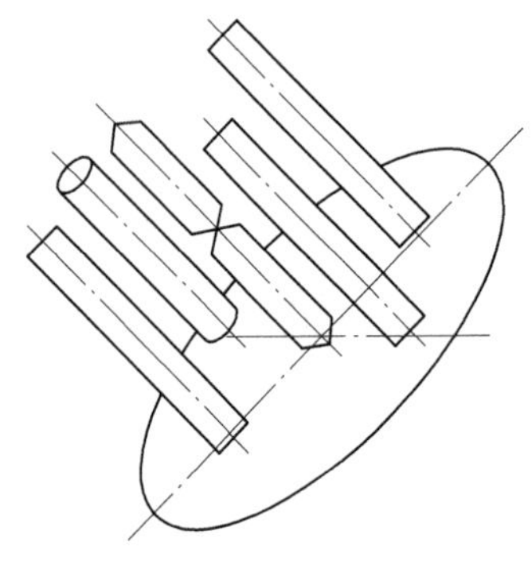

图 3-2 障碍形式

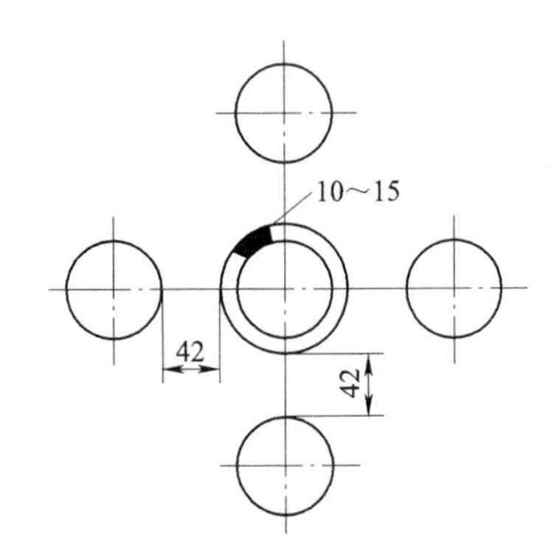

图 3-3 定位焊位置

3.1.3 试件焊接

1. 打底焊

（1）施焊顺序及方向 如图 3-4 所示，焊接参数见表 3-1。

（2）引弧 采用高频法引弧，将焊枪端部放在坡口内侧，轻轻按下高频开关，电弧即可引燃，随即松开开关，电弧即可正常燃烧。

（3）焊接操作要领

1）为了保证焊缝根部的质量，通常采用内填丝法焊接，此时焊丝从接头装配间隙中穿入内部填丝，如图 3-5 所示。

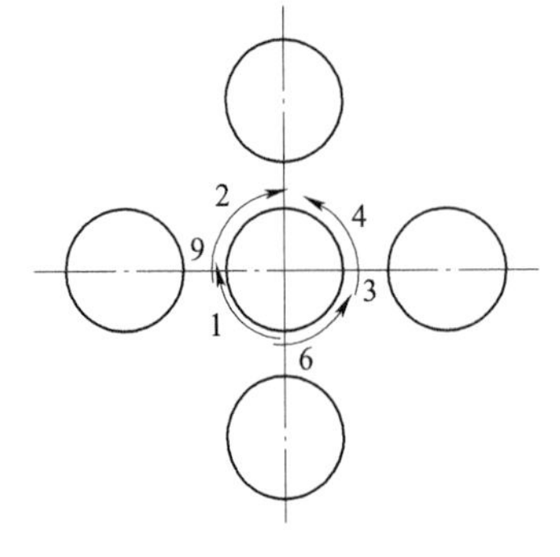

图 3-4 施焊顺序及方向

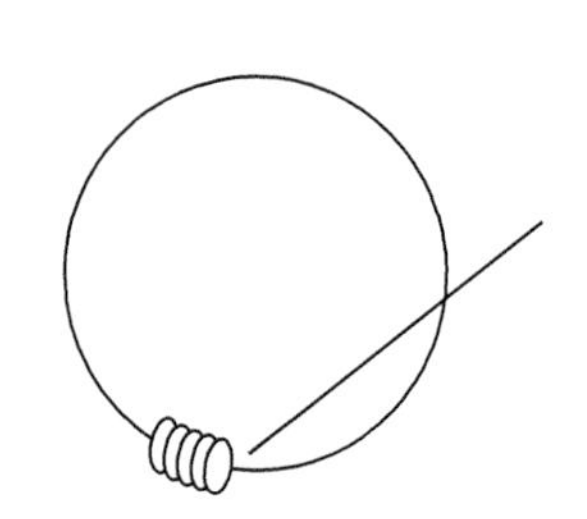

图 3-5 内填丝

2）在焊缝的6点钟处引燃电弧，待坡口根部熔化后，在上下两侧各填充一滴熔滴，当这两滴熔滴连在一起，在熔池前方出现熔孔后，随即将焊丝紧贴根部一滴滴填入，同时焊枪做锯齿形横向摆动，在两侧要适当停留，填丝动作要稳。焊枪、焊丝与管子的角度，如图3-6所示。

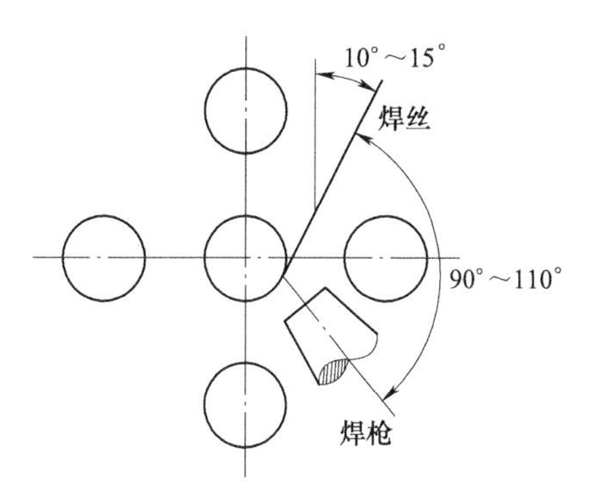

图3-6　焊枪、焊丝与管子的角度（1）

3）当焊至障碍管处时，焊枪角度要适当调整。在焊缝9点钟处收弧，收弧时，将焊枪摆到下坡口后在熔池偏下部处填加1~2熔池，按下高频开关，电弧即可由大到小熄灭，然后松开高频开关。

（4）接头方法

① 在距离焊缝5~6mm处引燃电弧，用电弧将原焊缝加热熔化后填丝焊接。

② 在接头部位，电弧在两侧的停留时间要稍微适当加长，以利于接头根部圆滑过渡。焊至距定位焊缝2~3mm处，为了保证将接头熔透，焊枪画个圈，将定位焊缝根部熔化填加2~3个熔池，并压低电弧继续施焊10mm左右收弧。

（5）后半圈采用左手握枪、右手填丝的操作方法，操作要领同前半圈。

2. 填充焊

1）施焊顺序及方向同打底焊。

2）引弧方法同打底层。

3）操作要领。

① 在焊缝6点钟处引燃电弧，将焊缝熔化后出现熔池时再填焊丝，采用连续送丝法，焊丝始终放在熔池中间，横向摆动焊枪，将熔化的熔池带至两侧坡口边缘稍作停顿，使其与母材熔合良好，并不得损坏坡口边缘，预留盖面层深度为0.5~1.0mm。

② 填充过程中，焊枪做锯齿形摆动，使焊丝始终处在氩气保护区内，焊接速度应尽量加快，缩短熔池高温区停留时间。

4）收弧方法同打底焊。

5）焊枪角度。倾斜角度适当加大，焊枪、焊丝与管子的角度如图3-7所示。

6）后半圈采用左手握枪、右手填丝的操作方法，操作要领同前半圈。

7）焊完后将焊道清理干净。

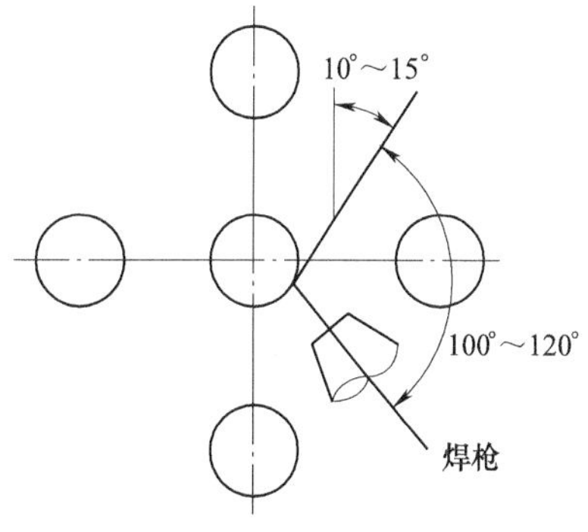

图3-7　焊枪、焊丝与管子的角度（2）

3. 盖面焊

1）引弧方法同打底层。

2）操作要领。

① 在时钟面6点处引燃电弧，将焊缝熔化后出现熔池时再填焊丝，采用连续送丝法，焊丝始终放在熔池中间，横向摆动焊枪，将熔化的熔池带至两侧坡口边缘，并将坡口边缘熔化0.5~1.0mm，稍作停顿，使其与母材熔合良好。

② 填充过程中，焊枪做锯齿形摆动如图 3-8 所示，两锯齿间的距离 L 不得过大，要使焊丝始终处在氩气保护区内，焊接速度应尽量加快，缩短熔池高温区停留时间。

3）收弧方法同打底焊。

4）焊枪角度同填充层。

5）后半圈采用左手握枪、右手填丝的操作方法，操作要领同前半圈。

6）焊完后将焊缝清理干净，焊层安排如图 3-9 所示。

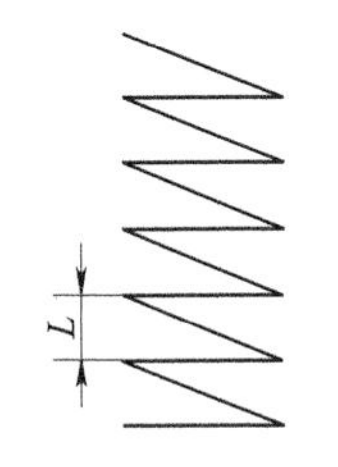

图 3-8　填充过程中焊枪摆动示意

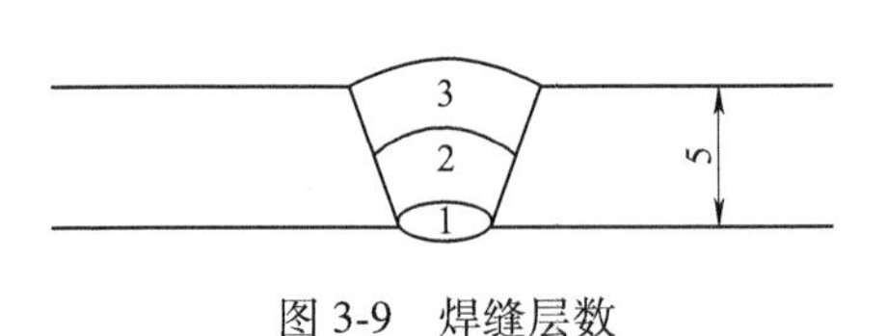

图 3-9　焊缝层数

3.1.4　操作难点及要领

1）前半圈采用右手握枪、左手填丝的氩弧焊技术，后半圈采用左手握枪、右手填丝的氩弧焊技术。

2）采用连续送丝法进行焊接。

3）采用多层多道焊，根层厚度控制在 3mm 左右。

4）层间温度控制在 80℃以下。

3.2　钛合金薄板手工 TIG 焊焊接

3.2.1　工艺准备

1. 试件准备及表面清理

（1）试件尺寸及材质　尺寸为 300mm×150mm×0.8mm，材质为 TA2，焊接示意如图 3-10 所示。

（2）焊件和焊丝表面质量对焊接接头的力学性能有很大影响，因此，必须严格清理。钛板及钛焊丝可采用机械清理及化学清理两种方法。

1）机械清理：对焊接质量要求不高或酸洗有困难的焊件，可用细砂纸或不锈钢丝刷擦拭，去除氧化膜。

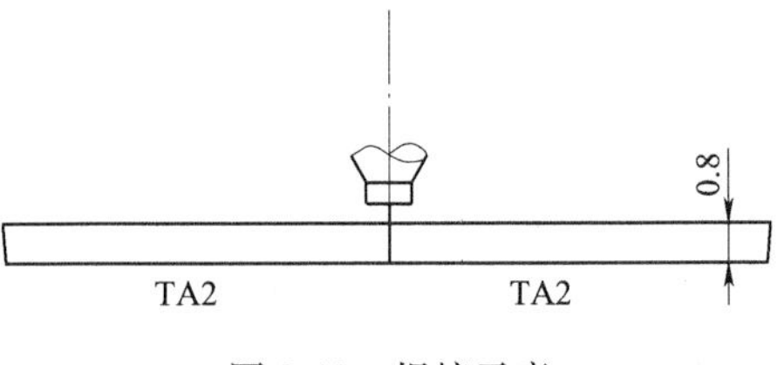

图 3-10　焊接示意

2）化学清理：焊前可先对试件及焊丝进行酸洗，酸洗液可用 5%HF+35%HNO_3（质量分数）的水溶液。酸洗后用净水冲洗，烘干后立即施焊。或者用丙酮、乙醇、四氯化碳、甲醇等擦拭钛合金板坡口及其两侧（各 50mm 内）、焊丝表面、夹具与钛板接触的部分。

3）焊前用角磨机打磨并去除待焊处周边 20mm 范围内的油、污、锈、氧化皮等杂质。

2. 焊接设备

采用低频脉冲氩弧焊机，焊接钛合金还需带拖罩的焊枪，如图 3-11 所示，并且焊缝背面要有气体保护装置。电源极性：直流正接。

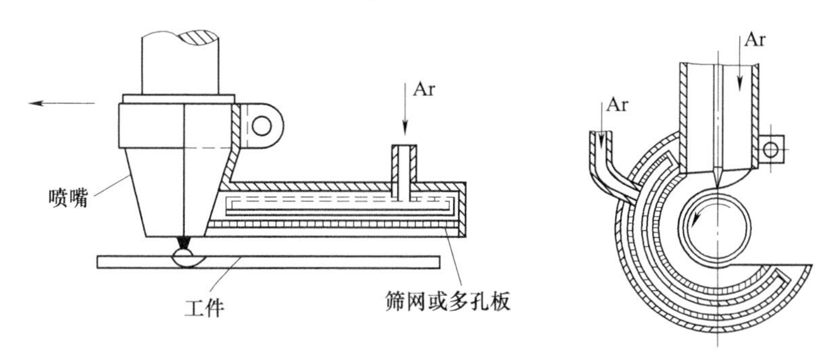

图 3-11　焊枪拖罩结构示意图

3. 焊材准备

1）钨极为 WCe13 型钨极，直径 2mm。

2）焊丝采用 TA2 焊丝，直径 1mm。

3）氩气纯度应不低于 99.99%，露点在-40℃以下，杂质总的质量分数<0.001%；当氩气瓶中的压力降至 0.981MPa 时，应停止使用，以防止影响焊接接头质量。

3.2.2　试件装配

1）钛合金 TA2 的 0.8mm 厚板材对接焊，一般采用无间隙不添丝的焊接方法。

2）将焊件放在有焊缝背面氩气保护的装置上，接通氩气，焊接电源为正接法，这种接法焊接电流容易控制。

3）定位焊缝长 5~10mm，其间距约 50~100mm，装配定位时，严禁用铁器敲击和划伤钛合金板的表面。

3.2.3　试件焊接

1. 焊接参数

TA2 薄板对接氩弧焊焊接参数见表 3-2。

表 3-2　TA2 薄板对接氩弧焊焊接参数

板厚/mm	接头形式	焊丝直径/mm	钨极直径/mm	焊接电流/A	电弧电压/V	氩气流量/(L/min)	
						主喷嘴	拖罩
0.8	I形	1.0	2.0	40~60	10~11	8~10	14~16

2. 试件焊接

1）施焊时，焊枪倾斜 10°~20°，焊接过程不做摆动，不添加焊丝。

2）焊枪喷嘴距焊件的距离在不断弧、不影响操作的情况下尽量小些。

3）焊枪移动要均匀，通常在引弧板上引弧，尽可能一次焊完焊缝。

4）焊接结束后，视焊缝及热影响区表面颜色而定，在 20~30s 后再停止送氩气保护。

焊枪、焊丝与工件的空间位置如图 3-12 所示。

3.2.4 操作难点及要领

1）钛及钛合金焊接的气体保护问题是影响焊接接头质量的首要因素。

2）钛及钛合金焊接时应尽量采用小的焊接热输入。

3）TA2 手工钨极氩弧焊时，应严格控制氢的来源，防止冷裂纹的产生，同时应注意防止气孔的产生。

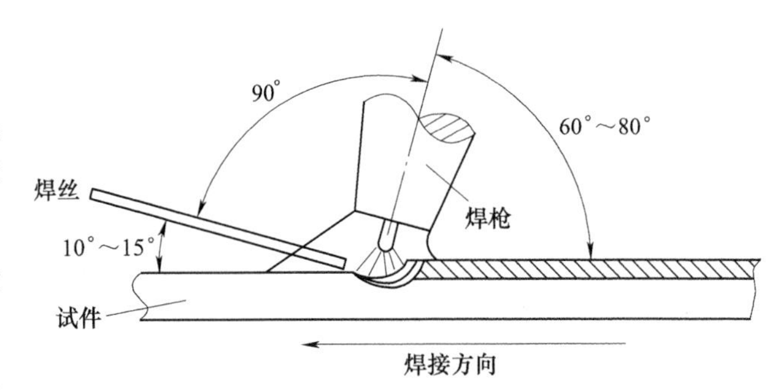

图 3-12　焊枪、焊丝与工件的空间位置

4）只要严格按照焊接工艺要求施焊，并采取有效的气体保护措施，即可获得高质量的焊接接头。

项目4

钎焊

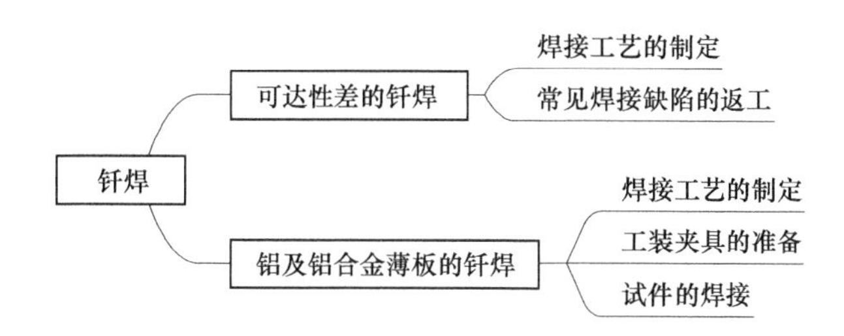

4.1 可达性差的钎焊

对于焊接结构，要使每条焊缝都能施焊，必须保证焊缝周围有供焊工自由操作和焊接装置正常运行的环境条件，这就叫焊接可达性。可达性差的钎焊，即是在实际钎焊过程中，有部分焊接位置不容易接触到，给焊工操作带来不便和困难。因此，为了保证可达性差的钎焊焊接质量，必须制定好相应的焊接工艺措施，充分利用辅助工具克服多障碍、操作空间狭窄等问题。

4.1.1 焊接工艺的制定

1. 钎焊接头设计

设计可达性差钎焊接头时，首先应考虑接头的位置及强度，其次还要考虑如何保证组件的尺寸精度、零件的装配和定位、钎料的放置、钎焊接头间隙等问题。

钎焊接头必须具有足够的强度，也就是在工作状态下接头能承受一定的外力。钎焊接头的承载能力与接头形式有密切的关系，钎焊接头有对接、搭接、T形接头等多种形式，用钎焊连接时，由于钎料及钎缝强度一般比母材低，若采用对接的钎焊接头，则接头强度比母材低，故对接接头只有在承载能力不高的场合才可使用。采用搭接可通过改变搭接长度达到接头与母材等强度，搭接接头的装配也比对接简单。

（1）对接接头　由于钎料强度大多比母材低，要使接头与母材等强度，只有靠增大连接面积，而对接接头连接面积无法增加，所以接头的承载能力总是低于母材。因此，对接接头在钎焊中不推荐使用。

（2）搭接接头　依靠增大搭接面积，可以在接头强度低于钎焊金属强度的条件下达到接头与焊件具有相等的承载能力的要求，因此使用较广。

（3）局部搭接化的接头　在具体结构中，需要钎焊连接的零件的相互位置是各式各样的，不可能全部符合典型的搭接形式，为了提高接头的承载能力，设计的基本原则之一是尽可能使接头局部具有搭接形式，图4-1所示即为此原则在不同情况下的具体运用，其他情况可参照这些实例进行具体设计。

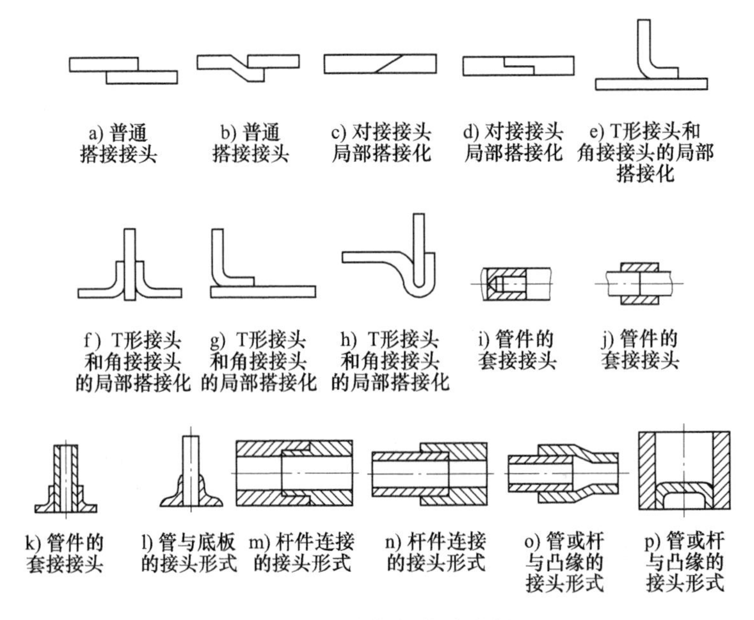

图4-1　各类钎焊接头举例

2. 钎焊接头的搭接长度

根据生产中的经验，搭接长度取组成此接头薄件厚度的2~5倍。对采用银基、铜基、镍基等较高强度钎料的接头，搭接长度通常取薄件厚度的2~3倍。对采用锡铅等低强度钎料钎焊的搭接接头，搭接长度可取薄件厚度的4~5倍，但搭接长度$L\leqslant15$mm。。因为若$L>15$mm，液态钎料很难填满间隙，常会形成大量的缺陷。

为了使搭接接头与母材具有相等的承载能力，搭接长度可按下式计算：

$$L=\alpha R_{m}\delta\tau_{b}$$

式中　α——安全系数；

R_{m}——母材抗拉强度（MPa）；

τ_{b}——钎焊接头抗剪强度（MPa）；

δ——母材板厚（mm）；

L——搭接长度（mm）。

3. 钎焊接头的间隙

钎焊接头是依靠钎料熔化后填满间隙形成的，因此，正确地确定接头间隙是获得优质接头的重要前提，因为间隙的大小在相当大的程度上影响钎缝的致密性和钎缝合金的性能，从而影响接头的强度。

装配间隙的大小与钎料和母材有无合金化、钎焊温度、钎焊时间、钎料的放置等有直接关系。一般来说，钎料与母材相互作用较弱，则间隙小；作用强，则间隙大。应该指出，这里所要求的间隙是指在钎焊温度下的间隙，与室温不一定相同。

确定接头间隙时应按以下因素选择间隙量：

1）垂直位置的接头间隙应小些，以免钎料流出；水平位置的接头和搭接长度长的接头，间隙应大些。

2）采用钎剂时，接头间隙应大些。因为钎剂钎焊时熔化的钎剂先流入接头，当间隙较小时，熔化的钎料难以将钎剂排出间隙，形成夹杂。对于真空或气体保护钎焊时，没有排渣过程，接头间隙可小些。

3）使用流动性好的材料，接头间隙应小些；使用流动性差的纤料，接头间隙应大些。

4）母材与钎料的相互作用程度较小时，接头间隙可取小些；母材与钎料的相互作用程度较强烈时，接头间隙可取大些。

5）异种材料的钎焊接头，必须根据材质的线胀系数计算钎焊温度时的接头间隙。

间隙大小可通过实践确定，由经验得出的一些常用间隙值见表 4-1。

表 4-1　钎焊接头推荐的间隙

母材的种类	钎料的种类	钎焊接头间隙/mm	母材的种类	钎料的种类	钎焊接头间隙/mm
碳钢	铜钎料	0.01~0.05	铜及铜合金	黄铜钎料	0.07~0.25
	黄铜钎料	0.05~0.20		银基钎料	0.05~0.25
	银基钎料	0.02~0.15		锡铅钎料	0.05~0.20
	锡铅钎料	0.05~0.20		铜磷钎料	0.05~0.25
不锈钢	铜钎料	0.02~0.07	铝及铝合金	铝基钎料	0.10~0.30
	镍基钎料	0.05~0.10		锡铅钎料	0.10~0.30
	银基钎料	0.07~0.25			
	锡铅钎料	0.05~0.20			

4. 钎焊前清理

钎焊前必须仔细地清除焊件表面的油脂、氧化物等，因为液态钎料不能润湿未经清理的焊件表面，也无法填充接头间隙。有时，为了改善母材的钎焊性以及提高接头的耐蚀性，焊前还必须将焊件预先镀覆某种金属。为限制液态钎料随意流动，可在焊件非焊表面涂抹阻流剂。

（1）清除油脂　清除焊件表面油脂的方法包括有机溶剂脱油、碱液脱油、电解液脱油和超声波脱油等。焊件经过脱油后，应再用清水洗净，然后予以干燥。

常用的有机溶剂有乙醇、丙酮、汽油、四氯化碳、三氯乙烯、二氯乙烷和三氯乙烷等。小批量生产时可用有机溶剂脱脂，大批量生产时应用最广的是在有机溶剂的蒸汽中脱脂。此外，在热的碱溶液中清洗也可得到满意的效果。例如，钢制零件可在氢氧化钠溶液中脱脂，铜零件可在磷酸三钠或碳酸氢钠的溶液中清洗。对于形状复杂而数量很大的小零件，也可在专门的槽中用超声波脱脂。超声波脱脂效率高。

（2）清洗氧化物　清除氧化物可采用机械方法、化学方法、电化学方法和超声波方法进行。

机械方法清理时可采用锉刀、钢刷、砂纸、砂轮、喷砂等进行清理。其中锉刀和砂纸清理用于单件生产，清理时形成的沟槽还有利于钎料的润湿和铺展。批量生产时可用砂轮、钢刷、喷砂等方法。铝及铝合金、钛合金不宜用机械清理法。

化学方法清理是以酸和碱能够溶解某些氧化物为理论基础。常用的酸和碱有硫酸、硝酸、盐酸、氢氟酸及它们混合物的水溶液和氢氧化钠水溶液等。此法生产效率高、去除效果好，适用于批量生产，但要防止表面的过侵蚀。对于大批大量生产及必须快速去除氧化膜的场合，可采用电化学法。材料不同使用的酸洗溶液也不同，常用材料的酸洗液的配方见表 4-2。

（3）母材表面的镀覆金属　在母材表面镀覆金属，其目的主要是：改善一些材料的钎焊性，增加钎料对母材的润湿能力；防止母材与钎料相互作用从而对接头产生不良影响，如防止产生裂纹，减少界面产生脆性金属间化合物；作为钎料层，以简化装配过程和提高生产率。

（4）涂覆阻流剂　在零件的非焊表面上涂覆阻流剂的目的是限制液态钎料的随意流动，防止钎料的流失和形成无益的连接。阻流剂广泛用于真空或气体保护的钎焊。

表 4-2　常用材料表面氧化膜的化学清蚀方法

焊件材料	浸蚀溶液组分成分（质量分数,%）	化学清理方法
碳钢 低合金钢	① 10%H_2SO_4 或 10%HCl 的水溶液 ② 6.5%H_2SO_4 或 8%HCl 的水溶液，再加 0.2% 的缓冲剂（碘化亚钠等）	① 在 40~60℃温度下侵蚀 10~20min ② 室温下酸洗 2~10min
用途	配方②比配方①的酸洗时间短，效果更好。酸洗槽通常用木头或水泥制成，里面铺设耐酸板，也可用耐酸的塑料制成酸洗槽	
不锈钢	① 16%H_2SO_4、15%HCl、5%HNO_3、64%水的溶液 ② 10%HNO_3、6%H_2SO_4、HF 50g/L 的水溶液 ③ 15%HNO_3、NaF 50g/L、85%水的溶液	① 酸洗温度为 100℃，酸洗时间为 30s。酸洗后在 5%HNO_3 的水溶液中进行光泽处理，温度 100℃，时间 10s ② 酸洗温度 20℃，酸洗时间 10min。洗后在 60~70℃热水中洗涤 10min，并在热空气（60~70℃）中进行干燥 ③ 酸洗温度 20℃，酸洗时间 5~10min，酸洗后用热水洗涤，然后在 100~200℃温度下烘干
用途	① 适用于清除不锈钢管件、厚件等表面的厚氧化膜 ② 适用于薄氧化膜的不锈钢蜂窝壁板等薄件 ③ 使用范围同②	
铜及铜合金	① 10%H_2SO_4 的水溶液 ② 12.5%H_2SO_4、1%~3%Na_2SO_4 ③ 10%H_2SO_4、10%$FeSO_4$	① 酸洗温度 0~35℃ ② 酸洗温度 20~77℃ ③ 酸洗温度 50~60℃
用途	① 它能容易地促使铜的氧化物脱落而不与基本金属铜起作用，是最常用的铜酸洗溶液 ② 适用于含铜量高的合金 ③ 适用于含铜量低的合金	
铝及铝合金	① 10%NaOH 的水溶液 ② 1%HNO_3 和 1%HF 的水溶液 ③ NaOH 20~35g/L、Na_2CO_3 20~30g/L，其余为水	① 温度 20~40℃，时间 2~4min ② 室温下酸洗 ③ 温度 40~55℃，时间 2min
用途	浸蚀后，零件要在热水中洗净，并在 15% HNO_3 的水溶液中光泽处理 2~5min，然后在流动的冷水中洗净并在热空气中干燥	

5. 钎焊温度

钎焊操作过程是指从加热开始，到某一温度并停留，最后冷却形成接头的整个过程。在这个过程中，所涉及的最主要的工艺参数就是钎焊温度和保温时间，它们直接影响钎料填缝和钎料与母材的相互作用，从而决定了接头质量的好坏。

确定钎焊温度的根本依据是所选用钎料的熔点，通常将钎焊温度选为高于钎料熔点25~60℃，以促使钎料的结晶点阵彻底解体，易于流动。适当地提高钎焊温度，可以减小钎料的表面张力，改善润湿和填缝，使钎料与钎焊金属之间的相互作用充分，从而有益于提高接头强度。但过高的温度是有害的，它可能会导致钎料中低沸点组分的蒸发，使钎料与钎焊金属的作用过分，导致熔蚀，以及钎焊金属晶粒长大等问题，从而使接头质量变坏。

在钎焊温度下的保温时间，对于接头强度同样有重大的影响。一定的保温时间是钎料和钎焊金属相互扩散和形成强固的结合所必需的，但过长的保温时间又会导致某些过程的过分发展从而走向反面。

确定钎焊保温时间，首先要考虑钎料与钎焊金属相互作用的特点，当钎焊金属有向钎料中强烈溶解的倾向时，有时可借助增长保温时间，使钎料中脆性的组分扩散入钎焊金属而提高接头的力学性能。如用磷铜钎料钎焊铜以及用镍基钎料钎焊不锈钢和高温合金都是如此。保温时间也与焊件的大小有关，大型焊件保温时间应比小型焊件长，以确保加热均匀。若钎料与母材作用强烈，则保温时间应短些。

此外，过快的加热速度会使焊件内的温度不均而产生内应力，对于局部加热的钎焊方法来说尤其如此；过慢的加热会产生某些有害的变化，如钎焊金属晶粒长大、钎料低沸点组分的蒸发、金属的氧化等得以加剧。因此，应在保证加热均匀的前提下尽量缩短加热时间。具体确定加热时间时必须结合钎焊金属和钎料的特性以及焊件的大小来考虑，钎焊金属活泼，钎料含有易蒸发组分以及钎焊金属与钎料、钎剂之间存在有害作用等情况时，加热速度应尽可能快些，对于大件、厚件以及导热慢的材料则加热速度不能太快。

此外，对于某种钎焊方法（如炉中钎焊等），确定钎焊温度还应考虑材料热处理工艺的要求，以使钎焊和热处理工序能在同一加热冷却循环中完成，这不但节约工时，还可避免焊后热处理可能引起的不良后果。

6. 钎焊后的清理

为了消除钎剂残留物中某些成分对接头可能引起的腐蚀破坏，在钎焊后必须去除它们。残留钎剂的去除通常是在钎焊全部过程完成之后，将零件放在热水中清洗，清洗后零件应予以烘干。

当残留的钎剂形成牢固的玻璃状覆盖层时，可用机械方法清除，如用锤子敲打，钢（铜）丝刷子刷或喷砂等。机械清除时需注意不应损伤基本金属，同时又必须完全去除残留物，尤其对软金属（如铜、铝等）更应留心。

应用超声波振动在液体中产生的空化作用可以加速残留物的清除；难以清除的残留钎剂可用化学方法进行清理；含有硼砂和硼酸酐的钎剂可以在2%~3%（质量分数）的重铬酸钠（或重铬酸钾）水溶液中于70~90℃温度下清洗，然后用水冲洗干净并使零件干燥；氯化锌可用10%（质量分数）NaOH的水溶液清除，然后用水冲洗；含有氯化物和氟化物的钎剂残留物可在2%（质量分数）的铬酸酐溶液中于60~80℃温度下浸泡5~10min，然后在水中清洗5~10min。许多有机酸的溶剂不溶于水，可用甲醇、乙醇或三氯乙烯清除它们。由于残留的松香不会起腐蚀作用，大多数情况下可以不清除。

4.1.2 常见焊接缺陷的返工

在可达性差钎焊过程中，接头常常会产生一些缺陷，缺陷的存在给焊件质量带来不利的影响。产生缺陷的原因很多，影响因素也比较复杂，这里仅就常见缺陷进行讨论并简单介绍焊接缺陷的返工方法。

1. 钎缝的不致密性缺陷

钎缝的不致密性缺陷是指钎缝中的气孔、夹渣、未钎透和部分间隙未填满等缺陷。这些缺陷会降低焊件的气密性、水密性、导电性和强度。其产生原因主要是：接头间隙不合适，焊前清理不干净，选用的钎料和钎剂成分或数量不当，钎焊加热不均匀等，具体情况见表4-3。

表4-3 钎焊接头缺陷及其产生原因

缺陷的种类	产生原因
部分间隙未填满	1. 接头设计不合适（间隙过小、接头装配不好） 2. 钎焊表面清洗不充分 3. 钎剂选择不当（活性不足，润湿性不好，钎剂与钎料熔点相差过大） 4. 钎焊区域温度不够 5. 钎料数量不足
钎缝中存在气孔	1. 熔化钎料中混入游离氧化物（表面清洗不充分及使用不适当的钎剂） 2. 母材或钎料中析出气体 3. 钎料过热
钎缝中存在夹渣	1. 钎剂选择不合适（黏度或密度过大） 2. 钎剂使用量过多或过少 3. 间隙选择不合适 4. 钎料与钎剂的熔化温度不匹配 5. 加热不均匀

钎缝的不致密性缺陷返工方法有：

（1）适当增大钎缝间隙　可增强液态钎料的填缝能力，有利于钎料均匀填缝，减少气孔夹渣缺陷的产生。

（2）采用不等间隙（不平行间隙）　采用不等间隙钎焊的致密性比采用平行间隙好。原因是钎料在不等间隙中能自行控制流动路线和调整填缝前沿；夹气夹渣具有定向运动的能力，可以自动地由大间隙向外排除。

2. 母材的自裂及钎焊接头的裂纹

钎焊时，除钎缝金属产生裂纹外，许多高强度材料，如不锈钢、镍基合金、铜钨合金等容易产生自裂。产生裂纹及母材自裂的原因有很多（表4-4），主要是焊件刚度大，钎焊过程又产生了较大的拉应力，当应力超过材料的强度极限时，就会在钎缝中产生裂纹或在母材上产生自裂。

表 4-4 母材自裂及接头裂纹产生的原因

裂纹形式	主要产生原因
钎焊接头的裂纹	1. 钎料的固相线与液相线相差过大 2. 钎焊过程中产生较大的热应力 3. 钎料凝固过程中焊件振动
母材的自裂裂纹	1. 钎焊金属过热或过烧 2. 母材的导热性不好或加热不均匀 3. 液态钎料向母材晶间渗入 4. 钎料与母材线胀系数差别过大产生热应力 5. 母材中的氧化物与氢反应生成水（水蒸气）

为防止母材自裂和接头裂纹，可采取如下方法：

1）采用退火材料代替淬火材料。

2）有冷作硬化的焊件预先进行退火。

3）减小接头的刚度，使接头加热和冷却时能自由膨胀和收缩。

4）降低加热速度，尽量减少产生热应力的可能性，或采用均匀加热的钎焊方法，如炉中钎焊等，这不仅可以减少热应力，而且冷作硬化造成的内应力也可以在加热过程中消除。

5）在满足钎焊接头性能的前提下尽量选用低熔点的钎料，如用银基钎料代替黄铜钎料，原因是钎焊温度较低，产生的热应力较小，并且银基钎料对不锈钢的强度和塑性降低的影响比黄铜钎焊小。

6）用气体火焰将装配好的焊件加热到足够高的温度以消除内应力，然后将焊件冷却到钎焊温度进行钎焊。

3. 外观缺陷

外观缺陷主要有母材熔蚀和钎缝表面成形不好（表 4-5）。熔蚀是母材向钎料过度熔解所造成的。钎缝表面成形不好主要是指钎料流失，钎缝表面不光滑或没形成圆角。

表 4-5 外观缺陷产生的主要原因

缺陷形式	主要产生原因
钎料流失	1. 钎焊温度过高 2. 钎焊时间过长 3. 钎料与母材发生化学反应 4. 钎剂、钎料量过大
钎缝表面不光滑或没形成圆角	1. 钎剂用量不足 2. 钎焊工艺选择不当 3. 温度过高或时间过长 4. 钎料金属晶粒过大 5. 钎料过热（共晶钎料）
母材发生熔蚀	1. 加热温度过高 2. 加热时间过长 3. 钎料过多

正确选择钎焊材料和钎焊工艺是避免产生外观缺陷特别是避免产生熔蚀的重要措施。钎焊温度越高，母材元素熔解到液相钎料中的数量越多；保温时间过长，将为母材与钎料相互作用创造更多的机会，也容易产生熔蚀。此外，钎料成分对熔蚀也有很大影响，除正确选择钎料外，钎料用量也应严格控制。

4.2 铝及铝合金薄板的钎焊

4.2.1 焊接工艺的制定

1. 接头设计

1）钎焊接头一般采用搭接、对接、斜接和T形接头。

2）装配间隙的大小影响钎焊的致密性和接头的强度。间隙过大影响钎料在钎缝中的均匀铺展，间隙过小影响钎料的流入，使钎料不能充分填满钎缝，降低接头强度。综合考虑，钎焊铝合金采用45°接头，用铝基钎料，装配间隙一般为0.10~0.30mm，并且钎缝间隙要均匀。

2. 钎焊步骤

（1）焊前脱油　碱液脱油（碳酸钠40~70g/L），溶液温度为60~70℃，清洗时间3~5min。

（2）钎料放置和钎剂刷涂　在接缝面上刷上钎剂，将钎料置于接缝内，装配固定，在焊缝四周刷涂钎剂。

（3）加热钎焊　钎焊时，首先应使火焰在焊缝整个截面两侧来回移动，此时不要将火头正对钎料，以免钎料发生局部熔化。观察钎剂由湿变干，颜色由白色粉末变暗成灰色，此时温度已接近钎剂的熔点，钎剂熔点比钎料低几十度，钎剂开始熔化，此时用火焰对钎料进行均匀加热，直至填满整个焊缝。

（4）检验要求　钎缝外观光滑，钎角饱满，钎剂残渣清理干净。

3. 铝及铝合金钎焊钎料与钎剂的选取

（1）钎焊所用的钎料　HL400铝硅钎料，（国内牌号：BAl88Si、相当牌号HL400）、（Si的含量质量分数为11.5%）。焊丝规格：ϕ3.00mm，熔点：577~582℃，适用的钎焊温度：580~610℃，适用于铝及铝合金炉中、火焰钎焊。

（2）钎焊所用的钎剂　QJ202钎料，HL400铝钎焊熔剂，可以配合Al-Si共晶钎料（ER4047，即HL400铝硅焊丝）用于低温的火焰钎焊。因钎剂无腐蚀性，焊后不需要清洗。物理状态：颗粒度≤150μm，白色粉末。无腐蚀铝钎焊熔剂熔化温度比较窄，温度在550℃左右。

4. 表面清理与准备

焊前应将零件表面的油污及氧化膜清除干净，可采用在3%~5%（质量分数）的Na_2CO_3的水溶液中清洗，再用清水漂净。清洗后应在6~8h内使用，切忌用手摸或沾染污物。

5. 焊接操作

钎焊时可预先将钎剂、钎料放置于被焊处与工件同时加热。手工火焰钎焊时，首先将焊丝加热后蘸上钎剂，再加热工件到接近钎焊温度，然后手工送进蘸有钎剂的焊丝到被焊接处。采取使用多孔焊嘴还原性火焰的外焰均匀加热，避免直接加热钎剂和钎料等措施，防止母材氧化，使焊接工作得以顺利进行，获得高质量的焊缝。

6. 焊后清理与处理

无腐蚀性的铝钎剂焊后残渣难以清除，因对母材无腐蚀可不清理。腐蚀性铝钎剂焊后残渣对母材有强腐蚀作用应及时清理，重要焊件清理后再用温度为60～80℃，质量分数为2%的铬酐溶液做表面钝化处理。几种焊后清理方法如下：

1）可在50～60℃的水中浸泡后仔细刷洗。

2）复杂结构的工件可待钎料凝固后将焊件趁热投入水中骤冷，由水分子汽化的喷爆作用使残渣急冷开裂而脱落下来，残渣中可溶部分也同时发生溶解。但投入水中时焊件温度不可太高，以避免焊件发生变形或裂纹。

3）浓度为30g/L的草酸、15g/L的氟化钠、30g/L的洗涤剂的水溶液，保持温度为70～80℃浸渍。

4）体积分数为5%的磷酸、1%的铬酐水溶液，温度为82℃浸渍。

5）热水浸泡后，再在体积分数为10%的硝酸和体积分数为0.25%氢氟酸中浸渍2～3min。存放在阴凉干燥处，注意防潮。

7. 加热方法

1）火焰钎焊通用性强，工艺过程较简单，但加热温度难以控制，局部加热易产生应力。火焰钎焊时，用压缩空气为宜。

2）浸渍钎焊，加热迅速均匀，钎焊温度易于控制，生产效率高，分为盐浴钎焊和熔化钎料的浸渍钎焊。预热时首先干燥，去除水分，使焊件温度接近钎焊温度，避免熔盐温度下降过多，预热温度为540～560℃。钎焊时温度控制在±3℃以内，钎焊温度根据材料的种类选择；时间为10min左右。浸入时工件应该以一个小角度浸入熔盐，工件厚、质量大的部分先浸入。大工件可采用多次浸入方法；取出时要以微小倾角，缓慢平稳地吊离熔盐。

3）炉中钎焊，加热均匀，焊件不易变形，生产效率高。

4）电阻钎焊，加热迅速，易于实现自动化，加热集中，对周围母材影响小。但对钎焊接头的形状和尺寸要求严格，因此应用受到局限。

4.2.2 工装夹具的准备

1. 焊接工装夹具的主要作用

1）准确、可靠的定位和夹紧，可以减轻甚至取消下料和划线工作，减小制品的尺寸偏差，提高了零件的精度和可换性。

2）有效地防止和减轻了焊接变形。

3）使工件处于最佳的施焊部位，焊缝的成形性良好，工艺缺陷明显降低，焊接速度得以提高。

4）以机械装置代替了手工装配零件时的定位、夹紧及工件翻转等繁重的工作，改善了工人的劳动条件。

5）可以扩大先进的工艺方法的使用范围，促进焊接结构的生产机械化和自动化的综合发展。

2. 夹具设计的基本要求

（1）工装夹具应具备足够的强度和刚度　夹具在生产中投入使用时要承受多种力的作用，所以工装夹具应具备足够的强度和刚度。

（2）夹紧的可靠性　夹紧时不能破坏工件的定位位置和保证产品形状、尺寸符合图样要求。既不能允许工件松动滑移，又不使工件的拘束度过大而产生较大的拘束应力。

（3）焊接操作的灵活性　使用夹具生产应保证足够的装焊空间，使操作人员有良好的视野和操作环境，使焊接生产的全过程处于稳定的工作状态。

（4）便于焊件的装卸　操作时应考虑制品在装配定位焊或焊接后能顺利地从夹具中取出，还要求制品在翻转或吊运时不受损害。

（5）良好的工艺性　所设计的夹具应便于制造、安装和操作，便于检验、维修和更换易损零件。设计时还要考虑车间现有的夹紧动力源、吊装能力及安装场地等因素，降低夹具制造成本。

4.2.3　试件的焊接

1. 焊接装置

焊接装置主要由开关阀门、节气装置、胶管、助焊剂罐、点火器、焊枪组成。胶管分为氧气胶管（黑色）和丙烷气胶管（红色）。助焊剂罐是添加焊剂的地方，通过窗口可以观察焊剂量的多少。焊枪是钎焊焊接装置的重要组成部分，它由氧气接头、丙烷气接头、丙烷气调节手轮、混合气管、氧气调节手轮、喷嘴、射吸管。

2. 焊接气体

（1）可燃性气体　与氧气和空气混合后可以燃烧的气体，如氢气、乙炔气、天然气、丙烷气（丙烯气）等。

（2）助燃性气体　有助于其他气体和物质燃烧的气体，如氧气。

（3）不燃烧性气体 与氧气混合也不可以燃烧的气体，如氮气、氦气、氩气。

3. 焊接前的准备

（1）焊枪的使用　右手持焊枪，用右手的大拇指、食指和中指握丙烷气的开关阀；用左手的大拇指和食指控制氧气的开关阀。

（2）焊枪点火

1）打开丙烷气的开关阀（放气）再点火。

2）点燃焊枪后，慢慢打开氧气阀。

（3）调节成可用于焊接的火焰大小

（4）火焰的种类　中性火焰，氧化焰，还原火焰。

4. 焊接方法

加热母材（立焊）：①在下部母材喇叭口顶部高出 5mm 左右的地方加热；②使用离焰尖 3~5mm 处火焰加热。钎料的供给方法是达到钎料可以渗透的温度时（母材变成淡红色时），从火焰的反方向供给钎料。

注意：①把钎料贴上被加热的铜管外壁、钎料仍不融化表示加热不足；②钎料是向温度高的方向流动，因此应从火焰的相反方供给钎料（把钎料从火焰方供给会造成钎料无法流动）。加热母材（平焊）时，应注意平焊很容易造成泄漏的不良现象发生（特别是上部位置）。

火焰的使用方法（避开法）：钎料渗透母材的同时，立即从母材移开火焰，在加热过度前避开火焰；决定焊缝位置后，钎料渗透母材，开始渗透后（即钎料开始流动时）把火焰拿远（或拿近）避开火焰。

避开火焰的方法对焊条来说很重要。根据火焰的避开方法，会发生像泄漏、母材熔化、产生氧化膜、减弱母材的强度等不良现象发生。如果火焰避开太早会造成加热不足、在钎料还没被熔化的情况下可以再用火焰加热，钎料开始熔化的时间见表4-6。

表4-6　钎料开始熔化的时间

2min（ϕ6.35）	3min（ϕ9.52）	4min（ϕ12.7）
3~4s	4~5s	5~6s

5. 钎焊后的清洗

钎剂残渣大多数对钎焊接头有腐蚀作用，也妨碍对钎缝的检查，需及时清除干净。含松香的活性钎剂残渣可用异丙醇、酒精、三氯乙烯等有机溶剂除去。由有机酸及盐组成的钎剂，一般都溶于水，可采用热水洗涤。由无机酸组成的软钎剂溶于水，因此可用热水洗涤。含碱金属及碱土金属氯化物的钎剂（例如氯化锌），可用2%（质量分数）盐酸溶液洗涤。

硬钎焊用的硼砂和硼酸钎剂残渣基本上不溶于水，很难去除，一般用喷砂去除。比较好的方法是将已钎焊的工件在热态下放入水中，使钎剂残渣开裂而易于去除。

含氟硼酸钾或氟化钾的硬钎剂残渣可用水煮或在10%（质量分数）柠檬酸热水中清除。

铝用软钎剂残渣可用有机溶剂（如甲醇）清除。

铝用硬钎剂残渣对铝具有很大的腐蚀性，钎焊后必须清除干净。下面列出的清洗方法可以得到比较好的效果。

1）60~80℃热水中浸泡10min，用毛刷仔细清洗钎缝上的残渣，冷水冲洗，15% HNO_3（质量分数）水溶液中浸泡约30min，再用冷水冲洗。

2）60~80℃流动热水冲洗10min，再放在65~75℃的2% Cr_2O_3（质量分数）水溶液中浸泡5min，再用冷水冲洗，冷水浸泡8h。

6. 钎焊操作中的安全与防护

（1）燃气溶接装置检查及注意点

1）检查燃气溶接装置器具。

① 集中配管的各连接阀、开关是否顺畅。

② 助焊剂罐有无污渍（助焊剂），有无漏气发生。

③ 检查点火装置是否干净，能否正常工作。

④ 喷枪的工作是否正常。

⑤ 各器具的连接部（气体软管）是否漏气。

2）注意点。

① 每天开始上班前必须检查燃气溶接装置连接部位。

② 焊膏对环境有影响，因此焊膏的管理必须按已定好的规定进行。

③ 必须列为危险物品来保管。

④ 如果打倒了，需立即擦拭。

⑤ 应放到指定的空容器里面。

（2）安全保护器具

① 不可被油污弄脏作业服。

② 穿好安全鞋，戴好帽子等。

③ 戴好手套、防护眼镜。

④（工作服为短袖的话）要戴好手背护套。

注意：焊接作业中禁止戴皮手套、尼龙手套。

项目5

自动化熔化极气体保护焊

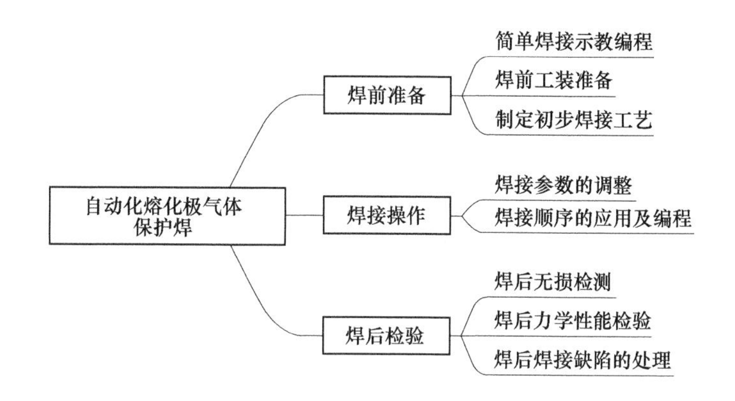

5.1 焊前准备

5.1.1 简单焊接示教编程

1. 编程前的准备工作

1）检查设备水循环系统、电源控制系统、焊丝、保护气体、压缩空气是否正常。

2）对机器人各轴进行校零。

3）对 TCP（Torch Centre Point 焊枪中心点）进行调整校正。

4）如果需要 ELS 传感器或激光摄像头，确定是否有模板，并且传感器是否正常工作，包括软硬件。

5）机器各部分准备就绪。

2. 操作注意事项

1）只有经过培训的人员方可操作机器人。

2）手动操作时，应始终注视机器人，永远不要背对机器人。

3）不要高速运行不熟悉的程序。

4）进入机器人工作区，应保持高度警惕，要能随时按下急停开关。

5）执行程序前，应确保机器人工作区内不得有无关的人员、工具、物品，要检查工件夹紧与否，工件与程序是否对应。

6）机器人高速运行时，不要进入机器人工作区域。

7）电弧焊接时，应注意防护弧光辐射。

8）机器人静止并不表示机器人不动作了，有可能是编制了延时。

9）在不熟悉机器人的运动之前，应保持自动慢速运行。

3. 程序的新建、调用、激活、存储、删除

（1）程序的新建　F3（新建）→输入文件名（123）→确认。

（2）程序的调用　F7（程序）→选择介质（F2 硬盘、F3 软盘）→选择程序→装入内存。

（3）程序的激活　（只有内存中的程序才能被激活）F7（程序）→F1（内存）→选择程序→激活。

（4）程序的存储　F2（存盘），则当前激活的程序及其库程序被存入到硬盘；F7（程序）→选择介质（F1 内存、F2 硬盘、F3 软盘）→选择程序→存入到硬盘或存入到内存。

（5）程序的删除　F7（程序）→选择介质（F1 内存、F2 硬盘、F3 软盘）→选择程序→删除。

4. 焊接示教编程

1）直线焊缝的编程如图 5-1 所示，直线焊缝编程示例见表 5-1。

将机器人移动到所需位置，转换步点类型，输入或选定必要的参数内容，通过使用 ADD 键得到示教器当前显示的步点。

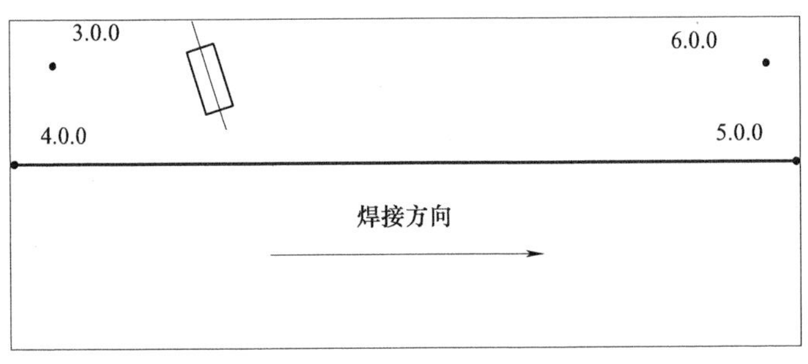

图 5-1　直线焊缝的编程

表 5-1　直线焊缝编程示例

顺序号	步点号	类型	扩展	备注
3	3. 0. 0	空步+非线形	无	
4	4. 0. 0	空步+非线形	无	焊缝起始点
5	5. 0. 0	工作步+线形	无	焊缝目标点
6	6. 0. 0	空步+非线形	无	离开焊缝

2）直线摆动的编程如图 5-2 和图 5-3 所示，直线摆动编程示例见表 5-2。

① 直线摆动通过机器人程序进行设定，按照设定的运动方式进行焊接。

② 将机器人移动到所需位置，转换步点类型，输入或选定必要的参数内容，在主界面扩展中设置摆动点，通过使用 ADD 键得到示教器当前显示的步点。

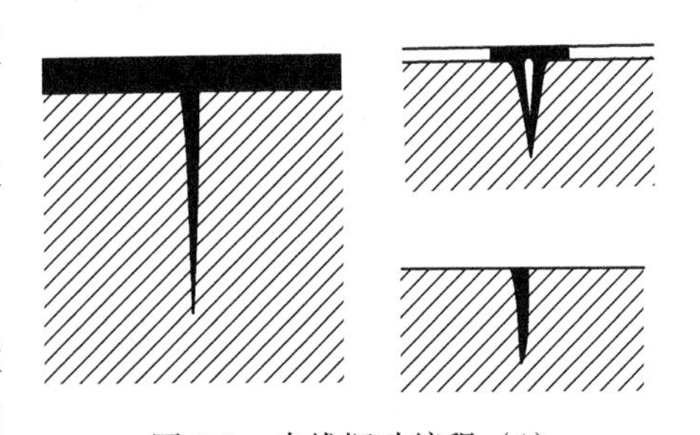

图 5-2　直线摆动编程（1）

3）圆弧编程如图 5-4 所示，圆焊缝的编程如图 5-5 所示，圆焊缝编程示例见表 5-3。

一段圆弧至少由三个点组成，一个整圆至少要由四个点进行确定。圆编程时，确定圆弧的三个点中的两个是由运动类型为圆弧工作步的点组成，第一个工作的步点作为圆弧的起点。

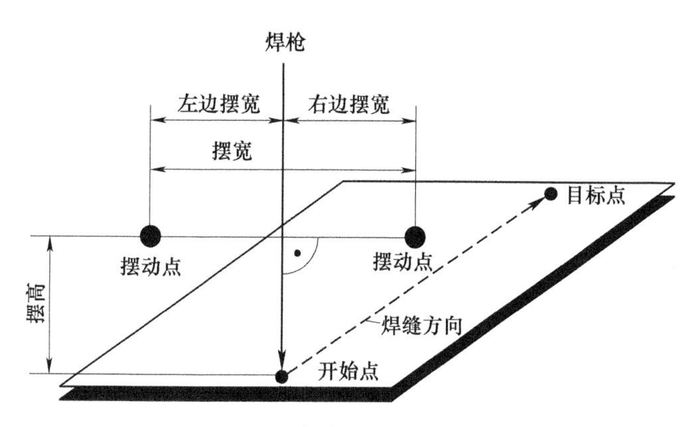

图 5-3　直线摆动编程（2）

表 5-2　直线摆动编程示例

顺序号	步点号	类型	扩展	备注
3	3.0.0	空步+非线形		
4	4.0.0	空步+非线形		
5	5.0.0	工作步	摆动点	摆动激活
6	6.0.0	工作步	摆动点	摆动激活
7	7.0.0	工作步	摆动点	摆动激活
8	8.0.0	空步+非线形		

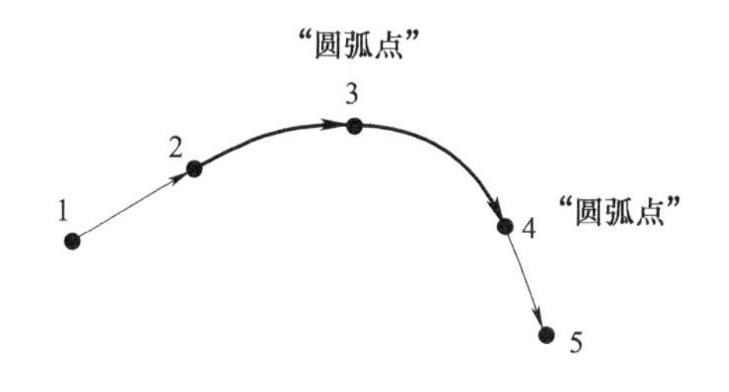

图 5-4　圆弧编程

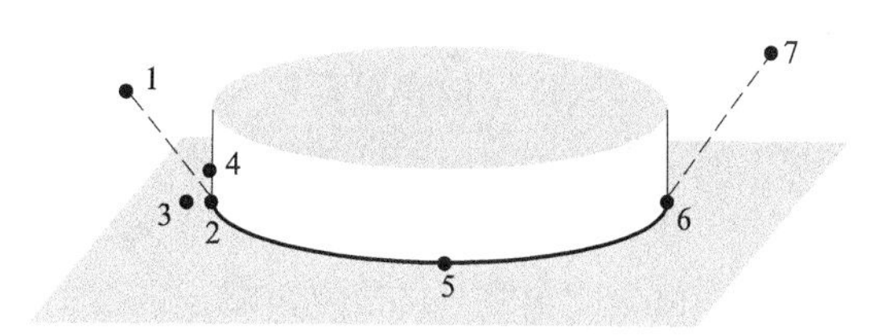

图 5-5　圆焊缝编程

表 5-3　圆焊缝编程示例

顺序号	步点号	类型	扩展	备注
3	3.0.0	空步+非线形		
4	4.0.0	空步+非线形		焊缝起始点
5	5.0.0	工作步+圆弧		焊缝
6	6.0.0	工作步+圆弧		焊缝目标点
7	7.0.0	空步+非线形		离开焊缝

注意事项：

① 包括起始点，圆弧焊缝至少需要三个点，整圆至少需要四个点。

② 焊枪角度的变化尽可能使用第六轴。

③ 每两点之间的角度不得超过 180°。

5.1.2 焊前工装准备

1. 工装设计

1）工装总体高度要严格控制。原单轴变位机设计时充分考虑了工件旋转时的重心变化，涉及伺服电动机功率选取。如果工件旋转时偏心严重，会导致伺服电动机过载。

2）工装需要有足够的承重能力。由于工装转台上要安装原有的两轮台车架夹具，所以此工装要有足够的承重能力来承受夹具、两轮台车架的重量以及在变位机旋转过程中的偏心力矩。

3）安全方便的固定。在工件焊接过程中，工装转台不能旋转，必须有安全可靠、方便操作的固定装置。

2. 工装使用方法

1）将工装各个部分按照图样要求装配好，机器人原厂夹具底部的轴插入工装后，将轴端挡圈安装好。然后将组装好的工装夹具用原厂配置的螺栓固定在变位机托架上。

2）将组装定位焊好的两轮台车架固定在机器人夹具上，由示教人员进行示教编程。

3）松开固定销，将夹具旋转 180°后用固定销重新固定，由示教人员进行示教编程。

4）使用机器人原厂的变位机将托架旋转 180°，由示教人员进行示教编程。

5.1.3 制定初步焊接工艺

1. 焊前准备

焊前准备主要有设备检查、焊件坡口的准备、焊件和焊丝表面的清理以及焊件组装等，自动化熔化极气体保护焊对焊件和焊丝表面的污染物非常敏感，故焊前表面清理工作是焊前准备中的重点，所使用的焊丝与其他焊接方法相比通常要细一些，因此，焊丝金属张力相对也较大，容易带入杂质，并且一旦杂质进入焊缝后，因焊接速度较快，熔池冷却也较快，则溶解在熔池中的杂质和气体较难逸出而易产生缺陷。另外，当焊丝和焊件接口表面存在较厚氧化膜或污物时，会改变正常的焊接电流和电弧电压值，影响焊缝成形和质量。因此，焊前必须仔细清理焊丝和焊件。常用的焊前清理方法有化学清理和机械清理两类。

（1）化学清理　化学清理方法因材质不同而异。例如铝及铝合金表面不仅有油污，而且存在一层熔点高、电阻大、有保护作用的致密氧化膜。焊前须先进行脱油清理，然后用 NaOH 溶液进行碱洗，再用 HCL 溶液进行酸洗，以清除氧化膜，并使表面光化，其清理工序见表 5-4。

表 5-4　化学清理工序

工序	碱洗			冲洗	酸洗（光化）			冲洗	干燥
材质	NaOH 浓度（质量分数,%）	温度/℃	时间/min		HCL，浓度（质量分数,%）	温度/℃	时间/min		
纯铝	15	室温	10~15	冷却水	30	室温	2	冷却水	100～110℃烘干，再低温干燥
	4~5	60~70	1~2						
铝合金	8	50~60	5~10		30	室温	<2		

（2）机械清理　机械清理有打磨、刮削和喷砂等，用以清理焊件表面的氧化膜。对于不锈钢或高温合金焊件，常用砂纸磨或抛光法将焊件接头两侧30~50mm宽度内的氧化膜清除掉。对于铝合金，由于材质较软，可用细钢丝轮、钢丝刷或刮刀将焊件接头两侧一定范围内的氧化物除掉。机械清理方法生产效率较低，所以在批量生产时常用化学清理法。

2. 焊接参数的选择

自动化熔化极气体保护焊的焊接参数主要有：焊接电流、电弧电压、焊接速度、焊丝伸出长度、焊丝倾角、焊丝直径、焊接位置、极性、保护气体的种类和流量大小等。

（1）焊接电流和电弧电压　通常是先根据工件的厚度选择焊丝直径，然后再确定焊接电流熔滴过渡类型。即在任何给定的焊丝直径下，增大焊接电流，焊丝熔化速度增加。因此，就需要相应地增加送丝速度。同样的送丝速度，较粗的焊丝，则需要较大的焊接电流，焊丝直径一定时，焊接电流（即送丝速度）的选择与熔滴过渡类型有关。焊接电流较小时，熔滴为滴状过渡（若电弧电压较低，则为短路过渡）。滴状过渡时，飞溅较大，焊接过程不稳定，因此在生产上不采用。而短路过渡时电弧功率较小，通常仅用于薄板焊接。当电流超过临界电流值时，熔滴为喷射过渡，喷射过渡是生产中应用最广泛的熔滴过渡形式。但要获得稳定的喷射过渡，焊接电流还必须小于使焊缝起始的临界电流（大电流铝合金焊接时）或产生旋转射流过渡的临界电流（大电流焊接钢材时），以保证稳定的焊接过程和焊接质量。焊接电流一定时，电弧电压应与焊接电流相匹配，以避免气孔、飞溅和咬边等缺陷的产生。

（2）焊接速度　单道焊的焊接速度是焊枪沿接头中心线方向的相对移动速度。在其他条件不变时，熔深随焊速增大而增加，并有一个最大值，焊速减小时，单位长度上填充金属的熔敷量增加，熔池体积增大。由于这时电弧直接接触的只是液态熔池金属，固态母材金属的熔化是靠液态金属的导热作用实现的，故熔深减小，熔宽增加，焊接速度过高，单位长度上电弧传给母材的热量显著降低，母材的熔化速度减慢，随着焊速的提高，熔深和熔宽均减小，焊接速度过高有可能产生咬边。

（3）焊丝伸出长度　焊丝的伸出长度越长，焊丝的电阻热越大，则焊丝的熔化速度越快。焊丝伸出长度过长，会造成以低的电弧热熔敷过多的焊缝金属，使焊缝成形不良，熔深减小，电弧不稳定；焊丝伸出长度过短，电弧易烧导电嘴，且金属飞溅易堵塞喷嘴。对于短路过渡来说，合适的焊丝伸出长度为6.4~13mm，而对于其他型式的熔滴过渡，焊丝伸出长度一般为13~25mm。

（4）焊丝位置　焊丝轴线相对于焊缝中心线（称基准线）的角度和位置会影响焊道的形状和熔深。在包含焊丝轴线和基准线的平面内，焊丝轴线与基准线垂线的夹角称为行走角，如图5-6所示。上述平面与包含基准线的垂直面之间的夹角称工作角，如图5-7所示，焊丝向前倾斜焊接时，称为前倾焊法，向后倾斜时称为后倾焊法。

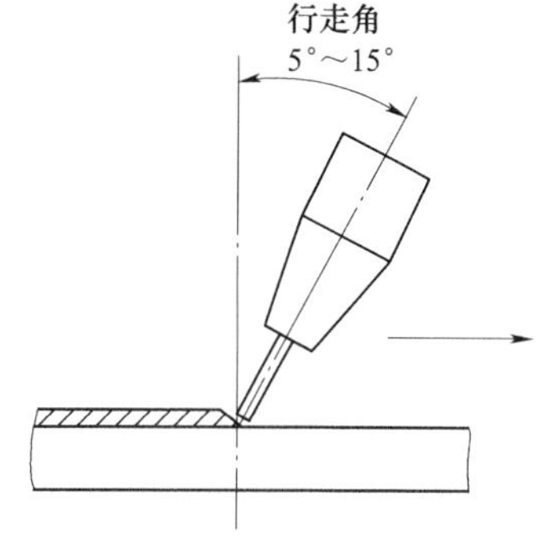

图5-6　焊丝的行走角图

焊丝方位对焊缝成形的影响如图5-8所示。当其他条件不变，焊丝由垂直位置变为后倾焊法时，熔深增加，而焊道变窄且余高增大，电弧稳定，飞溅小。行走角为25°的后倾焊法通常可获得最大的熔深，一般行走角在 5°~15°，以便良好地控制焊接熔池。在横焊位置焊接角焊缝时，工作角一般为 45°。

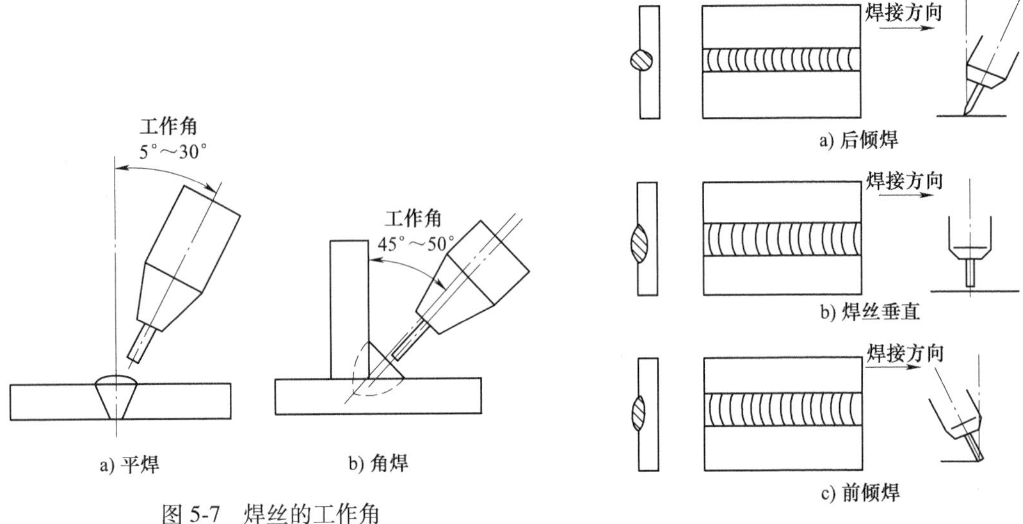

图 5-7　焊丝的工作角

图 5-8　焊丝方位对焊缝成形的影响

（5）焊接位置　喷射过渡可适用于平焊、立焊、仰焊位置。平焊时，焊件相对水平面的斜度对焊缝成形和焊接速度有影响。若采用下坡焊（通常工件相对于水平面夹角≤15°），焊缝余高减小、熔深减小、焊接速度可以提高，有利于焊接薄板金属；若采用上坡焊，重力使熔池金属后流，熔深和余高增加，而熔宽减小。短路过渡焊接可用于薄板材料的全位置焊。

（6）气体流量　保护气体从喷嘴喷出可有两种情况：较厚的层流和接近于紊流的较薄层流。前者有较大的有效保护范围和较好的保护作用，因此，为了得到层流的保护气流、加强保护效果，需采用结构设计合理的焊枪和合适的气体流量。气体流量过大或过小都会造成紊流。由于熔化极惰性气体保护电弧焊对熔池的保护要求较高，如果保护不良，焊缝表面便起皱纹，所以喷嘴孔径及气体流量均比钨极氩弧焊要相应增大。通常喷嘴孔径为 20mm 左右，气体流量为 30~60L/min。

5.2　焊接操作

5.2.1　焊接参数的调整

1. 焊丝、材料、焊接方法的调整

当机器人连接多台焊机时，用户需对每台焊机分别进行设置及调整。单击设置焊机参数对话框中的焊丝/材料/焊接方法图标，弹出焊丝/材料/焊接方法设置对话框，如图 5-9 所示。

1）[Material（材料）] 可调整所用焊丝材料。

2）[Wire（焊丝）] 可调整所有焊丝直径。

3）［Method（方法）］设置所用焊接方法。

4）［Motor（电动机）］可调整送丝机的减速比。

5）［Timer（定时器）］可调整机器人在检测无电弧状态前的等待时间，可防止机器人将引弧阶段的不稳定状态当作无电弧错误处理。

2. 起弧/收弧参数调整（以松下机器人为例）

单击参数调整框内起弧/收弧（Start/End）按钮，显示起弧/收弧参数调整对话框，如图 5-10 所示。

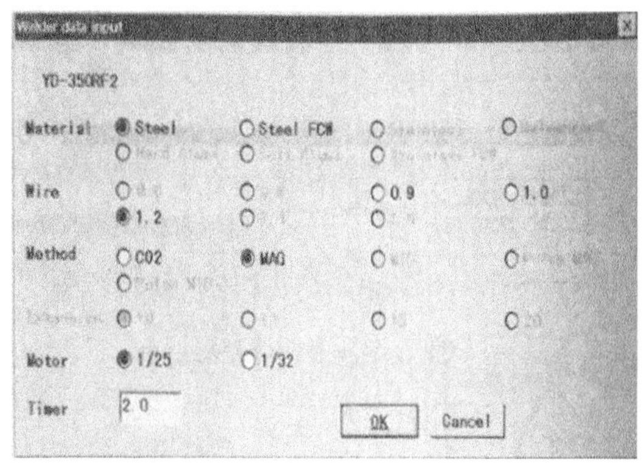

图 5-9　焊丝/材料/焊接方法设置对话框

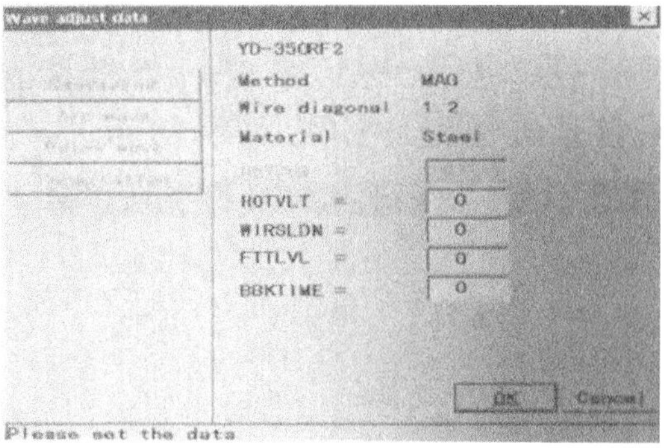

图 5-10　起弧/收弧参数调整对话框

1）［HOTCUR］设置热电流调整参数。设置范围：-3～+3。

2）［HOTVLT］设置热电压调整参数。设置范围：-10～+10。

增大此值，电弧刚刚产生后的焊丝碰撞减少。

减小此值，电弧刚刚产生后的焊丝燃烧得到控制。

3）［WIRSLDN］设置焊丝缓慢下降速度调整数值。设置范围：-125～+125。

增大此值，电弧发生之前的时间缩短。

减小此值，电弧发生概率减少。

4）［FTTLVL］设置 FTT（消熔球电路）电压水平调整数值。设置范围：-50～+50。

增大此值，焊丝头形状为球形，发生粘丝概率降低。

减小此值，焊丝头形状为尖形，提高下次起弧成功率。

5）［BBKTIME］设置回烧时间调整数值。设置范围：-20～+20。

增大此值，焊丝的回烧时间变长，降低了粘丝的发生率。

3. 点动速度参数调整

点动速度功能用于设置通过示教器送丝时的慢送丝速度。点动速度可设置为“高速”和“低速”两档。低速用于前 3s 的送丝速度，高速用于 3s 后的送丝速度。

单击参数设置对话框中的慢送丝速度图标，显示点动速度设置对话框，如图 5-11 所示。

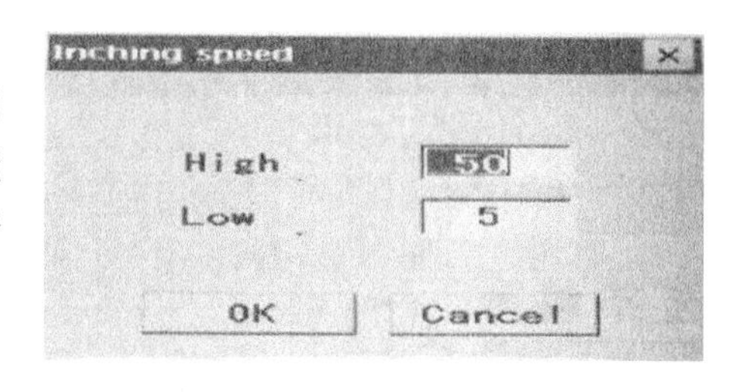

图 5-11　点动速度参数调整对话框

1）［High（高速）］设置高速时的送丝速度，

数值越大送丝速度越快。

2）[Low（低速）] 设置低速时的送丝速度，数值越小送丝速度越慢。

4. 粘丝接触参数调整

焊接结束后，如果发生焊丝粘连现象，通过此功能机器人可自动将粘丝切断，设置方法如下。

① 单击设置焊接参数对话框中的粘丝解除（Stick release）图标，显示粘丝解除参数调整对话框，如图 5-12 所示。

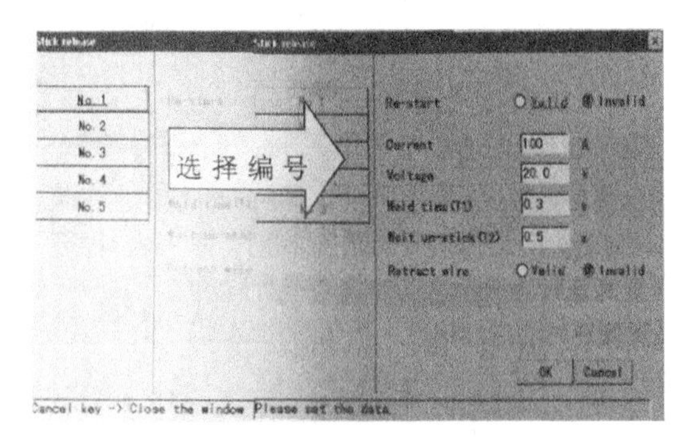

图 5-12　粘丝解除参数调整对话框

② 选择所需的参数表，进行参数设置。

[Re-start（粘丝解除）] 调整是否使用此功能。

[Current（电流）] 调整焊丝熔化电流，调整范围：1~350V。

[Voltage（电压）] 调整焊丝熔化电压，调整范围：1~50V。

[Weld time（T1）焊接时间 T1] 调整熔化时间，调整范围：0. 0~9. 9s。

[Wait un-stick（T2）等待时间 T2] 调整机器人开始粘丝检测后的等待时间，调整范围：0. 0~9. 9s。

[Retract wire（焊丝回抽）] 调整机器人开始粘丝检测前是否回抽焊丝。

5. 2. 2　焊接顺序的应用及编程

1. 复杂试件焊接顺序示例（图 5-13）

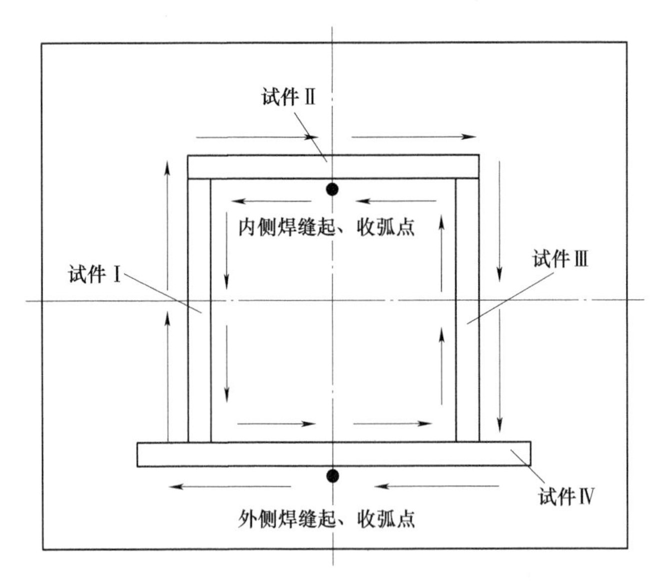

图 5-13　工件焊接顺序示意图

为提高编程效率及程序运行的可靠性，先对工件外侧四周焊缝进行编程，以试件Ⅳ外侧中心点为起弧点，采用顺时针方向进行编程焊接；内侧焊缝则以试件Ⅱ中心点为起弧点，采用逆时针方向进行编程焊接。如图5-13所示，外侧四周焊缝编程方向为顺时针方向，内侧焊缝编程方向为逆时针方向。

2. 复杂试件示教编程示例（图5-14）

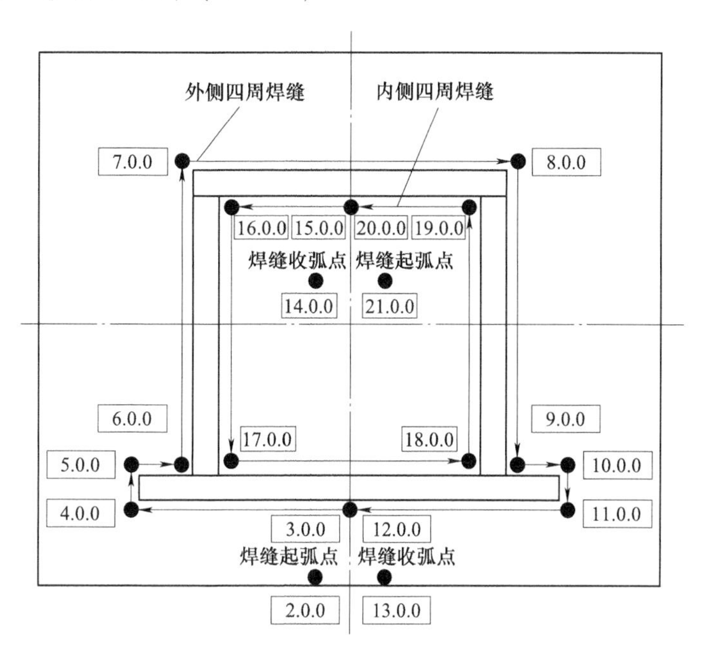

图5-14　示教编程示意图

（1）新建程序　输入程序名（如FZGJ-T12FWPB）后确认，自动生成程序。

（2）正确选择坐标系　基本移动采用直角坐标系，接近或角度移动采用绝对坐标系。

（3）外侧焊缝编程　调整机器人各轴，得到合适的焊枪姿势及焊枪角度，生成空步点2.0.0→按ADD键保存步点，自动生成步点3.0.0；生成焊接步点3.0.0之后，将焊枪设置为接近试件起弧点（试件Ⅲ外侧中间位置），为防止和夹具发生碰撞，采用低档慢速，掌握微动调整，精确地靠近工件；调整焊丝伸出长度为10~12mm；调整焊枪角度将焊枪与平板成45°夹角，与焊接方向成70°~75°夹角→按ADD键保存步点，自动生成步点4.0.0，调整好焊枪角度及焊丝伸出长度。

（4）按JOG/WORK键将4.0.0空步转换成工作步　设定合理焊接参数，将焊接参数中的运动模式设为线性→按ADD键自动生成工作步步点5.0.0，将焊枪调整至步点5.0.0位置，调整好焊枪角度及焊丝伸出长度后保存→按ADD键自动生成工作步步点6.0.0，将焊枪调整至步点6.0.0位置，调整好焊枪角度及焊丝伸出长度后保存→按ADD键自动生成工作步步点7.0.0，将焊枪调整至步点7.0.0位置，调整好焊枪角度及焊丝伸出长度后保存→按ADD键自动生成工作步步点8.0.0，将焊枪调整至步点8.0.0位置，调整好焊枪角度及焊丝伸出长度后保存→按ADD键自动生成工作步步点9.0.0，将焊枪调整至步点9.0.0位置，调整好焊枪角度及焊丝伸出长度后保存→按ADD键自动生成工作步步点10.0.0，将焊枪调整至步点10.0.0位置，调整好焊枪角度及焊丝伸出长度后保存→按ADD键自动生成工作步步点11.0.0，将焊枪调整至步点11.0.0位置，调整好焊枪角度及焊丝伸出长度后保存→按

ADD 键自动生成工作步步点 12.0.0，将焊枪调整至步点 12.0.0 位置，调整好焊枪角度及焊丝伸出长度后保存；将焊枪移至焊缝收弧点→按 ADD 键自动生成工作步点 13.0.0；按 JOG/WORK 键将工作步转换成空步点，将焊枪移至安全位置。

（5）内侧焊缝编程　调整机器人各轴，调整为合适的焊枪姿势及焊枪角度，生成空步点 14.0.0→按 ADD 键保存步点，自动生成步点 15.0.0；生成焊接步点 15.0.0 之后，将焊枪设置成接近试件起弧点（试件Ⅱ中间位置），为防止和夹具发生碰撞，采用低挡慢速，掌握微动调整，精确地靠近工件；调整焊丝伸出长度 10~12mm；调整焊枪角度将焊枪与平板成 45°夹角，与焊接方向成 70°~75°夹角→按 ADD 键保存步点，自动生成步点 16.0.0，调整好焊枪角度及焊丝伸出长度；按 JOG/WORK 键将 16.0.0 空步转换成工作步，设定合理焊接参数，将焊接参数中的运动模式设为线性→按 ADD 键自动生成工作步步点 17.0.0，将焊枪调整至步点 17.0.0 位置，调整好焊枪角度及焊丝伸出长度后保存→按 ADD 键自动生成工作步步点 18.0.0，将焊枪调整至步点 18.0.0 位置，调整好焊枪角度及焊丝伸出长度后保存→按 ADD 键自动生成工作步步点 19.0.0，将焊枪调整至步点 19.0.0 位置，调整好焊枪角度及焊丝伸出长度后保存→按 ADD 键自动生成工作步步点 20.0.0，将焊枪调整至步点 20.0.0 位置，调整好焊枪角度及焊丝伸出长度后保存；将焊枪移至焊缝收弧点→按 ADD 键自动生成工作步点 21.0.0；按 JOG/WORK 键将工作步转换成空步点，将焊枪移至安全位置，整个焊缝编程结束。

（6）将焊枪移开试件至安全区域

（7）示教编程完成后，对整个程序进行试运行　试运行过程中观察各个步点的焊接参数是否合理，并仔细观察焊枪角度的变化及设备周围运行环境的安全性。

5.3 焊后检验

5.3.1 焊后无损检测

无损检测是指不损坏被检查材料或成品的性能和完整性而检测缺陷的方法。它包括外观检测、密封性检测、耐压检测、无损检测（渗透检测、磁粉检测、超声波检测、射线检测）等，无损检测方法符号见表 5-5。

表 5-5　无损检测方法符号

无损检测方法	外观检测	射线检测	超声波检测	磁粉检测	渗透检测	涡流检测	密封性检测	声发射
符号	VT	RT	UT	MT	PT	ET	LT	AE(AT)

1. 外观检测

外观检验是一种简便而又实用的检验方法。它是用肉眼或借助于标准样板、焊缝检验尺、内窥镜、量具或低倍放大镜观察焊件，以发现焊缝表面缺陷的方法。外观检验的主要目的是为了发现焊接接头的表面缺陷及焊缝尺寸是否符合图样设计要求，如焊缝的表面气孔、表面裂纹、咬边、焊瘤、烧穿及焊缝尺寸偏差、焊缝成形缺陷等。检验前须将焊缝附近 10~20mm 内的飞溅和污物清除干净。焊缝的外观尺寸一般采用焊缝检验尺进行检验，具体检验方法如图 5-15 所示。

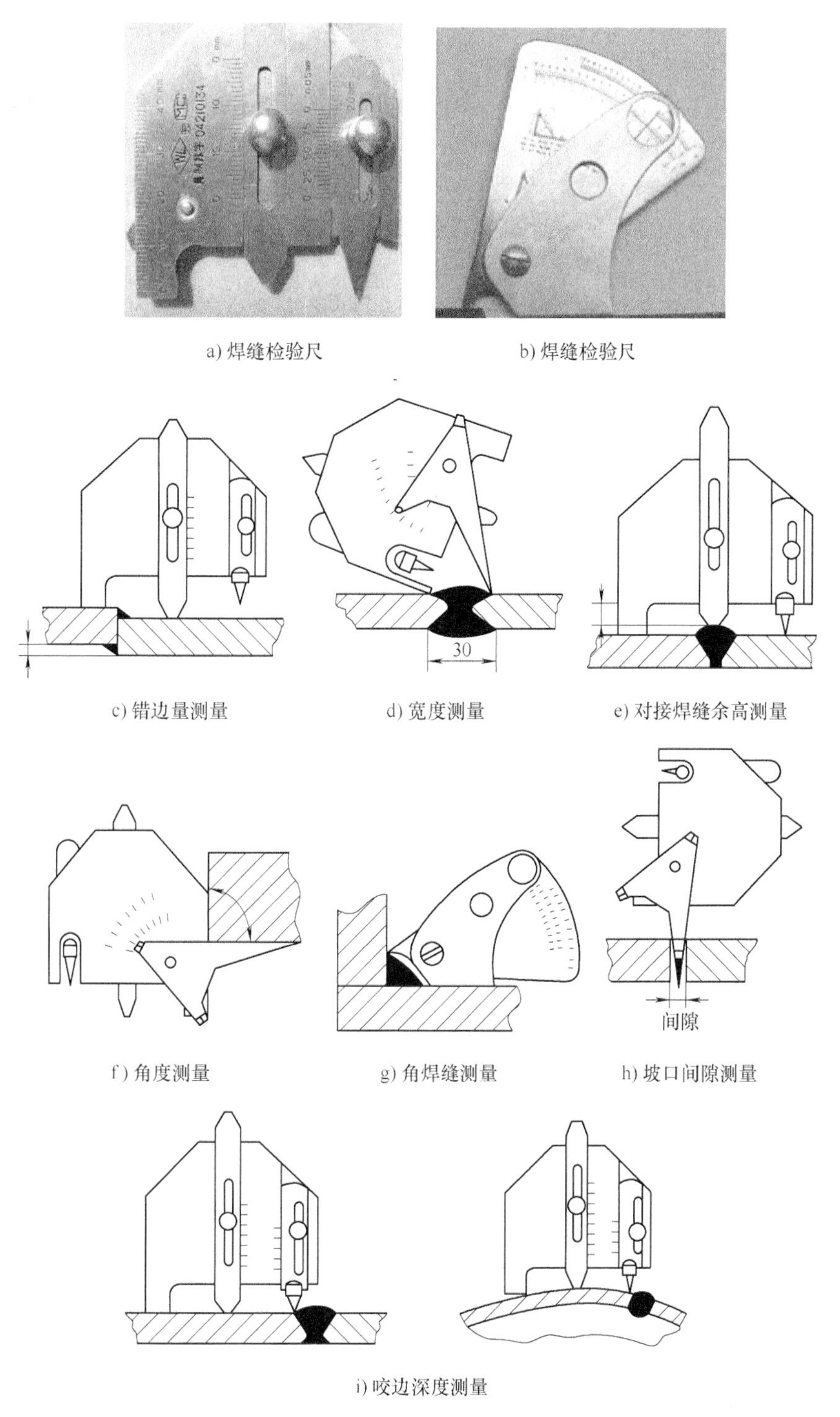

图 5-15　焊缝检验尺及使用方法

2. 密封性检验

密封性检验是用来检查有无漏水、漏气和渗油、漏油等现象的检验。密封性检验的方法很多，常用的方法有气密性检验、煤油试验等，主要用来检验焊接管道、盛器、密闭容器上的焊缝或接头是否存在不致密性缺陷等。

（1）气密性检验　常用的气密性检验是将远低于容器工作压力的压缩空气压入容器，利用容器内外气体的压力差来检查有无泄漏。检验时，在焊缝外表面涂上肥皂水，当焊接接头有穿透性缺陷时，气体就会逸出，肥皂水就有气泡出现而显示缺陷。如果容器较小时可放入水中检验，这样能准确地检测到所有穿透性缺陷的位置。这种检验方法常用于受压容器接管、加强圈的焊缝。

若在被试容器中通入含1%（体积分数）氨气的混合气体来代替压缩空气则效果更好。这时应在容器的外壁焊缝表面贴上一条比焊缝略宽、用含5%（质量分数）硝酸汞的水溶液浸过的纸带。若焊缝或热影响区有泄漏，氨气就会透过这些地方与硝酸汞溶液起化学反应，使该处试验纸呈现出黑色斑纹，从而显示出缺陷所在。这种方法比较准确、迅速，同时可在低温下检查焊缝的气密性。

（2）煤油试验　在焊缝的一面（包括热影响区部分）涂上石灰水溶液（干燥后呈白色），再在焊缝的另一面涂上煤油。由于煤油渗透能力较强，当焊缝及热影响区存在贯穿性缺陷时，煤油就能透过去，使涂有石灰水的一面显示出明显的油斑，从而显示缺陷所在。

煤油试验的持续时间与焊件板厚、缺陷大小及煤油量有关，一般为15~20min，如果在规定时间内，焊缝表面未显现油斑，可认为焊缝密封性合格。

3. 耐压检验

耐压试验是将水、油、气等充入容器内慢慢加压，以检查其泄漏、耐压、损坏等的试验。常用的耐压试验有水压试验、气压试验。

（1）水压试验　水压试验主要用来对锅炉、压力容器和管道的整体致密性和强度进行检验。

试验时，将容器注满水，密封各接管及开孔，并用试压泵向容器内加压。试验压力一般为产品工作压力的1.25~1.5倍，试验温度一般高于5℃（低碳钢）。在升压过程中，应按规定逐级上升，中间做短暂停压，当压力达到试验压力后，应恒压一定时间，一般为10~30min，随后再将压力缓慢降至产品的工作压力。这时在沿焊缝边缘15~20mm的地方，用圆头小锤轻轻敲击检查，当发现焊缝有水珠、水雾或有潮湿现象时，应标记出来，待容器卸压后做返修处理，直至产品水压试验合格为止。

（2）气压试验　气压试验和水压试验一样，是检验在压力下工作的焊接容器和管道的焊缝致密性和强度。气压试验比水压试验更为灵敏和迅速，但气压试验的危险性比水压试验大。试验时，先将气体（常用压缩空气）加压至试验压力的10%，保持5~10min，并将肥皂水涂至焊缝上进行初次检查。若无泄漏，继续升压至试验压力的50%，其后按10%的级差升压至试验压力并保持10~30min，然后再降到工作压力，至少保持30min并进行检验，直至合格。

由于气体须经较大的压缩比才能达到一定的高压，如果一定高压的气体突然降压，其体积将突然膨胀，其释放出来的能量是很大的。若这种情况出现在进行气压试验的容器上，实际上就是出现了非正常的爆破，后果是不堪设想的。因此，气压试验时必须严格遵守安全技术操作规程。

4. 无损检测

无损检测是检验焊缝质量的有效方法，主要包括渗透检测、磁粉检测、超声波检测、射线检测等。其中射线检测、超声波检测适合于焊缝内部缺陷的检验，渗透检测、磁粉检测则适合于焊缝表面缺陷的检验。

（1）渗透检测　渗透检测是利用带有荧光染料（荧光法）或红色染料（着色法）的渗透剂的渗透作用，显示缺陷痕迹的无损检测方法，它可用来检验铁磁性和非铁磁性材料的表面缺陷，但多用作非铁磁性材料焊件的检验。渗透检测有荧光检测和着色检测两种方法，具体渗透步骤见5-6。

表5-6　渗透检测步骤

检测步骤	示 意 图
预处理和预清洗	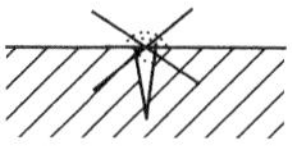
渗透过程	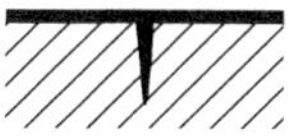
中间清洗和干燥	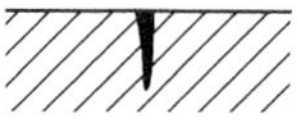
显像过程	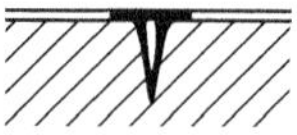
观　察	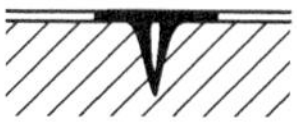
记　录	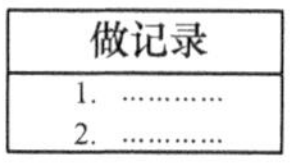 做记录 1. ………… 2. …………
后清洗	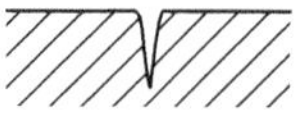

1）荧光检测。检验时，先将被检验的焊件浸渍在具有很强渗透能力的有荧光粉的油液中，使油液能渗入细微的表面缺陷，然后将焊件表面清除干净，再撒上显像粉（MgO）。此时，在暗室内的紫外线照射下，残留在表面缺陷内的荧光液就会发光（显像粉本身不发光，可增强荧光液发光），从而显示了缺陷的痕迹。

2）着色检测。着色检测的原理与荧光探伤相似，不同之处只是着色检测是用着色剂来取代荧光液而显现缺陷。检验时，将擦干净的焊件表面涂上一层红色的流动性和渗透性良好的着色剂，使其渗入到焊缝表面的细微缺陷中，随后将焊件表面擦净并涂以显像粉，便会显现出缺陷的痕迹，从而确定缺陷的位置和形状。着色探伤的灵敏度较荧光探伤高，操作也较方便。

（2）磁粉检测　磁粉探伤是利用在强磁场中，铁磁性材料表面缺陷产生的漏磁场吸附磁粉的现象而进行的无损检测方法。磁粉检测仅适用于检验铁磁性材料的表面和近表面缺陷。

检验时，首先将焊缝两侧充磁，焊缝中便有磁力线通过。若焊缝中没有缺陷，材料分布均匀，则磁力线的分布是均匀的。当焊缝中有气孔、夹渣、裂纹等缺陷时，则磁力线因各段磁阻不同而产生弯曲，磁力线将绕过磁阻较大的缺陷。如果缺陷位于焊缝表面或接近表面，则磁力线不仅在焊缝内部弯曲，而且将穿过焊缝表面形成漏磁，在缺陷两端形成新的 S 极、N 极，从而产生漏磁场，如图 5-16 所示。当焊缝表面撒有磁粉粉末时，漏磁场就会吸引磁粉，在有缺陷的地方形成磁粉堆积，检测时就可根据磁粉堆积的图形情况等来判断缺陷的形状、大小和位置。磁粉检测时，磁力线的方向与缺陷的相对位置十分重要。如果缺陷长度方向与磁力线平行则缺陷不易显露，如果磁力线方向与缺陷长度方向垂直时，则缺陷最易显露。因此，磁粉检测时，必须从两个以上不同的方向进行充磁检测。

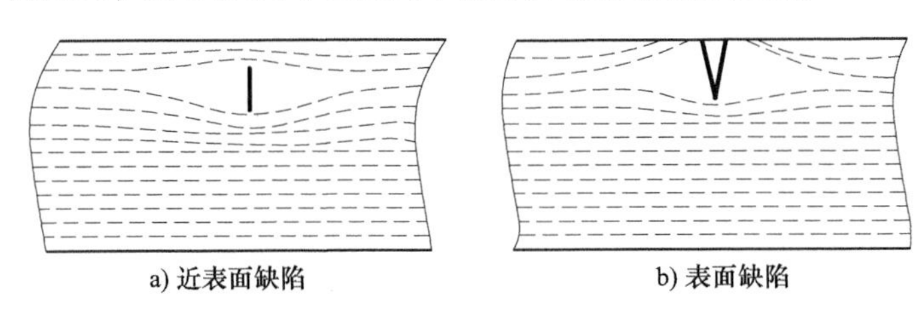

图 5-16　焊缝中有缺陷时产生漏磁的情况

磁粉检测有干法和湿法两种。干法是当焊缝充磁后，在焊缝处撒上干燥的磁粉；湿法则是在充磁的焊缝表面涂上磁粉的混浊液。

（3）超声波检测　利用超声波探测材料内部缺陷的无损检测称为超声波检测。它是利用超声波（即频率超过 20kHz，人耳听不见的高频率声波）在金属内部直线传播时，遇到两种介质的界面会发生反射和折射的原理来检验缺陷的。

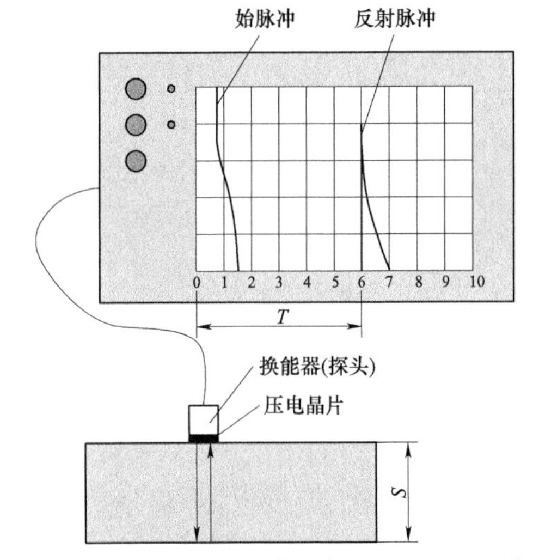

图 5-17　超声波检测工作原理

1）超声波检测的主要设备及工作原理：包括超声波检测仪、探头、试块等设备，其工作原理如图 5-17 所示。

2）超声波检测时，常出现的焊接缺陷及识别：超声波检测经常出现的焊接缺陷有未熔合、未焊透、裂纹及夹渣等，其检测焊接缺陷的常见影像特征见表 5-7。

表 5-7　常见焊接缺陷的影像特征

缺陷种类	特征			
	产生位置	反射面	形状	方向面
未熔合	坡口面与层间	光滑	平面状或曲面状	与坡口面相同或平行于检测面
未焊透	根部	光滑	槽形或平面状	垂直于检测面
裂纹	整个焊缝区	粗糙	弯曲面状	垂直于焊接线或检测面
夹渣	坡口面与层间	稍粗糙	较复杂	推测较困难

3）超声波检测的优缺点

优点：超声波检测具有灵敏度高，操作灵活方便，检测周期短，成本低、安全等。

缺点：要求焊件表面粗糙度低（光滑），对缺陷性质的辨别能力差，且没有直观性，较难测量缺陷真实尺寸，判断不够准确，对操作人员要求较高。

（4）射线检测　射线检测是采用 X 射线或 γ 射线照射焊接接头，检查内部缺陷的一种无损检测法。它可以显示出缺陷在焊缝内部的种类、形状、位置和大小，并可作永久记录。目前 X 射线检测应用较多，一般只应用在重要焊接结构上。

1）射线检测原理。它是利用射线透过物体并能使照相底片感光的性能来进行焊接检验的。当射线通过被检验焊缝时，在缺陷处和无缺陷处被吸收的程度不同，使得射线透过接头后，射线强度的衰减有明显差异，在胶片上相应部位的感光程度也不一样。图 5-18 所示为 X 射线检测的示意图，当射线通过缺陷时，由于被吸收较少，穿出缺陷的射线强度大（$J_a>J_c$），对软片（底片）感光较强，冲洗后的底片，在缺陷处颜色就较深。无缺陷处则底片感光较弱，冲洗后颜色较淡。通过对底片上影像的观察、分析，便能发现焊缝内有无缺陷及缺陷种类、大小与分布。

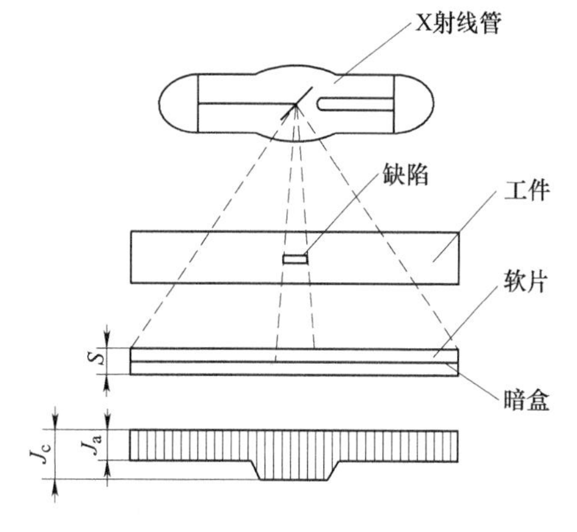

图 5-18　X 射线检测工作原理

焊缝在进行射线检测前，必须进行表面检查，表面上存在的不规则程度，应不妨碍对底片上缺陷的辨认，否则事先应加以整修。

2）射线检测时缺陷的识别。用 X 射线和 γ 射线对焊缝进行检验，一般只应用在重要结构上。这种检验由专业人员进行，但作为焊工应具备一定的评定焊缝底片的知识，以及能够正确判定缺陷的种类和部位的能力，以便做好返修工作。经射线照射后，在底片上一条淡色影像即是焊缝，在焊缝部位中显示的深色条纹或斑点就是焊接缺陷，其尺寸、形状与焊缝内部实际存在的缺陷相当。图 5-19 所示为几种常见缺陷在底片中显示的典型影像。常见焊接缺陷的影像特征见表 5-8。

3）射线检测等级。射线检测焊缝质量的评定，可按国家标准 GB 3323—1987 的规定进行。按此标准，焊缝质量分为Ⅰ、Ⅱ、Ⅲ、Ⅳ四级，评定标准简介见表 5-9。

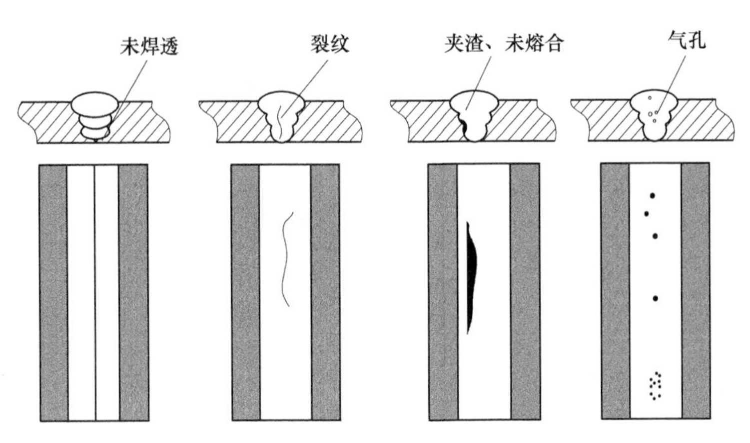

图 5-19　常见缺陷在底片中的典型影像

表 5-8　常见焊接缺陷的影像特征

焊接缺陷	缺陷影像特征
裂纹	裂纹在底片上一般呈略带曲折的黑色细条纹，有时也呈现直线细纹，轮廓较为分明，两端较为尖细，中部稍宽，很少有分支，两端黑度逐渐变浅，最后消失
未焊透	未焊透在底片上是一条断续或连续的黑色直线，在不开坡口对接焊缝中，在底片上常是宽度较均匀的黑直线状；V 形坡口对接焊缝中的未焊透，在底片上位置多是偏离焊缝中心、呈断续的线状，即使是连续的也不太长，宽度不一致，黑度也不大均匀；V 形、双 V 形坡口双面焊中的底部或中部未焊透，在底片上呈黑色较规则的线状；角焊缝的未焊透呈断续线状
气孔	气孔在底片上多呈现为圆形或椭圆形黑点，其黑度一般是中心处较大，向边缘逐渐减小；黑点分布不一致，有密集的，也有单个的
夹渣	夹渣在底片上多呈不同形状的点状或条状。点状夹渣呈单独黑点，黑度均匀，外形不太规则，带有棱角；条状夹渣呈宽而短的粗线条状；长条状夹渣的线条较宽，但宽度不一致
未熔合	坡口未熔合在底片上呈一侧平直，另一侧有弯曲，黑色浅，较均匀的线条，线条较宽，端头不规则的黑色直线伴有夹渣；层间未熔合影像不规则，且不易分辨

表 5-9　射线检测评定标准

射线检测质量等级	评定标准
Ⅰ级	不允许有裂纹，未熔合、未焊透、条状夹渣
Ⅱ级	不允许有裂纹，未熔合、未焊透
Ⅲ级	不允许有裂纹，未熔合及双面焊和加垫板的单面焊中的未焊透，不加垫板的单面焊中的未焊透允许长度与条状夹渣Ⅲ级评定长度相同
Ⅳ级	焊缝缺陷超过Ⅲ级者为Ⅳ级

在标准中，将缺陷长宽比小于或等于 3 的缺陷定义为圆形缺陷，包括气孔、夹渣和夹钨。圆形缺陷用评定区进行评定，将缺陷换算成计算点数，再按点数确定缺陷分级，评定区应选在缺陷最严重的部位。将焊缝缺陷长宽比大于 3 的夹渣定义为条状夹渣，圆形缺陷分级和条状夹渣分级评定见国标 GB 3323—1987。

5.3.2 焊后力学性能检验

力学性能检验是用来检查焊接材料、焊接接头及焊缝金属的力学性能的。常用的有拉伸试验、弯曲试验与压扁试验、硬度试验、冲击试验等。一般是按标准要求，在焊接试件（板、管）上相应位置截取试样毛坯，再加工成标准试样后进行试验。

1. 拉伸试验

拉伸试验是为了测定焊接接头或焊缝金属的抗拉强度、屈服强度、伸长率和断面收缩率等力学性能指标。在拉伸试验时，还可以发现试样断口中的某些焊接缺陷。

（1）试样形状与尺寸

1）板及管接头板状试样。试件厚度沿着平行长度 L_c 应均衡一致，其形状如图 5-20 所示，具体尺寸要求见标准 GB/T 2651—2008/ISO 4136。

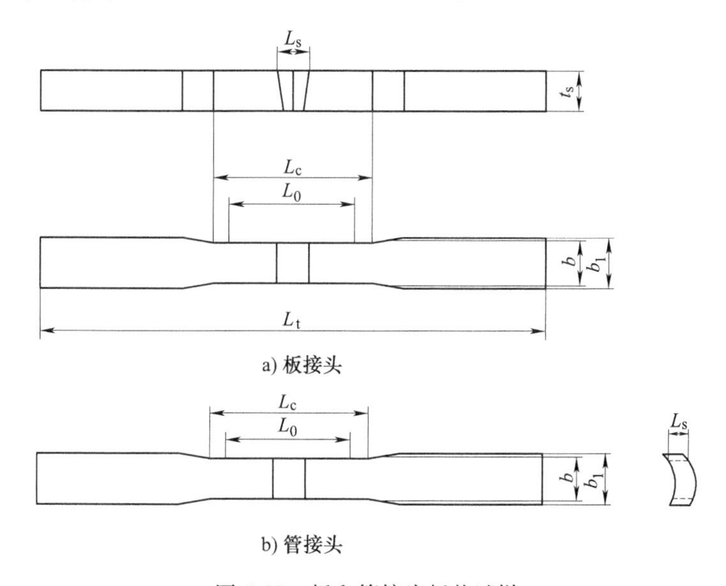

图 5-20 板和管接头板状试样

2）实心圆柱形试样。当试件需要加工成圆柱形时，试样尺寸应依据 GB/T 228. 1—2021 要求，只是平行长度 L_s 应不小于 L_c+60，实心圆柱形试样加工形状如图 5-21 所示，具体加工尺寸见标准 GB/T 2651—2008/ISO 4136。

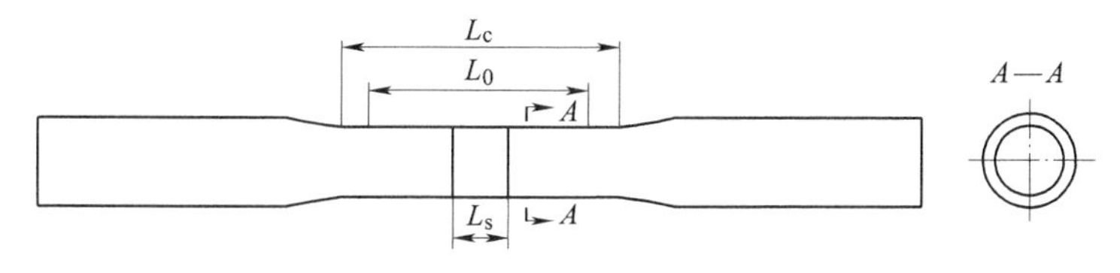

图 5-21 实心圆柱形试样

（2）拉伸试验与试验报告 拉伸试验时应依据 GB/T 228. 1—2021 规定对试样逐渐连续加载，并根据试验结果填写试验报告，报告应包括最大载荷、抗拉强度、断口位置以及伸长率等数据，具体见表 5-10。

表 5-10　拉伸试验报告

试件编号	最大载荷	抗拉强度	伸长率	断口位置	说明

2. 弯曲试验与压扁试验

（1）弯曲试验　弯曲试验也叫冷弯试验，是测定焊接接头塑性的一种试验方法。冷弯试验还可反映焊接接头各区域的塑性差别，考核熔合区的熔合质量和暴露焊接缺陷。

1）试样形状与尺寸。弯曲试验分横弯、侧弯和纵弯三种，如图 5-22 所示，具体试样尺寸见 GB/T 2653—2008/ISO 5173，横弯、纵弯又可分为正弯和背弯。背弯易于发现焊缝根部缺陷，侧弯则能检验焊层与焊件之间的结合强度。

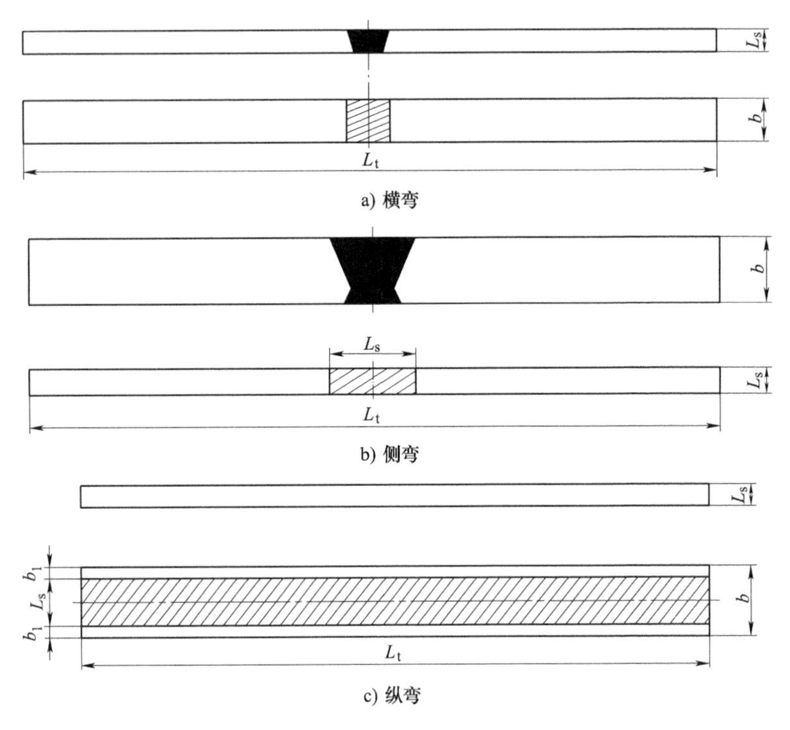

图 5-22　横弯、侧弯、纵弯的弯曲试样示意图

2）弯曲试验。弯曲试验是将试件的一端牢固地卡紧在有两个平行辊筒与内辊筒的试验装置内进行试验。通过外辊筒沿以内辊筒轴线为中心的圆弧转动，向试样施加载荷，使试样逐渐连续地弯曲，如图 5-23 所示，具体压头尺寸、辊筒间距离与弯曲角度见相关标准。

3）试验报告。弯曲试验以弯曲角的大小及产生缺陷的情况作为评定标准，如锅炉压力容器的冷弯角一般为 50°、90°、100°或 180°，当试样达到规定角度后，试样拉伸面上任何方向最大缺陷长度均不大于 3mm 为合格。其试验报告见表 5-11。

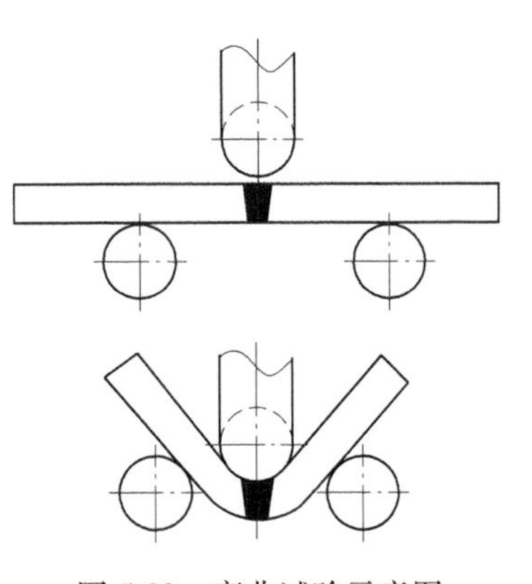

图 5-23　弯曲试验示意图

表 5-11　弯曲试验报告

试件编号	试验类型	尺寸	压头直径	辊筒间距离	弯曲角	原始标距	伸长率	说明

（2）压扁试验　带纵焊缝和环焊缝的小直径管接头，不能取样进行弯曲试验时，可将管子的焊接接头制成一定尺寸的试管，在压力机下进行压扁试验。试验时，通过将管子接头外壁压至一定值（H）时，以焊缝受拉部位的裂纹情况来作为评定标准，如图 5-24 所示。

3. 硬度试验

硬度试验是用来测定焊接接头各部位硬度的试验。根据硬度结果可以了解区域偏析和近缝区的淬硬倾向，可作为选用焊接工艺时的参考，常见的测定硬度方法有布氏硬度法（HB）、洛氏硬度法（HR）和维氏硬度法（HV）。

4. 冲击试验

冲击试验是用来测定焊接接头和焊缝金属在受冲击载荷时，不被破坏的能力（韧性）及脆性转变的温度。冲击试验通常是在一定温度下（如 0℃、-20℃、-40℃），把有缺口的冲击试样放在试验机上，测定焊接接头的冲击吸收能量。以冲击吸收能量作为评定标准。试样缺口部位可以开在焊缝、熔合区上，也可以开在热影响区上。试样缺口形式有 V 形和 U 形，V 形缺口试样为标准试样。图 5-25 所示为焊接接头的冲击试样。

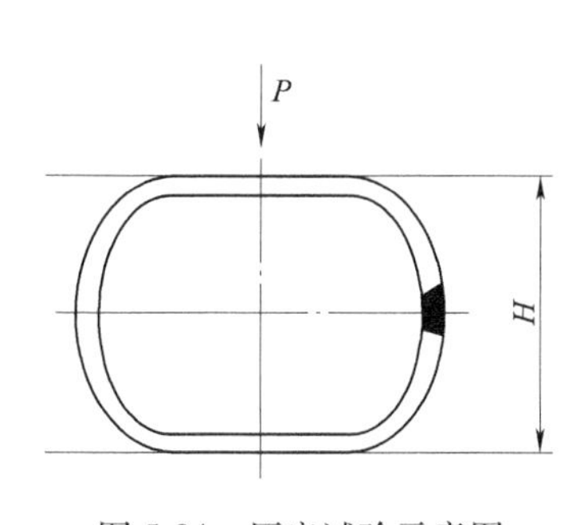

图 5-24　压扁试验示意图

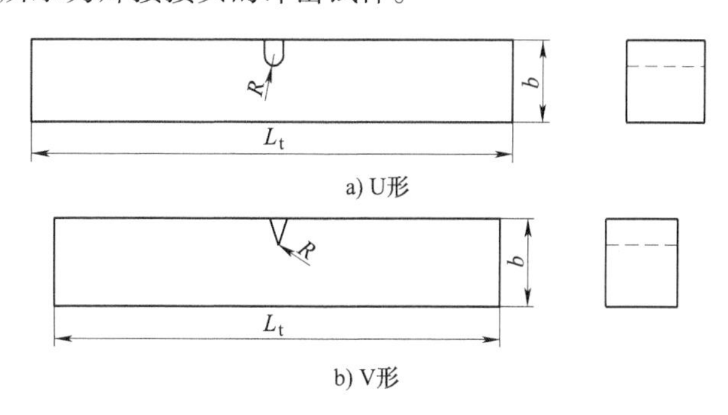

图 5-25　焊接接头的冲击试样

5. 化学分析及腐蚀试验

（1）化学分析　焊缝的化学分析是检查焊缝金属的化学成分，通常用直径为 6mm 的钻头在焊缝中钻取试样，一般常规分析需试样 50～60g。经常被分析的元素有碳、锰、硅、硫和磷等。对一些合金钢或不锈钢尚需分析镍、铬、钛、钒、铜等，但需要多取一些试样。

（2）腐蚀试验　金属受周围介质的化学和电化学作用而引起的损坏称为腐蚀。焊缝和焊接接头的腐蚀破坏形式有总体腐蚀、刃状腐蚀、点腐蚀、应力腐蚀、海水腐蚀、气体腐蚀和腐蚀疲劳等。腐蚀试验的目的在于确定给定的条件下金属抗腐蚀的能力，估计产品的使用寿命，分析腐蚀的原因，找出防止或延缓腐蚀的方法。

腐蚀试验的方法，应根据产品对耐腐蚀性能的要求而定。常用的方法有不锈钢晶间腐蚀试验、应力腐蚀试验、腐蚀疲劳试验、大气腐蚀试验、高温腐蚀试验。

6. 金相检验

焊接接头的金相检验是用来检查焊缝、热影响区和母材的金相组织情况及确定内部缺陷等。金相检验分宏观金相检验和微观金相检验两大类。

(1) 宏观金相检验　宏观金相检验是用肉眼或借助于低倍放大镜直接进行检查（一般采用10倍或10倍以下放大镜进行检查）。它包括宏观组织（粗晶）分析（如焊缝一次结晶组织的粗细程度和方向性），熔池形状尺寸、焊接接头各区域的界限和尺寸及各种焊接缺陷、断口分析（如断口组成、裂源及扩展方向、断裂性质等），硫、磷和氧化物的偏析程度等。宏观金相检验的试样，通常焊缝表面保持原状，而将横断面加工至表面粗糙度值为 $Ra3.2 \sim 1.6\mu m$，经过腐蚀后再进行观察；还常用折断面检查的方法，对焊缝断面进行检查，图 5-26 所示为多层多道焊接的铝合金试件与一层一道焊接的不锈钢试件的宏观金相照片。

a) 铝合金

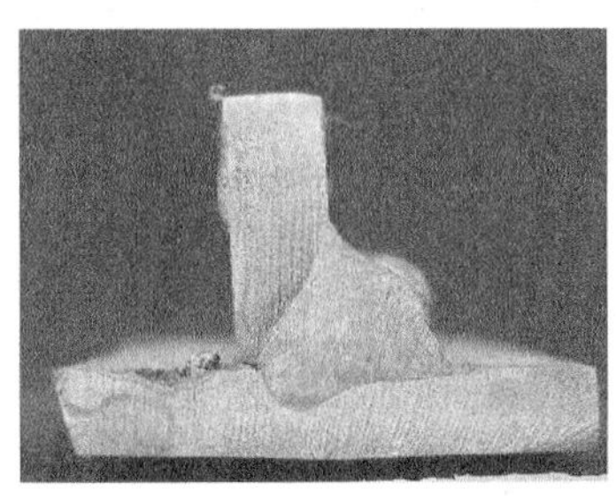

b) 不锈钢

图 5-26　宏观金相照片

(2) 微观金相检验　微观金相检验是用 1000～1500 倍的显微镜来观察焊接接头各区域的显微组织、偏析、缺陷及析出相的状况等的一种金相检验方法。根据分析检验结果，可确定焊接材料、焊接方法和焊接参数等是否合理。微观金相检验还可以用更先进的设备，如电子显微镜、X 射线衍射仪、电子探针等分别对组织形态、析出相和夹杂物进行分析及对断口、废品和事故、化学成分等进行分析，图 5-27 所示为显微镜拍摄的铁素体、奥氏体的显微组织。

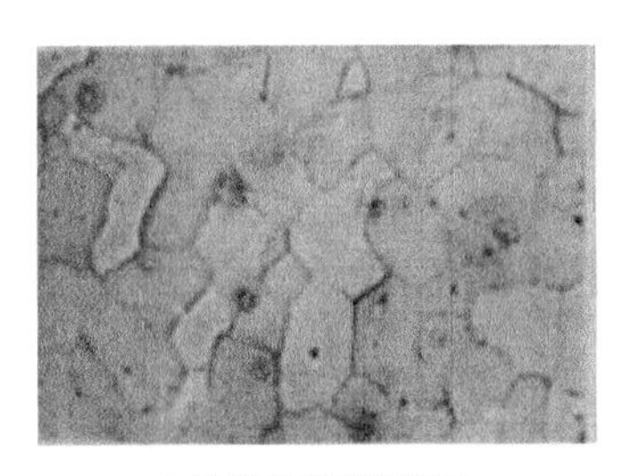

a) 铁素体的显微组织

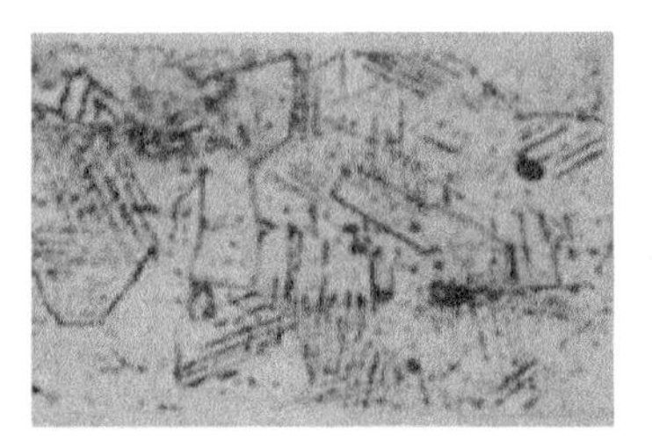

b) 奥氏体的显微组织

图 5-27　微观金相照片

5.3.3 焊后焊接缺陷的处理

自动化熔化极气体保护焊时可能产生的主要缺陷，除了由于所用焊接参数不当造成的熔透不足、烧穿、成形不良以外，还有气孔、裂纹、夹渣等。焊后焊缝几种缺陷的产生原因及其处理措施见表 5-12。

表 5-12　焊后焊接缺陷产生原因及处理措施

缺陷	产生原因	处理措施
咬边	1. 焊接速度太快 2. 衬垫不合适 3. 焊接电流、电压不合适	1. 减小焊接速度 2. 使衬垫和母材贴紧 3. 调整焊接电流、电压为适当值
焊瘤	1. 焊接电流过大 2. 焊接速度过慢 3. 电压太低	1. 降低焊接电流 2. 加快焊接速度 3. 提高电压
余高过大	1. 焊接电流过大 2. 电压过低 3. 焊接速度太慢 4. 采用衬垫时，所留间隙不足	1. 降低焊接电流 2. 提高电压 3. 提高焊接速度 4. 加大间隙
余高过小	1. 焊接电流过小 2. 电压过高 3. 焊接速度过快 4. 被焊物件未置于水平位置	1. 提高焊接电流 2. 降低电压 3. 降低焊接速度 4. 把被焊物件置于水平位置
余高过窄	1. 电压过低 2. 焊接速度过快	1. 提高电压 2. 降低焊接速度
裂纹	1. 焊丝与焊件均有油、锈及水分 2. 熔深过大 3. 多层焊时第一层焊缝过小 4. 焊后焊件内有很大内应力 5. 保护气体含水量过大	1. 焊前仔细清除焊丝及焊件表面的油、锈及水分 2. 合理选择焊接电流与电弧电压 3. 加强打底层焊缝质量 4. 合理选择焊接顺序及进行消除内应力热处理
熔深不够	1. 焊接电流太小 2. 焊丝伸出长度太长 3. 焊接速度过快 4. 坡口角度及根部间隙过小，钝边过大 5. 送丝不均匀	1. 加大焊接电流 2. 调整焊丝伸出长度 3. 调整焊接速度 4. 调整坡口尺寸 5. 检查送丝机构
飞溅大	1. 短路过渡焊时，电感量过大或过小 2. 电弧在焊接中摆动 3. 焊丝和焊件清理不彻底	1. 调整电感量 2. 更换导电嘴 3. 加强焊丝和焊件的焊前清理
气孔	1. 焊丝表面有油、锈、水分 2. 气体保护效果差 3. 气体纯度不高	1. 焊前认真进行焊件和焊丝的清理 2. 加大气体流量，清理喷嘴堵塞物，焊接处注意挡风 3. 焊接用保护气体纯度应大于99.5%
夹渣	1. 多层多道焊时前层焊缝焊渣去除不干净 2. 小焊接电流低速焊时熔敷过多 3. 摆动焊时，焊枪摆动过大，使熔渣卷入熔池内部	1. 认真清理每一层焊渣 2. 调整焊接电流和焊接速度 3. 调整焊枪摆动量，使熔渣浮到熔池表面

项目6

自动化非熔化极气体保护焊

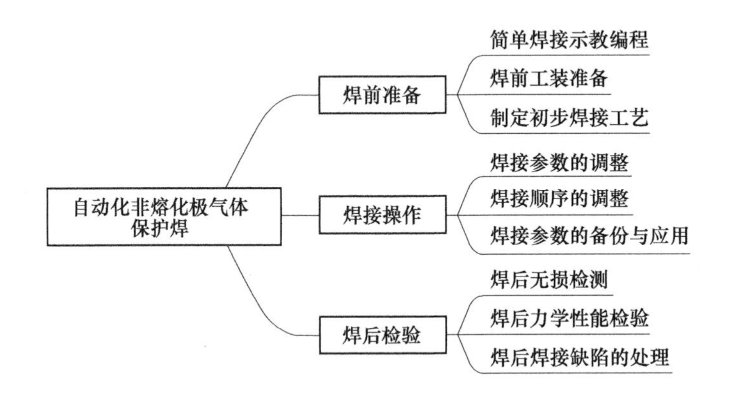

6.1 焊前准备

6.1.1 简单焊接示教编程

1）圆弧和圆焊缝的编程如图6-1和图6-2所示，圆焊缝编程示例见表6-1。

2）一段圆弧至少由三个点确定，一个整圆至少由四个点确定。圆编程时，确定圆弧的三个点中的两个由运动类型为圆弧的工作的步点组成，第一个工作的步点作为圆弧的起点。

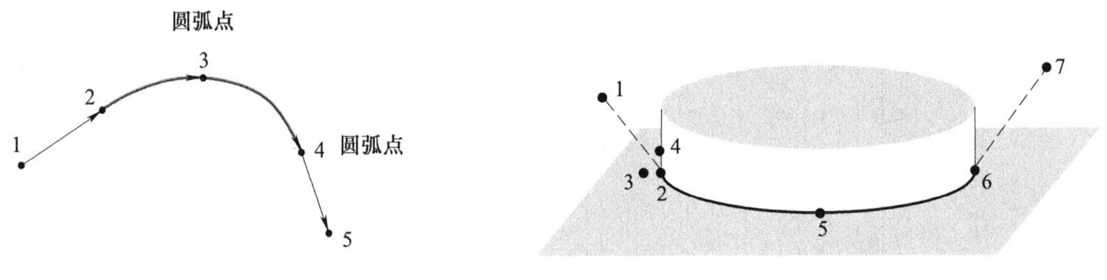

图6-1 圆弧编程　　图6-2 圆焊缝编程

表6-1 圆焊缝编程示例

顺序号	步点号	类型	扩展	备注
1	1	非线形+空步		任意点
2	2	圆弧+工作步		焊缝起始点
3	5	圆弧+工作步		焊缝
4	6	圆弧+工作步		焊缝目标点
5	7	空步+非线形		离开焊缝

编程过程中注意事项：

① 包括起始点，圆弧焊缝至少需要三个点，整圆至少需要四个点。

② 焊枪角度的变化尽可能使用第六轴。

③ 每两点之间的角度不得超过 180°。

④ 选择合理的焊接顺序，以减小焊接变形、焊枪行走路径长度为原则来确定焊接顺序。

⑤ 焊枪空间过渡要求移动轨迹短、平滑、安全。

⑥ 优化焊接参数。为了获得最佳的焊接参数，制作工作试件进行焊接试验和工艺评定。

⑦ 采用合理的变位机位置、焊枪姿态、焊枪相对接头的位置。工件在变位机上固定后，若焊缝不是理想的位置与角度，要求编程时不断调整变位机，使得焊接的焊缝按照焊接顺序逐次达到水平位置。同时，要不断调整机器人各轴位置，合理地确定焊枪相对接头的位置、角度与焊丝伸出长度。工件的位置确定后，焊枪相对接头的位置必须通过编程者的双眼观察，难度较大。这就要求编程者熟练掌握操作要求及善于总结积累经验。

⑧ 及时插入清枪程序。编写一定长度的焊接程序后，应及时插入清枪程序，可以防止焊接飞溅堵塞焊接喷嘴和导电嘴，保证焊枪的清洁，提高喷嘴的使用寿命，确保可靠引弧、减少焊接飞溅。

⑨ 编制程序一般不能一步到位，要在机器人焊接过程中不断检验和修改程序，调整焊接参数及焊枪姿态等，才会形成一个优化的程序。

6.1.2 焊前工装准备

1）由于铝合金的热导率要比铁大数倍，具有线胀系数大、熔点低、电导率高等物理特性，焊接母材本身也存在刚度不足，在焊接过程中容易产生较大的焊接变形，特别是在焊接 3mm 铝合金平板对接焊缝时，如果不采用焊接工装夹紧进行焊接，在焊接中很容易产生焊接变形从而影响机器人焊接的正常进行，如图 6-3 所示。

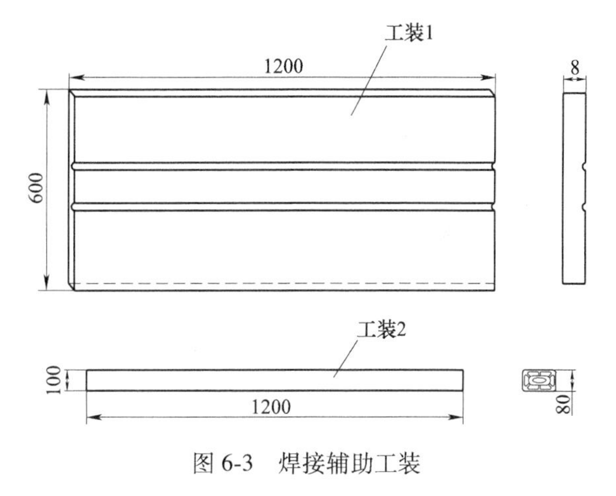

图 6-3 焊接辅助工装

2）焊接过程中为保证焊缝无装配间隙，试件在组对时采用 F 形夹将试件夹紧后对焊缝进行定位焊，首先正面两端内侧分别进行定位焊 20mm，如图 6-4 所示，再将定位焊部位反面定位焊焊透部分进行打磨平整，安装永久铝合金焊接垫板，定位焊顺序从一端往另一端依次进行，间断焊长度为 50mm 左右，如图 6-5 所示。

3）铝合金 3mm V 形坡口平板对接机器人焊接工艺。

① 生产环境。由于铝合金对现场的温湿度要求较高，故对产生气孔较为敏感；在焊接操作时，要注意避免穿堂风对焊接过程的影响，空气的剧烈流动会引起气体保护不充分，从而产生焊接气孔与保护不良。

② 焊缝区域及表面处理。焊缝区域的表面清洁非常重要，如果焊接区域存在油污、氧

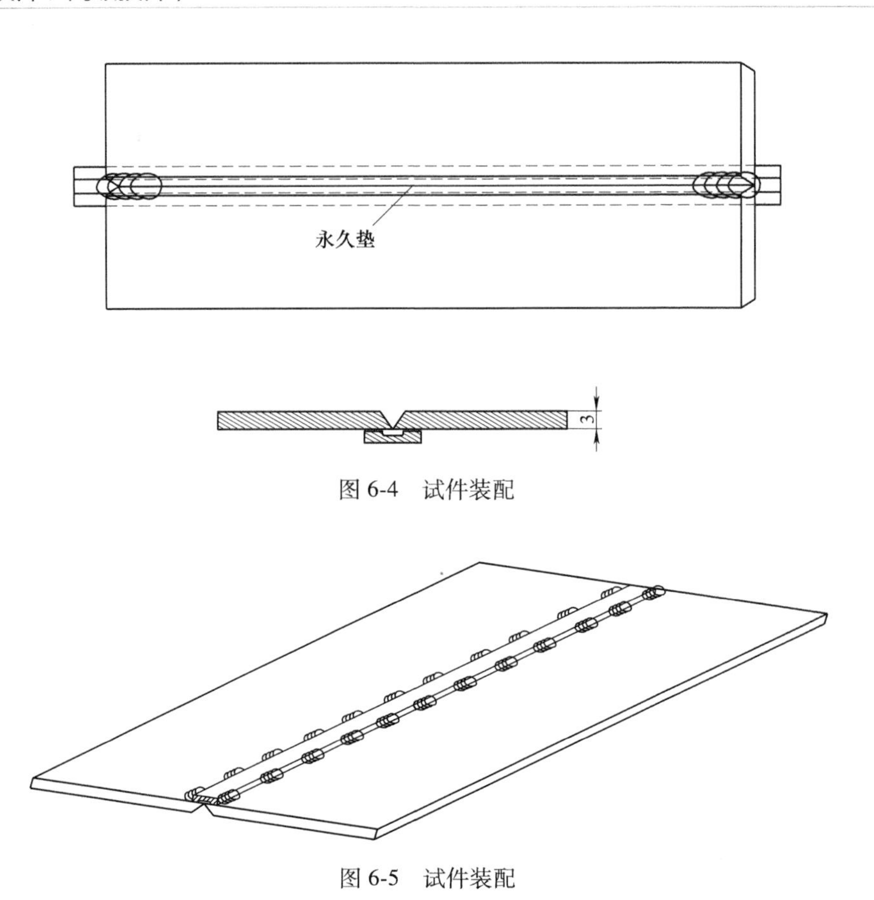

图 6-4　试件装配

图 6-5　试件装配

化膜等未清理干净，在焊接过程中极易产生气孔，严重影响焊接质量。

③ 在试件组装前，要求先对焊缝位置采用异丙醇或酒精清洗坡口两侧 30mm 表面的油脂、污物等。

④ 对试件焊缝采用风动钢丝轮或砂纸进行抛光、打磨，抛光后要求焊缝呈亮白色，不允许存有油污和氧化膜等。

⑤ 对组装过程中的定位焊部位进行修磨，要求将定位焊接头打磨呈缓坡状。

⑥ 焊接时焊枪角度选择不正确，容易引起焊缝熔合不好。

6.1.3　制定初步焊接工艺

1. 编程前的准备工作

1）检查设备水循环系统、电源控制系统、焊丝、保护气体、压缩空气是否正常。

2）对机器人各轴进行校零。

3）对焊枪中心点（Torch Centre Point，TCP）进行调整校正。

4）如果需要 ELS 传感器或激光摄像头，确定是否有模板，并且传感器工作正常，包括软硬件。

5）机器各部分准备就绪。

2. 操作注意事项

1）只有经过培训的人员方可操作机器人。

2）手动操作时，应始终注视机器人，永远不要背对机器人。

3）不要高速运行不熟悉的程序。

4）进入机器人工作区，应保持高度警惕，要能随时按下急停开关。

5）执行程序前，应确保机器人工作区内不得有无关的人员、工具、物品，要检查工件夹紧与否，工件与程序是否对应。

6）机器人高速运行时，不要进入机器人工作区域。

7）引弧焊接时，应注意防护弧光辐射。

8）机器人静止并不表示机器人不动作了，有可能是编制了延时。

9）在不熟悉机器人的运动之前，应保持状态自动下慢速运行。

3. 程序的新建、调用、激活、存储、删除

（1）程序的新建　F3（新建）→输入文件名（123）→确认。

（2）程序的调用　F7（程序）→选择介质（F2 硬盘、F3 软盘）→选择程序→装入内存。

（3）程序的激活（只有内存中的程序才能被激活）　F7（程序）→F1（内存）→选择程序→激活。

（4）程序的存储　F2（存盘），则当前激活的程序及其库程序被存入到硬盘；F7（程序）→选择介质（F1 内存、F2 硬盘、F3 软盘）→选择程序→存入到硬盘或存入到软盘。

（5）程序的删除　F7（程序）→选择介质（F1 内存、F2 硬盘、F3 软盘）→选择程序→删除。

6.2　焊接操作

6.2.1　焊接参数的调整

目前，使用焊接机器人进行焊接作业，可实现全自动化及半自动化生产，大幅度提高焊接效率，降低焊接人员劳动强度。机器人焊接参数的匹配是否合理，直接影响焊缝质量。下面以使用机器人焊接中厚板的对接焊缝为例，分析一套比较适用的工艺参数，以便在实际的操作焊接过程中进行参考，调整工艺参数。

1. 对接接头结构

适用于机器人焊接的中厚板对接焊缝接头结构如下：板厚 12~18mm；两侧坡口角度相同，角度之和为 45°；焊缝根部间隙为 4~7mm；焊接垫板厚度为 10mm，如图 6-6 所示。

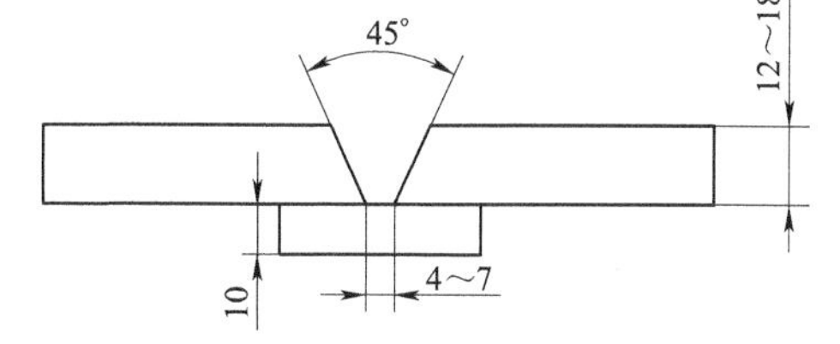

图 6-6　厚板对接焊缝

2. 保护气体的选择

多次试验表明，使用机器人焊接时，不同的保护气对焊缝熔深和根部熔宽影响较大，选择纯氩气（Ar）进行气体保护焊接时，呈现“指状”焊缝，即焊缝熔深较深，焊缝根部熔宽较窄；选择纯二氧化碳气（CO_2）进行气体保护焊时，其焊缝根部容易出现裂纹（多为热裂纹）。

选择富氩气体，即以氩气为主、适量加二氧化碳和氧气（$Ar+CO_2+O_2$）形成的气体进行保护焊时，焊缝呈现“碗状”，焊缝熔深和根部熔宽均可满足超声（UT）检测要求。因

此使用机器人焊接时，应选用富氩气体。使用不同保护气体焊缝熔深、熔宽及断面形状如图6-7所示。

3. 焊接方向的选择

焊接的方向分为前进法（左向法）和后退法（右向法）。前进法的特点是：电弧不直接作用在工件上，而是推着熔池走，焊道平而宽（焊缝余高小），容易观察焊缝，气体保护效果较好。但熔深小，焊渣飞溅较大。后退法的特点是：电弧直接作用在工件上，躲着熔池走，焊缝熔深大，焊渣飞溅较少，容易观察焊缝。但焊缝窄而高（焊缝余高大），气体保护效果较差。左向法与右向法的区别如图6-8所示。

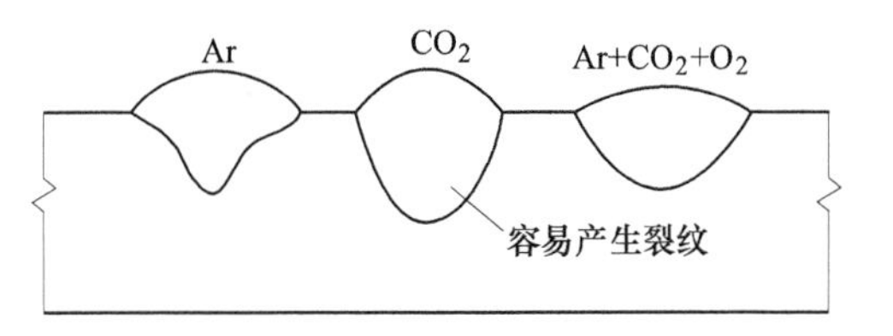

图6-7　使用不同保护气体焊缝熔深、熔宽及断面形状

4. 焊枪角度的选择

经过多次机器人焊接试验，将焊缝焊接方向确定为：在正视图情况下焊枪与中厚板垂直；在侧视图情况下与中厚板的倾斜角度为15°~20°。

焊枪角度在正视图情况下与中厚板垂直，可使焊渣飞溅最少、焊缝熔深最大；在侧视图情况下与中厚板的倾斜角度为15°~20°，使焊接过程中熔池在焊丝后端，可有效控制焊缝熔深。焊枪倾斜角度过小或过大，都有可能造成熔池在焊丝前端，导致焊缝熔深减小、焊缝余高过高、焊渣增加，如图6-9所示。

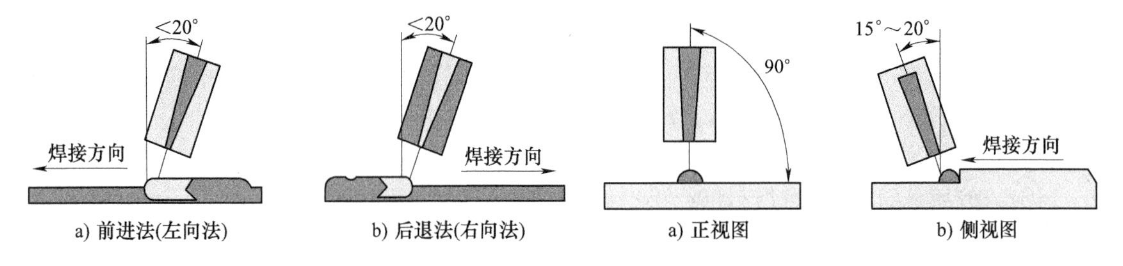

图6-8　左向法与右向法的区别

图6-9　焊枪角度对熔池的影响

5. 焊丝伸出长度的选择

焊丝伸出长度直接影响焊接电流、电压的变化，因此在焊接中厚板对接焊缝时，焊丝从焊枪中伸出长度应适宜。若焊丝伸出过长（$L>25$mm），焊接时可造成焊丝电阻热增大、焊丝熔化加快，焊接电流减小、电压增大，焊渣飞溅增大，焊接电弧不稳定，气体保护效果变差，焊缝熔深变浅，焊缝容易出现气孔。若焊丝伸出过短（$L<15$mm），焊接时可造成喷嘴接触工件，导致机器人报警、喷嘴被飞溅物堵塞、焊渣飞溅增大、焊缝熔深变深、焊丝与导电嘴粘连。

因此，焊接中厚板时，焊丝伸出长度为20~25mm比较合适。这样即能保证喷嘴不与工件接触，又能使电弧稳定燃烧。焊丝伸出长度测量方法如图6-10所示。

6. 焊接电流和电压的选择

以奥地利福尼斯焊机TPS5000型全数字逆变脉冲焊机为例，此型号焊机的电流和电压的匹配是由该焊机数据库自动匹配。焊接中厚板过程中，焊接电流、电压的大小，与焊缝熔深和根部熔宽的关系如下：电流增加后，焊缝熔深和余高增大，根部熔宽变化不大；电压增大后，焊缝熔深变化不大、根部熔宽增加、焊缝余高减小。试验表明，焊接电压选择30~34V为宜。

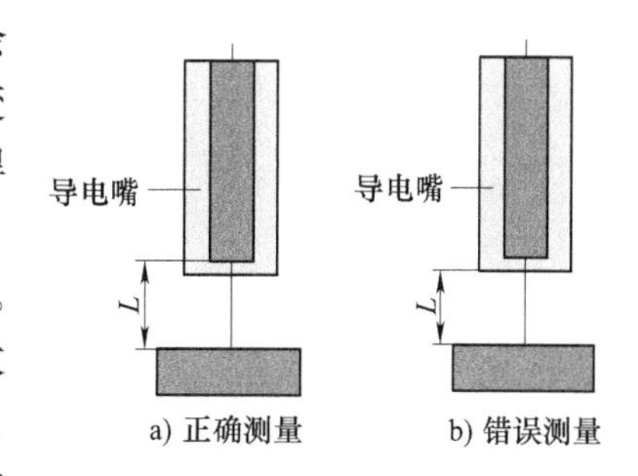

图6-10　焊丝伸出长度测量

富氩气体保护焊接过程中，临界电流为280A左右。当电流小于临界电流时，熔滴为大颗粒过渡；当电流大于临界电流时，熔滴为细颗粒过渡，并会形成射流过渡；当电流小于临界电流较多时，会出现旋转射流过渡，此时熔渣增多、焊缝熔深减小。

目前使用的是直径为1.2mm的焊丝，当电流超过350A时，焊丝会发红，焊丝的力学性能下降，且对焊机的使用寿命产生不良影响。通过大量的试验得出结论：使用机器人焊接中厚板对接焊缝时，焊接电流设定在300~320A比较适宜。

7. 焊枪摆动量的选择

焊枪摆动俗称“运条”，使用机器人焊接中厚板时焊枪有无摆动，对焊缝熔深和根部熔宽的影响比较明显。焊接时焊枪摆动，可增加焊缝根部熔宽，但熔深会有所较小；焊接时焊枪不摆动，会导致焊缝根部不能焊透。

（1）焊枪摆动宽度　通过电弧的穿透力实现中厚板的焊缝熔宽无法得到保证时，必须增加焊枪的摆动动作。试验表明，焊缝根部间隙在5mm时，为保证焊缝根部熔深，焊枪摆动量W应为4.5mm以上（必须摆动到板的边缘）。但摆动量W过大时，会导致焊缝咬边。

（2）焊枪摆动间距　焊枪摆动间距L与焊接时摆动频率的关系是：焊枪摆动间距L越小，焊枪摆动频率越快，焊缝熔宽和根部熔深减小；焊枪摆动间距L越大，焊枪摆动频率越慢，焊缝熔宽和根部熔深越大。通过大量试验，发现焊接中厚板时，焊枪摆动间距L为3.5mm比较适宜。

（3）焊枪摆动停留时间　焊接时，在焊缝两侧适当增加停留时间，可减小焊缝咬边；在焊缝中部增加停留时间，可使得焊缝表面平滑；在打底焊和填充焊时停留时间太长，会出现咬边现象；在表层焊时，焊缝边缘不能停留，否则会加大焊缝边缘的熔化量，导致焊缝表层出现卷边现象。试验表明，在打底焊和填充焊时，在焊缝的边缘和中间增加0.2s的停留时间，可改善焊缝熔深和根部熔宽质量；在焊缝表层焊接时，为了保证焊缝成形美观，不宜增加停留时间。

6.2.2　焊接顺序的调整

1. 试板放入工装夹紧

将定位焊好的焊接试板放入焊接工装的垫板上，并采用F形夹具及铝合金压紧工装将试板夹紧，为保证焊接正常进行，试板应紧贴工装垫板上，如图6-11所示。

2. 焊枪角度

焊枪角度的合适与否直接影响到焊缝成形的好坏，将焊枪姿态调整到最佳位置可以较好地减少焊缝塌陷、焊透、咬边以及焊缝成形波纹不均匀等缺陷，焊枪与两侧平板成90°夹角，与焊接方向成60°~65°夹角，如图6-12所示。

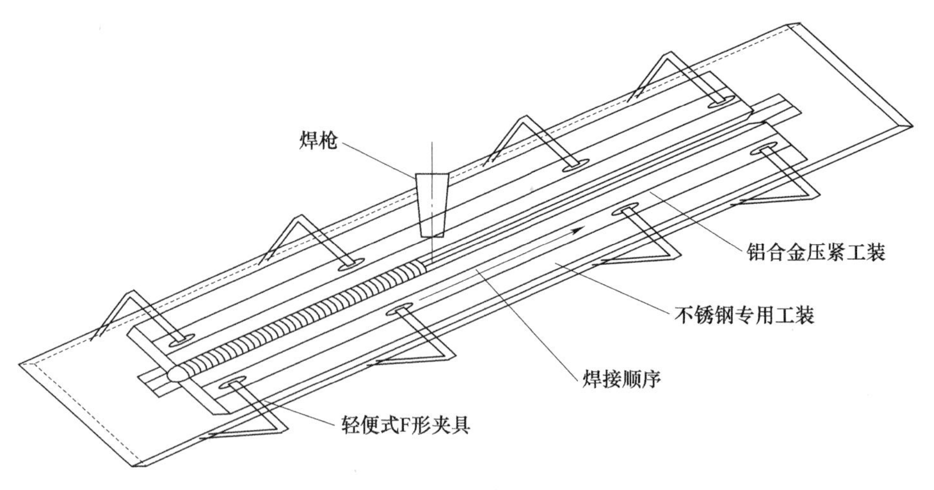

图 6-11　焊接工装夹紧示意图

3. 示教器编程

焊缝示教编程如图 6-13 所示，铝合金平板 3mm V 形坡口对接焊缝编程见表 6-2。

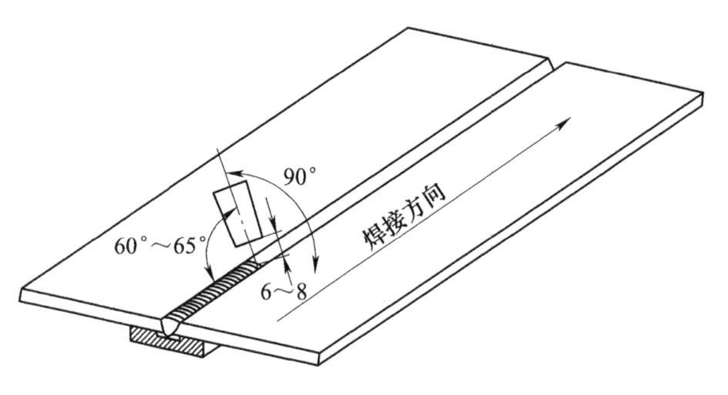

图 6-12　焊枪角度示意

1）新建程序。输入程序名（如 T3BWPA）确认，自动生成程序。

2）正确选择坐标系。基本移动采用直角坐标系，接近或角度移动采用工具（或绝对）坐标系。

3）调整机器人各轴，调整为合适的焊枪姿势及焊枪角度，生成空步点 2. 0. 0，按 ADD 键保存步点，自动生成步点 3. 0. 0。

4）生成焊接步点 3. 0. 0 之后，将焊枪设置成接近试件起弧点，为防止和夹具发生碰撞，采用低挡慢速，掌握微动调整，精确地靠近工件。

5）调整焊丝伸出长度 6~8mm。

6）调整焊枪角度使焊枪与平板呈 90°夹角，与焊接方向呈 60°~65°夹角，按 ADD 键保存步点，自动生成步点 4. 0. 0。

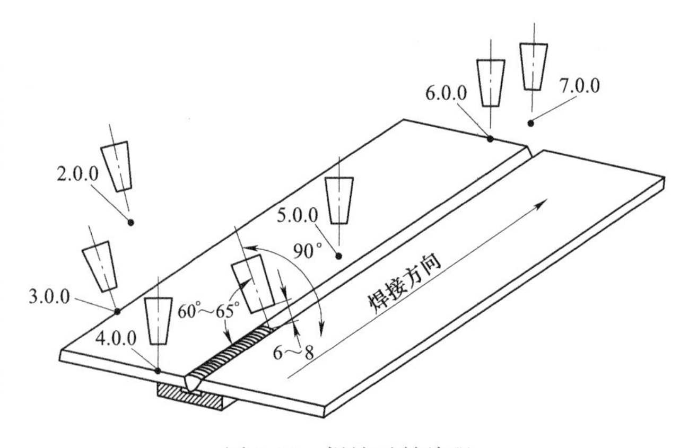

图 6-13　焊缝示教编程

7）缝焊分成两个工作步点进行焊接，将焊枪移动至焊缝中间位置，调整好焊枪角度及焊丝干伸长度；按 JOG/WORK 键将 4. 0. 0 空步转换成工作步，设定合理焊接参数；按 ADD 键自动生成工作步点 5. 0. 0。

8）将焊枪移至焊缝收弧点，调整好焊枪角度及焊丝伸出长度；按 ADD 键自动生成工作步点 6.0.0；按 JOG/WORK 键将工作步转换成空步点 7.0.0。

9）将焊枪移开试件至安全区域。

10）示教编程完成后，对整个程序进行试运行。试运行过程中要观察各个步点的焊接参数是否合理，并仔细观察焊枪角度的变化及设备周围运行环境的安全性。

表 6-2　铝合金平板 3mm V 形坡口对接焊缝编程

顺序号	步点号	类型	扩展	备注
2	2.0.0	空步+非线形	无	
3	3.0.0	空步+非线形	无	接近焊缝起始点
4	4.0.0	空步+非线形	无	焊缝起始点
5	5.0.0	工作步+线形	无	焊缝中间点
6	6.0.0	工作步+线形	无	焊缝目标点
7	7.0.0	空步+非线形	无	离开焊缝

6.2.3　焊接参数的备份与应用

1. 样板焊缝的定义

（1）样板焊缝定义　新建程序为在文件名后加上扩展名“.lib”的库程序，新建程序确认，自动生成样板焊缝定义。

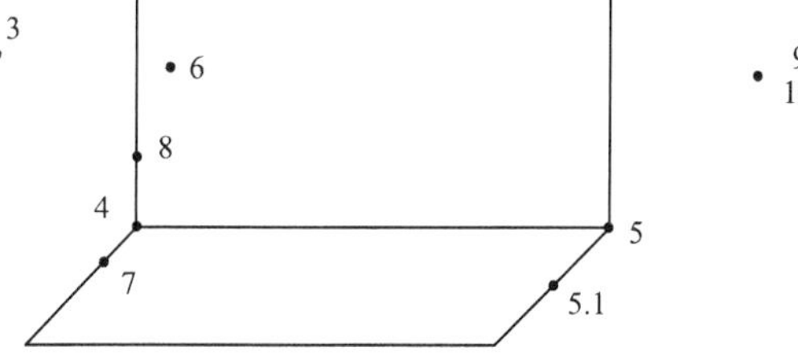

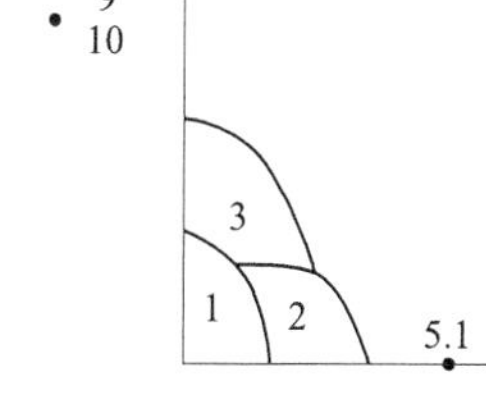

图 6-14　样板焊缝定义编程

（2）样板焊缝定义程序设定　在程序中选定样板焊缝，选择样板焊缝类型，再选择定义名输入名称即可。

（3）样板焊缝定义编程，如图 6-14 所示，具体示例见表 6-3。

表 6-3　样板焊缝编程示例

顺序号	步点号	类型	扩展	备　　注
3	3.0.0	非线形+空步		
4	4.0.0	非线形+空步		样板焊缝：样板焊缝定义；给定名字
5	5.0.0	线形+工作步		样板焊缝：多层焊根层
6	5.1.0	非线形+空步	参考点	定义多层焊顺序
7	6.0.0	线形+空步		层间过渡点
8	7.0.0	线形+工作步		样板焊缝：覆盖层（覆盖层逆向）
9	8.0.0	线形+工作步		样板焊缝：覆盖层（覆盖层逆向）
10	9.0.0	非线形+空步		
11	10.0.0	辅助步		类型：程序停止
切记：	层间过渡点为线形工作步；覆盖层不需要也不能使用电弧传感			

2. 样板焊缝的调用

样板焊缝的调用如图 6-15 所示，具体顺序见表 6-4。

（1）样板焊缝调用的是在程序后加“. prg”扩展名的程序，且该程序的库名为包含所调用的样板焊缝的库程序的程序名。

（2）样板焊缝调用的是所有的焊接参数和层间的位置关系。

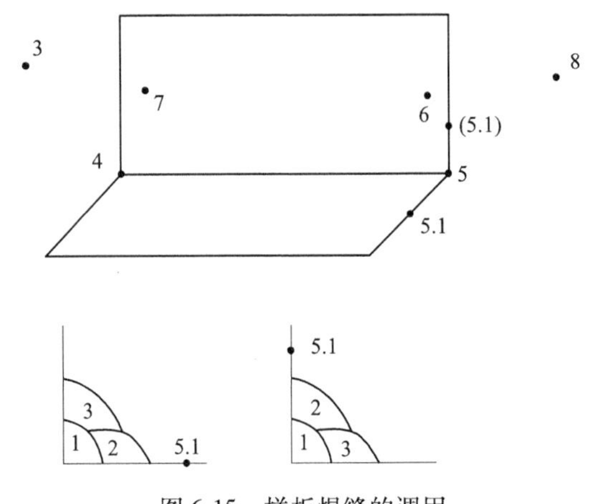

图 6-15　样板焊缝的调用

表 6-4　样板焊缝调用顺序

顺序号	步点号	类型	扩展	备　注
3	3. 0. 0	空步+非线形		
4	4. 0. 0	空步+非线形		
5	5. 0. 0	工作步+线形		样板焊缝：样板焊缝调用+定义名
6	5. 1. 0	空步+非线形	参考点	定义多层焊顺序
7	6. 0. 0	空步+非线形		样板焊缝：多层焊空点（层间过渡点）
8	7. 0. 0	空步+非线形		样板焊缝：多层焊空点（层间过渡点）
9	9. 0. 0	空步+非线形		

6. 3　焊后检验

6. 3. 1　焊后无损检测

根据项目检验计划，焊后检验主要分为目视检测与射线检测。目视检测包括对焊缝外观质量的检测，对如母材缺陷、尺寸精度、焊后变形等检查。所以现场检验人员在焊接质量管理过程中始终要将目视检测放在首位，同时要敦促焊工做好焊后自检的工作，这样既体现了工作过程中焊接检验员与焊工的相互配合，又能够将所发现的缺陷及时发现与返修，从而对焊接过程中存在的问题及时进行总结与改进。

6.3.2 焊后力学性能检验

1. 力学性能检验

通过不同的力学试验测定金属材料的各种力学性能。金属在力作用下所显示的同弹性和非弹性相关的及同应力-应变相关的性能都属于力学性能。在研制和发展新材料、改进材料质量以及金属制件的设计和使用等过程中，力学性能是最重要的性能指标，它们是金属塑性加工时产品性能检验中不可缺少的检验项目。力学性能试验一般有拉伸试验、冲击试验、扭转试验、压缩试验、硬度试验、应力松弛试验、疲劳试验等。应力松弛试验和疲劳试验不属于材料的常规力学性能检验项目。

2. 基本内容

1）拉伸试验。在拉伸试验机上用静拉伸力对试样进行轴向拉伸，以测量力和相应的伸长（一般拉至断裂），测定其相应的力学性能的试验。拉伸试验是力学性能试验中最基本的经典试验方法。通过拉伸试验可以得到材料的弹性模量 E、规定塑性延伸强度 R_p、屈服强度 R_e、名义屈服强度 $R_{p0.2}$、抗拉强度 R_m、伸长率 A 及断面收缩率 Z 等数据。拉伸试验的方法和所用试样的尺寸及切取部位都有严格的标准规定。拉伸试验绝大多数在常温下进行，对在高温下使用的钢材要做高温拉伸性能试验，试验温度为620℃。

2）冲击试验。力学性能检验是一种动态力学试验。把一定形状的试样用拉、扭或弯曲的方法使之迅速断裂，测定使之断裂所需要的能量，称为冲击吸收能量。一般认为冲击试验是检验材料韧性的，所以也叫做冲击韧性试验。冲击吸收能量值也称为冲击韧性值，单位为焦耳（J）。根据试样的形状和断裂的方法，试验大致可分为拉力冲击、扭转冲击和弯曲冲击三种类型。各种试验方法所用的试样又都有有缺口与无缺口之分。加缺口是为了改变试样断裂时的应力分布。常用的试验方法是弯曲冲击试验。弯曲冲击试验可分为肱梁式（即夹紧试样一端而冲击另一端，称艾氏冲击）和横梁式（即简支梁式，试样不夹紧）。试样按缺口形状分有V形、U形和钥孔形三种。横梁式冲击试验可在不同温度下进行，是应用最广泛的一种冲击试验方法。锅炉用钢板、船用钢板、冲压用钢板等在冷加工变形后或焊接后的使用中会发生应变时效，在高温条件下工作时更为明显，按规定必须对其中某些钢种进行应变时效冲击检验。

3）扭转试验。对试样两端施以静扭矩（一般扭至断裂），测量扭矩和相应的扭角及其相应的力学性能指标，如切变模量、上屈服强度、下屈服强度、抗扭强度等。此项试验做起来比较麻烦，用于传动轴用钢材和钢丝的性能检验。

4）压缩试验。测定材料在静压力作用下应力-应变关系的方法。脆性材料在压力作用下的应力-应变关系不遵守胡克定律，压碎时单位面积上的力即为抗压强度。管环压缩时，根据管环尺寸和管环压坏时的载荷，算出管环的抗弯强度。

5）硬度试验。在规定的试验力下将压头压入材料表面，用压痕深度或压痕表面积大小评定其硬度的试验方法。根据压头形状，硬度试验分为布氏硬度试验、洛氏硬度试验、维氏硬度试验、肖氏硬度试验等。硬度试验方法简单易行，在某些情况下甚至可以看作是无损检测，在试样很小时还可以在一定程度上代表其他力学性能试验，得到有价值的参考数据。

6）应力松弛试验。在规定温度下，保持试样初始变形或位移恒定，测定试样的应力随时间而变化的关系。应力松弛试验分为拉伸应力松弛试验和弯曲应力松弛试验。前者用于棒、线材产品的检验，后者用于管材产品的检验，如预应力混凝土用的热处理钢筋、钢丝绳等。

7）疲劳试验。金属试样在一定的条件下承受某一类循环应力的恒负荷幅，测定试样的疲劳强度、疲劳极限或疲劳寿命的试验方法。疲劳试验在专门的疲劳试验机上进行。疲劳试验根据试样受力方式的不同，可分为弯曲疲劳试验、轴向（拉或压）疲劳试验、扭转疲劳试验和复合疲劳试验，其中最常用的是轴向疲劳试验。疲劳试验按其温度、介质和接触情况不同又可分为一般疲劳试验（在空气中）、腐蚀疲劳试验、常温疲劳试验、高温疲劳试验、滚动接触疲劳试验等。疲劳试验用于航空材料、轴承材料、海洋船舶材料、石油化工材料等的性能研究和检验。

6.3.3 焊后焊接缺陷的处理

通过目视检测并结合射线检测，检验人员会发现机器人管子对接焊焊缝主要存在未熔合、未焊透、打底焊穿、少量气孔、咬边及夹杂等缺陷，下面主要以前三种常出现的缺陷为例，通过分析与总结，得出相应的防控措施与解决方案。

1. 未熔合的分析与预防

1）未熔合是指焊缝金属与母材金属，或焊缝金属之间未熔化结合在一起的缺陷。未熔合是一种面积缺陷，坡口未熔合和根部未熔合对承载截面积的减小都非常明显，应力集中也比较严重，其危害性仅次于裂纹。按其所在部位，未熔合可分为坡口未熔合、层间未熔合和根部未熔合三种。通过外观与射线检测结果总结发现，机器人焊接主要会产生表面坡口的未熔合与根部未熔合，如图 6-16 和图 6-17 所示。

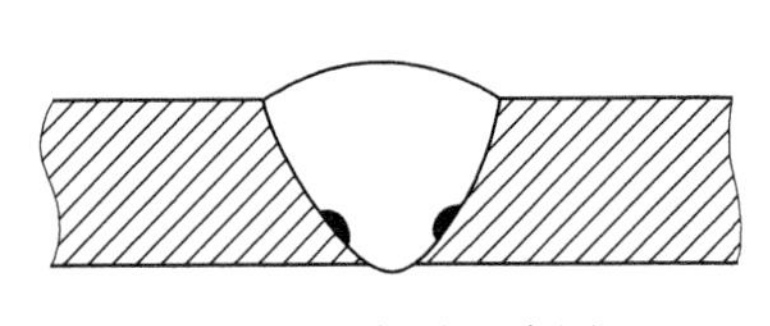

图 6-16　焊缝示意图

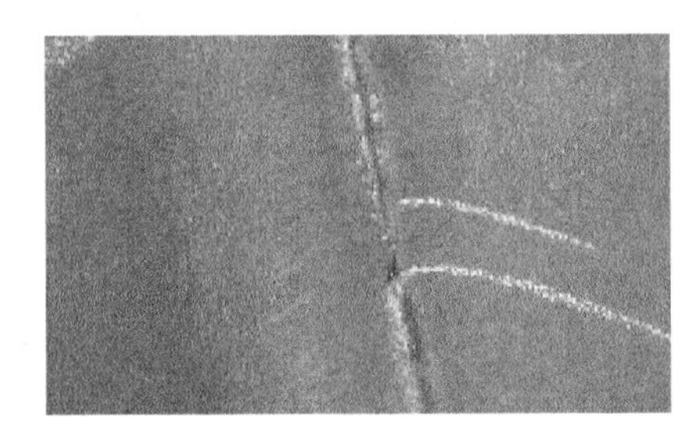

图 6-17　产品实物打底焊未熔合

2）机器人焊接时，在焊接过程中也存在着在打底焊起始焊接热输入太低，工装夹具偏差及管子失圆带来的焊接电弧位置偏斜，坡口侧壁存在金属杂物或氧化皮，层间打磨不彻底等问题。对于图 6-18 所示的根部打底时主要位于定位焊缝两端接头处的未熔合，还应该从焊前装配查找原因，是否存在钝边及间隙的配合低于要求，是否存在接头处的打磨不到位等。通过一系列的问题原因排查，外观合格率大幅提高，如图 6-19 所示。

2. 未焊透的分析与预防

1）未焊透指母材金属未熔化，焊缝金属没有进入接头根部的现象。未焊透的危害之一是减少了焊缝的有效面积，使接头强度下降。其次，未焊透引起的应力集中所造成的危害，比强度下降的危害大得多，而且未焊透严重降低焊缝的疲劳强度，也可能成为裂纹源，是造成焊缝破坏的重要原因，因此未焊透的防控非常重要。

图 6-18　打底焊两端接头

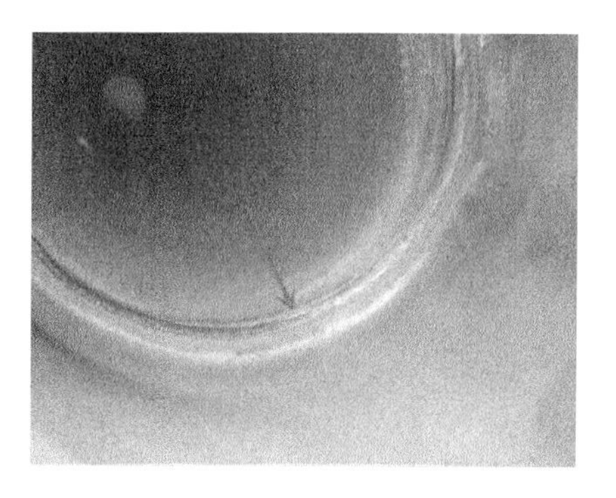

图 6-19　打磨到位的效果

2）未焊透的主要原因有：焊接电流过小，熔深较小；坡口和间隙尺寸搭配不当，钝边过大；焊层与焊根间清理不良；焊丝摆动过快；磁偏吹的影响。

3）在机器人焊接过程中，首先要注意机器人程序的调整，适当减小焊丝摆幅或摆动频率，注意在保证熔透与不焊穿的前提下，适当加大焊接电流，做到焊接电流与工件转动速度的吻合。其次是焊前坡口角度控制，钝边略大时组对间隙也要略大，钝边略小时组对间隙也要随之略小。经过问题筛选，确定最合适的焊接工艺与操作方法，将缺陷发生率降低到最小。

3. 打底焊穿的分析与预防

1）打底焊穿是直接导致焊接失败的情形之一，打底焊的失败不仅阻碍了生产的继续，同时又给焊接返修质量的保证带来了一定的难度。打底焊穿的同时将坡口的根部击穿，进而导致了返修组对间隙过大的困难。在这种情况下根据项目堆焊工艺，不得不采用氩弧焊修补坡口的方式，以使机器人打底焊进行下去。

2）打底焊穿在成批量的管对接单面焊双面成形案例中发生的主要原因有焊前坡口钝边与间隙的匹配不当，以及机器人程序的波动导致焊接电流瞬间过大、局部热输入过大、焊接速度过慢导致电弧停留时间过长等。

3）在焊接前严格控制坡口准备情况，装配前检查机床加工坡口精度，保证装配中坡口角度、钝边、间隙、错边情况均须符合要求。在焊接中检查机器人编程的正确性，确立合理的焊接参数，在保证转速稳定合适的前提下，适当减小焊接电流并略微增加焊丝摆幅。在此过程中检验员要做到及时监控打底焊情况，一旦发现焊穿及时要求隔离并返修。

4. 缺陷返修与小结

1）根据该项目返修工艺，焊接返修预热温度至少达到 50℃，并且同样位置的焊接缺陷只允许返修一次。以上三种典型的缺陷均需通过从焊缝表面打磨切削的方式将缺陷去除，切不可使用碳弧气刨的方式，焊接返修方法为钨极氩弧焊。

2）出现概率较高的缺陷为打底焊接头处的根部未熔透，此种情况就是通过打磨的方式来达到返修的焊前要求，如图 6-20 所示，焊缝打磨处的两端呈斜坡口状，接头处两端打磨成 U 字形，方便打底焊接头的熔透。这种修复方式适合于外观检测或射线检测所发现的氩弧点焊缩孔、焊穿、气孔、焊瘤、未焊透、根部未熔合等缺陷情况。表面修复的焊前状态如图 6-21 所示，将未熔合或低于母材的侧边打磨呈凹沟形，即可去除氧化皮，同时保证焊缝根部熔透。修补完成后将焊缝打磨光顺，焊工将焊接返修信息写于焊缝旁，便于返修信息记录与追踪。

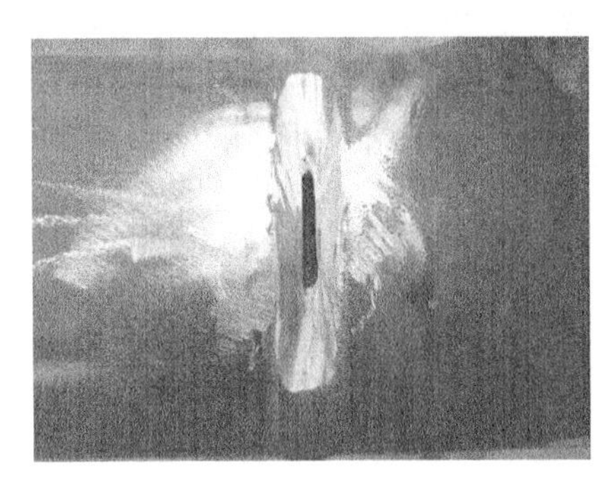

图 6-20　打底焊缝接头处理

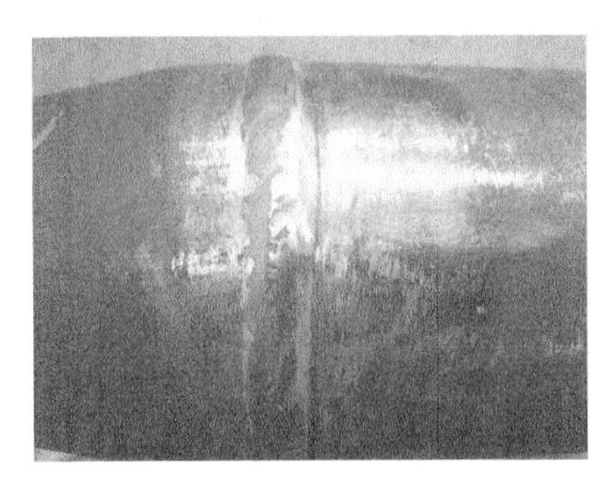

图 6-21　表面修复的焊前状态

3）现场检验人员应当在返修过程中做到认真监督与技术指导，确定缺陷去除后坡口组对合格才能允许进行下一步焊接，并根据要求填写返修记录。当返修完成后，在检验员确认外观合格的情况下进行返修部位的射线检测。要求具备射线探伤检测资质人员对返修部位进行检测。

项目7

机器人弧焊

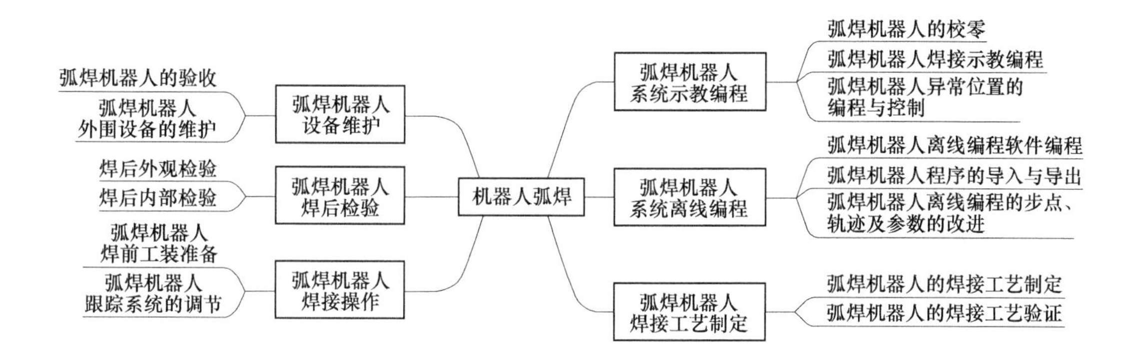

7.1 弧焊机器人系统示教编程

7.1.1 弧焊机器人的校零

零点是机器人坐标系的基准，机器人需要依靠正确的零点位置来准确判断自己所处的位置。当机器人发生以下情况时，需要重新校零。

1）更换电动机、系统零部件之后。

2）机器人发生撞击后。

3）整个硬盘系统重新安装。

4）其他可能造成零点丢失的情况等。

不同品牌的机器人校零方式也有所区别。由于涉及的轴数较多，每个轴都要校零，校零的方式比较复杂，一般会让专门的工作人员进行校零。

7.1.2 弧焊机器人焊接示教编程

弧焊机器人焊接时是按照事先编辑好的程序来进行的，这个程序一般是由操作人员按照焊缝的形状示教机器人并记录运动轨迹而形成的。

“示教”就是机器人学习的过程，在这个过程中，操作者要手把手教会机器人做某些动作，机器人的控制系统会以程序的形式将其记忆下来。机器人按照示教时记忆下来的程序展现这些动作，就是“再现”过程，具体原理如图 7-1 所示。

7.1.3 弧焊机器人异常位置的编程与控制

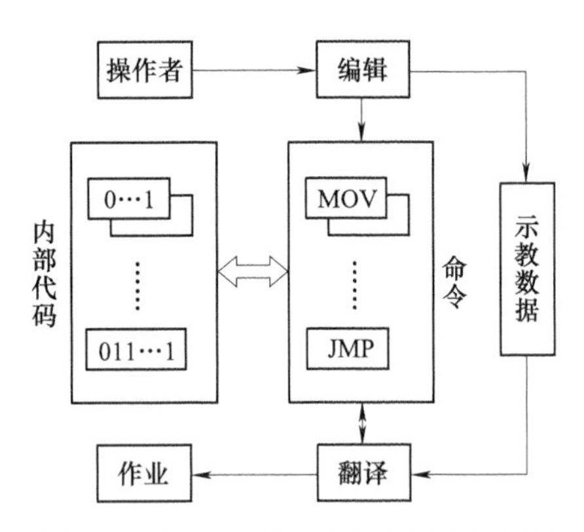

图 7-1 示教-再现机器人控制方式原理

对于常见的长直焊缝或者空间较大的焊接位置，调整焊枪姿态和示教编程都比较容易，但是实际编程过程中，由于某些位置焊缝周围存在干涉或者空间狭小，导致这些位置难以编程。出现这些情况，可以采取以下解决办法：

1）进入异常焊接位置前，增加过渡点，过渡点的数量应尽量少，并且枪姿可以与进入前一点和进入后一点的枪姿衔接，且运行过程中，不会与周围障碍物干涉。

2）进入异常位置的空间点与焊接起始点的枪姿变化不应过大，否则在狭小空间内容易与周围障碍物干涉。

3）异常位置焊接过程中的枪姿尽量保持不变，这就需要提前将焊枪移动到焊接结束位置进行检查，防止还没有完成焊接，就达到了焊枪的极限位置。

4）如果工件所在的变位机可以与弧焊机器人实现同步，就有可能更容易实现焊接，这也是需要在编程过程中注意的。

7.2 弧焊机器人系统离线编程

7.2.1 弧焊机器人离线编程软件编程

利用离线编程软件编程，需要提前准备机器人、焊枪、工件、变位机及夹具的模型，确保软件中的模型状态与实物完全一致，这样才能保证编出的程序在现场可用。离线编程过程跟现场示教编程过程类似。

第一步，打开离线编程软件，导入机器人、焊枪、变位机及夹具模型。

第二步，导入产品模型并进行装配，确认与现场状态一致。

第三步，调整焊枪枪姿，按照工艺要求的焊接顺序进行编程。

第四步，运行程序，检验是否能够正常运行。

7.2.2 弧焊机器人程序的导入与导出

将机器人程序从外部存储设备复制到机器人内部硬盘就是导入程序的过程，反之是导出的过程。以 CLOOS 机器人为例，如图 7-2 所示，序号 1 和序号 2 分别代表源驱动器和目标驱动器，选中顶端的复制按钮，源驱动器选为机器人硬盘、目标驱动器选为 USB 存储器时，则将机器人硬盘中的程序导出到 USB 存储器中。当程序在 USB 存储器中时，进行相反的选择，可以将程序导入到机器人硬盘中。

7.2.3 弧焊机器人离线编程的步点、轨迹及参数的改进

通过离线编程得到的程序并不能直接拷贝到现场直接使用，还需进行一定的调试检验，

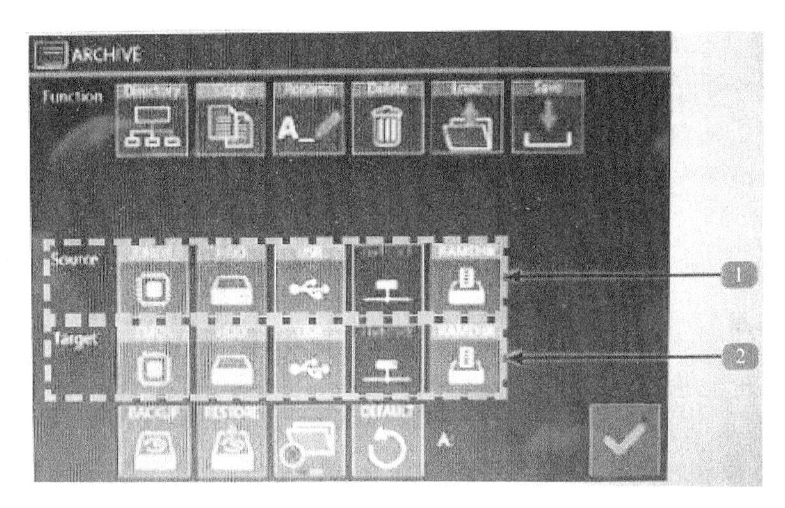

图 7-2　CLOOS 机器人程序导入导出界面

通过现场试运行检验程序的合理性。对于拐角处的步点需要更加注意，防止在拐角位置因机器人运行速度过快发生急停或者撞击工件的情况，可以适当增加拐角处的步点，使其过渡更加合理。试运行过程中，机器人周围的实际情况可能跟离线编程环境中的有所区别。例如，空间有限或者某些位置出现障碍物，这种情况下，需要通过调整步点的位置和焊枪姿态来改进其运行轨迹。

7.3　弧焊机器人焊接工艺制定

7.3.1　弧焊机器人的焊接工艺制定

弧焊机器人多采用的气体保护焊方法有 MAG（熔化极活性气体保护电弧焊）、MIG（熔化极惰性气体保护电弧焊）和 TIG（钨极惰性气体保护电弧焊），选择的焊接方法不同，对应的保护气体也有差别。MAG 焊方法采用的保护气体为二氧化碳（20%，体积分数）+氩气（80%，体积分数），MIG 和 TIG 焊采用的是氩气。焊接前需要将保护气调节至合适的流量。CLOOS 焊接机器人的焊丝伸出长度一般为 15mm 左右，焊前需要根据材料的种类、母材的板厚、焊接位置等因素确定焊接电流、电压和焊接速度等参数。

7.3.2　弧焊机器人的焊接工艺验证

在制定好工艺后，需要对工艺进行验证，确认焊接工艺是可行的。按照工艺制定的参数焊接试板，试板的材料种类、接头形式、焊接位置等应和母材保持一致。焊接完成后，按照 ISO 15614 标准中相关内容对试板进行评判，从而验证焊接工艺是否可行。

7.4　弧焊机器人焊接操作

7.4.1　弧焊机器人焊前工装准备

弧焊机器人使用的工装主要是焊接夹具，焊接夹具上包括 *X*、*Y*、*Z* 三个方向的定位、压紧（夹紧）部件。焊接前，需要对工装的状态进行确认，尤其是定位部件（定位块或定位螺栓）。定位部件表面应清洁、无异物，且同一平面的定位部件应在同一平面；定位部件应是固定可靠的，确保产品按照定位部件定位时，相对位置基本无变化，从而保证焊接质量。另外需要对压紧（夹紧）部件进行检查，常用的压紧（夹紧）部件包括压块、螺栓和螺母，这些部件应无变形，螺栓和螺母无滑丝，能够正常使用，确保焊接过程中产品无法窜动或脱落。

7.4.2 弧焊机器人跟踪系统的调节

弧焊用传感器可分为直接电弧式、接触式和非接触式 3 大类。按工作原理可分为机械、机电、电磁、电容、射流、超声、红外、光电、激光、视觉、电弧、光谱及光纤式等。按用途分有用于焊缝跟踪、焊接条件控制（熔宽、熔深、熔透、成形面积、焊速、冷却速度和焊丝伸出长度）及其他如温度分布、等离子体粒子密度、熔池行为等的控制。接触式传感器一般在焊枪前方采用导杆或导轮和焊缝或工件的一个侧壁接触，通过导杆或导轮把焊缝位置的变化通过光电、滑动变阻器、力觉等方式转换为电信号，以供控制系统跟踪焊缝，其特点为不受电弧干扰，工作可靠，成本低，曾在生产中得到广泛应用，但跟踪精度不高，目前正在被其他传感方法取代。

电弧式传感器利用焊接电极与被焊工件之间的距离变化能够引起电弧电流（对于 GMAW 熔化极气体保护焊方法）电弧电压（对于 GTAW 钨极气体保护焊方法）变化这一物理现象来检测接头的坡口中心。电弧传感方式主要有摆动电弧传感、旋转电弧传感以及双丝电弧传感。因为旋转电弧传感器的旋转频率可达几十 Hz 以上，大大高于摆动电弧传感器的摆动频率（10Hz 以下），所以提高了检测灵敏度，改善了焊缝跟踪的精度，且有可以提高焊接速度，使焊道平滑等优点。旋转电弧传感器通常采用偏心齿轮的结构实现，而采用空心轴电动机的机构能有效地减小传感器的体积，如图 7-3 所示。

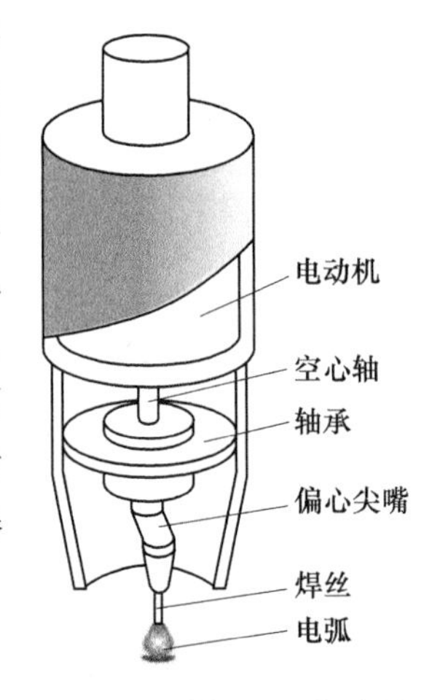

图 7-3　旋转电弧传感器

电弧传感器具有以下优点：

1）传感器基本不占额外的空间，焊枪的可达性好。

2）不受电弧光、磁场、飞溅、烟尘的干扰，工作稳定，寿命长。

3）不存在传感器和电弧间的距离，且信号处理也比较简单，实时性好。

4）不需要附加装置或附加装置成本低，因而电弧传感器的价格低，所以电弧传感器获得了广泛的应用，目前是机器人弧焊中用得最多的传感器，已经成为大部分弧焊机器人的标准配置。

5）电弧传感器的缺点是对薄板件的对接和搭接接头，很难跟踪。

6）用于焊缝跟踪的非接触式传感器很多，主要有电磁传感器、超声波传感器、温度场传感器及视觉传感器等。其中以视觉传感器最引人注目，由于视觉传感器所获得的信息量大，结合计算机视觉和图像处理的最新技术成果，大大增强了弧焊机器人的外部适应能力。

7.5 弧焊机器人焊后检验

7.5.1 焊后外观检验

焊接完成后，应清理熔渣和飞溅。焊后外观检验包括焊缝几何形状的检验和表面焊接缺陷的检查。焊缝与母材连接处、焊道与焊道之间应平滑过渡。焊缝外形要均匀，焊缝尺寸应符合图样要求。对焊缝的检查应覆盖整条焊缝和热影响区附近，重点检查易出现缺陷的部位，例如引弧、收弧位置和焊缝形状、尺寸突变部位。焊缝表面应无裂纹、夹渣、焊瘤、烧穿、表面气孔、咬边等缺陷。

7.5.2 焊后内部检验

焊后内部检验主要是通过无损检测方式进行检查。主要包括：磁粉检测、渗透检测、超声波检测和射线检测等。

磁粉检测用于检验铁磁性材料的焊件表面或近表面处缺陷（裂纹、气孔、夹渣等）。将焊件放置在磁场中磁化，使其内部通过分布均匀的磁力线，并在焊缝表面撒上细磁铁粉，若焊缝表面无缺陷，则磁铁粉均匀分布，若表面有缺陷，则一部分磁力线会绕过缺陷，暴露在空气中，形成漏磁场，则该处出现磁粉集聚现象。根据磁粉集聚的位置、形状、大小可相应判断出缺陷的情况。

渗透检测只适用于检查工件表面难以用肉眼发现的缺陷，对于表层以下的缺陷无法检出。常用荧光检测和着色检测两种方法。荧光检测是把荧光液（含 MgO 的矿物油）涂在焊缝表面，荧光液具有很强的渗透能力，能够渗入表面缺陷中，然后将焊缝表面擦净，在紫外线的照射下，残留在缺陷中的荧光液会显出黄绿色反光。根据反光情况，可以判断焊缝表面的缺陷状况。荧光检测一般用于非铁合金工件表面检测。着色检测是将着色剂（含有苏丹红染料、煤油、松节油等）涂在焊缝表面，遇有表面裂纹，着色剂会渗透进去。经一定时间后，将焊缝表面擦净，喷上一层白色显像剂，保持 15~30min 后，若白色底层上显现红色条纹，即表示该处有缺陷存在。

超声波检测用于探测材料内部缺陷。当超声波通过探头从焊件表面进入内部遇到缺陷和焊件底面时，分别发生反射。反射波信号被接收后在荧光屏上显现出脉冲波形，根据脉冲波形的高低、间隔、位置，可以判断出缺陷的有无、位置和大小，但不能确定缺陷的性质和形状。超声波检测主要用于检查表面光滑、形状简单的厚大焊件，且常与射线检测配合使用，用超声波检测确定有无缺陷，发现缺陷后用射线检测确定其性质、形状和大小。

射线检测是利用 X 射线或 γ 射线照射焊缝，根据底片感光程度检查焊接缺陷。由于焊接缺陷的密度比金属小，故在有缺陷处底片感光度大，显影后底片上会出现黑色条纹或斑点，根据底片上黑斑的位置、形状、大小，即可判断缺陷的位置、大小和种类。X 射线检测宜用于厚度 50mm 以下的焊件，γ 射线检测宜用于厚度 50~150mm 的焊件。

7.6 弧焊机器人设备维护

7.6.1 弧焊机器人的验收

弧焊机器人的验收过程，首先是对实物的外观、数量、种类等进行判断，确认其是否与合同要求一致。其次是对合同中的功能要求进行验证，这就需要通过操纵机器人进行验证或者进行试验验证等工作。另外，还有一些要求是需要进行现场调试的内容，这些要求也要格外注意，要确保调试到位，并进行检查验证，防止在后续使用过程中出现问题。

7.6.2 弧焊机器人外围设备的维护

1）弧焊机器人采用机器人进行焊接，但是仅有一台机器人是不够的，还必须有相应的外围设备，才能确保其正常工作。

2）机器人外围设备较多，如线性滑轨（可以增大机器人的运行范围，加大焊枪可达范围）、变位机（调节焊缝位置，有利于将焊缝调整至最佳焊接位置）、送丝机、清枪站（提高清枪效率和机器人焊接效率）等。

3）外围设备的状态，对于焊接质量和效率都会有较大的影响。因此，对于这些设备，应该做好维护，做到定期检查并清理，不同设备的维护频率也有所区别。

4）线性滑轨上不得放有杂物或者踩踏，每班次前后要对线性滑轨表面进行检查。

5）每班次在使用变位机前要检查螺栓等连接部件是否存在异常，并且在无产品状态下试运行，工作结束后，将变位机恢复原位置。

6）送丝机也要每天检查清理，并定期更换送丝轮，防止因送丝不畅造成焊接质量变差。

7）清枪站需每天做好检查清洁工作。

项目8

机器人点焊

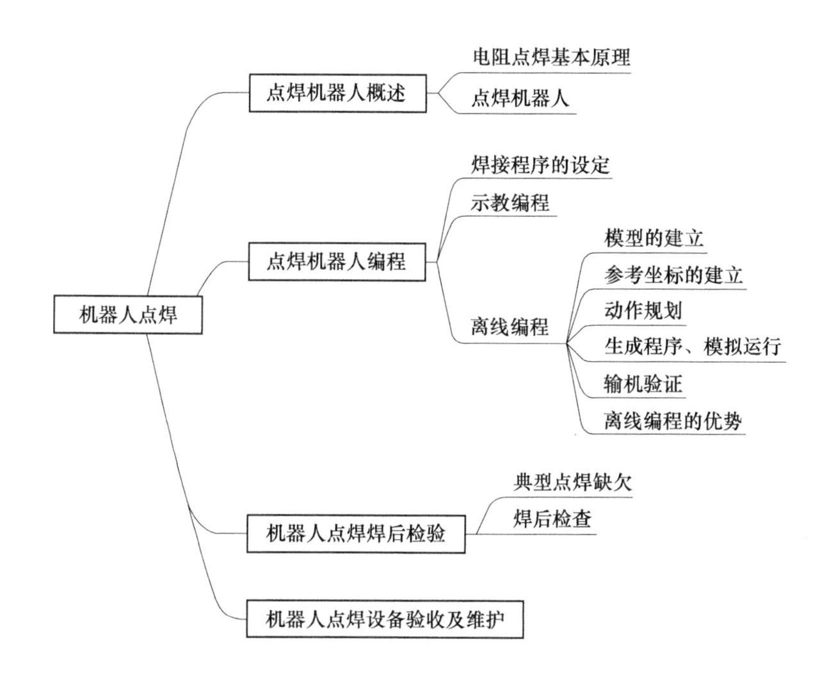

8.1　点焊机器人概述

8.1.1　电阻点焊基本原理

如图 8-1 所示，点焊是将焊件搭接并压紧在两个柱状电极之间，然后接通电流，焊件间接触面的电阻热使该点熔化形成熔核，同时熔核周围的金属也被加热产生塑性变形，形成一个塑性环，以防止周围气体对熔核的侵入和熔化金属的流失，断电后，在压力下凝固结晶，形成一个组织致密的焊点。

8.1.2　点焊机器人

机器人点焊设备主要由控制系统、焊接控制器、机器人本体、焊钳（包括阻焊变压器）及水、电、气等辅助部分组成，如图 8-2 所示。

图 8-3 所示是一种典型的点焊机器人设备。

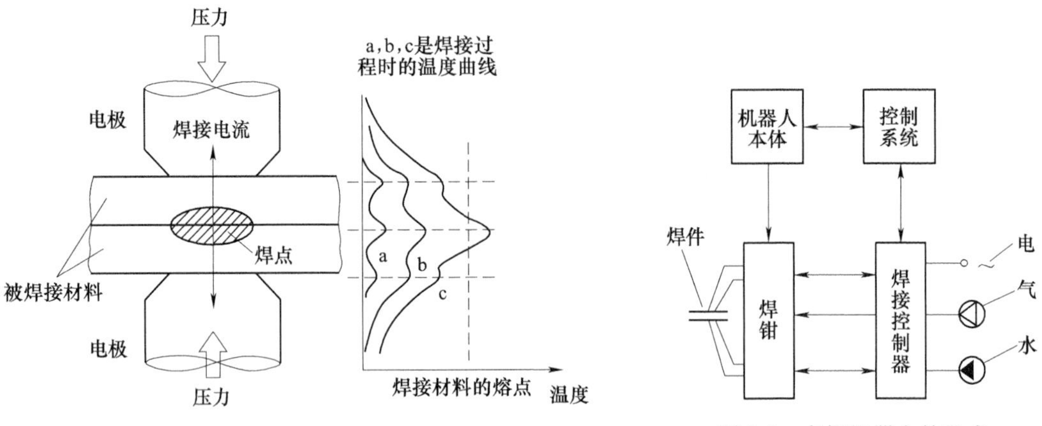

图 8-1　电阻点焊原理

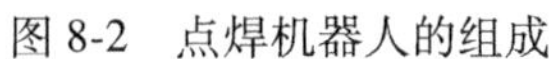

图 8-2　点焊机器人的组成

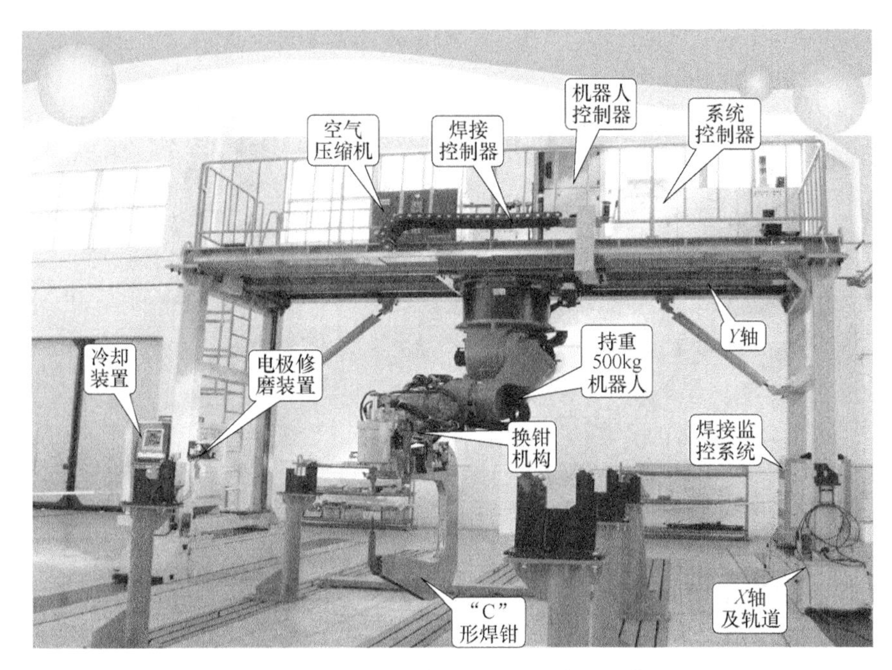

图 8-3　韩国丰进龙门式机器人点焊系统

常见的点焊机器人焊钳有两种 C 形和 X 形，如图 8-4 所示。对于特殊的产品或焊接位置，当 C 形焊钳和 X 形焊钳无法满足时，可以定制异形焊钳。

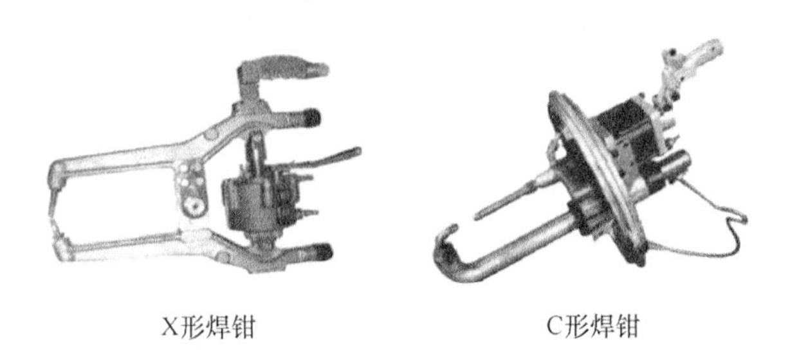

图 8-4　常见焊钳

8.2　点焊机器人编程

点焊机器人编程常见的方式有示教编程和离线编程两种，无论是离线编程还是示教编程，均需要在焊接控制系统中预先设置焊接程序。示教编程和离线编程实际是设定机器人焊钳的运动轨迹并在机器人达到要求的焊接位置时让其调用预先设置好的焊接程序，因此，需要提前进行焊接程序的设定。

8.2.1　焊接程序的设定

在编程前应当根据产品特点，利用设备的焊接监控系统设定焊接程序，应当以产品所遵循的规范为提前进行焊接程序的试验验证。焊接程序设定界面如图 8-5 所示。

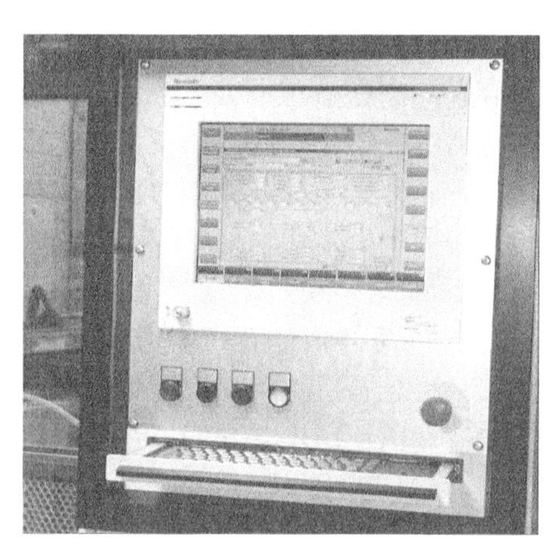

图 8-5　焊接程序设定界面

对于轨道车辆产品，对其所使用的电阻点焊、缝焊和凸焊，必须根据 EN 15085-3 表格 F.2（质量要求）制备工作试件用来验证焊接参数，形成固定的焊接程序，进行焊接程序编号，以便示教编程或离线编程时进行程序调用。

1）开工前，需对设备进行工作试件验证，并在检测记录中进行记录。

2）必须依据标准进行标准工作试件验证，以便定期根据焊缝内部、焊接装置和焊缝质量等级对生产质量进行检验。

影响点焊质量的主要因素有：

（1）电极压力　电极压力变化将改变工件与工件、工件与电极间的接触面积，从而也将影响电流线的分布。随着电极压力的增大，电流线的分布将较分散，因之工件电阻将减小。

（2）焊接电流　引起焊接电流变化的主要原因是电网电压波动和交流焊机次级回路的阻抗变化。阻抗变化是因回路的几何形状变化或因在次级回路中引入了不同量的磁性金属。对于直流焊机，次级回路的阻抗变化，对焊接电流无明显影响。

（3）电流密度　通过已焊成焊点的分流，以及增大电极接触面积或凸焊时的焊点尺寸，都会降低电流密度和焊接热输入，从而使接头强度显著下降。

（4）焊接时间　为了获得一定强度的焊点，可以采用大焊接电流和短时间（强条件，又称强规范），也可采用小焊接电流和长时间（弱条件，又称弱规范）。选用强条件还是弱条件，则取决于金属的性能、厚度和所用焊机的功率。但对于不同性能和厚度的金属所需的焊接电流和时间，都仍有一个上、下限，超过此限，将无法形成合格的熔核。

（5）电极形状及材料性能　随着电极端头的变形和磨损，接触面积将增大，焊点强度将降低。

（6）其他　表面氧化物、污垢、油及其他杂质增加了接触电阻，过厚的氧化物甚至会影响焊接电流通过，局部的导通由于电流密度过大会产生飞溅和表面烧损，氧化物层的不均匀还会影响各个焊点和焊接热输入的不一致，引起焊接质量的波动。

8.2.2 示教编程

机器人示教系统 NT30（韩国丰进点焊机器人）运作原理：机器人焊钳上有 6 轴推力/转矩示教用传感器，操作者抓住手柄进行移动时，传感器接收操作者施加的移动力及方向后进行换算传递给机器人，机器人接到传感器的指令进行移动。操作者进行点焊位置移动的同时，计算机通过机器人控制器及通信信号进行位置数据的存储，操作者可以移动机器人进行点焊工作，如图 8-6 所示。

图 8-6 示教编程操作

以下为示教编程的一般操作步骤：

1）确保水电气齐全，并且保证安全门、光栅的报警解除。

2）在机器人手动状态下，将机器人光标移到报警栏，并按下全部确认，确认焊接使能是开的（示教盒屏幕左下角蓝色按钮不是打叉状态）。

3）在机器人示教盒上选择输入/输出界面，检查机器人的工作中、工作完成信号是否复位，若未复位，将其复位；然后将机器人示教盒上的状态选择开关转到自动挡，示教盒上的程序指针将指向 CELL 主程序［若示教盒上的程序指针没有指向 CELL 主程序，需将机器人示教盒上的状态选择开关转到手动挡，然后到 R1 文件夹中选择 CELL 程序（按回车键选择），再将机器人示教盒上的状态选择开关转到自动挡］，机器人切换到自动运行状态。

4）按下主操作台的报警复位按钮，将手动/维修/自动选择开关转到自动位置。

5）确认示教盒上的程序指针是否指向 CELL 主程序。

6）接通伺服电源：按下操作盒上的伺服通电按钮，使变位机伺服电源同时接通，相应的绿色伺服电源灯亮，并保证报警复位的红灯熄灭，若没熄灭，则按几下此报警复位按钮；然后按下起动按钮（2s），相应的指示灯同时点亮，工作站便进入自动运行工作状态。

示教编程主要有以下缺点：

1）在线示教编程过程繁琐、效率低。

2）精度完全是靠示教者的目测决定，而且对于复杂的路径，示教在线编程难以取得令人满意的效果。

3）示教器种类太多，学习量太大。

4）示教过程容易发生事故，轻则撞坏设备，重则撞伤人。

5）对实际的机器人进行示教时要占用机器人。

8.2.3 离线编程

顾名思义，离线编程就是不用在环境嘈杂的现场，而是通过软件在计算机里重建整个工作场景的三维虚拟环境，然后软件可以根据要加工零件的大小、形状、材料，同时配合软件操作者的一些操作，自动生成机器人的运动轨迹，即控制指令。离线编程克服了在线示教编程的很多缺点，充分利用了计算机的功能，减少了编写机器人程序所需要的时间成本，同时也降低了在线示教编程的不便。

以下以德国SMC焊接设备公司的机器人点焊NC离线编程系统进行演示，以某项目不锈钢车体车顶焊接为例介绍离线编程的基本情况。图8-7所示为离线编程流程图。

1. 模型的建立

对于产品及工装的模型，可以采用常用的三维设计软件（如UG），将其转化为STP格式的文件后导入NC离线编程软件，设备的三维模型及其相对运动属性已由SMC公司设定好，只需调用相应的模块（WorkCell）即可，完整的工装、产品、设备装配模型如图8-8所示。

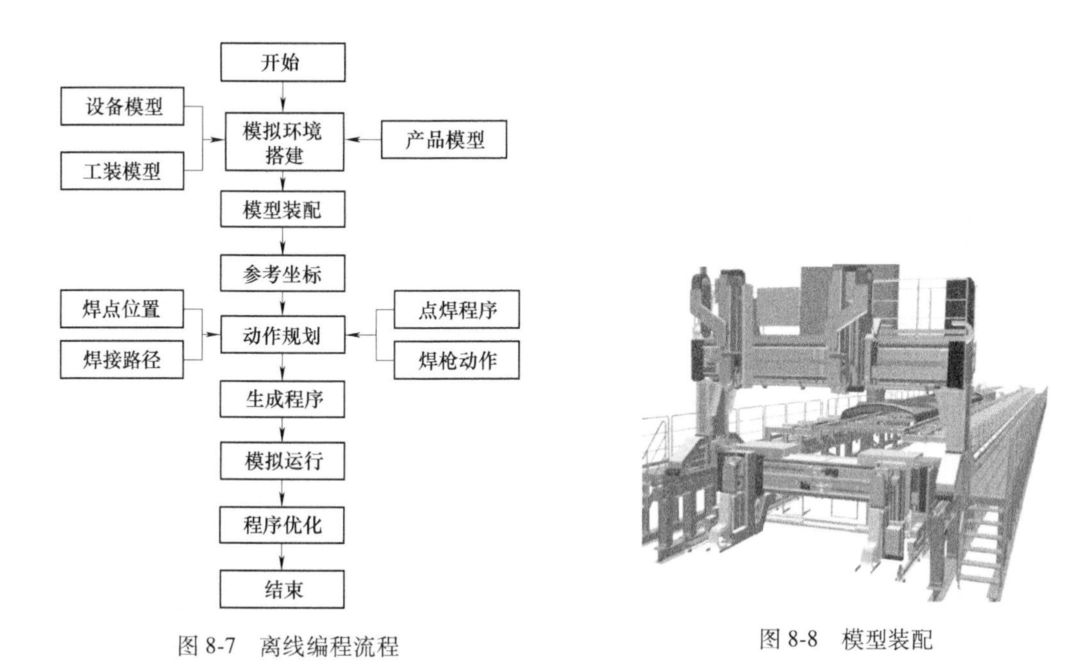

图8-7 离线编程流程

图8-8 模型装配

工装、产品、设备在软件中装配后，直接保存为程序的Workpiece文件，在后续使用时直接调用即可。

2. 参考坐标的建立

产品导入软件后，根据所需点焊焊点的位置建立参考面，如图8-9所示，通常只需确定横向（CROSS）、纵向（LONG）的参考面，再通过输入焊点与某横向参考面、纵向参考面的距离即可完成焊点的定位。需要注意的是，对于参考面的建立顺序，应尽量以焊接路径顺序进行创建，以便于后续的选用。

3. 动作规划

对于某个产品的动作规划主要包括焊点位置的设置、电阻焊焊接程序的选择、焊接路径的选择、焊枪动作的规划等内容。

（1）焊点位置的设置　根据设计图样要求的焊点位置，测量其与相邻参考面的距离，输入相应的值即可完成焊点的定位，对于两个焊点之间的均布其他焊点，可以使用软件上相应的功能，输入焊点数量即可完成。通常情况下，后续沿产品横向焊接的焊点应以横向参考面为主设定焊点位置，即相对横向参考面的距离固定不变，通过更改相对纵向参考面的距

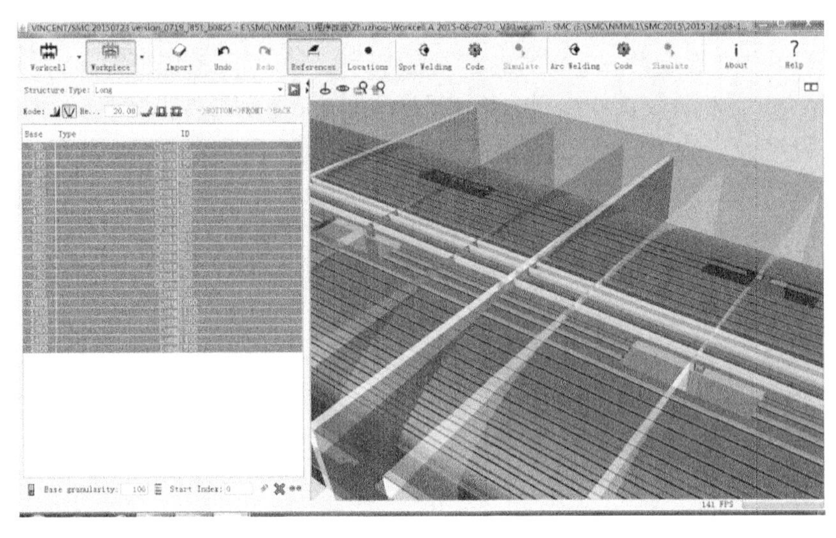

图 8-9 参考面的建立

离，设置不同的焊点，如图 8-10 所示。反之则固定与纵向参考面的距离，完成纵向方向的整列焊点的设置。

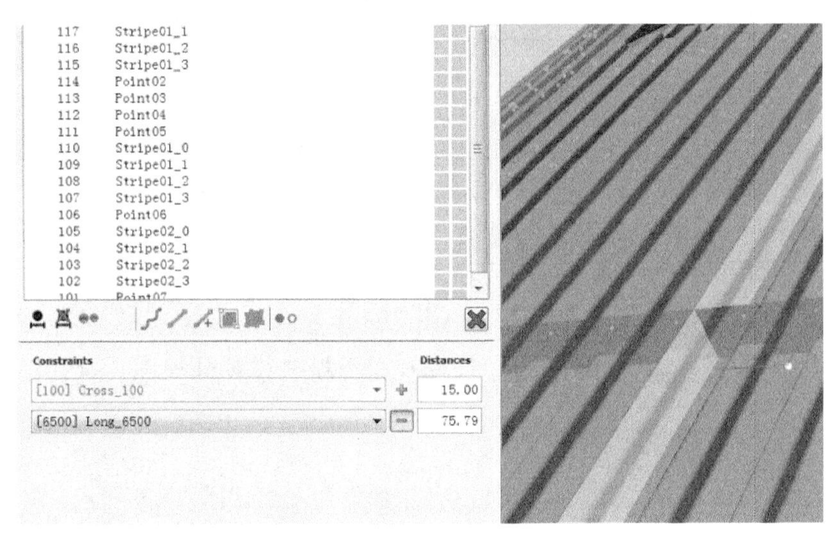

图 8-10 焊点位置确定（以横向参考面为主）

焊点位置设置完成后，对于单个焊点，可以分配预先设置好的电阻点焊焊接程序编号，用于实际产品焊接时自动调用。应当保证实际设备中对应的焊接程序号与软件中对应的焊接程序号一致。

（2）焊接路径设置 分布到不同纵向、横向参考面上的焊点布置完成后，切换到路径设置界面，可以设置不同的焊接路径，如图 8-11 所示。通常为了保证产品的平整度及工作效率，焊接路径的设置遵循以下原则：先横后纵，先中后端。较为典型的焊接顺序原则如图 8-12 所示，完成左半部分设置后按相同原则进行右半部分的路径设置。

图 8-11　焊接路径的生成

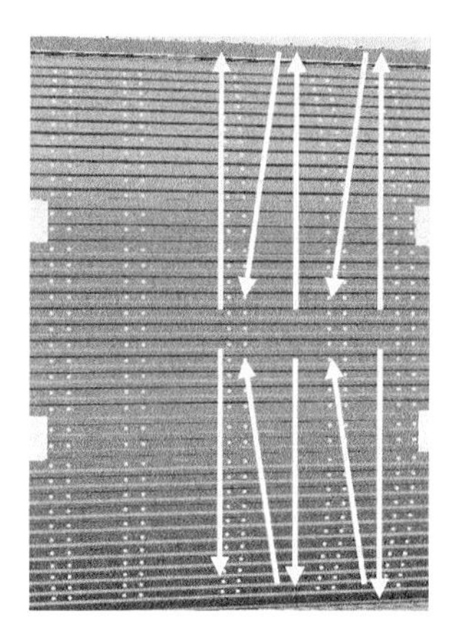
图 8-12　焊接路径设置

（3）焊枪动作规划　焊枪在路径设置完成后，需要根据产品实际特点，进行干涉位置的避让，通过添加 MOVE、FREE 等指令可以使焊枪摆正角度、移动相应距离，如图 8-13 所示。

由于不锈钢车体零部件通常都是辊压件、折弯件、拉弯件，此类零件制造精度控制较难，不同批次的零件材料有较大误差，进行焊枪避让时应提供足够的避让距离，避让距离过小易造成实际制造时出现干涉，距离过大则会增加焊枪的移动时间，增加整个产品制造周期，通常根据各个部位零件的情况设置在 30~80mm，可以兼顾制造误差及产品生产效率。

4. 生成程序、模拟运行

所有动作、路径、焊接程序设定完成后，选择软件中的生成程序命令后，进行模拟运行，碰撞分析。

所有碰撞处都会显示出来，如图 8-14 所示，对每一个碰撞点调整到相应位置后（三维界面变红）可以看出碰撞发生的点及原因，如图 8-15 所示。再通过程序动作优化、工装优化或产品结构优化保证产品实际焊接的可达性。

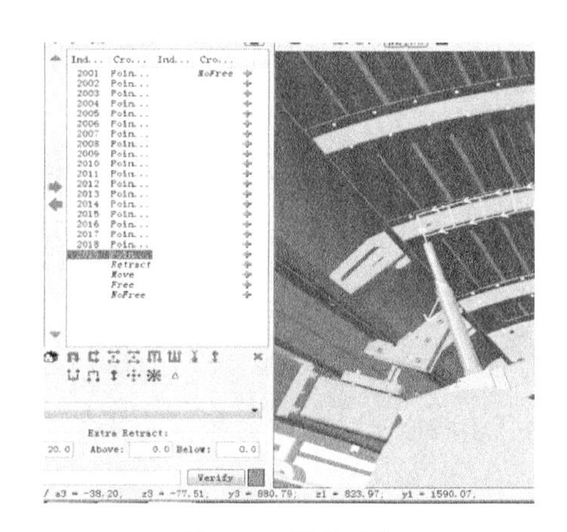
图 8-13　焊枪动作

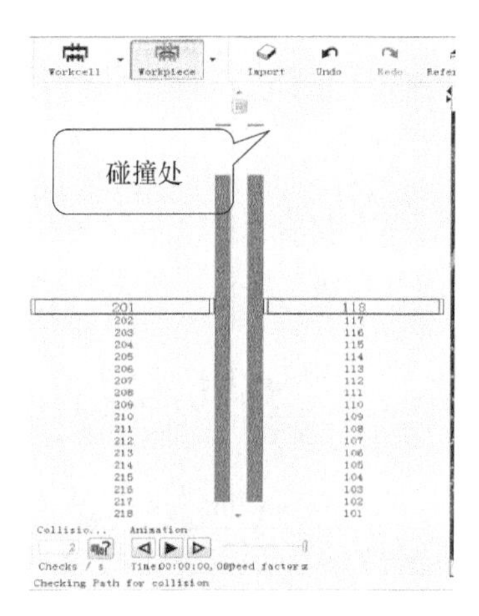

图 8-14　碰撞分析结果

5. 输机验证

将经过模拟分析合格的程序，输入设备，加载后，考虑到实际产品的制造误差，首件产品实物验证时应控制进给倍率在30%以内，以防止出现因实物制造误差造成的碰撞，造成产品质量问题或设备损坏。

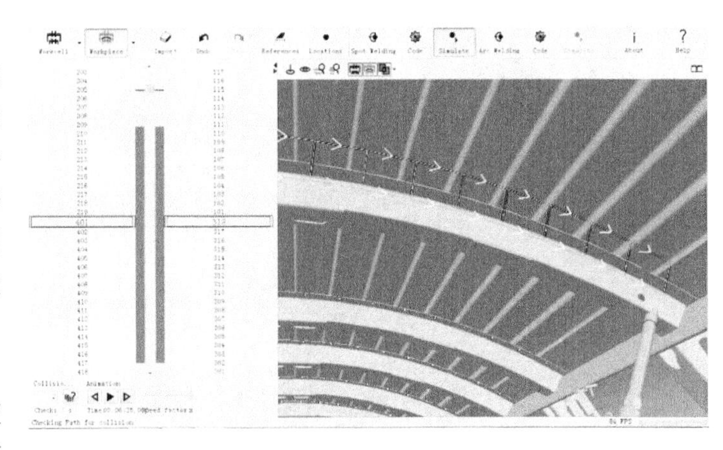

图 8-15　碰撞点查找示意

6. 离线编程的优势

在产品设计阶段，即可使用软件进行模拟又可同时将结果反馈给设计部门，使得产品设计、工艺设计成为可能。工装设计阶段，也可以通过碰撞分析，提前进行工装结构的改进优化。

目前机器人离线编程已经成为轨道车辆车体制造过程中的一种趋势，NC 离线编程软件同时能够实现模拟装配、程序模拟运行、碰撞分析的功能，界面友好，能够大大提高程序的准确率及编制效率，缩短产品制造周期，提高产品核心竞争力。

8.3　机器人点焊焊后检验

8.3.1　典型点焊缺欠

（1）熔核、焊缝尺寸缺欠　未焊透或熔核尺寸小、焊透率过大、重叠量不够（缝焊）。

（2）内部缺欠　裂纹、缩松、缩孔，核心偏移，结合线伸入，板缝间有金属溢出（内部喷溅），脆性接头，熔核成分宏观偏析（旋流），环形层状花纹（洋葱环），气孔，胡须。

（3）外部缺欠　焊点压痕过深及表面过热，表面局部烧穿、溢出、表面喷溅，表面压痕形状及波纹度不均匀，焊点表面环形裂纹，焊点表面粘损，焊点表面发黑、包覆层破坏，接头边缘压溃或开裂，焊点脱开。

8.3.2　焊后检验

目前暂无有效的无损检测方法用来检测电阻点焊的内部质量，只能通过焊接前简易试件的检验验证焊接程序，焊接后依照对应的验收标准检验外部缺欠，查看其是否满足验收标准。

8.4　机器人点焊设备验收及维护

由于机器人点焊设备大部分均是定制产品，设备的验收应当按照双方签订的设备采购协议进行相应验收。

设备的使用过程中，应当按照设备供应商提供的维护保养建议制定设备的维护保养规程，安排相关人员进行设备维护保养。

项目9

机器人激光焊

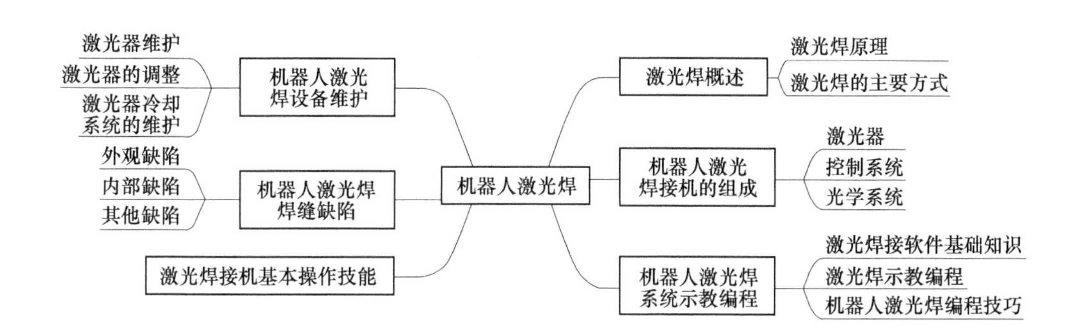

9.1 激光焊概述

9.1.1 激光焊原理

焊接方法分类中，激光焊接属于熔焊的一个类别，如图 9-1 所示。

激光焊接是将一定强度的激光束（焦平面上的功率密度可达 105~1013W/cm^2）辐射至被焊金属表面，通过激光与被焊金属的相互作用，使被焊处形成一个能量高度集中的局部热源区，从而使被焊金属熔化并形成牢固的焊点和焊缝。

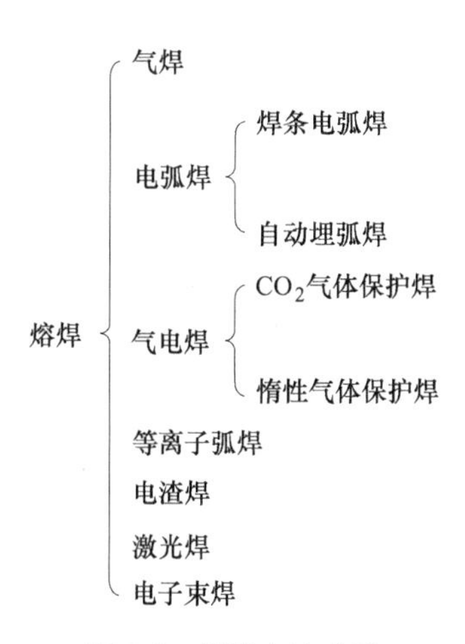

图 9-1 焊接方法分类

9.1.2 激光焊的主要方式

1. 热传导焊接

热传导焊接通过激光辐射加热被焊金属表面，表面热量通过热传导作用向材料内部扩散，通过控制激光脉冲的宽度、能量、峰值功率和重复频率等参数，使工件熔化，形成特定的熔池，直至将两个待焊接的接触面互熔并焊接在一起，如图 9-2a 所示。

热传导焊接应用于微、小型材料和薄壁材料的精密焊接中，电池激光封焊机、首饰焊接机等都是常见的热传导焊接设备。

2. 激光深熔焊接

高功率密度激光束照射到材料上，使材料加热熔化以至气化产生蒸气压，熔化金属被排挤在光束周围使照射处呈现一个凹坑，激光停止照射后，被排挤在凹坑周围的熔化金属重新流回到凹坑凝固后将工件焊接在一起，这种焊接方法称为深熔焊接，如图 9-2b 所示。

激光深熔焊接应用于厚大材料的高速焊接中，以多功能激光加工机的形式出现。

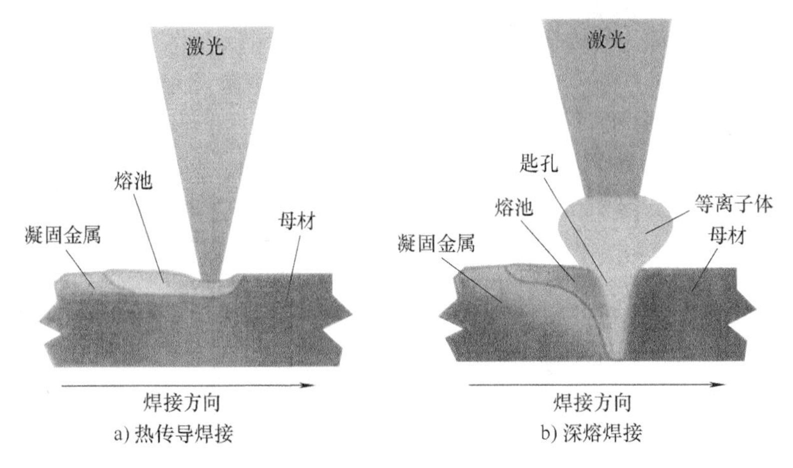

图 9-2　激光焊接方式示意图

3. 激光钎焊

利用激光作为热源熔化焊接钎料，熔化的焊接钎料冷却后将工件连接起来，这种焊接方法称为激光钎焊。激光钎焊也有软钎焊与硬钎焊两种方式，其中软钎焊主要用于焊接强度较低的材料，如焊印制电路板的片状元件，硬钎焊主要用于焊接强度较高的材料。

9.2　机器人激光焊接机的组成

9.2.1　激光器

激光器是激光焊接设备中的重要部分，主要提供加工所需的光能。对激光器的要求是稳定、可靠，能长期正常运行。对焊接而言，要求激光器横模为低阶模或基模，输出功率或输出能量能根据加工要求进行精密调节。

9.2.2　控制系统

激光焊接机控制系统主要通过控制脉冲激光电源的工作过程来满足焊接加工时的能量、脉宽波形、动作顺序等参数的要求。脉冲激光电源由主电路（包括充电电路和储能放电电路）、触发电路、预燃电路、控制电路等电路组成，如图 9-3 所示。

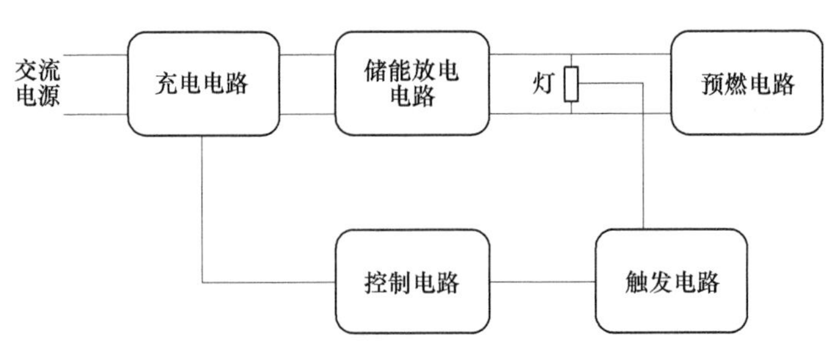

图 9-3　脉冲激光电源的组成

9.2.3　光学系统

光学系统是用来进行光束的传输和聚焦的。进行直线传输时，通道主要是空气，在进行大功率或大能量传输时，必须采取屏蔽措施以免对人造成危害。有些先进设备在激光输出快门打开之前，激光器不对外输出。聚焦在小功率系统中多采用透镜，在大功率系统中一般采用反射聚焦镜。

9.3　机器人激光焊系统示教编程

9.3.1　激光焊接软件基础知识

1. 激光焊接软件概述

激光焊接机控制系统的主要控制对象是激光器和工作台。目前市场上广泛应用的工作台式激光焊接机，主要使用基于CNC2000数控软件开发的焊接软件来控制工作台的运动及激光器出光，也有部分设备使用PLC来实现控制工作台的运动及激光器出光。振镜式激光焊接机则主要使用振镜控制软件来控制工作台的运动和激光器出光。

2. 基于CNC2000数控软件的激光焊接软件

（1）软件操作界面简介　图9-4所示是某公司基于CNC2000数控软件的激光焊接软件操作界面。

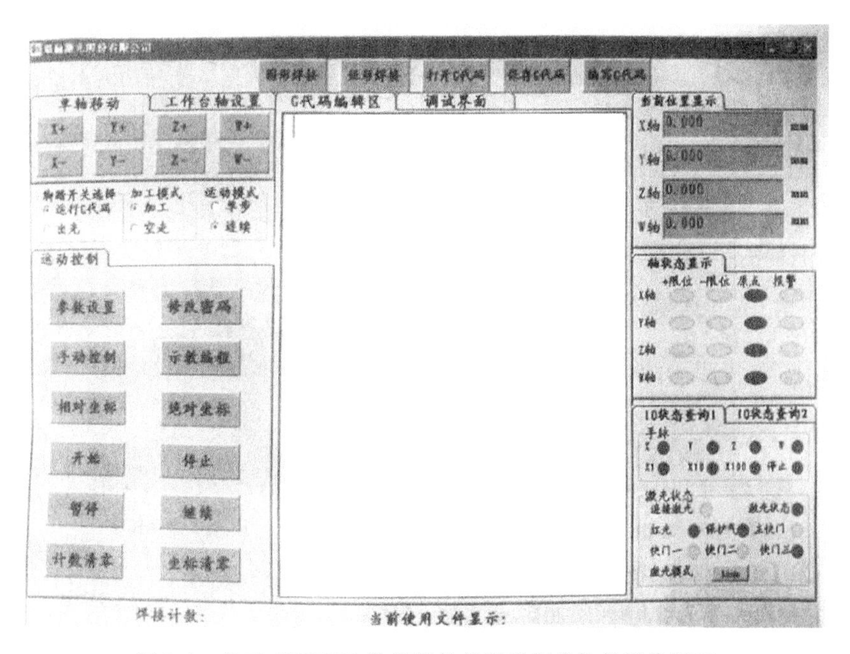

图9-4　基于CNC2000数控软件的激光焊接软件操作界面

（2）示教编程功能

1）激光焊接中主要轨迹有点焊、直线缝焊、旋转焊接、曲面焊接等几种，这些轨迹都需要通过输入编写CNC程序的方式才能实现。

2）激光焊接编程有示教编程和离线编程两种方式。

3）示教编程中，操作人员通过外形如图 9-5 所示的电子手轮（手摇脉冲发生器）控制工作台/机械手运动到预定位置，同时记录该位置坐标，并传递到控制器中，工作台/机械手可根据指令自动重复该动作，操作人员可以选择不同的坐标系对工作台/机械手进行示教。

4）示教编程操作简单，对软件及操作者的要求不高，应用最广。

5）离线编程是通过软件在计算机上重建整个工作场景的三维虚拟环境，然后软件根据要加工零件的大小、形状、材料，同时配合软件操作者的操作，自动生成工作台/机械手的运动轨迹，即控制指令，然后在软件中仿真与调整轨迹，最后生成程序传输给工作台/机械手。

9.3.2 激光焊示教编程

1）单击【示教编程】按钮，系统将自动弹出图 9-6 所示的操作界面。在界面中可预先示教所需焊接产品的焊接动作，系统将以 G 代码自动记忆各动作。

2）【运动模式】示教编程中可实现直线运动、圆运动和圆弧运动三种运动模式。

3）【加工模式】有【空走】（工作台按轨迹运动，激光器不出光）、【连续焊接】（对所走轨迹全部焊接）、【单点焊接】（对应于直线运动，加工时仅焊接直线终点一个点）三种模式。

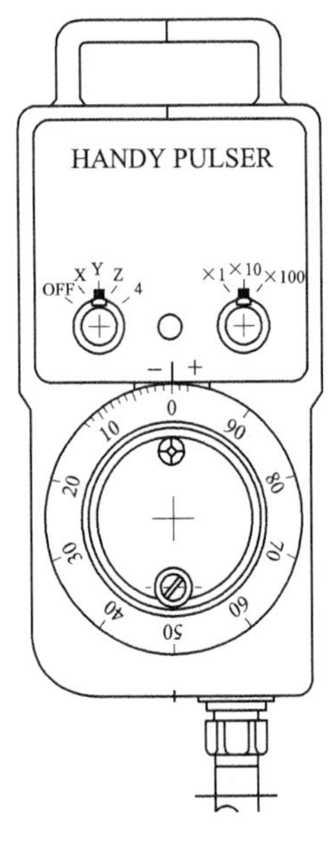

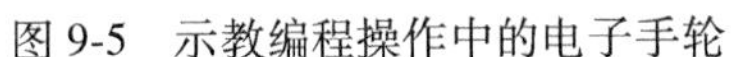
图 9-5　示教编程操作中的电子手轮

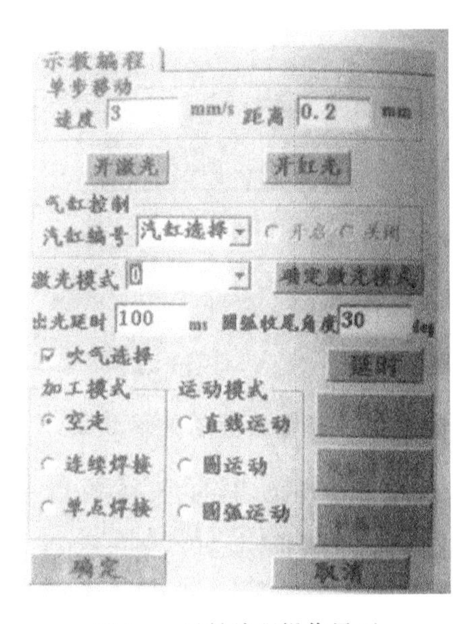

图 9-6　示教编程操作界面

4）直线运动模式的示教编程。在【运动模式】栏选择【直线运动】，然后选择【加工模式】，利用手轮或单轴移动按钮将激光头移动到需焊接直线的终点位置，单击【直线终点】按钮，直线示教编程完成。

以下是从当前位置空走到终点坐标为（8.897，8.023）点的 G 代码：

```
G90;
F30;
G00 x8.897 y8.023;
```

5）圆及圆弧运动模式示教编程。圆及圆弧运动模式的示教编程采用三点定圆的方式确定需焊接圆的圆心及半径。确定三个点的方式如下。

以当前点为“三点”中的第一个点，利用手轮或单轴移动按钮将焊接头移动到需焊接圆（圆弧）上的一点作为“三点”中的第二个点，单击【圆弧中间点】按钮，再利用手轮或单轴移动按钮将焊接头移动到需焊接圆（圆弧）上的另一个点作为“三点”中的第三个点，单击【圆弧终点】按钮，圆（圆弧）运动的示教编程完成。

以下是以（0.000，0.000）为起点，以（4.320，3.588）为圆心，以7.025为半径焊接一个整圆的G代码：

```
G90;                                //走绝对坐标
F30;                                //设置加工速度
M22;                                //打开保护气
G04  T120;                          //延时120ms
M07;                                //开激光
G20 x0.000  y0.000  I4.320  J3.588  C360.000  R7.025;
```

6）多工位焊接示教编程。多工位焊接工作台的开机默认工位为第一工位（即初始工位），如果第一工位焊接完成后需对第二工位焊接轨迹进行编程，在【工位选择】区域单击下拉框选择工位2，再按下【工位确定】按钮（没有选择工位，该按钮将不可用），旋转轴将自动旋转到第二工位，系统自动生成运行到该工位的G代码（如工位2系统生成G代码为M62）。

9.3.3 机器人激光焊编程技巧

1）选择合理的焊接顺序。以减小焊接变形、焊枪行走路径长度来制定焊接顺序。

2）优化焊接参数。为了获得最佳的焊接参数，制作工作试件进行焊接试验和工艺评定。

3）焊枪空间过渡要求移动轨迹较短、平滑、安全。

4）编制程序一般不能一步到位，要在机器人焊接过程中不断检验和修改程序，调整焊接参数及焊枪姿态等，才会形成一个好程序。

5）合理的变位机位置、焊枪姿态、焊枪相对接头的位置。工件在变位机上固定之后，若焊缝不是理想的位置与角度，就要求编程时不断调整变位机，使得焊接的焊缝按照焊接顺序逐次达到水平位置，同时，要不断调整机器人各轴位置，合理地确定焊枪相对接头的位置、角度与焊丝伸出长度。工件的位置确定之后，焊枪相对接头的位置要通过编程者的双眼观察，难度较大。

6）及时插入清枪程序。编写一定长度的焊接程序后，应及时插入清枪程序，可以防止焊接飞溅堵塞焊接喷嘴和导电嘴，保证焊枪的清洁，延长喷嘴的寿命，确保可靠引弧、减少焊接飞溅。

9.4 激光焊接机基本操作技能

不同厂家的激光焊接机开、关机操作流程大同小异，以联赢激光三维工作台（UW150A）YAG脉冲激光焊接机为例，简要描述激光焊接机开、关机操作流程。

1. 开机前准备工作

1）检查机器工作台面是否有可能导致碰撞激光头部件的物品。

2）如果需要使用保护气，检查保护气管路是否打开。

3）检查冷水机是否打开。

4）检查输入、输出电压是否正确。

5）查看激光器控制面板、工作台报警指示灯、焊接软件等部件是否有报警显示。

6）查看各处水管、气管是否存在跑、冒、滴、漏的现象。

7）机器回原点时观察机械部分运行是否正常。

8）检查激光工作是否正常。

9）如果使用同轴吹气，检查激光是否处于吹气铜嘴的中心点。

10）检查吹气铜嘴、保护玻璃是否干净。

2. 开机步骤

1）打开焊接机电源总开关，再旋转激光器操作面板上的急停开关，然后打开激光器电源开关，这时激光器控制面板显示屏点亮，如图9-7a所示。

a) 步骤1

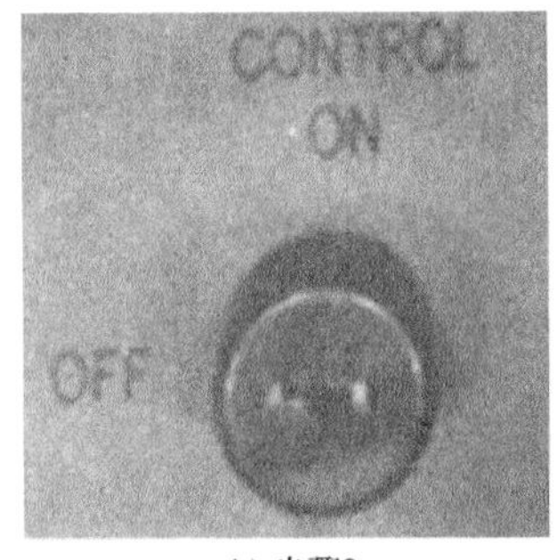

b) 步骤2

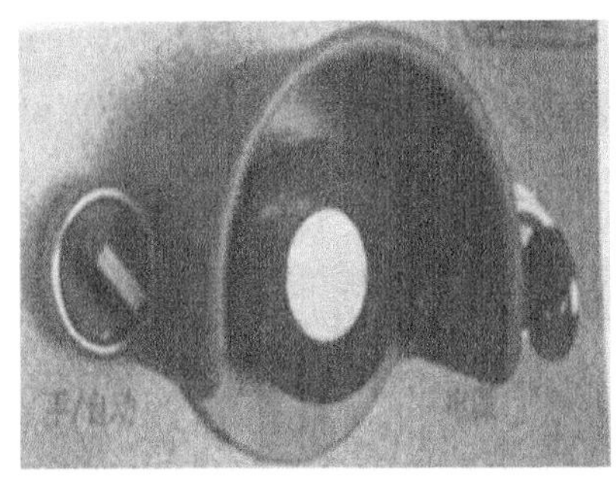
c) 步骤3

图9-7 开机步骤

2）将激光器操作面板左下方的钥匙开关向右旋转至打开状态，按下起动按钮，这时激光器控制面板显示屏显示远程开关未打开。如果显示的是其他状态，如急停未打开、钥匙开关未打开等，请检查相应的开关是否在开机相应状态，如图9-7b所示。

3）旋转工作台急停开关，将工作台操作面板上的钥匙开关向右旋转打开，如图9-7c所示。上述工作完成后，激光器控制面板显示屏将显示自检完成，进入面板“主菜单”界面，如图9-8所示，在“主菜单”界面按“上”和“下”键可以选择相应项目。

4）如果使用CNC运动控制系统控制焊接加工过程，工控机开机完成后启动焊接软件。

5）在控制面板显示屏将光标移动到【系统工作状态】，按【确定】键，进入【系统工作状态】界面，如图9-9所示。

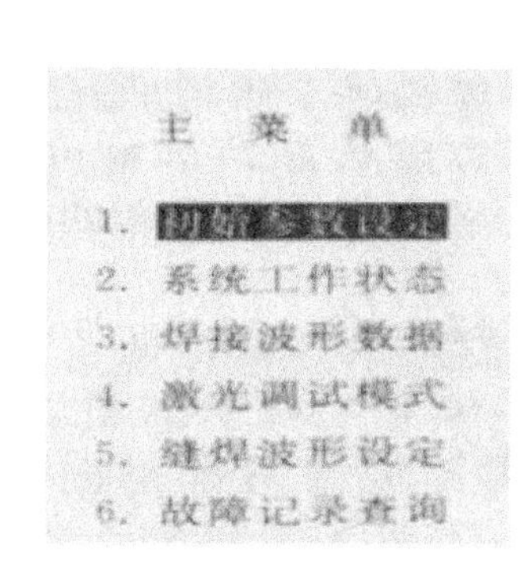

图 9-8　控制面板“主菜单”界面功能示意

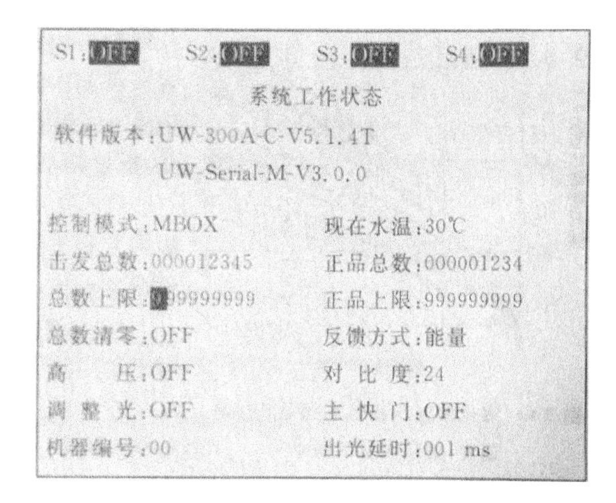

图 9-9　系统工作状态设置界面

6）按动光标调节按钮的“上”“下”键，将光标移动到【高压：OFF】位置，按下方【+】键，【高压：OFF】将变为【高压：ON】，按下【确定】键。【HIGH VOLTAGE】黄灯持续几秒钟后，【READY】绿灯点亮，激光器泵浦灯点燃完成。

在系统工作状态界面将【主光闸：OFF】变为【主光闸：ON】，单击屏幕左上方 S1 后面的【OFF】使之变为【ON】，按下【确定】键，则主光闸和分光闸打开。

回到主界面，单击进入【焊接波形数据】界面（有的设备为【激光焊接参数】）设置需要的激光参数，如图 9-10 所示。

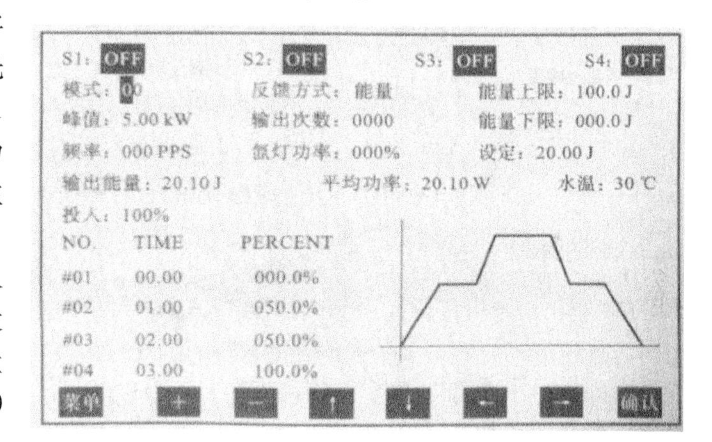

图 9-10　焊接波形数据界面

7）确定焦点位置，并设置焊接所需离焦量。

8）调整气体保护装置、CCD 显示装置等。

9）进行激光焊接操作。

3. 关机

依次关掉激光高压、激光器电源，工控机、工作台电源，给气、排风及总电源。

9.5　机器人激光焊焊缝缺陷

焊缝缺陷主要有各种外观缺陷，焊接裂纹、未焊透、夹渣、气孔等内部缺陷，以及其他缺陷，其中危害最大的是焊接裂纹和气孔。

9.5.1 外观缺陷

外观缺陷是指不必借助于仪器仅用人眼就可以在工件表面发现的缺陷，如图 9-11 所示。

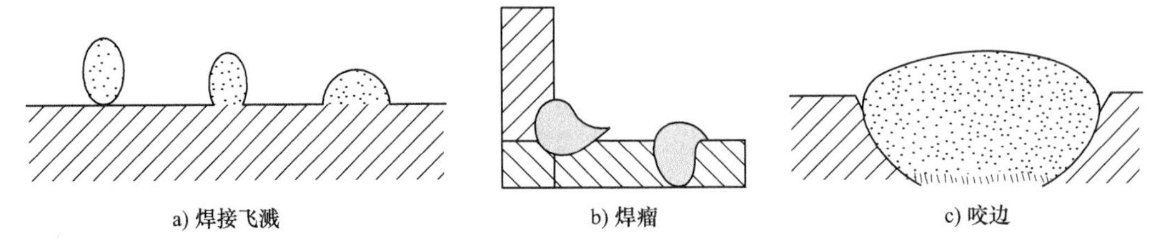

图 9-11 焊缝外观缺陷示例

（1）焊接飞溅 激光焊接完成后多余金属颗粒附着于材料或工件表面的现象。

原因：材料或工件表面未清洗到位，存在油渍或污染物。

措施：激光焊接前严格按要求清洗材料或工件。

（2）焊瘤 焊缝中的液态金属流到加热不足、尚未熔化的母材上或从焊缝根部溢出，冷却后形成的未与母材熔合的金属瘤即为焊瘤。

原因：激光焊接能量过高、焊接速度过低，以及焊缝或焊缝位置不合理都可能造成焊瘤缺陷。

措施：选用合适的激光能量、焊接速度和焊接位置进行焊接。

（3）咬边 指的是激光将焊缝边缘的母材熔化后没有得到熔敷金属的充分补充，冷却而形成的缺口，咬边会造成应力集中进而可能发展为裂纹源。

9.5.2 内部缺陷

（1）气孔 指焊接熔池中的气体没在金属凝固前逸出，残存于焊缝之中所形成的空穴，如图 9-12a 所示。

气孔降低了焊缝的强度，会引起泄漏和应力集中，还会促成冷裂纹。

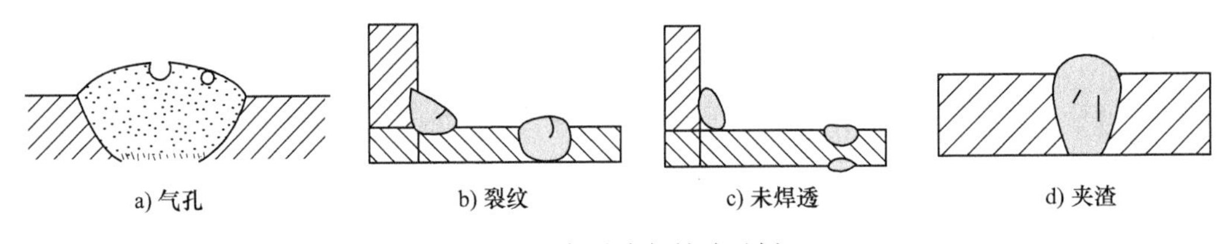

图 9-12 焊缝内部缺陷示例

（2）裂纹 焊缝中产生的缝隙称为裂纹，根据裂纹尺寸大小可分为肉眼可见的宏观裂纹、在普通显微镜下才能发现的微观裂纹和在高倍数字显微镜下才能发现的超显微裂纹三类，如图 9-12b 所示。

（3）未焊透 指母材金属未熔化、焊缝金属没有进入接头根部的现象，如图 9-12c 所示。

原因：焊接熔深浅、坡口和间隙尺寸不合理。

措施：使用较大焊接电流、合理设计坡口。

（4）夹渣　指焊后熔渣残存在焊缝中的现象，如图 9-12d 所示。

9.5.3　其他缺陷

（1）未熔合　未熔合是指焊缝金属与母材金属，或焊缝金属之间未熔化结合在一起的缺陷，危害性仅次于裂纹，如图 9-13a 所示。

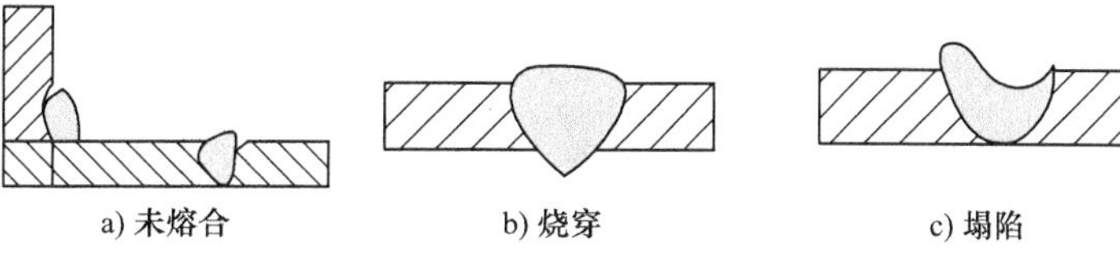

图 9-13　焊缝其他缺陷示例

（2）烧穿　焊接时熔化金属自焊缝背面流出并脱离焊道而形成穿孔的现象称为烧穿，如图 9-13b 所示，烧穿是严重的焊接缺陷。激光能量过大、焊接速度过小都可能出现烧穿缺陷，焊接薄板时最容易出现这种焊接缺陷。

（3）塌陷　焊接时熔化的金属从背面凸出，使焊缝正面下凹的现象称为塌陷，如图 9-13c 所示。塌陷也是比较严重的焊接缺陷。焊接时熔池过大，固态金属对熔化金属的表面张力不足以承受熔池金属重力的作用，从而容易形成熔池下沉，导致塌陷。

9.6　机器人激光焊设备维护

9.6.1　激光器维护

激光器的维护必须由经过专门培训的人员进行，否则容易产生严重的人为损坏。

1）为了保证激光器一直处于正常的工作状态，连续工作两周后或停止使用一段时间后，在开机前首先应对 YAG 棒、介质膜片及镜头保护玻璃等光路中的组件进行检查，确定各光学组件没有灰尘污染、霉变等异常现象，如有上述现象应及时进行处理，保证各光学组件不会在强激光照射下损坏。（若设备的使用环境比较清洁，上述检查可以相应延长至一个月甚至更长）。

2）冷却水的纯度是保证激光输出效率及激光器聚光腔组件寿命的关键，使用中应每周检查一次内循环水的电阻率，保证其电阻率≥30.5MΩ · cm，每月必须更换一次内循环的去离子水，新注入纯水的电阻率必须≥32MΩ · cm。随时注意观察冷却系统中离子交换柱的颜色变化，一旦发现交换柱中树脂的颜色变为深褐色甚至黑色，应立即更换树脂。

3）设备操作人员可以经常用黑色像纸检查激光器输出光斑，一旦发现光斑不均匀或有能量下降等现象，应及时对激光器的谐振腔进行调整，确保激光输出的光束质量。

警告：激光照射可以对人体皮肤产生严重伤害，可使眼睛致盲，调试操作人员必须具备激光安全防护的常识，工作中必须佩戴针对 1.064mm 波长激光的专用激光防护眼镜。

注意：当强激光直接照射到木材等易燃品时会产生明火，调试过程中应在激光输出的光路上放置一块吸收性能良好的黑色金属材料作为光束终止器，防止引起火灾事故。

9.6.2　激光器的调整

激光器的调整必须由经过专门培训的人员进行，否则会因激光器失调或调偏造成光路上其他组件的损坏。激光谐振腔的调整步骤如下：

（1）检查基准光源　红色的半导体激光是整个光路的基准，必须首先确保其准确性。用一个简易的高度规检查红光是否与光具座导轨顶面平行，并处于光具座两条导轨间的中心线上，若出现偏差，可以通过6个紧固螺钉进行调整。调整好后注意再检查一遍所有紧固螺钉是否已经完全拧紧。

（2）调整输出镜（输出介质膜片）位置　调整输出镜前，应将装有YAG棒的聚光腔拿开，以免因光路中YAG棒的折射偏差影响调整的准确性。输出介质膜片的准确位置应该是使红光位于其中心位置并能将红光完全反射回红光的出射孔，否则应通过旋转膜片架的旋钮进行仔细调整。注意调整完后应将膜片架调节旋钮上的锁紧圈完全锁紧，确保其位置的稳定性，然后再一次检查其反射光的位置是否保持在原位。

（3）检查YAG（钇铝石榴石晶体）棒的安装位置　用透明胶纸分别贴在YAG棒套的两端，观察红光光斑是否在两个棒套管的正中间位置，若有偏差，应通过调整聚光腔的位置加以修正。然后观察YAG棒的反射光位置，应与红光的出射孔重合，否则在兼顾红光尽可能保持在棒套管中心位置的前提下调整聚光腔的位置，使反射光尽量与出射孔靠拢，至少应保证调整到与出射孔的偏差小于1mm。

（4）调整全反镜（全反介质膜片）位置

1）检查红光是否在介质膜片的中间位置，否则应调整介质膜片架的安装位置使红光在介质膜片的中心。

2）粗调介质膜片架旋钮，使红光反射回出射孔。

3）开启激光，脉宽调整到约2ms，重复频率调整到50Hz，踩一下脚踏开关使脉冲氙灯闪光，此时用完全曝光的全黑相纸放在输出镜前，可以观察到有激光输出，反复调整膜片架的两个旋钮，使输出光斑最圆且均匀，然后逐渐降低电流至120A左右，进一步反复仔细地微调旋钮，尽可能使打到相纸上的光斑最亮且最强部分集中在光斑中心。

4）检查激光是否与红光重合，将相纸固定在激光输出镜的前端并尽量远离输出镜的位置，发出一个激光脉冲，观察相纸上的光斑中心是否与红光中心重合，若不重合，可以微调输出镜和全反镜，使光斑与红光重合，然后再将相纸固定在离激光器输出镜800～1000mm的地方，再次检查光斑是否与红光重合，若能较好地重合，激光器即调整到了最佳状态。

5）锁紧各个调节旋钮，再一次检查相纸上的光斑是否良好，并与红光同轴，否则应重新调整。

（5）检查光闸的位置　人工旋转反射镜片支架，将光闸推至挡光位置，观察红光是否在镜片的中间，其反射光是否位于光束终止器中心的吸收锥体上，若位置不正确可稍加调整。最后，应特别注意仔细检查一下光闸反射镜片是否清洁，受污染的镜片在使用中很快会炸裂。

9.6.3　激光器冷却系统的维护

1. 冷却系统维护的主要内容

维护的主要内容包括检查冷却水的水质，清洗水箱及管道和检查保护电路动作是否正常等。

在使用频繁的情况下，每周必须检查一次水质情况，以随时保证冷却介质的质量。检查的方法是将万用表置于 2MW 电阻档，把两支表笔测量端的金属外露部分以 1cm 的间隔距离，平行地插入冷却水面，此时的电阻读数至少应大于 250kW。若读数低于此数值，应立即更换冷却水。

2. 检查保护连锁电路

本冷却系统专门针对激光设备的特点，设计了超温声音报警、超温连锁、流量开关连锁、液位保护连锁等保护措施，使用中应经常检查以上保护电路，保证其功能正常有效。检查工作可以利用换水时进行。

3. 检查制冷系统

正常运行中还应注意观察制冷系统的钛管上是否结霜，如果出现结霜，可能是制冷系统中的氟利昂不够所致，应立即请有关的专业人士进行补充并检查是否存在泄漏。

4. 注意事项

在气温较高或较潮湿的环境下，激光器运行中应随时注意观察冷却水循环的管道或激光聚光腔上是否出现因水温过低产生的“凝露”现象，“凝露”出现会造成 YAG 晶体端面的损伤，导致输出功率下降甚至不能出光，使用中一定要加以注意。如果出现“凝露”，应立即停止激光焊接机的使用，待聚光腔表面的水分自然干燥后重新检查 YAG 光学表面的状况，确定是否要清洗 YAG 棒，在检查一切正常的情况下才能再次开机，开机前注意适当调高温控器的下限设定温度。

项目10

焊接技术管理

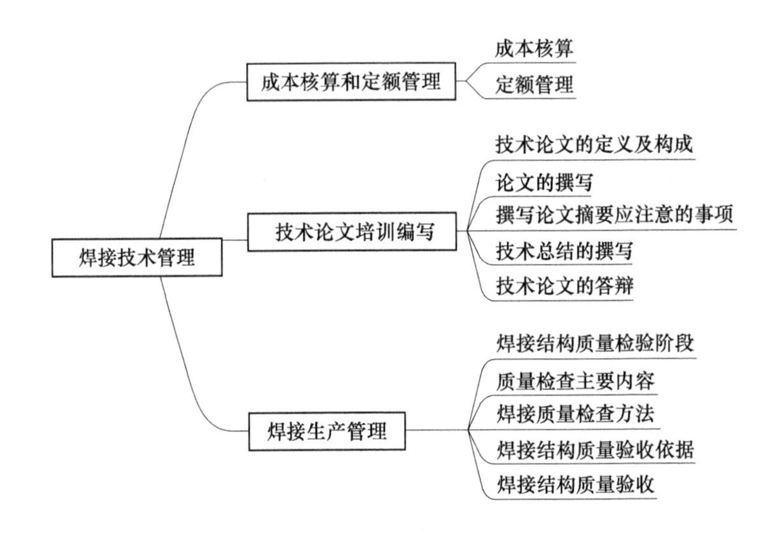

10.1 成本核算和定额管理

10.1.1 成本核算

成本核算是指将企业在生产经营过程中发生的各种耗费按照一定的对象进行分配和归集，以计算总成本和单位成本。成本核算通常以会计核算为基础，以货币为计算单位。成本核算是成本管理的重要组成部分，对于企业的成本预测和企业的经营决策等存在直接影响。进行成本核算，首先要审核生产经营管理费用，看其是否发生，是否应当发生，已发生的是否应当计入产品成本，实现对生产经营管理费用和产品成本直接的管理和控制。其次对已发生的费用按照用途进行分配和归集，计算各种产品的总成本和单位成本，为成本管理提供真实的成本资料。

1. 焊接成本的影响因素分析

整个焊接过程最终成本的因素如下：

1）钢板的准备（切割、开坡口等）、定位和矫正等辅助工时费用。

2）焊接燃弧工时费用。

3）重新起弧、清理焊缝和消除应力等辅助工时费用和管理费用。

4）焊条、焊剂及保护气体等的材料费用及电费。

其中，焊缝所需的金属填充量直接影响焊接燃弧工时与焊条等的材料消耗，对焊接成本影响较大。例如，板厚6mm的对接焊，装配间隙4.5mm的焊缝截面积约为装配间隙0.8mm时焊缝截面积的5倍，后者的焊接速度比前者快3倍，而相同焊接时间内后者焊丝消耗量约为前者的71%。因此要降低焊接成本，就要很好地控制焊缝金属填充量。

2. 成本核算的主要原则

（1）合法性原则　指计入成本的费用都必须符合法律、法令、制度等的规定。不合规定的费用不能计入成本。

（2）可靠性原则　可靠性包括真实性和可核实性。真实性就是所提供的成本信息与客观的经济事项相一致，不应掺假，或人为地提高、降低成本。可核实性指成本核算资料按一定的原则由不同的会计人员加以核算，都能得到相同的结果。真实性和可核实性是为了保证成本核算信息的正确可靠。

（3）相关性原则　相关性包括成本信息的有用性和及时性。有用性是指成本核算要为管理当局提供有用的信息，为成本管理、预测、决策服务；及时性是强调信息取得的时间性；及时的信息反馈，可及时地采取措施，改进工作。

（4）分期核算原则　企业为了取得一定期间所生产产品的成本，必须将生产活动按一定阶段（如月、季、年）划分为各个时期，分别计算各期产品的成本。成本核算的分期，必须与会计年度的分月、分季、分年相一致，这样便于利润的计算。

（5）权责发生制原则　应由本期成本负担的费用，不论是否已经支付，都要计入本期成本；不应由本期成本负担的费用（即已计入以前各期的成本，或应由以后各期成本负担的费用），虽然在本期支付，也不应计入本期成本，以便正确提供各项的成本信息。

（6）实际成本计价原则　生产所耗用的原材料、燃料、动力要按实际耗用数量的实际单位成本计算，完工产品成本的计算要按实际发生的成本计算，虽然原材料、燃料、产成品的账户可按计划成本（或定额成本、标准成本）加、减成本差异，以调整到实际成本。

（7）一致性原则　成本核算所采用的方法，前后各期必须一致，以使各期的成本资料有统一的口径，前后连贯，互相可比。

（8）重要性原则　对于成本有重大影响的项目应作为重点，力求精确。而对于那些不太重要的琐碎项目，则可以从简处理。

3. 成本核算的方法

（1）品种法

1）定义。以产品品种作为成本计算对象的一种成本计算方法。

2）成本对象。品种法的成本计算对象为：产品品种。实际工作中，可以将“品种法”之下的成本对象变通应用为：产品类别、产品品种、产品品种规格。

计算方法及要点。品种法在实际工作中的应用要点为：以“品种”为对象开设生产成本明细账、成本计算单；成本计算期一般采用“会计期间”；以“品种”为对象归集和分配费用；以“品种”为主要对象进行成本分析。

适用范围。品种法适合于大批大量、单步骤生产的企业。如发电、采掘业、管理上只要求考核最终产品的企业。

（2）分批法

1）定义。以产品批别作为成本计算对象的一种成本计算方法。

2）成本对象。分批法是一种很广义的成本计算方法，在实际工作中，有“批号”“批次”的定义。可以按照下列方式确定成本对象：产品品种、存货核算中分批实际计价法下的“批”、生产批次、制药等企业的产品“批号”、客户订单——即按照客户订单计算成本的方法、其他企业需要并自定义的“批”。

3）计算方法及要点。品种法在实际工作中的应用要点为：以“批号”“批次”为成本计算对象开设生产成本明细账、成本计算单。成本计算期一般采用“生产工期”，一般不存在生产费用在完工产品和在产品之间分配。若生产费用在完工产品、在产品间分配则采用定额法。

4）适用范围。单件、小批生产企业、按照客户订单组织生产的企业——因而也称“订单法”。

（3）分步法

1）定义。以产品生产阶段的“步骤”作为成本计算对象，计算成本的一种方法。

2）成本对象。分步法下的“步”同样是广义的，在实际工作中有丰富的、灵活多样的具体内涵和应用方式。分步法下的“步”在实际应用中，可以定义为下列“步”含义：部门——即计算考核“部门成本”、车间、工序、特定的生产、加工阶段、工作中心，上述情况的随意组合。

3）计算方法及要点。较之其他方法，分步法在具体计算方式方法上有很大不同，这主要是因为它是按照生产加工阶段、步骤计算成本所导致的。在分步法下，有下列一系列特定的计算流程、方法和含义，分步法成本核算一般有如下要点：按照“步”作为成本计算对象，归集费用、计算成本，成本计算期一般采用“会计期间”法，期末往往存在本期完工产品、期末在产品，需要采用一定的方法分配生产费用。

4）适用范围。大批大量多步骤多阶段生产的企业；管理上要求按照生产阶段、步骤、车间计算成本；冶金、纺织、造纸企业、其他一些大批大量流水生产的企业等。

（4）分类法

1）定义。以“产品类”作为成本计算对象、归集费用、计算成本的一种方法。

2）成本对象。分类法的成本对象为产品“类”，在实际工作中，可以定义为：产品自然类别、管理需要的产品类别。

3）计算方法及要点。分类法下成本核算的方法要点可概括如下：以“产品类”为成本计算对象，设置成本计算单；“产品类”的成本计算方法同于“品种”；某“类产品”的成本计算出来后，按照下列方法再分配到具体品种，以计算品种的成本：在类中选定某产品为“标准产品”；定义其他产品与标准产品的换算系统；按照换算系统之比例将“类产品”的成本分解计算到具体品种产品的成本。

4）适用范围。分类法适合于产品品种规格繁多，并且可以按照一定的标准进行分类的企业。如鞋厂、轧钢厂等。

（5）ABC 成本法　从 20 世纪 70 年代开始，在一些发达国家开始研究作业成本法（ABC 法），现在已经被很多国家采用。它是一种将制造费用等间接费用不按传统的（以车间为费用归集和分配对象）方法，而是以“作业”为费用归集和分配的方法，它能够更加合理地分配间接费用，使成本的计算更加合理。由于它只是间接费用的一种分配方法，因此，企业实际上还要结合其他基本核算方法共同使用。

成本管理系统能够满足企业成本核算的各种计算方法的选择，但是，由于各个企业的成本核算还有许多具体的、特殊的要求，有的企业的随意性还比较大。因此，建议企业在成本核算中，应该选择适当的成本核算方法，并规范成本的核算过程，减少随意性，一旦确定一种成本核算方法之后，不要随意改变。

10.1.2　定额管理

1. 基本定义

定额是企业生产经营活动中，对人力、物力、财力的配备、利用和消耗以及获得的成果等方面所应遵守的标准或应达到的水平。

2. 定额分类

定额按其内容分主要包括：有关劳动的定额，如工时消耗定额、产量定额、停工率、缺勤率等；有关原材料、燃料、动力、工具等消耗的定额；有关设备、工器具、劳动保护用品配置的定额；有关费用的定额；有关固定资产利用的定额，如生产设备利用率、固定资产利用率；有关流动资金占用的定额等。

3. 定额管理内容

定额管理的内容主要包括：建立和健全定额体系；在技术革新和管理方法改革的基础上，制定和修订各项技术经济定额；采取有效措施，保证定额的贯彻执行；定期检查分析定额的完成情况，认真总结定额管理经验等。定额管理是实行计划管理，进行成本核算、成本控制和成本分析的基础。实行定额管理，对于节约使用原材料，合理组织生产，调动劳动者的积极性，提高设备利用率和劳动生产率，降低成本，提高经济效益，都有重要的作用。

结合上述分析，定额管理有以下难点：

（1）数据难定　数据难定的原因是进行定额确定对人员要求比较高，由于涉及大多数人的利益问题，难度增加。

（2）数据难齐　定额制订是一个跨部门的协调作业，由于涉及部门多，要整理一个产品的数据很难一时半会完成，往往需要经过反复的协调和核对才能把数据准备完成，增加企业管理成本。

（3）数据难变　产品制造定额是一个变量，是随着企业生产能力的提高，原材料市场、劳动力市场、设备新旧程度变化而变化的。但由于定额制订涉及部门多、牵涉利益多、协调难，制造定额要及时随着上述变化因素变化的难度也增加了。

（4）数据难找　由于定额管理没有专用的软件进行辅助，找一个数据往往要从一大堆的文档（有可能是电子文档）中去查找，效率低下。由于数据难以及时更新，还有存在查到的是一个过期了的错误数据的现象。

10.2　技术论文培训编写

10.2.1　技术论文的定义及构成

1. 技术论文的定义

技术论文是指工程技术人员为描述工程技术研究成果而提交的论文，这种研究成果主要是应用国内外已有的理论来解释、设计工艺、设备、材料等具体技术问题。

2. 技术论文的构成

（1）论文的标题　标题是文章的眉目。各类文章的标题，样式繁多，但无论是何种形式，总要以全部或不同的侧面体现作者的写作意图、文章的主旨。技术论文的标题一般分为总标题、副标题、分标题几种。

1）总标题。总标题是文章总体内容的体现。技术论文常见的总标题形式如下：

①揭示课题的实质。这种形式的标题，高度概括全文内容，往往就是文章的中心论点。它具有高度的明确性，如《搅拌摩擦焊技术在城轨车辆上的应用》。

②交代内容范围，如《搅拌摩擦焊发展现状研究》。

2）副标题和分标题。为了点明论文的研究对象、研究内容、研究目的，对总标题加以补充、解说，有的论文还可以加副标题。特别是一些商榷性的论文，一般都有一个副标题，如在总标题的下方，添上“与××商榷”之类的标题。另外，为了强调论文所研究的某个侧重面，也可以加副标题。如《开发宏程序资源，提高机加工效率——探讨解决加工过程中撞刀的问题》等。

一般来说，不建议设置副标题。

设置分标题的主要目的是为了清晰地显示文章的层次。有的用文字，一般都把本层次的中心内容概括出来；也有的用数码，仅标明“一、二、三”等的顺序，起承上启下的作用，需要注意的是，无论采用哪种形式，都要紧扣所属层次的内容，以及上文与下文的联系紧密性。

对于标题的要求，概括起来有三点：一要明确，二要简练，三要新颖。标题和文章的内容、形式一样，应有自己的独特之处，做到既不标新立异，又不落窠臼，使之引人入胜，赏心悦目，从而激起读者的阅读兴趣。

（2）论文署名　技术论文应该署真名和真实的工作单位，主要体现责任、成果归属并便于后人追踪研究。严格意义上的论文作者是指对选题、论证、查阅文献、方案设计、建立方法、试验操作、整理资料、归纳总结、撰写成文等全过程负责的人，应该是能解答论文的有关问题者。现在往往把参加工作的人全部列上，那就应该以贡献大小依次排列。其主要标示格式为：姓名（单位、省市、区号）。

（3）论文目录　将论文里论述的问题按先后顺序排列，并标明目录中标题在该篇论文中所居页码。至于哪一层次的标题上到目录页，则由论文作者根据需要来定，但有一点，目录不宜过分细分。目录是论文中主要段落的简表，短篇论文不必列目录。

（4）论文的摘要　论文的摘要是文章主要内容的摘录，要求短、精、完整，字数少可几十字，多不超过三百字为宜。

（5）关键词　关键词是从论文的题名、提要和正文中选取出来的，是对表述论文的中心内容有实质意义的词汇。关键词是用作计算机系统标引论文内容特征的词语，便于信息系统汇集，以供读者检索。每篇论文一般选取 3~8 个词汇作为关键词，另起一行，排在“摘要”的左下方。

（6）论文正文

1）引言。引言又称前言、序言和导言，用在论文的开头。引言一般要概括地写出作者意图，说明选题的目的和意义，并指出论文写作的范围。引言要短小精悍、紧扣主题。一般在150~300字。

2）论文正文。正文是论文的主体，正文应包括论点、论据、论证过程和结论。主体部分包括以下内容：提出问题——论点；分析问题——论据和论证；解决问题——论证方法和步骤；结论。

论文正文质量取决于个人日常写作能力，一般来说不要求文字华丽，但要求思路清晰，合乎逻辑，用语简洁准确、明快流畅；内容务求客观、科学、完备，要尽量用事实和数据说话；凡用简要的文字能够说清楚的，应用文字陈述，用文字不容易说明白或说起来比较烦琐的，应用表或图来陈述。

（7）论文参考文献　一篇论文的参考文献是将论文在研究和写作中参考或引证的主要文献资料，列于论文的末尾。参考文献应另起一页，标注方式按GB 7714—2015《文后参考文献著录规则》进行。

（8）注释　注释是对论文中需要解释的词句加以说明，或是对文中引用的词句、观点注明来源出处。注释一律采用尾注的方式（即在文中的末尾加注释）。

10.2.2 论文的撰写

一篇完整的技术论文由封面、任务书、考核评议书、中文摘要、目录、正文（含结论）、致谢、参考文献、附录、封底等部分构成。整篇论文字数不少于10000字，书写方式必须用计算机排版，白纸黑字双面打印，需要彩色打印的图例外。

1. 选题

选题是论文写作关键的第一步，直接关系论文的质量。对于专业技术人员来说，选择论文题目要注意以下几点：

1）要结合学习与工作实际，根据自己所熟悉的专业和研究兴趣，适当选择有理论和实践意义的课题。

2）论文写作选题宜小不宜大，只要在专业的某一领域或某一点上，有自己的一得之见，或成功的经验或失败的教训，或新的观点和认识，言之有物，读之有益，就可以作为选题。

3）论文写作选题时要查看文献资料，既可了解别人对这个问题的研究达到什么程度，也可以借鉴人家对这个问题的研究成果。

需要指出的是，论文写作选题与论文的标题既有关系又不是一回事。标题是在选题基础上拟定的，是选题的高度概括，但选题及写作不应受标题的限制，有时在写作过程中，选题未变，标题却几经修改变动。

2. 设计

设计是在论文写作选题确定之后，进一步提出问题并计划出解决问题的初步方案，以便使科研和写作顺利进行。技术论文设计应包括以下几方面：

（1）专业设计　根据选题的需要及现有的技术条件所提出的研究方案。

（2）统计学设计　运用数据统计学的方法所提出的统计学处理方案，这种设计对含有试验对比的技术论文的写作尤为重要。

（3）写作设计　为拟定提纲与执笔写作所考虑的初步方案。总之，设计是论文写作的蓝图，没有“蓝图”就无法工作。

3. 试验与观察

从事技术基础或专业技术研究的人员撰写论文，进行必要的现场实操是极重要的一步，既是获得客观结果以引出正确结论的基本过程，也是积累论文资料准备写作的重要途径。试验是根据研究目的，利用各种技术进行试验或验证。二者的主要作用都在于搜集科学事实，获得科研的感性材料，发展和检验科学理论。二者的区别在于，观察是搜集科研现象所提供的东西，而试验则是从科研现象中提取它所愿望的东西。因此，不管进行技术验证或者技术方法与手段对比，都要详细认真. 以各种事实为依据，并在工作中做好各种记录。

4. 资料搜集与处理

资料是构成论文写作的基础。在确定选题、进行设计以及必要的观察与试验之后，做好资料的搜集与处理工作，是为论文写作所做的进一步准备。

论文写作资料可分为第一手资料与第二手资料两类。前者也称为第一性资料或直接资料，是指作者亲自参与调查、研究或体察到的东西，如在试验或观察中所做的记录等，都属于这类资料；后者也称为第二性资料或间接资料，是指有关专业或专题文献资料，主要靠平时的学习积累。在获得足够资料的基础上，还要进行加工处理，使之系统化和条理化，便于应用。对于论文写作来说，这两类资料都是必不可少的，要恰当地将它们运用到论文写作中去，注意区别主次，特别对于文献资料要在充分消化吸收的基础上适当引用，不要喧宾夺主。对于第一手资料的运用也要做到真实、准确、无误。

5. 论文写作提纲

拟写论文提纲也是论文写作过程中的重要一步，可以说从拟写论文提纲就进入了正式的写作阶段。首先，要对学术论文的基本型（常用格式）有一概括了解，并根据自己掌握的资料考虑论文的构成形式。对于初学论文写作者可以参考杂志上发表的论文类型，做到心中有数；其次，要对掌握的资料做进一步的研究，通盘考虑众多材料的取舍和运用，做到论点突出，论据可靠，论证有力，各部分内容衔接得体；第三，要考虑论文提纲的详略程度。论文提纲可分为粗纲和细纲两种，前者只是提示各部分要点，不涉及材料和论文的展开。对于有经验的论文作者可以采用。但对初学论文写作者来说，最好拟一个比较详细的写作提纲，不但提出论文各部分要点，而且对其中所涉及的材料和材料的详略安排以及各部分之间的相互关系等都有所反映，写作时即可得心应手。

6. 执笔写作

执笔写作标志着科研工作已进入表达成果的阶段。在有了好的选题、丰富的材料和详细的提纲基础上，执笔写作应该是顺利的，但也不可掉以轻心。一篇高质量的学术论文，内容当然要充实，但形式也不可不讲究，文字表达要精炼、确切，语法修辞要合乎规范，句子长短要适度。

论文写作也和其他文体写作一样，存在着思维的连续性。因此，在写作时要尽量排除各种干扰，使思维活动连续下去，集中精力，力求一气呵成。对于篇幅较长的论文，也要部分一气呵成，中途不要停顿，这样写作效果较好。

7. 格式规范

中文采用国家正式公布实施的宋体简化汉字，英文和阿拉伯数字均应采用 Times New Roman 字体。

文中采用的术语、符号、代号，全文必须统一，并符合规范化的要求。如果文中使用新的专业术语、缩略语、习惯用语，应加以注释。国外新的专业术语、缩略语，必须在译文后用圆括号注明原文。论文的插图、照片必须确保能复制或缩微。

（1）页面设置 纸张：纸型为A4（21.0cm×29.7cm）标准，双面打印。页边距：上、下、左、右、装订线的页边距分别为3.0cm，2.5cm，2.6cm，2.6cm，0cm，装订线位置为左，左右对称页边距。

（2）页眉和页脚 页眉距边界2.0cm，页脚距边界1.75cm。脚注：全文的脚注一律采用五号字。页眉内容：从摘要到最后，每一页均须有页眉。页眉用五号字宋体，居中排列。奇偶页不同。奇数页页眉为相应内容的名称、正文中相应各章的名称。格式为页眉的文字内容之下划两条横线，线粗1磅，线长与页面齐宽。

（3）一级标题 另起一页，居中，三号字，单倍行距，段前空三行，段后空两行。二级标题：左对齐顶格，小三号字，单倍行距，段前空一行，段后空0.5行。三级标题：左起空两字符，四号字，单倍行距，段前空0.5行，段后空0行。

（4）正文 除3级标题、图题、表题之外，均采用小四号字。图题和表题：采用中文，居中，五号字。字距和行距：若无特殊说明，全文一律采用无网格、单倍行距，段前段后不空行。

（5）页码 论文页码的第一页从正文开始用阿拉伯数字标注，直至全文结束。正文前的内容（除封面）用罗马数字单独标注页码。页码位于页面底端，对齐方式为“外侧”，页码格式为最简单的数字，不带任何其他的符号或信息。页码不能出现缺页和重复页。附录（含外文复印件及外文译文、有关图样、计算机源程序等）必须与正文装订在一起，页码要接着正文的页码连续编写。

（6）中文摘要 居中编排“摘要”二字（三号字宋体），二字间距为两个字符。“摘要”二字下为摘要正文，每段开头空两字符，小四号字。摘要正文内容下，空一行，左对齐，打印“关键词”三字（五号字加黑），后接冒号，其后为关键词（五号字宋体）。关键词由3~5个组成，每一关键词之间用分号隔开，最后一个关键词后无标点符号。

（7）目录

1）目录由标题名称和页码组成，包括正文（含结论）的一级、二级和三级标题和序号、致谢、参考文献、附录。

2）“目录”二字按一级标题编排，两字间距两个字符。

3）目录正文，包括标题及其开始页码。一般只列到三级标题，标题的编号与正文一致。

10.2.3 撰写论文摘要应注意的事项

论文摘要撰写应注意的几个问题：

1）论文摘要中应排除本学科领域已成为常识的内容；切忌把应在引言中出现的内容写入摘要；一般也不要对论文内容作诠释和评论（尤其是自我评价）。

2）论文摘要中不得简单重复题名中已有的信息。

3）结构严谨，表达简明，语义确切。摘要先写什么，后写什么，要按逻辑顺序来安排。句子之间要上下连贯，互相呼应。摘要慎用长句，句型应力求简单。每句话要表意明白，无空泛、笼统、含混之词，但摘要毕竟是一篇完整的短文，电报式的写法亦不足取。摘要不分段。

4）用第三人称。建议采用“对……进行了研究”“报告了……现状”“进行了……调查”等记述方法标明一次文献的性质和文献主题，不必使用“本文”“作者”等作为主语。

5）要使用规范化的名词术语，不用非公知公用的符号和术语。新术语或尚无合适汉文术语的，可用原文或译出后加括号注明原文。

6）除了实在无法变通以外，一般不用数学公式和化学结构式，不出现插图、表格。

7）不用引文，除非该文献证实或否定了他人已出版的著作。

8）缩略语、略称、代号，除了相关专业的读者也能清楚理解的以外，在首次出现时必须加以说明。科技论文写作时应注意的其他事项，如采用法定计量单位、正确使用语言文字和标点符号等，也同样适用于摘要的编写。摘要编写中的主要问题有：要素不全，或缺目的，或缺方法；出现引文，无独立性与自明性。

9）论文摘要的撰写通常在整篇论文将近完稿期间开始，以期能包括所有的内容。但亦可提早写作，然后视研究的进度做适当修改。

10）整理材料使其能在最小的空间下提供最大的信息量。

11）用简单而直接的句子。避免使用成语、俗语或不必要的技术性用语。

12）请多位同僚阅读并就其简洁度与完整性提供意见。

13）删除无意义的或不必要的字眼，但也不要矫枉过正，将应有的字眼过分删除，如在英文中不应删除必要的冠词如“a”“an”“the”等。

14）尽量少用缩写字。在英文中这种情况较多，量度单位则应使用标准化的单位。特殊缩写字使用时应另外加以定义。

15）不要将在文章中未提过的数据放在摘要中。

16）不要为扩充版面将不重要的叙述放入摘要中，即使摘要仅能以一两句话概括，就维持这样，切勿画蛇添足。

17）不要将文中的所有数据大量地列于摘要中，平均值与标准差或其他统计指标仅列其最重要的一项即可。

18）不要置放图或表于摘要之中，尽量采用文字叙述。

10.2.4 技术总结的撰写

技术总结宜重点围绕以下几个方面撰写：

（1）基本情况　在总结的开头部分，写明本人姓名，从事职业起始年月或专业工龄，已具有何等级的职业资格，以及其他有必要表述的本人基本信息等情况。

（2）业务能力　用第一人称，紧密结合工作实际，真实表述本人具有何种程度的技术水平，能够或有效处理过哪些技术难题。完成的生产工时、运输任务和设备维护情况。模范遵守各项法律规章和企业制度情况。是否具有规范操作先进设备或两种以上相关设备的能力。在本职工作中如何注重应用新知识、新技术。是否具有较强的组织管理能力。在带徒传艺或指导能力方面有哪些成绩。是否在企业培训或技能竞赛中担任授课人或技术指导（可附证明材料）。

（3）业务成就　用第一人称，紧密结合工作实际，真实表述从何时从事本职工作以来，在安全操作、无责任事故方面，在绝活绝招或一技之长方面，在小改小革成果提高生产功效或合理化建议被采纳方面，在应用新工艺、新技术、新方法取得成效方面，在参与或主持技术攻关项目等方面取得哪些成绩（可附证明材料）。

（4）工作表现　用第一人称，紧密结合工作实际，真实围绕如何安心本职踏实工作，如何遵章守纪注重安全，如何爱护设备勤于维护，如何钻研业务努力学习，如何操作有方，提高功效，如何注重管理，勤俭节约，如何团结同志乐于助人，如何关心集体乐于奉献进行表述（可附证明材料）。

（5）奖励　用第一人称，紧密结合工作实际，真实列出是否受到过本企业表彰或奖励，是否受到过受所属系统表彰或奖励，是否受到过市级及以上表彰或奖励，在各类职业竞赛中获得过何名次（可附证明材料）。

技术总结应结合本人工作实践，突出岗位特色和技能特长，严禁抄袭，拼凑。

10.2.5　技术论文的答辩

技术论文答辩是一种有组织、有准备、有计划、有鉴定的比较正规的审查论文的重要形式。技术论文的答辩主要分以下几个部分。

1. 答辩前的准备

最重要的是答辩者的准备。要保证论文答辩的质量和效果，关键在答辩者一边。论文作者要顺利通过答辩，在提交了论文之后，不要有松一口气的思想，而应抓紧时间积极准备论文答辩。答辩者在答辩之前应该从以下几个方面去准备：

1）要写好论文的简介，主要内容应包括论文的题目，选择该题目的动机，论文的主要论点、论据和写作体会以及本议题的理论意义和实践意义。

2）要熟悉自己所写论文的全文，尤其是要熟悉主体部分和结论部分的内容，明确论文的基本观点和主论的基本依据；弄懂弄通论文中所使用的主要概念的确切含义，所运用的基本原理的主要内容；同时还要仔细审查、反复推敲文章中有无自相矛盾、谬误、片面或模糊不清的地方，有无与政府的政策方针相冲突之处等。若发现有上述问题，就要作好充分准备——补充、修正、解说等。只要认真对待，这样在答辩过程中，就可以做到心中有数、临阵不慌。

3）要了解和掌握与自己所写论文相关联的知识和材料。如自己所研究的这个论题学术界的研究已经达到了什么程度，存在着哪些争议，有几种代表性观点，各有哪些代表性著作和文章，自己倾向哪种观点及理由；重要引文的出处和版本；论证材料的来源渠道等。这些方面的知识和材料都要在答辩前做到有比较好的了解和掌握。

4）论文还有哪些应该涉及或解决，但因力所不及而未能接触的问题，还有哪些在论文中未涉及或涉及很少，而研究过程中确已接触到了并有一定的见解，只是由于觉得与论文表述的中心关联不大而没有写入等。

5）对于优秀论文的作者来说，还要搞清楚哪些观点是继承或借鉴了他人的研究成果，哪些是自己的创新观点，这些新观点、新见解是怎么形成的等。

对上述内容，作者在答辩前都要很好地准备，经过思考、整理，写成提纲，记在脑中，这样在答辩时就可以做到心中有数，从容作答。

2. 答辩流程

论文答辩流程一般包括自我介绍、答辩人陈述、提问与答辩、总结和致谢五部分。

（1）自我介绍　自我介绍作为答辩的开场白，包括姓名与专业。介绍时要举止大方、态度从容、面带微笑，礼貌得体地介绍自己，争取给答辩小组一个良好的印象。好的开端就意味着成功了一半。

（2）答辩人陈述　收到成效的自我介绍只是这场答辩的开始，接下来的自我陈述才进入正轨。自述的主要内容包括：论文标题；课题背景、选择此课题的原因及课题现阶段的发展情况；有关课题的具体内容，其中包括答辩人所持的观点看法、研究过程、试验数据、结果；答辩人在此课题中的研究模块、承担的具体工作、解决方案、研究结果。文章的创新部分；结论、价值和展望；自我评价。

（3）提问与答辩　答辩组成员的提问安排在答辩人自述之后，是答辩中相对灵活的环节，有问有答，是一个相互交流的过程。一般为 3 个问题，采用由浅入深的顺序提问，采取答辩人当场作答的方式。

（4）总结　上述程序一一完毕，代表答辩也即将结束。答辩人最后纵观答辩全过程，做总结陈述，包括两方面的总结：论文写作的体会；参加答辩的收获。答辩教师也会对答辩人的表现做出点评：成绩、不足、建议。

（5）致谢　感谢在技术论文写作各方面给予帮助的人们并且要礼貌地感谢答辩组成员。

3. 答辩注意事项

1）克服紧张、不安、焦躁的情绪，自信自己一定可以顺利通过答辩。

2）注意自身修养，有礼有节。无论是听答辩组成员提出问题，还是回答问题都要做到礼貌应对。

3）听明白题意，抓住问题的主旨，弄清答辩组成员出题的目的和意图，充分理解问题的根本所在，再作答，以免答非所问的现象。

4）若对某一个问题确实没有搞清楚，要谦虚向答辩组成员请教。尽量争取答辩组成员的提示，巧妙应对。用积极的态度面对遇到的困难，努力思考作答，不应自暴自弃。

5）答辩时语速要快慢适中，不能过快或过慢。过快会让答辩小组成员难以听清楚，过慢会让答辩组成员感觉答辩人对这个问题不熟悉。

6）对没有把握的观点和看法，不要在答辩中提及。

7）不论是自述，还是回答问题，都要注意掌握分寸。强调重点，略述枝节；研究深入的地方多讲，研究不够深入的地方最好避开不讲或少讲。

8）通常提问会依据先浅后深、先易后难的顺序。

9）答辩人的答题时间一般会限制在一定的时间内，除非答辩组成员特别强调要求展开论述，都不必要展开过细。直接回答主要内容和中心思想，去掉旁枝细节，简单干脆，切中要害。

4. 答辩技巧

（1）熟悉内容　作为将要参加论文答辩者，首先而且必须对自己所著的论文内容有比较深刻理解和比较全面的熟悉。这是为回答论文答辩委员会成员就有关论文的深度及相关知识面而可能提出的论文答辩问题所做的准备。

（2）图表穿插　图表不仅是一种直观的表达观点的方法，更是一种调节论文答辩会气氛的手段，特别是对论文答辩委员会成员来讲，长时间地听述，听觉难免会有排斥性，不再对你论述的内容接纳吸收，这样，必然对你的论文答辩成绩有所影响。所以，应该在论文答辩过程中适当穿插图表或类似图表的其他媒介以提高你的论文答辩成绩。

（3）语速适中　进行论文答辩者一般都是首次。无数事实证明，论文答辩时，说话速度往往越来越快，以致答辩委员会成员听不清楚，影响了答辩成绩。故答辩者一定要注意在论文答辩过程中的语流速度，要有急有缓，有轻有重。

（4）目光移动　在论文答辩时，一般可脱稿，也可半脱稿，也可完全不脱稿。但不管哪种方式，都应注意自己的目光，使目光时常地瞟向论文答辩委员会成员及会场上的其他人。这是你用目光与听众进行心灵的交流，使听众对你的论题产生兴趣的一种手段。在论文答辩会上，由于听的时间过长，委员们难免会有分神现象，这时，你用目光的投射会很礼貌地将他们的神“拉”回来，使委员们的思路跟着你的思路走。

（5）体态语辅助　虽然技术论文答辩同其他论文答辩一样以口语为主，但适当的体态语运用会辅助你的论文答辩，使你的论文答辩效果更好。特别是手势语言的恰当运用会显得自信、有力、不容辩驳。相反，如果你在论文答辩过程中始终直挺挺地站着，或者始终如一地低头俯视，即使你的论文结构再合理、主题再新颖，结论再正确，论文答辩效果也会大受影响。所以在论文答辩时，一定要注意使用体态语。

（6）时间控制　一般在比较正规的论文答辩会上，都对辩手有答辩时间要求，因此，论文答辩者在进行论文答辩时应重视论文答辩时间的掌握。对论文答辩时间的控制要有力度，到该截止的时间立即结束，这样，显得有准备，对内容的掌握和控制也轻车熟路，容易给论文答辩委员会成员一个良好的印象。故在论文答辩前应该对将要答辩的内容有时间上的估计。当然在论文答辩过程中灵活地减少或增加时间也是对论文答辩时间控制的一种表现，应该重视。

（7）紧扣主题　在整个论文答辩过程中能否围绕主题进行，能否最后扣题显得非常重要。另外，委员们一般也容易就论文题目所涉及的问题进行提问，如果能自始至终地以论文题目为中心展开论述就会使评委思维明朗，对你的论文给予肯定。

（8）人称使用　在论文答辩过程中必然涉及人称使用问题，建议尽量多地使用第一人称，如“我”“我们”，即使论文中的材料是引用他人的，用“我们引用”了哪里的数据或材料。

（9）文明礼貌　在答辩过程中，除以上几点需要注意外，这一条也需注意，虽然起不上很大的作用，但可以给答辩组成员留下一个好的印象。

（10）答辩结束　论文答辩之后，作者应该认真听取答辩委员会的评判，进一步分析、思考答辩老师提出的意见，总结论文写作的经验教训。

10.3　焊接生产管理

10.3.1　焊接结构质量检验阶段

焊接结构的质量检验贯穿于整个焊接过程，完整的焊接结构质量的检验主要分为三个阶段：焊前检验，焊接过程检验，焊后成品检验。

1）焊前检验的目的是预防或减少焊接时产生缺陷的可能性。涵盖主要技术文件（如设计图样）、焊接母材和焊材等。

2）过程检验的目的是及时发现焊接过程中存在的问题，通过对焊接过程中的质量控制，防止缺陷的产生，并使出现的缺陷得到返修处理，促进产品制造质量的提高。过程检验包括焊接设备运行情况、焊接工艺执行情况的检查、产品装配的检查、焊缝的无损检测及外观质量检验等。

3）成品检验是焊接检验的最后一个环节，是鉴别产品质量的主要依据。成品检验的内容主要包括：焊缝表面质量的检验；焊缝的无损检测；焊接接头及整体结构的耐压试验及致密性试验；结构在承压或承载条件下的应力测试等。

10.3.2 质量检查主要内容

完整的焊接质量检查主要涉及“人、机、料、法、环”等方面的内容，其中：

1）“人”是指焊接操作者及检验、试验者，包括检查焊接人员、无损检测人员。

2）“机”是指焊接设备、烘干设备和无损检测设备。焊接设备运转是否正常，包括检查无损检测设备的能力是否与焊接检测的要求所匹配，使用的焊机是否与焊接工艺要求匹配，焊机的电流、电压是否稳定，焊机电流的调整效果，焊机上的检测仪表是否有效等。

3）“料”是指焊接母材、焊接材料（焊条、焊剂、焊药），包括检查材料的合格证、质量证明、外观质量、包装、标识。

4）“法”主要是指焊接施工技术方案。

5）“环”是指焊接操作环境，包括检查焊接工程操作工作环境是否通风良好，气候是否适宜。

在焊接工序进行的过程中，焊接专业技术人员或质量检查人员应对影响焊接质量的各方面因素进行连续监控。

10.3.3 焊接质量检验方法

焊接质量检验方法主要分为破坏性检验和非破坏性检验。破坏性检验包括断面检查、力学性能试验、金相组织检验、化学成分分析的抗腐蚀试验等。非破坏性检验包括焊接接头的外观检验，耐压试验、致密性试验和无损检测。具体采用哪种方法，主要根据焊接产品技术要求和有关规程规定及标准确定。

1. 外观检查

外观检查一般以肉眼观察为主，有时通过低倍放大镜进行观察。通过外观检查，可发现焊缝表面缺陷，如咬边、焊瘤、表面裂纹、气孔、夹渣及焊穿等。焊缝的外形尺寸还可采用检测器或样板进行测量。

2. 无损检测

无损检测是在不损坏工件或原材料工作状态的前提下，对被检验部件的表面和内部质量进行检查的一种测试手段。无损控伤主要检查隐藏在焊缝内部的夹渣、气孔、裂纹等缺陷。常用的无损检测方法有：X光射线检测、超声波检测、磁粉检测、渗透检测、涡流检测、γ射线检测、荧光检测、着色检测等方法。通过对产品内部缺陷进行无损检测对产品进行改进，从而降低制造成本、提高产品的可靠性、保证设备的安全运行。

3. 水压试验和气压试验

焊接结构件中的受压容器对于密封性有要求的，须进行水压试验和（或）进行气压试验，以检查焊缝的密封性和承压能力。其方法是向容器内注入一定工作压力的清水或等于工作压力的气体，停留一定的时间，然后观察容器内的压力下降情况，并在外部观察有无渗漏现象，根据这些可评定焊缝是否合格。

4. 力学性能试验

焊接结构件中的一些关键重要焊缝不仅要评判焊缝的内外缺陷，还需要对焊缝的力学性能进行验证。因此，有时对焊接试板的接头要做拉力、冲击、弯曲等试验。这些试验由焊接试板完成，相应的焊接试板与施工条件一致，然后将试板进行相应的力学性能试验。试验的内容主要是测量材料的强度、硬度、刚度、塑性和韧性等。材料力学性能的测定与机械产品的设计计算、材料选择、工艺评价和材质的检验等有密切的关系，测出的力学性能数据与材料本身有关。

10.3.4　焊接结构质量验收依据

焊接结构质量验收依据主要涉及以下方面：

（1）产品合同　合同是双方根据协商一致的意见签订的协议，由供方将一产品交付给需方，合同里规定了产品的相关条款，是焊接产品验收的主要依据之一。

（2）焊接图样及设计说明书　结构的质量验收前需熟悉产品的结构，那么焊接结构图样及其设计说明书是对焊接结构的全方面说明，焊接图样及说明书里规定的相应技术规范、质量检验要求均是质量验收的依据。

（3）焊接标准　焊接标准有国家标准、行业标准，有以 GB 开头的国家标准，还有国外先进的 ISO 标准。譬如，ISO 3834 系列规定了金属材料熔化焊的质量要求。

（4）焊接工艺方案　工艺方案是指导施工的技术文件，包括产品特征、材料特征应符合的质量标准。焊接工艺方案是指导用户或焊工进行焊接的一些注意事项，譬如焊接的时候采用什么姿势、大致的电流配比等。它用来指导生产和处理质量事故，同时也为焊接结构质量过程验收提供依据。

（5）焊接质量管理制度　包括质量证明书、复验报告、外观质量的检查、验收要求、焊接工艺评定试验结果、毛坯装配和坡口质量的检查要求、焊接设备是否完好确认、以及焊工资格的认可等。

10.3.5　焊接结构质量验收

1. 焊接结构件的尺寸验收

除图样规定的尺寸公差值外，焊接件长、宽、高、中心距、零部件间距等未标注的公差值按照 ISO 13920 相应等级执行，具体见表 10-1，焊接件的直线度、平行度和平面度的公差值见表 10-2 的规定。其中长度尺寸、几何公差的精度等级的设计原则是：A、E 等级应用在尺寸精度要求高、重要的焊接件；B、F 等级应用在比较重要的结构，焊接和矫直产生的热变形小，成批生产；C、G 等级应用在热变形大的一般结构；D、H 等级应用在偏差大的结构件上。焊接结构的外形尺寸的质量验收参照表内尺寸进行验收。

表 10-1　直线尺寸公差　　（单位：mm）

基本尺寸	2~30	30~120	120~400	400~1000	1000~2000	2000~4000	4000~8000	8000~12000	12000~16000	16000~20000	>20000
精度等级	公差										
A	±1	±1	±1	±2	±3	±4	±5	±6	±7	±8	±9
B		±2	±2	±3	±4	±6	±8	±10	±12	±14	±16
C		±3	±4	±6	±8	±11	±14	±18	±21	±24	±27
D		±4	±7	±9	±12	±16	±21	±27	±32	±36	±40

表 10-2　直线度、平行度和平面度的公差值　　（单位：mm）

基本尺寸	30~120	120~400	400~1000	1000~2000	2000~4000	4000~8000	8000~12000	12000~16000	16000~20000	>20000
精度等级	公　差									
E	0.5	1	1.5	2	3	4	5	6	7	8
F	1	1.5	3	4.5	6	8	10	12	14	16
G	1.5	3	5.5	9	11	16	20	22	25	25
H	2.5	5	9	14	18	26	32	36	40	40

2. 焊接结构件的焊缝验收

焊接质量验收一般包括三个方面：焊接外形尺寸、接头连续性和接头性能。检查焊接质量有两类检验方法：一类是非破坏性检验，包括外观检验、无损检测等；另一类是破坏性试验，如力学性能试验、金相检验、断口检验和耐腐蚀试验等。

焊接外形的检查，例如焊缝外表形状高低不平，焊波宽度不齐，尺寸过大或过小均属焊缝尺寸不符合要求。焊接外形检验项目及要求见表 10-3。

表 10-3　焊接外形检验项目及要求

检验项目	检验部位	质量要求	备　注
清理质量	所有焊缝及其边缘	无焊渣、飞溅及阻碍检验的附着物	
几何形状	焊缝形状与尺寸形状急剧变化的部位	焊缝完整不得有漏焊，连接处应圆滑过渡	可用焊接检验尺测量
		焊缝高低、宽窄及结晶焊波应均匀	
焊接缺陷	整条焊缝和热影响区附近 重点检查焊缝的接头部位、收弧部位、几何形状和尺寸突变部位	1. 无裂纹、夹渣、焊瘤、烧穿等缺陷 2. 气孔、咬边应符合有关标准规定	1. 接头部位易产生焊瘤、咬边等缺陷 2. 收弧部位易产生弧坑、裂纹等缺陷

（续）

检验项目	检验部位	质量要求	备　注
伤痕补焊	装配肋板拆除部位	无缺肉及遗留焊疤	
	母材引弧部位	无表面气孔、裂纹、夹渣、疏松等缺陷	
	母材机械划伤部位	划伤部位不应有明显棱角和沟槽，伤痕深度不超过有关规定	

焊接结构内部质量检验是一种无损检测，在不损坏材料完整性的前提下检测出受检部位所存在的缺陷，以确保焊缝质量的连续性。焊接件的接头性能确认，通常还包括了焊接件质量证明书验收、主要部件材料的化学成分和力学性能检验结果的验收；焊接质量的返修记录、压力试验与致密性试验结果的验收。

除焊缝外形及无损检测外，焊接件验收时，应对外购材料（钢材、焊材）和焊接件的加工、装配、焊接、检验、试验、涂装、编号、包装等工序质量控制及焊接件的成品质量进行验证，确认符合图样要求及标准的规定后验收，并签发质量证明文件。

项目11

培训与指导

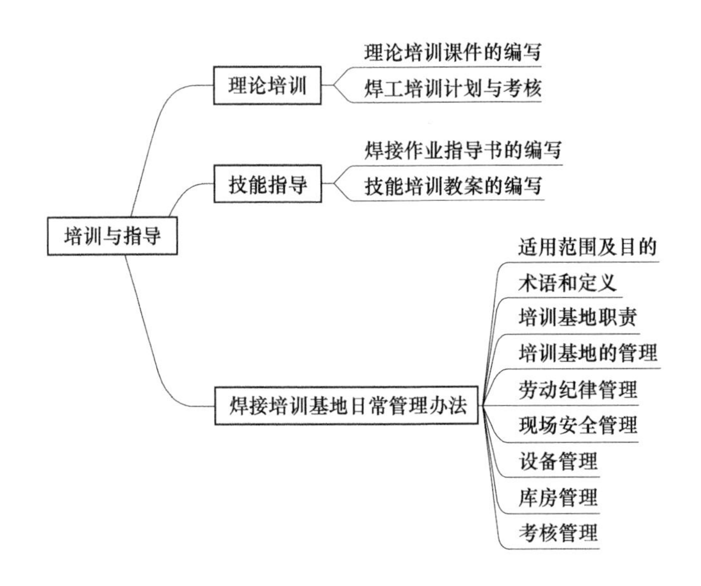

11.1 理论培训

11.1.1 理论培训课件的编写

1. 学习目标

能够掌握焊工培训和考核的基本内容。

熟悉国际焊接培训与资格认证。

2. 知识要求

（1）国际焊接培训与资格认证体系的形成和发展 20世纪90年代，随着国际技术交流与合作的日益扩大，工业产品进出口数量的不断增多，工程项目招标的国际化，劳务人员和技术人才在全球范围内的流动，越来越需要知识与技能水平可相互比较、各国间相互认可的焊接人员。这使得在国际上建立统一的焊接人员培训和资格认证体系成为一个非常现实并亟待解决的问题。

1993年国际焊接学会年会决定在欧洲焊接培训体系基础上建立国际统一的焊接培训体系，并向全世界推广。

1994年国际焊接学会和欧洲焊接联合会（EWF）达成协议，国际焊接学会将采用EWF

的焊接培训体系和焊接培训规程。

（2）授权的国家团体 ANB是授权的国家团体的英文缩写，是指由国际焊接学会授权的在某一成员国家实施人员资格认证体系的唯一合法机构。

（3）我国国际焊接技术培训的发展 我国国际焊接技术培训起步较早，几乎与欧洲体系和国际统一体系同步。根据中德两国政府协议，哈尔滨焊接技术培训中心与德国杜依斯堡焊接培训与研究所合作，自1984年起开始按德国DVS和欧洲EWF规程培训和DVS焊工老师、焊接结构师、欧洲焊接技师、焊接工程师和质检工程师。

1998年8月，在全国焊接培训工作会议上，推选产生了中国焊接培训与资格认证委员会（筹备），简称CANB，并按国际焊接学会要求成立了相应的组织机构。国际授权（中国）焊接培训与资格认证委员会（CANB）是国际焊接学会授权的，在中国负责实施国际统一的焊接培训与资格认证体系的唯一组织机构。CANB已正式获得授权，从2000年1月起开始实施国际统一的焊接培训与资格认证体系。通过培训和考试合格的人员，即可直接获得国际互认的国际焊接工程师、技术员、技师、技士、质检人员、焊工等技术资格。

（4）国际焊接学会培训与资格认证体系的构成 国际焊接培训体系目前由国际焊接工程师（IWE）、国际焊接技术员（IWT）、国际焊接技师（IWS）和国际焊接技士（IWP）、国际焊接质检人员、国际焊工组成。

1）国际焊接工程师。国际焊接工程师是ISO 14731中所规定的最高层次的焊接技术人员和质量监督人员，是与焊接相关的企业获得国际产品质量认证的要素之一，负责结构设计、生产管理、质量保证、研究和开发等各个领域的焊接技术工作。

2）国际焊接技术员。国际焊接技术员是介于焊接工程师和焊接技师之间的焊接技术人员，负责结构设计、生产、质量保证、研究和开发等多个领域的焊接技术工作。

3）国际焊接技师。国际焊接技师是企业中第三层次的焊接监督人员，需具备一定的理论知识，辅助焊接工程师进行焊接技术管理，是焊工和焊接工程师之间的纽带。国际焊接技师不一定能进行焊接的实际操作，其职责主要是在基层或中层的焊接技术协作，这点和我国的焊接技师不同。

4）国际焊接技士。国际焊接技士是介于焊工和焊接技师之间的人员，是具有一定理论水平的焊工尖子，并往往只是某种方法上的尖子。

5）国际焊接质检人员。国际焊接质检人员是焊接质量检验方面的焊接协作人员，其培训规程分为三个层次：综合级、标准级和基础级，分别对应技术员、技师和技士。

6）国际焊工。国际焊工分为管焊工、板焊工和角焊工。

11.1.2 焊工培训计划与考核

1. 焊工培训计划

（1）培训目标 根据相关培训要求确定培训目标。

（2）培训对象与周期

1）培训对象。根据需要确定参加培训人员。

2）培训周期。根据培训内容确定培训周期。

（3）培训方式与师资 根据培训需要确定培训方式及师资。

（4）培训内容 根据培训目标确定相关培训内容。

（5）培训材料需求　提报劳保防护用品、工具、培训材料、其他耗材等需求。

（6）培训相关管理制度　为保证培训目标的有效达成，制定相关培训管理制度。

2. 焊接考核

（1）焊接理论考核

1）焊前准备。包括安全检查、焊前准备、焊接工艺规程制订等。

2）焊接。焊接方法、自动化控制、新材料焊接、焊接结构生产等。

3）焊后检查。焊缝质量检查、焊接结构质量检查、质量验收等。

4）焊接生产管理。包括焊接生产管理、技术论文撰写等。

5）焊工管理。施工组织设计、质量管理、计算机在焊接领域的应用等。

（2）焊接技能操作考核（以下以铝合金的焊接为例）

1）了解初级铝合金焊工命题标准。

2）了解中级铝合金焊工命题标准。

3）了解高级铝合金焊工命题标准。

4）了解铝合金焊工初、中、高级的命题格式。

5）能根据主视图、左视图、俯视图正确组装焊接试件。

6）了解铝合金焊工技师的命题格式。

7）了解铝合金焊工技师的论文编写框架及格式。

（3）铝合金初级焊工命题标准

铝及铝合金初级焊工技能操作考核包括熔化极氩弧焊（MIG）的厚度$\delta=6\sim12$mm平对接（背面加衬垫）、角接、搭接或T形接头；钨极氩弧焊（TIG）的厚度$\delta=3\sim6$mm平对接（背面加衬垫或充气）、角接、搭接或T形接头及管径$\phi<60$mm铝合金管对接水平转动（背面加衬垫或充气）等5项职业技能任选2项进行考核，具体标准可参考《国家职业技能标准　焊工》的相应内容。

11.2　技能指导

11.2.1　焊接作业指导书的编写

1. 学习目标

1）熟悉焊接操作技能的教学性质。

2）熟悉焊接操作技能的教学过程。

3）能够掌握焊工技能培训教案的编写。

2. 知识要求

（1）焊接操作技能的教学性质

1）技能教学的操作性。技能教学是以培养焊工操作能力为重点的实践活动，通过大量的、反复的焊接技能操作练习，掌握或提高作为一名焊工所需要的技能和技巧。这种技能操作练习是在所学的焊接技术理论知识基础上和技能老师的指导下进行的。技能老师在进行教学时，通过实物讲解、电化教具和自己准确无误的操作示范，在焊工头脑中留下准确而生动的实物操作印象，使焊工领会、掌握动作要领。技能老师要做到语言讲解和示范演示一致，指导焊工认真观察和模仿，完成直观形象的教学活动。

2）技能教学的科学性。技能教学的科学性应包括传授技术的先进性、技能操作的准确性，实际操作与理论知识的紧密结合，适应焊工接受能力的循序渐进教学。为此，要求技能老师保证所传授的知识的准确；语言和示范动作的精练；善于引导焊工应用所学理论知识去指导实践；合理地根据焊工年龄、特征、经历不同，进行因材施教。

3）技能教学的教育性。教学过程是由老师和学员构成的双边活动，是老师引导学员从无知到有知，从少知到多知的过程。焊工技能老师是对即将从事焊接工作的工人或正在从事焊接工作的焊工进行操作技能培训，帮助他们提高焊接操作技能水平，经过考试并能取得相应标准的焊工资格证书。焊工技能老师应具备精湛的焊接操作技能，掌握专业技术理论知识，具有丰富的焊接生产实际经验、良好的职业道德，善于指导焊工进行操作训练。

4）技能教学的生产性。受培训的学员最终要走上焊接生产岗位，培训过程应始终做到与生产实际紧密结合，让学员养成执行生产工艺纪律的良好习惯。培训练习时，教育学员严格按照教学计划和焊接工艺规程完成焊接培训任务；遵守劳动纪律，依据安全生产的规章制度，有秩序地完成操作练习工作；维护好设备、设施及工具，保证良好的工作状态；保持培训基地的整洁、卫生，树立安全文明生产的好习惯。

（2）焊接操作技能的教学过程　在教学过程中，老师起主导作用，老师的言传身教深深地影响学员，学员既是教育的对象，又是学习的主体，教学过程必须通过学员的积极思维活动和进行大量操作练习才能实现。技能教学过程包括以下四个基本阶段。

1）第一阶段——表象阶段。学员感知技能老师的讲解，形成表象阶段。技能老师利用电化教学、实物、教具等手段讲解操作方法，使学员获得感性知识，经过这一阶段学习，学员能掌握全部学习内容的20%左右，学员应“听”明白。

2）第二阶段——概念阶段。通过观察技能老师的示范表演，理解其操作要点，学员形成概念阶段。技能老师在演示和讲解时，首先要讲明白操作动作的名称和作用；其次，技能操作示范表演时，要先完整、系统地表演一次，然后再进行分解示范；第三，技能老师根据具体情况对某一动作重点示范或慢速示范、重复示范和对比法示范，必须把每一示范动作演示和讲解清楚。经过这一阶段学习，学员能掌握全部学习内容的30%左右，学员应“看”明白。

3）第三阶段——练习阶段。学员在技能老师指导下，进行大量的实际操作练习。学员对指导老师的动作通过记忆进行模仿，反复地进行实际操作练习。这一阶段重点是，老师要加强巡回指导，及时地发现问题和解决问题，对于出现的共性问题要集中指导，个别学员做到个别指导。在练习的过程中，老师要随时检查学员的操作项目，指出优缺点、提出改进要求，并做好操作培训日记录。第一阶段、第二阶段再加上第三阶段的练习，学员可掌握全部教学内容的90%左右。

4）学员通过操作技能考试阶段。这一阶段是对学员操作技能、技巧掌握程度的全面检查，也是对学员学习成绩的评价。学员的考核评定应包括平时检查、阶段测试和项目考试，经过四个阶段的学习和考试，学员才能够掌握全部教学内容。为完成上述教学过程，必须充分发挥技能老师在教学过程中的主导作用，应抓住教学四个环节，即课堂讲解、示范表演、巡回指导和考核评定。前两个环节是帮助学员理解培训教学内容，后两个环节是帮助学员掌握技能技巧。

11.2.2 技能培训教案的编写

教学前的备课工作是操作技能培训教学的首要环节，是上好一堂课的关键。备课效果直接影响教学质量，技能操作指导老师上课之前必须认真做好备课工作。

1. 确定授课内容和教学目的

授课内容是根据培训规程、教学大纲和具体培训计划而制定的，技能老师应认真研究培训规程、教学大纲，熟悉培训计划，熟练地掌握培训教材、培训项目、焊接工艺规程（WPS）等内容，明确授课内容的重点和难点，阅读与教学相关的教学参考资料，以充实教学内容。教学目的是技能老师根据授课内容归纳出来的简短、利于学员理解和记忆的书面材料，教学目的越清楚、越确切，学员就越容易接受教学内容，教学效果就越好。

2. 编写教案

技能指导老师在课前应组织教材，编写好完整的教案（讲稿）。一个完整的操作项目教案内容应包括授课班级、授课地点、授课项目名称、教学目的、授课内容、授课时间、教学方法、教具等。教案的主要部分是授课内容，可采用焊接操作指导书形式编写，每个操作项目一般应包括以下内容。

1）培训项目操作特点和教学目的。

2）焊前准备

①试件材料牌号。

②试件规格尺寸和坡口形式。

③试件焊前清理要求。

④试件焊前装配与定位焊。

⑤焊接材料选用及要求。

⑥焊接电源选用及要求。

3）焊接参数的选择。

4）焊接操作方法（打底焊、填充焊、盖面焊）。

5）焊后试件检验要求。

6）教学方法选择和物资材料准备。

操作技能教学方法是为完成教学任务所采用的手段，是根据授课内容与要求、教学条件，以及学员的实际情况而确定的，对实现教学目的有重要意义。教学方法包括讲授法、演示法、练习法等，教学方法将在后面再做介绍。物资材料的准备应包括培训基地、培训工位、焊接设备、工具、试件、焊材、教材、参考资料等。

7）组织教学

①考核学员的出勤，检查劳动保护用品穿戴和学习用品准备。

②查阅学员报名登记表，掌握学员原有知识水平和操作技能水平；通过与学员交谈，了解身体健康情况，熟悉学员接受能力，做到心中有数，便于指导教学。

3. 焊接操作技能教案编写

教案1 铝合金焊接操作技能见表11-1。

表 11-1 铝合金焊接操作技能

<table>
<tr><td colspan="5">培训主题：熔化极惰性气体保护焊——铝合金焊接操作技能 PPT（授课时间：180min）</td><td colspan="2">培训对象：铝合金焊工</td></tr>
<tr><td>项目</td><td>教学内容</td><td>教学方法</td><td>教学手段</td><td colspan="2">教学进行</td><td>时间分配</td></tr>
<tr><td>一、引入
—编写教学目标</td><td colspan="5">开场破冰（5min）介绍现场的实物产品
老师说明介绍教学目标（5min）
通过 3h 的铝合金焊接操作技能相关内容的培训，使学员能够了解铝合金焊接的相关基础知识、熔化极惰性气体保护焊的基本原理及设备的操作使用。在实际操作过程中掌握铝合金的焊接工艺及操作技巧
知识目标（掌握铝合金焊接的基础知识，了解熔化极惰性气体保护焊的基本原理、设备的操作使用）
能力目标（能在实际操作过程中掌握铝合金焊接操作方法及技巧，达到能独立上岗的操作能力）</td><td>10min</td></tr>
<tr><td>二、讲授或实训
—教学设计</td><td>1. 铝合金的焊接基础知识
铝合金的概念
铝合金材料的分类
铝合金的物理性能
铝合金材料的焊接性
常见焊接位置
常见焊缝接头形式
常见的焊缝标注及解释
2. 铝合金焊接设备
焊机基本结构
1）焊接电源
2）控制面板
3）送丝系统
4）冷却系统
5）焊枪
焊机的基本操作
1）开关机操作
2）控制面板操作
3）焊丝的拆卸与安装
4）气体更换及仪表安装
5）焊枪的使用
典型熔化极氩弧焊机技术参数</td><td>讲授法
案例教学法
实物教学法
实地教学法</td><td>PPT
现场教学
板书教学
视频教学</td><td colspan="2">1. 铝合金的焊接基础知识（30min）
提问：大家是否对铝合金材料有所了解，如何将铝合金材料焊接在一起呢？引出课题
表格：讲解铝合金材料的分类、变形铝合金的种类及牌号表示方法
图片：讲解铝合金常见的焊接位置，焊缝接头形式，焊缝的标注及解释

2. 铝合金焊接设备（30min）
图片：讲解焊接设备的基本结构及操作
对比法：讲述传统焊条电弧焊钳与铝合金焊接专用焊枪的功能
案例：介绍奥地利福尼斯的 TPS 系列数字化脉冲式 MIG 焊接设备</td><td>165min</td></tr>
</table>

（续）

项目	教学内容	教学方法	教学手段	教学进行	时间分配
二、讲授或实训—教学设计	3. 铝合金焊接操作技能实训 焊前准备 焊接工艺分析及措施 V 形坡口厚板横对接焊接工艺 V 形坡口厚板横对接焊接 1）起弧 2）打底层焊接 3）填充层焊接 4）盖面层焊接 5）焊后清理 焊接检验 大师支招 4. 铝合金焊接安全操作规程 焊机的安全操作注意事项 作业规程中安全操作注意事项	讲授法 案例教学法 实物教学法 实地教学法	PPT 现场教学 板书教学 视频教学	3. 铝合金焊接操作技能实训（90min） 图片：介绍焊接工装、试件的装配、焊接操作方法 表格：讲述铝合金坡口准备、焊接参数 案例：10mm 铝合金 V 形坡口横对接焊操作技能 图片：讲解试件单面焊背面成形的技巧，焊接接头气孔的控制、焊接缺陷的控制 4. 安全操作注意事项（15min） 1）焊机的安全操作注意事项 2）作业规程中安全操作注意事项	165min
三、归纳总结—知识、能力作业	总结要点（3min） 评估和检查（2min）				5min

教案 2　12mm 钢板对接平焊单面焊双面成形

【教学目的】

能够正确运用焊接设备，调节焊接电流，掌握 12mm 钢板对接平焊单面焊双面成形操作方法，焊缝表面及内部无明显焊接缺陷。

【重点和难点】

在不借助任何焊接衬垫的情况下，实现单面焊双面成形。

【注意事项】

1）连弧焊接时，电弧燃烧不间断，具有生产效率高，焊接熔池保护得好，产生缺陷的机会少，但它对装配质量要求高，参数选择要求严，故其操作难度较大，易产生烧穿和未焊透等缺陷。

2）灭弧法就是焊条通过在坡口左侧和右侧的交错摆动，依靠控制电弧燃烧的时间和电弧熄灭的时间来控制熔池的温度、形状及填充金属的厚度，以获得良好的背面焊缝成形的方法，对焊件的装配质量及焊接参数的要求较低，易掌握，但生产效率低。若焊工掌握得不够熟练易出现气孔、夹渣、冷缩孔、焊瘤等缺陷。

【教学过程】

1. 单面焊双面成形操作特点

单面焊双面成形技术常用于重要焊接结构的制造，是一种难度较高的焊接技术，是技术全面的焊工应具有的焊接操作技能之一，常通过操作焊条电弧焊、熔化极非惰性气体保护电弧焊、钨极惰性气体保护电弧焊等焊接方法来实现。

2. 焊前准备

（1）试件材质　Q235 钢板或 Q345 钢板。

（2）试件尺寸及数量　300mm × 125mm×12mm，2 件，坡口面角度为 30°。

（3）试件装配及相关尺寸如图 11-1 所示。

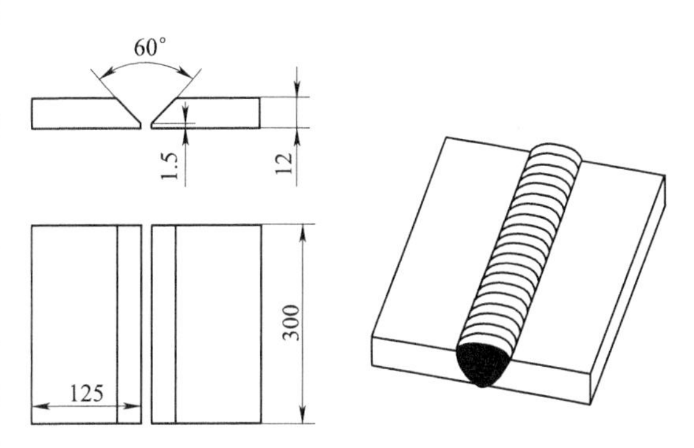

图 11-1　平焊对接试件装配示意图

（4）焊接材料　E4303 或 E5015；焊条直径为 ϕ3. 2mm 和 ϕ4mm 两种。焊接 Q235 钢板时，选用 E4303 酸性焊条时，焊前应经 75~150℃烘干，保温 2h。焊接 Q345 钢板时，选用 E5015 碱性焊条时，焊前应经 350~400℃烘干，并保温 1~2h，烘干后的碱性焊条应存放在 100~150℃的保温箱或保温筒内随用随取。

（5）焊接设备　BX3—300 型或 ZX5—400 型焊机。

（6）焊接电流种类　交流或直流反接法。

（7）焊接参数　见表 11-2。

表 11-2　对接平焊的焊接参数及运条方法

图示	焊接层次	焊条直径/mm	焊接电流/A	运条方法
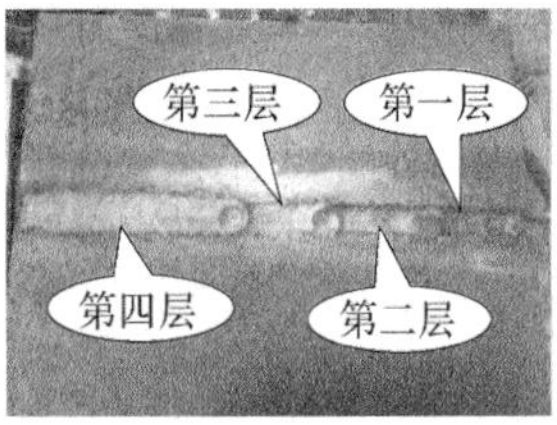 第三层 第一层 第四层 第二层	第一层（打底层）	3.2	95~110	一点击穿法 两点击穿法
	第二层（填充层）	4	175~200	锯齿形 月牙形
	第三层（填充层）	4	175~190	
	第四层（盖面层）	4	160~170	

3. 操作步骤（表 11-3）

表 11-3　对接平焊的焊接操作步骤

步骤及要求	图　示
1. 试板打磨 试板用 F 夹具固定后，用角向磨光机将坡口及两侧 20mm 区域内表面的油污、锈蚀、水分等清理干净，使试件露出金属光泽	
2. 试件组对及定位焊 （1）坡口内定位焊　使用 ϕ3.2mm 焊条对试件两端各 20mm 的正面坡口内进行定位焊，长度为 15~20mm （2）装配间隙　始端 3.5mm，终端为 4.5mm	 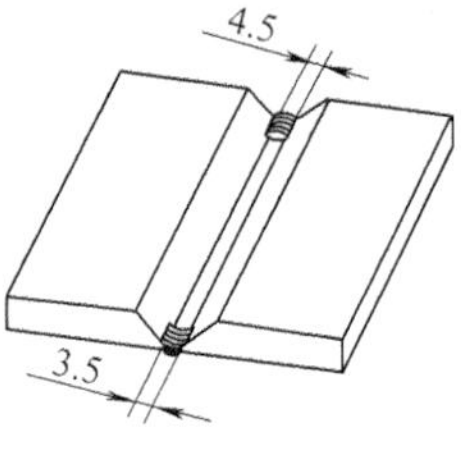 4.5 3.5
（3）定位焊 1）焊接电流。定位焊时的焊接电流为 90~105A 2）搭桥。由于焊缝冷却产生收缩，先焊的定位焊预留间隙应比实际间隙大 1~2mm。这样才能得到需要的根部间隙 采用灭弧法在一侧坡口内引弧并堆焊，再在另一侧堆焊。两侧堆焊约 1~2mm 间距时，电弧轻微左右摆动使两侧顺利连接	 1 3 2

（续）

步骤及要求	图　示
3）完成定位焊。两块试件完成“搭桥”连接后，再采用月牙形灭弧法，即 a_1 点引弧→b_1 点，向前快速灭弧；再由 b_2 点引弧→a_2 点，向前快速灭弧。如此交错施焊5~8次	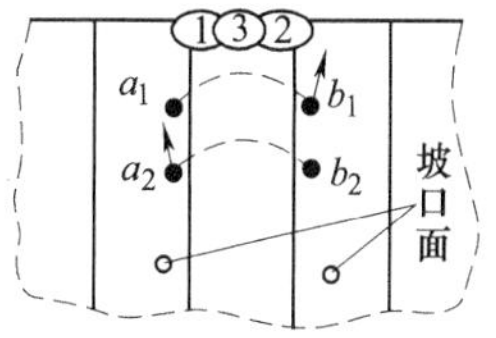
（4）调节另一端坡口间隙的方法 1）因焊接方向由端头向另一端施焊，会造成另一端坡口间隙变小	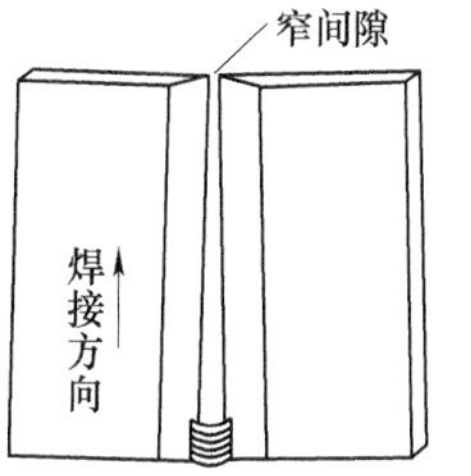 调节前
2）定位焊焊缝垂直朝下，两手握紧试件两侧后，用定位焊焊缝端头对准角钢进行轻轻撞击数次，调节出合适的间隙	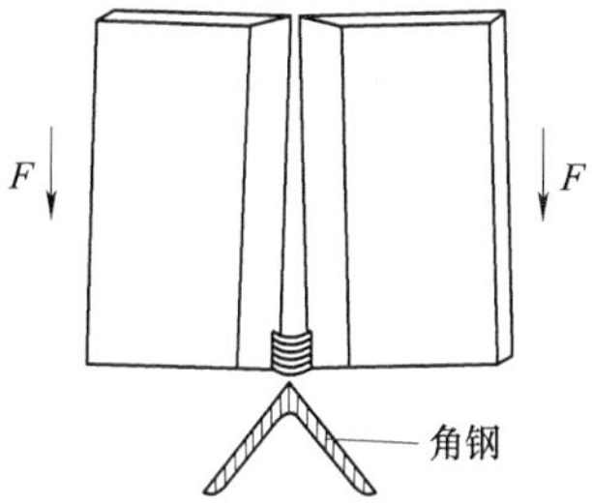
3）调节出合适的坡口间隙后，应检查试件是否出现错位。有错位则应消除；无错位则施焊第二段定位焊，实现焊接试件的组焊	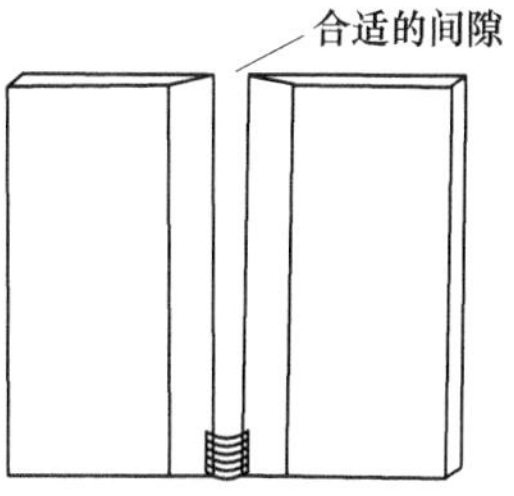 调节后

（续）

步骤及要求	图　　示
（5）打磨定位焊缝　采用角磨机或其他工具将定位焊缝打磨成缓坡状，缓坡长度 5~8mm	 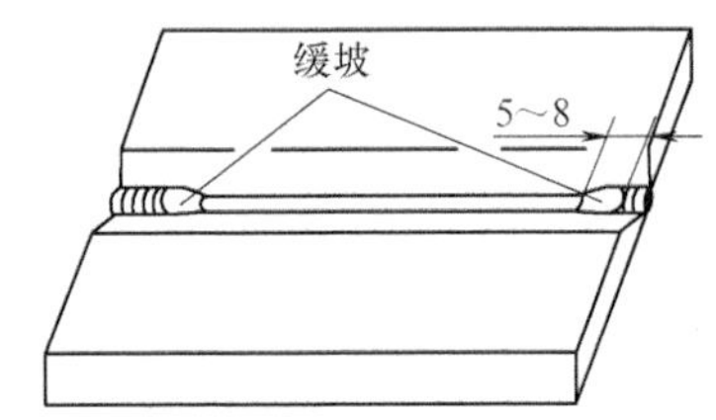
3. 预置反变形 为抵消因焊缝在厚度方向上的横向不均匀收缩而产生的角变形量，试件组焊完成后，必须预置反变形量，确保试件焊接完成后的平面度。反变形量为 3° 检测时，先将试件背面朝上，用钢直尺放在试件两侧，一侧试板的最低处可放入 ϕ4mm 焊条头	 
4. 打底层的焊接 （1）采用灭弧法　直径 3.2mm 的焊条在坡口一侧引弧，通过根部间隙过渡到另一侧坡口，然后迅速朝前收弧 通过如此交错的摆动方式，依靠控制电弧燃烧的时间和电弧熄灭的时间来控制熔池的温度、形状及填充金属的厚度，以获得良好的背面焊缝成形	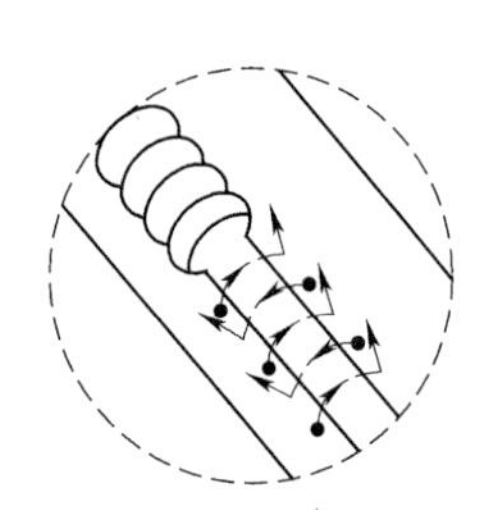 •引弧点　↑收弧方向

（续）

步骤及要求	图　示
（2）焊条角度　焊接时，始终保持焊条与试件两侧成90°，焊条与焊接方向成65°~75°的角度	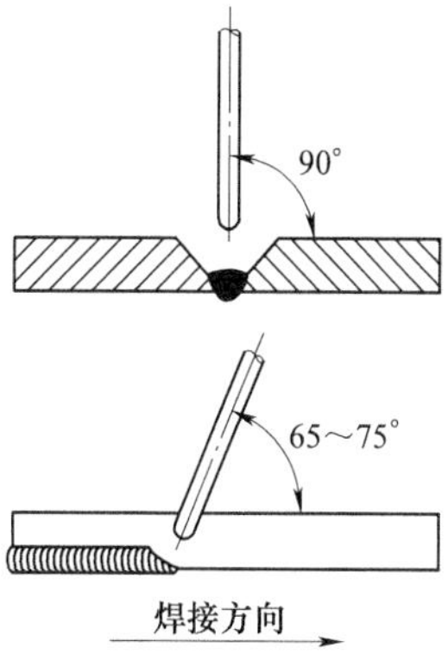 90° 65～75° 焊接方向
（3）引弧　在定位焊处引弧，然后沿直线运条至定位焊缝与坡口根部相接处，以稍长电弧（弧长约为3.5mm）在该处左右侧摆动2~3个来回，进行预热；同时，迅速压低电弧（弧长约2mm），听到“噗噗”的电弧穿透响声，同时还看到坡口两侧、定位焊焊缝及坡口根部金属开始熔化，熔池前沿有熔孔形成，说明引弧结束，可以进行灭弧焊接	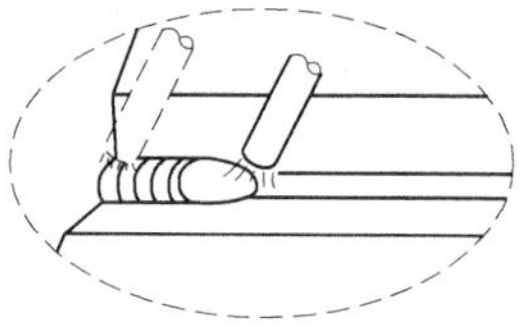
（4）形成熔孔　一点击穿法是采用短弧方式焊接（电弧长度约2mm）。焊条在坡口内做“月牙”形方式运条，从坡口左侧引弧后迅速通过熔池摆动到坡口右侧，压低电弧稍作停顿听到“噗噗”声音，形成熔孔 熔孔应熔入两侧母材0.5~1.0mm	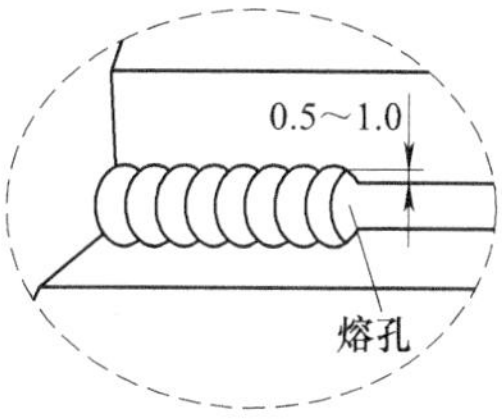 0.5～1.0 熔孔
（5）灭弧与再引弧的时机　形成熔孔后，焊条应朝前端（即起始端）提起，熄灭电弧。这样，能够有效降低熔池温度，达到控制背面焊缝成形，避免焊瘤缺陷和烧穿现象的产生 灭弧时，动作应迅速、干脆，切忌“拖泥带水” 灭弧后，熔池的红色亮点快速缩小。此时焊条迅速、准确“回撤”到灭弧坡口侧，待熔池的红色亮点缩小到约焊条直径大小时，迅速再引弧。形成新熔池后，焊条摆动到坡口的另一侧，新熔孔形成立即灭弧	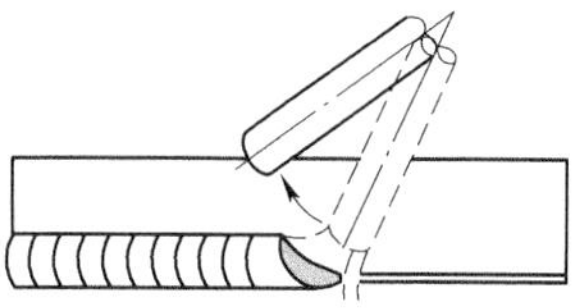 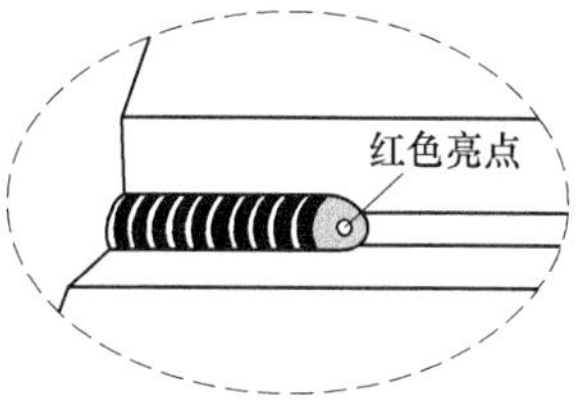 红色亮点

（续）

步骤及要求	图　示
（6）电弧在熔池的位置　焊接电流、电弧燃烧时间及焊条角度一定时，电弧处于熔池的位置是决定焊件背面能否焊透的主要因素 如果超过1/2的电弧在焊件背面燃烧，则背面焊缝余高较厚；如果电弧未在焊件背面燃烧（即电弧完全对着熔池燃烧），则背面焊缝余高趋于0值，甚至产生未焊透缺陷 焊接打底层时，2/3的电弧对着熔池燃烧，1/3的电弧在焊件背面燃烧，背面余高可控制在2mm左右	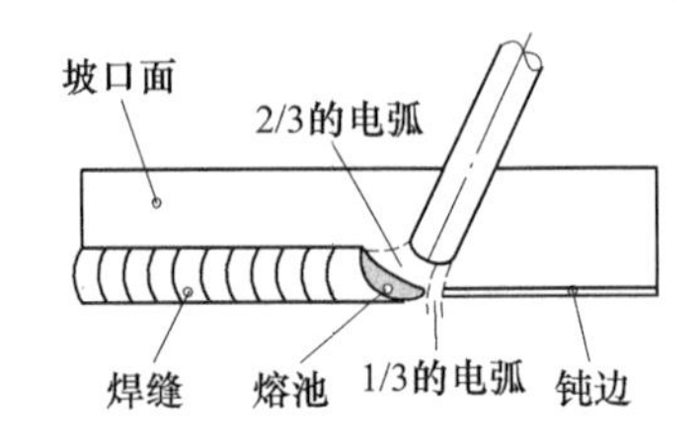
（7）焊条更换前的准备　焊条更换前，如操作不当打底层焊缝正面或背面易产生冷缩孔 当焊条剩下50~60mm长时，需要做更换焊条的准备。即：收弧时，应压低电弧；为避免冷缩孔产生，应对熔池末端补充2~3个熔滴 熔滴应由熔池中心向熔池边缘补充。完成前一个熔滴的补充后迅速灭弧，停弧约0.5~1s再补充后一个熔滴	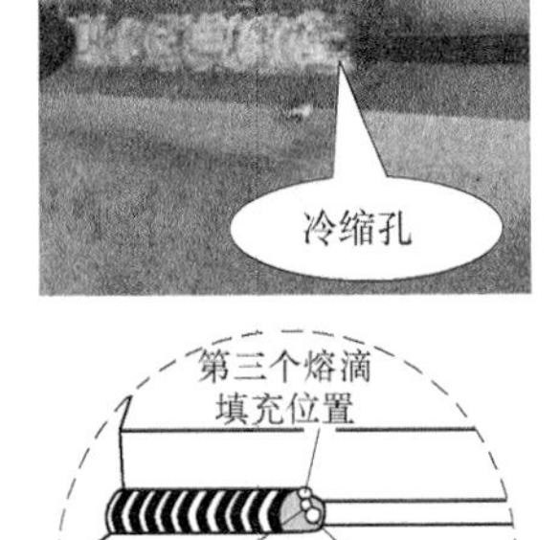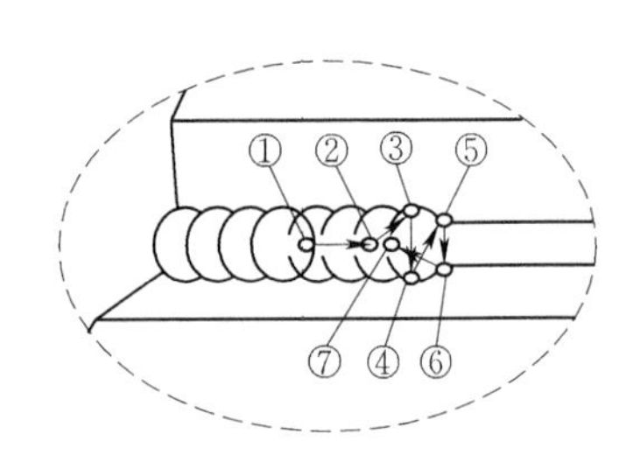
（8）接头　采用热接法。接头时快速更换好焊条，立即在距熔池10~15mm的位置引弧（即①的位置）。电弧移动至收弧熔池边缘时（即②的位置），略提起焊条，以长弧方式做左右摆动（即③、④、⑤、⑥的位置），之后电弧迅速移动到⑦的位置并向下压，听到“噗噗”的击穿声后，迅速灭弧 完成①~⑦的接头操作步骤后，转入到正常的灭弧法操作模式	
（9）收尾　收尾操作不当易出现打底层焊缝与定位焊焊缝接头不良现象 待打底层焊缝距离后端定位焊焊缝约2~3mm时，焊条迅速前倾一定角度，使电弧朝向定位焊焊缝，同时迅速压低电弧，约1s后迅速灭弧，待熔池温度降低后再采用反复填充法完成打底层的收尾 （10）清理熔渣、飞溅　完成打底层焊缝后，应仔细清理坡口内的熔渣和飞溅，为填充层焊缝的焊接做好充足准备	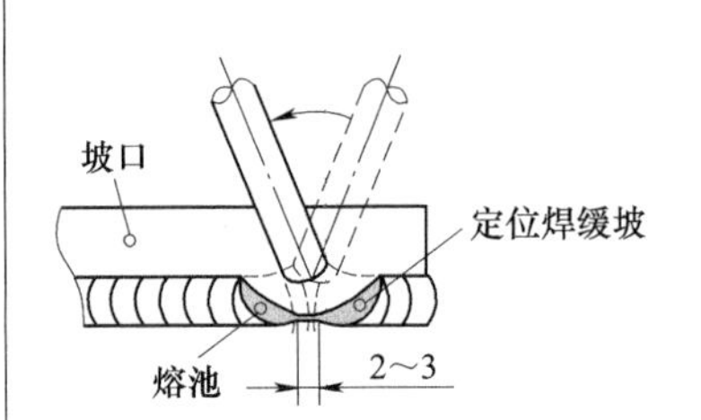

（续）

步骤及要求	图示
5. 填充层的焊接 （1）调节焊接电流　使用直径为4mm的焊条施焊，并根据提供的参数分别调节焊接电流 第二层焊接电流：175~200A，第三层焊接电流：170~190A （2）焊接角度　焊接第二层、第三层时，为避免流动的熔渣超过熔池而形成夹渣，电弧长度保持在3~4mm；同时，始终保持焊条与试件两侧成90°，焊条与焊接方向成80°~85°的角度	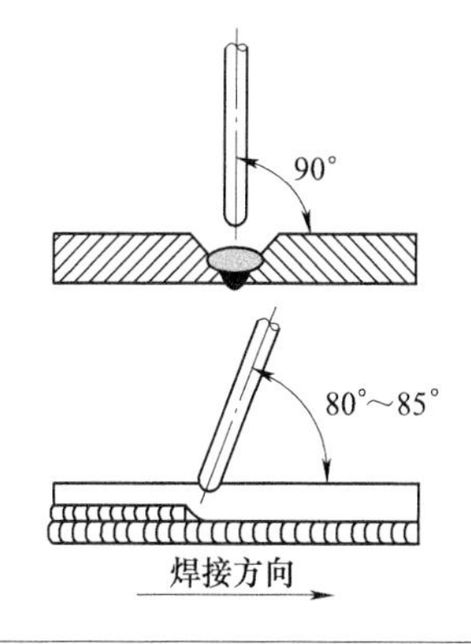
（3）焊接 1）采用月牙形或锯齿形运条手法 2）为避免焊缝产生气孔，电弧长度应控制在3~4mm的长度 3）电弧摆动到坡口两侧时，应稍作停留，使焊缝与坡口交界处过渡平缓，避免“沟槽”现象产生 形成“沟槽”将增加大脱渣的难度；后续焊接时，残留的熔渣易导致焊缝产生夹渣缺陷 4）最后一层填充层的焊缝高度应低于母材表面1~1.5mm。应保持坡口两侧的棱边原始状态。如熔化棱边将影响盖面层焊缝的宽窄度	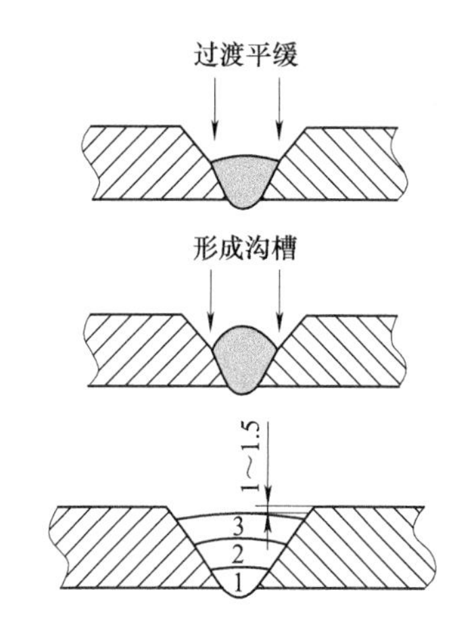
（4）接头　迅速更换焊条，之后在距弧坑边缘15mm位置引弧。接头方法如右图示，每层焊缝的接头应避开在同一位置	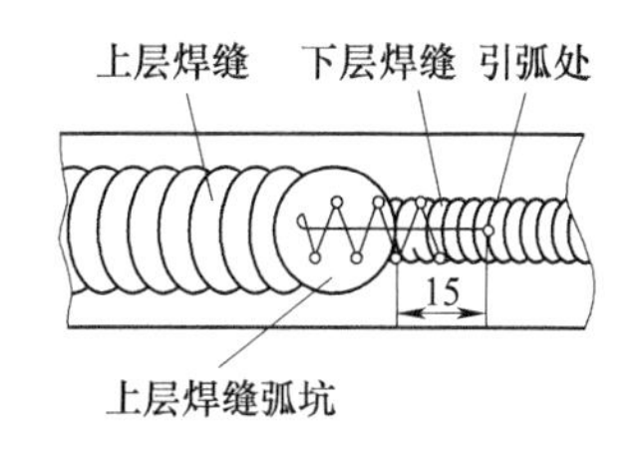
6. 盖面层 （1）焊接角度及运条方法　焊接盖面层时，电弧长度控制在3~4mm；同时，焊条与试件两侧成90°，与焊接方向成75°~80°的角度	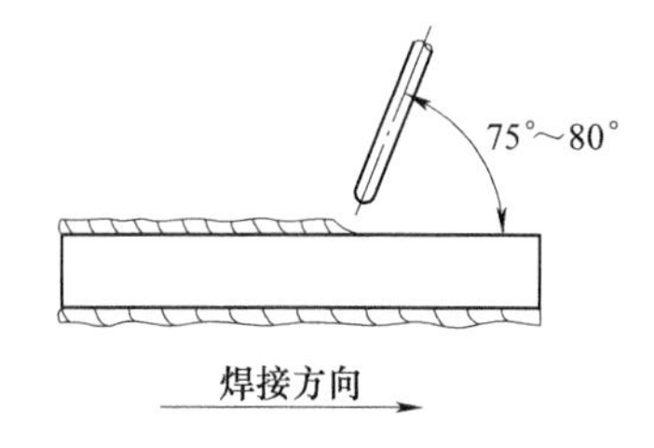

（续）

步骤及要求	图　　示
（2）运条方法及焊接电流　焊条横向摆动时，可采用锯齿形或月牙形运条方法 运条时应控制好焊条的摆宽，以熔池的外缘超出两侧坡口棱边 1~1.5mm 为宜；为避免焊趾处产生咬边，电弧在坡口棱边稍作停留，待液态金属盖满棱边后再运条到另一侧坡口棱边 由于此时的焊件温度较高，熔池流动性增强，为有效控制焊缝成形，此时采用的焊接电流应适当减小，焊接电流为 160~170A	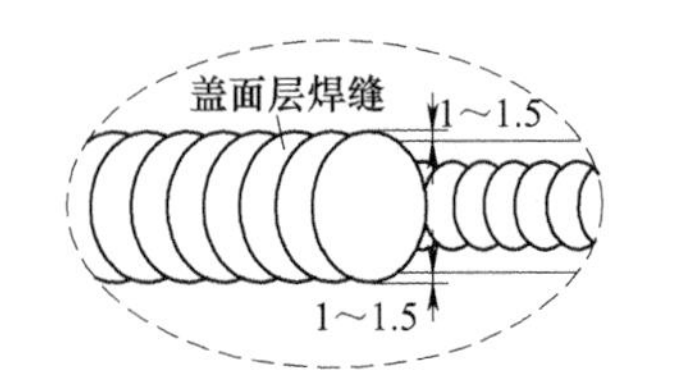
7. 焊缝清理 焊缝焊接完成后，去除焊渣，用钢丝刷对焊缝及附近的焊接“烟尘”清理干净 锤子与扁铲配合使用去除焊缝附近区域的飞溅。之后，再用钢丝刷把焊缝及附近的杂物彻底清理干净 考试试件，不允许对各种焊接缺陷进行修补，焊缝应处于原始状态	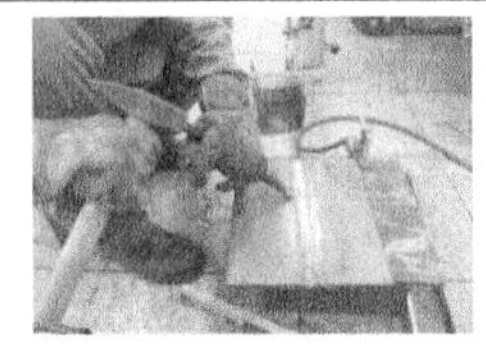 

4. 评分标准（见表 11-4）

表 11-4　对接平焊评分标准

试件编号：　　　　　　　　　　　　总分：

序号	考核要求	配分/分	评分标准	评判结果	得分/分
1	焊前准备	5	焊件清理不干净，定位焊不正确扣 1~5 分		
		5	焊接参数调整不正确扣 1~5 分		
2	焊缝外观质量	4	焊缝余高 1~2mm 满分；>2mm 且<4mm，2 分；>4mm 或<0 扣 4 分		
		4	焊缝余高差≤2mm 满分；>2mm 扣 4 分		
		4	焊缝宽度≤22mm 满分；>22mm 扣 4 分		
		4	焊缝宽度差≤2mm 满分；>2mm 扣 4 分		
		4	背面焊道余高≤3mm 满分；>3mm 扣 4 分。背面凹坑深度≤1.2mm 满分；>1.2mm 或长度>26mm 扣 4 分		
		2	焊缝直线度≤2mm 满分；>2mm 扣 2 分		
		4	角变形<3°，2 分；>3°扣 2 分。无错边 2 分；错边>1.2mm 扣 2 分		
		4	无咬边满分；深度≤0.5mm，累计长度每 5mm 扣 1 分；深度>0.5mm 或累计长度>26mm 扣 4 分		
		4	起头、收尾平整，无流淌、缺口或超高满分；有上述缺陷 1 处扣 1~2 分。接头平整满分；有不平整、超高、脱节缺陷 1 处扣 2 分		
		2	无电弧擦伤满分；有 1 处扣 2 分		
		4	焊缝波纹细腻，成形美观，平整，宽窄一致，表面无缺陷满分；波纹较细腻，成形较好扣 1 分；波纹粗糙，焊缝成形较差扣 2 分；焊缝成形差，超高或脱节扣 4 分		

（续）

序号	考核要求	配分/分	评分标准	评判结果	得分/分
3	焊缝内部质量	40	射线检测后按 JB 4730 评定焊缝质量 焊缝质量Ⅰ级，满分 焊缝质量Ⅱ级，扣10分 焊缝质量Ⅲ级，此项考试按不合格论		
4	安全文明生产	10	劳动保护用品穿戴不全，扣2分		
			焊接过程中有违反安全操作规程的现象，根据情况扣2~5分		
			焊完后，基地清理不干净，工具、考件等码放不整齐扣3分		

11.3 焊接培训基地日常管理办法

11.3.1 适用范围及目的

本办法适用于焊接培训基地。

为了加强焊接培训基地的管理工作，明确管理职责，规范培训基地建制，建立健全的焊接培训基地管理办法，促进焊接培训基地管理规范化，确保焊接培训基地各项工作的有效实施，特制定本办法。

11.3.2 术语和定义

焊接培训基地是开展员工任职能力、技能提升、资质保持、赛前专项焊接培训的场所，主要包含碳钢、不锈钢、铝合金焊接培训。

11.3.3 培训基地职责

1）负责全面监管、协调、指导规范管理使用培训基地。

2）负责监管培训基地建设费用的提报。

3）负责培训项目的组织与实施。

4）负责培训项目效果的评估。

5）负责培训学员的日常管理工作。

6）负责培训基地管理办法的制定与修订工作。

7）负责培训相关物料、耗材的准备与日常管理。

8）负责培训基地学员劳动纪律、培训、现场安全、设备等日常管理。

9）负责培训基地设备、工装工具、办公用品等物品的采购需求提报。

11.3.4 培训基地的管理

1）根据培训项目计划合理安排培训老师，每位培训老师所带的培训学员原则上不能超过10人。

2）培训老师需提前确认培训基地和设备。

3）培训期间，应严格按照培训计划执行，培训学员应服从培训老师的统一安排，不服从管理将退回。

4）培训老师根据培训计划，每天需对培训学员所需的试板、焊丝进行量化规定，确保培训效果。

5）培训期结束后，培训老师要对培训项目的成果进行小结。

11.3.5 劳动纪律管理

1）培训时间，正常情况下每天培训8h，上午8:00—12:00，下午14:00—18:00（冬季13:30—17:30），培训学员要按照考勤管理相关规定参加培训，统一在培训老师处进行考勤登记。如遇特殊情况，需提前向培训老师请假。

2）培训期间不允许遛岗、串岗、早退，培训老师不定期对出勤情况进行抽查。

3）培训期间，培训学员需要请假时，必须到培训老师处登记备案，未办理任何手续且未参加培训按缺勤处理。

11.3.6 现场安全管理

1）进入培训现场必须按安全管理要求着装、穿戴整齐劳动保护用品。

2）现场培训时必须遵守工种的安全操作规程和现场设备的使用操作规程。

3）每日培训结束后须对现场进行清理，严格执行班后“六不走”，必须关闭各类电气设备的电源及气源、风阀等开关。

4）不得故意损坏培训现场区域的公共物品。

11.3.7 设备管理

1. 培训前设备检查

培训开始前培训老师需按要求检查各类电气设备、气压、风管等情况是否正常，并认真填写设备日检卡。

2. 设备报修

1）设备在运行中突然出现异常情况，设备操作者应当即停工，并告知培训老师进行报修。

2）维修工作完成后，立即试机，培训老师确认故障是否已完全修复。

3）维修完工后，立即清理维修现场，保证现场的整洁。

4）因设备故障未及时报修或配合设备维修，造成人为停机的由培训老师承担责任。

3. 设备操作管理

1）培训开始前，必须对培训学员开展焊机设备的结构、性能的培训，并熟知焊机设备的操作方法。

2）操作焊机等设备时不能超负荷使用设备，应严格按照设备操作规程执行。

3）使用结束后，必须对焊机设备及培训基地进行清扫。

11.3.8 库房管理

1. 入库管理

1）培训物料（焊接试板等）、耗材（焊丝）根据培训需求由培训老师提报。

2）所有到库的培训物料、耗材由培训老师对其规格型号、数量等确认相符后办理入库手续。

2. 物资保管保养

1）库房物资按照区域划分管理。

2）物资存放必须采用库位编码管理，做到正确、整齐、安全牢固、标签齐全、标志明显。

3）仓库要严格执行防锈、防腐、防潮、防火、防爆、防盗、防人伤械损、防虫蛀鼠咬等措施。

4）不同的品种、规格、型号、等级、批次的物资，应分别堆放。

5）待检验的物资、不合格的物资、已出单下架的物资、代保管的物资、已报废销账的物资应分别存放。

3. 库房管理

1）库房的安全管理应严格执行消防安全管理有关规定。

2）培训老师每月对库存物资进行账实情况盘点，并将盘点情况向上级反馈。

4. 出库管理

1）所有出库物资都要有出库记录。

2）培训老师应及时在纸质台账中填写物资的领用、借用数量，所有出库记录应有领用人签字。

5. 工具管理

1）培训老师负责准备培训所需工具，对领用工具需建立领用台账。

2）工具借用要求当日归还，造成工具丢失或损坏，根据工具价格核定进行相应的赔偿。

6. 其他管理

1）焊丝库房要按规定保持恒温恒湿，认真填写相关记录。

2）培训老师每天要对气体存放区域进行安全检查，发现异常及时上报。

11.3.9 考核管理

培训学员违反现场安全管理、设备管理、库房管理、考勤管理等相关规定，将依据培训基地管理办法进行考核。

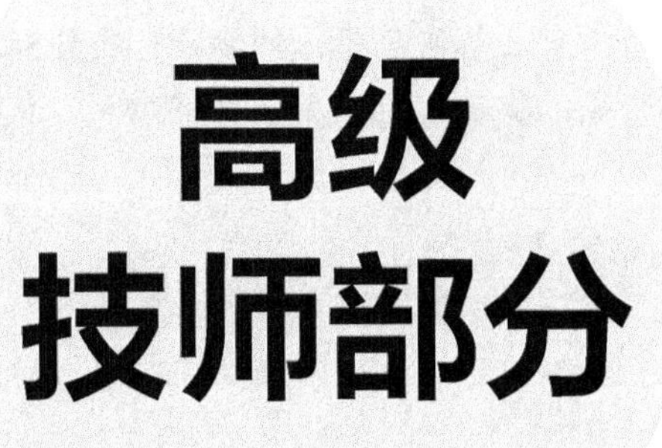

高级
技师部分

项目12

焊条电弧焊

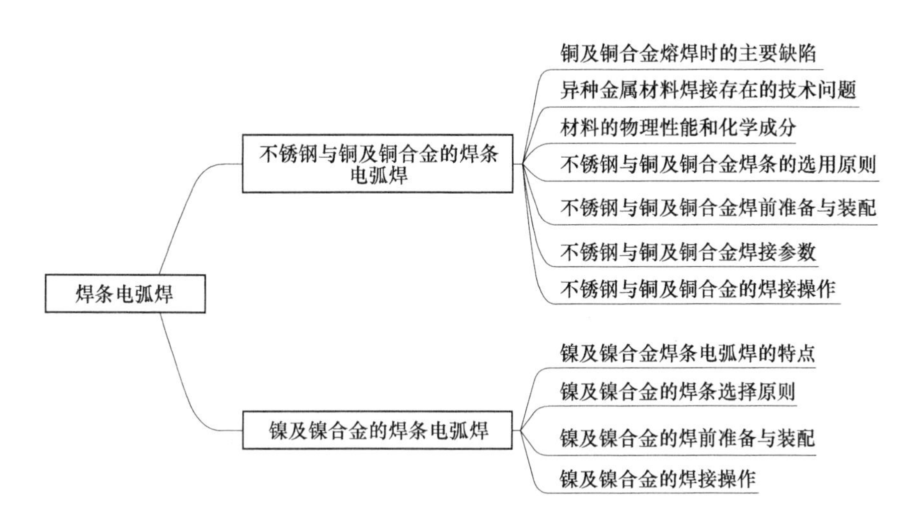

12.1 不锈钢与铜及铜合金的焊条电弧焊

12.1.1 铜及铜合金熔焊时的主要缺陷

（1）难于熔化及形成　焊接铜及铜合金时，当采用与同厚度低碳钢一样的焊接参数时，母材就很难熔化，填充金属也与母材不易熔合，这与铜及铜合金的热物理性能有关。铜的热导率比碳钢大7~11倍，厚度越大，散热越快，越难达到熔化温度，热影响区也宽。采用热能量密度低的焊接热源进行焊接时，如氧乙炔焊和焊条电弧焊，需要进行高温预热。采用弧焊，必须采用强规范才能熔化母材，否则需要高温预热后才能进行焊接。

（2）热裂倾向大　铜及铜合金中存在氧、硫、磷、铅、铋等杂质元素，铜能与它们形成多种低熔点共晶物，这些低熔点共晶在熔池结晶过程中分布在树枝晶间或晶界处，使铜和铜合金有明显的热脆性。

（3）在杂质中氧的危害大　氧在冶炼时以杂质的形式存在于铜焊缝与热影响区，使晶粒变粗、各种脆性的易熔共晶出现于晶界，使接头的塑性和韧性显著下降。

（4）导电性下降　铜中任何元素的掺入都会使其导电性下降。因此，焊接过程中杂质和合金元素的熔入都会不同程度地降低接头的导电性能。

（5）耐蚀性下降　铜合金的耐蚀性是依靠锌、锡、锰、镍、铝等元素的合金化而获得的，熔焊过程中这些元素的蒸发和氧化烧损都会不同程度的使接头耐蚀性下降。

12.1.2 异种金属材料焊接存在的技术问题

两种不同材料能否直接焊接，决定于构成该两种材料的原子或分子之间的相互作用的强弱。两元素之间的相互作用决定于他们的电子层结构、价电子数、原子大小、负电性以及晶体点阵、点阵常数诸因素。一般来说，在液态和固态都形成无限互溶的两种金属之间，能够便利的形成性能良好的焊缝。液态无限互溶、固态有限互溶的两种金属，无论是共晶型还是包晶型相图结构都是可以焊接的，不过其性能与两种金属间的组织过渡状况相关。形成金属间化合物和间隙化合物中间相的两种合金，也是可以焊接的，其接头性能大半受到此种化合物性能的影响。

1. 金属物理性能的不同

当两种线胀系数差别较大的金属进行焊接时，将会造成焊接接头出现复杂的高内应力状态，可能导致产生裂纹，甚至还会导致焊缝与母材金属剥离。因此，焊前对线胀系数小的金属进行预热，或者在线胀系数差异很大的两金属中间加入一种塑性好的金属焊接成过渡接头作为缓冲带，都是行之有效的方法。

2. 热导率和比热容的差异

金属的热导率和比热容强烈地影响被焊材料的熔化、熔池的形成、焊接区温度场和焊缝结晶过程。熔焊时，通常应将热源位置偏向热导性能好的材料一侧。因此，必须把热源的大部分热量集中到纯铜待焊处一侧，以保证两侧的金属均匀同步地熔化和凝固。

3. 电磁性的差异

在异种金属熔焊时有时会出现焊接电弧偏吹，或者电弧燃烧不稳定现象而造成焊缝成形变坏，这是由于两种金属的电磁性相差很大而发生的。一般来说，铜-钢异种金属焊接时，由于铜的热导率比钢的大得多，因而，热源应偏向铜侧。

4. 形成脆性化合物

异种金属焊接时，由于焊缝金属化学成分的多元性和复杂性，除了将形成多种碳化物和氮化物等外，还能析出多种非金属或金属间化合物。

5. 焊接接头难于与母材金属等性能

通常两种不同金属结合在一起会构成腐蚀电偶，因而其耐蚀性要比其中任意金属都低。此外，为了实现异种金属的焊接，往往选用塑性好的焊接材料，以避免焊缝金属开裂或脆化，但可能会降低焊接接头的强度。因此，为了保证异种金属焊接接头具有良好的综合使用性能，往往不得不放弃或降低一些对次要性能指标的要求，这是异种金属焊接时不可避免的问题。

由此可见，异种金属焊接时需要解决的问题较多，焊接难度也很大，只有选用合理的焊接方法和焊接材料，并正确制定焊接工艺方案，采用一些特殊措施，才能获得优质的异种金属的焊接接头。

12.1.3 材料的物理性能和化学成分

1. 纯铜

即紫铜，主成分为铜加银，铜的质量分数为99.5%~99.95%；熔点1083℃，密度为

8.96g/cm³(20℃)。热导率 393.6W/m·K，线胀系数 17×10^{-6}℃$^{-1}$，电阻率 0.01689Ω·m(20℃)，轧制后退火的纯铜屈服强度为 235MPa，伸长率为 30%，冲击韧度为 175.4J/cm²，在 400~700℃的高温下强度和塑性显著降低，在热加工时应引起重视。纯铜在退火状态（软态）下具有高的塑性，但强度低。经冷加工变形后（硬态），强度可提高 1 倍，但塑性降低几倍。产生了加工硬化的纯铜经 550~600℃退火，可使塑性完全回复。焊接结构一般采用软态纯铜。

2. 奥氏体型不锈钢

奥氏体型不锈钢是生产中最常见的一种不锈钢，其主要合金成分为 Cr 和 Ni。密度（20℃）为 8.03g/cm³，比热容 c 为 0.50[J/(g·℃)](0~100℃)，热导率 λ 为 0.16[W/(cm·℃)](100℃)，线胀系数 a 为 16.7(10^{-6}℃$^{-1}$)，一般来讲，只有 w(Cr)≥12%时才能在大气环境下不发生腐蚀，增加 Ni 或提高 Cr 含量，耐蚀性或耐热性均可以提高。

12.1.4　不锈钢与铜及铜合金焊条的选用原则

宜采用与两侧母材均能良好互熔的纯镍焊条，接头可有效防止热裂纹和渗透裂纹，力学性能也较高。接头性能要求不高时，也可采用奥氏体型不锈钢焊条或 w(Ni)70% + w(Cu)30% 的 Monel 型合金焊条，但晶粒间存在少量低熔点铜，有一定热裂倾向。如采用铜及铜合金焊条 T107 或 T237 时，晶粒间存在低熔点铜更多，反而能起愈合作用，使热裂倾向减小。

12.1.5　不锈钢与铜及铜合金焊前准备与装配

1. 焊前准备

（1）试件规格　0Cr18Ni10Ti 奥氏体型不锈钢管板，T2 铜板，规格 300mm×125mm×18mm，各 1 件，采用 V 形坡口，坡口角度单边为 30°，钝边厚度 0.5~1.5mm，如图 12-1 所示。

（2）焊接材料　纯铜与不锈钢焊接时，若采用不锈钢焊条，当焊缝含铜量达到一定数量时会产生热裂纹；若采用铜焊条，则因焊缝中含镍、铬、铁焊缝便会变硬变脆，或因铜渗入不锈钢侧奥氏体晶界产生渗透裂纹。运用与铜和铁无限固溶的镍基金属作过渡金属，才能保证良好的焊缝质量，达到较高的强度与塑性，故过渡层选择 ENi-0 焊条。定位、过渡及填充层焊条选用见表 12-1。

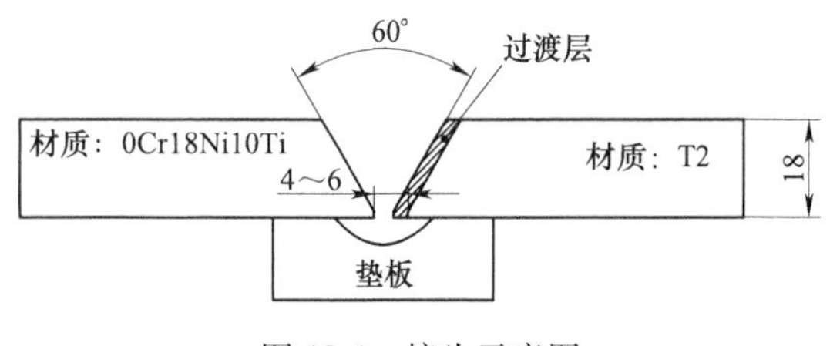

图 12-1　接头示意图

（3）焊接设备　ZX7-400 逆变焊机，直流反接。

表 12-1　焊条选用明细表

焊接层道	焊条型号	焊条牌号	焊条直径/mm	烘干要求
定位焊	ECu	T107	3.2	200℃烘干，保温 1h
过渡焊	ENi-0	Ni112	3.2	150℃烘干，保温 1h
填充层	E310-15	A407	3.2、4.0	350℃烘干，保温 1h

2. 装配定位焊

（1）表面清理　用丙酮清洗坡口两侧20~30mm内的油、油漆等污物，再用清水冲洗，擦干表面水分。严禁用砂轮打磨焊件。

（2）装配及定位焊　背面用石墨垫板。坡口内定位焊缝长20mm左右，间距一般为定位焊缝长度的10~15倍，厚度为3~3.5mm。要求短弧焊，电弧偏向纯铜板。

12.1.6　不锈钢与铜及铜合金焊接参数（表12-2）

表12-2　纯铜与奥氏体型不锈钢的焊条电弧焊工艺参数

焊接层道	焊条型号	电弧电压/V	焊接电流/A	电源极性
定位焊	ECu	18	125~135	直流反接
过渡焊	ENi-0	20	95~110	直流反接
填充层	E310-15	16	100~115	直流反接

12.1.7　不锈钢与铜及铜合金的焊接操作

（1）预热　焊接纯铜时，必须将铜预热到450~480℃。

（2）堆焊过渡层　除了选择具有良好的熔合性和抗裂性焊条ENi-0外，为降低母材对焊缝的稀释作用，在焊接过程中尽量减少熔合比，采用较小直径的焊条、小焊接电流、大电压和快速焊。运用对称分段退焊技术，运条时少摆动或不摆动，每段焊缝长度100~120mm，然后立即用小锤锤击堆焊层。

（3）焊填充层　焊前仔细清除熔渣等异物，第二焊道必须熔化前一焊道1/3~1/2宽度。短弧、快速、直线运条，电弧指向纯铜一侧。相邻焊层焊接方向应该相反，填满弧坑。

（4）焊后清渣　检查焊缝是否存在裂纹、未熔合、未焊透、气孔等缺陷。

（5）操作注意事项

1）在近焊缝区母材表面涂上白垩粉防飞溅灼伤。

2）必须清理焊缝层、道间溶渣后才能进行下一层、道焊接。

3）过渡层运用对称分段退焊技术，接头较多，要保证接头质量。

4）相邻层、道焊缝要圆滑过渡，避免出现尖角或死角。

5）ECu铜焊条最高烘干温度不得超过200℃，以避免焊芯退火变软。

12.2　镍及镍合金的焊条电弧焊

12.2.1　镍及镍合金焊条电弧焊的特点

焊条电弧焊一般用于厚度大于或等于1.6mm的镍合金材料，大多数情况下，焊条熔敷金属的成分与母材相似，每一焊条直径有一最佳的电流范围，过大的电流会导致气孔和弯曲不合格。

镍和镍合金焊缝金属流动性不如钢好，所以焊接时最好少许摆动，但其幅度不要大于三倍焊条的直径，不管是否采用摆动，焊缝的外形应稍凸。

镍和镍合金焊缝十分脆，每焊一道后，焊下一道前应把焊渣彻底清除，用不锈钢刷子刷干净，推荐对所有焊缝都去除焊渣，特别对焊缝有耐蚀要求时，更要清除干净。

镍及镍合金的焊接难点主要是易产生焊接热裂纹和气孔。

1. 焊接热裂纹

镍合金焊缝金属对焊接热裂纹有高的敏感性，由于镍合金系单项奥氏体组织，焊缝中的一些杂质元素和低熔点物质容易在晶界偏析和集聚，在熔池的凝固过程中造成开裂，这些低熔点的物质主要是 Ni-S 和 Ni-Si 等的化合物与镍形成的共晶体，其熔点大多在 1000℃以下。所以为了减少焊接热裂纹产生的概率，应该尽量控制焊缝中硫、磷以及硅、铅等元素的含量，选用纯度高的优质焊材，在焊接工艺上应尽可能采用小规范的焊接参数，保持焊接坡口的高度清洁，采用合理的焊接顺序以及减少焊接应力等。

由于镍基合金焊缝金属对焊接热裂纹（微裂纹）有较强的敏感性，而这种裂纹通过无损检测又很难发现，故在焊材标准中规定在试样的弯曲面允许有一定量的开裂来加以控制。

2. 气孔

镍基合金焊缝金属对气孔也比较敏感，这是由于镍合金的固液相温度间距比较小，而且液态金属的流动性也比较差，倘若加上金属的冷却速度比较快，熔池中的气体来不及逸出，就可能被凝固在焊缝中造成气孔。而且氧气、二氧化碳和氢气等气体在液态镍中的溶解度比较大，冷却时溶解度明显减小，也是造成气孔的一个原因。此外，如果在焊缝坡口中还带有涂料、漆、油脂等脏物，则其分解更容易进入熔池而产生气孔，所以在焊接镍及镍合金前一定要将坡口清理干净，如在焊接材料中适当加入铝和钛，也有利于减少焊缝中的气体。

12.2.2 镍及镍合金的焊条选择原则

1）镍及镍合金焊条。主要用于焊接纯镍及高镍合金，有时也用于异种金属的焊接。但考虑到焊条在电弧中的合金损失，在焊条中还应含有一些其他元素，以改善焊缝力学性能或焊接工艺性能。

2）镍及镍合金焊条主要根据被焊母材的合金牌号、化学成分和使用环境等条件选用。焊条的熔敷金属的主要化学成分应与母材的主要成分接近，以保证焊接接头的各项性能与母材相当。但考虑到焊条在电弧中的合金损失，在焊条中还应含有一些其他元素，以改善焊缝力学性能或焊接工艺性能。

3）若采用相同成分的焊条达不到设计要求或者没有合适的类似合金成分的焊条时，则推荐选用性能高一级别的焊条，以保证焊缝的使用性能不低于母材。

4）常见的镍及其合金的焊条有：Ni102、Ni112、Ni202、Ni207、Ni307、Ni307A、Ni307B、Ni317、Ni327、Ni337、Ni347、Ni357。

12.2.3 镍及镍合金的焊前准备与装配

1. 焊前准备

（1）试件规格　Ni200 板对接，规格 300mm×125mm×5mm，2 件，采用 V 形坡口，坡口角度为 60°，钝边厚度 0.5~1.0mm，如图 12-2 所示。

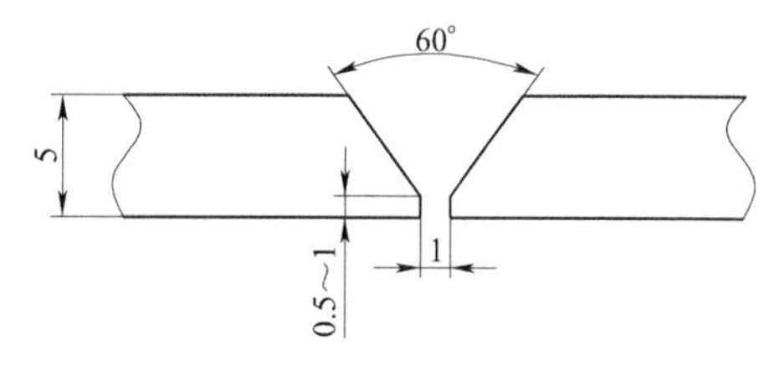

图 12-2　接头示意图

（2）焊接材料　Ni112 焊条，直径 3.2mm，使用前应封在防潮的容器中干燥储存，并在 320℃×1h 或者 200℃×2h 的条件下烘干。

（3）焊接设备　采用陡降外特性的直流弧焊机，型号为 ZX7—400，直流反接。

（4）其他要求　准备角磨机、钢丝刷、红外测温仪、敲渣锤、焊缝检测尺等。

2. 装配定位焊

（1）表面清理　清洁是获得优质焊接接头的最重要因素。氧化镍的熔点在 2090℃，大大高于镍的熔点 1440℃，这样在焊接时母材熔化而氧化物仍处于固体状态，会形成未熔合缺陷。

组对前应打磨坡口及两侧各 20mm 范围内的油污、铁锈等，直至露出金属光泽，且焊前相应打磨范围的表面应用有机溶剂清洗；待溶剂挥发后，在坡口两侧 100mm 范围内还应涂上防飞溅涂料。

（2）装配及定位焊　将清洗干净的试板用快速夹固定，装配间隙 1mm，然后进行定位焊，定位焊焊缝长度为 20mm，为保证引弧和收弧的焊接质量，加装引弧板和引出板。

12.2.4　镍及镍合金的焊接操作

焊缝分为 2 层，即打底层和盖面层，都在平焊位置焊接，焊接参数见表 12-3，焊接过程中应始终保持短弧焊接。

1. 镍及镍合金的焊接参数（表 12-3）

表 12-3　焊接参数

焊接层次	焊条直径/mm	焊接电流/A	焊道分布
打底层（1）	3.2	80~90	2 1
盖面层（2）	3.2	90~105	

2. 打底层

焊条握持角度为 75°~80°，采用直线运条法。在引弧板上引弧，由于镍合金焊接熔池流动性差，为防止未熔合、气孔等缺陷，一般要求在焊接过程中适当摆动焊条，把熔化金属送到坡口中合适的位置，但摆动幅度不能大于焊条直径的三倍。焊缝接头再引弧时应采用反向引弧技术，以利调整接头处焊缝平滑并且能有利于抑制气孔的产生。

3. 盖面层

焊接时层间温度应控制在小于 100℃，允许采用强制冷却。盖面层的焊接手法与打底层相同，断弧时要稍微降低电弧高度，并增加焊接速度以减小熔池尺寸。

焊接完成后切除引弧板和引出板，端面修磨平整。

4. 焊后处理

1）焊后应清理焊缝表面的焊渣及飞溅，焊缝表面应该是焊后原始状态，不能加工修磨或返修补焊。

2）焊缝表面不得有裂纹、未融合、夹渣、气孔、焊瘤和未焊透缺陷。按标准要求进行 X 射线检验结果要合格，力学性能试验面弯、背弯均无裂纹，进行晶间腐蚀试验要合格。

5. 操作注意事项

1）焊前应认真清除母材表面的油污、油漆、灰尘等脏物。

2）为防止产生气孔，采用短弧焊接。

3）采用较小焊接电流，焊前不预热，保持较低道间温度（<150℃），以避免母材过热。

4）焊接时焊条摆动幅度要小，焊道两侧停留稍长时间，以利气孔和焊渣的浮出。

5）收弧时注意填充满弧坑，以免产生弧坑裂纹。

6）镍及镍合金的显微组织为奥氏体，有强的热裂纹倾向，在焊接角焊缝时，要求焊道呈凸起状，这样可以较好地防止热裂纹的产生。

项目13

非熔化极气体保护焊

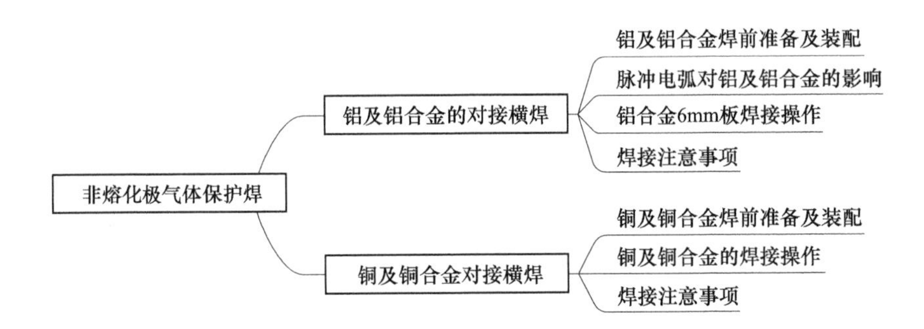

13.1 铝及铝合金的对接横焊

13.1.1 铝及铝合金焊前准备及装配

1. 焊前准备

（1）试件材质及尺寸

1）试件材质。6082。

2）试件尺寸。300mm×100mm×6mm，2 块。

3）坡口形式。V 形坡口，坡口角度为 60°~70°，钝边为 1mm，预留 2~2.5mm 的间隙，坡口采用机械方法加工，表面应无毛刺，如图 13-1 所示。

4）衬垫。采用不锈钢衬垫。

（2）焊接材料及设备

1）焊接材料。选择 ϕ1.2mm 的 5087 焊丝，焊丝伸出长度为 5~10mm。

2）焊接设备。采用福尼斯 TPS5000MIG 焊机。

3）保护气体。纯度为 99.999%的 Ar。

4）辅助耗材及设备。异丙醇、接触式点温仪、不锈钢丝刷、抛光机、直柄磨机等。

图 13-1 铝合金对接横焊装配示意图

（3）现场准备

1）焊接现场湿度不能高于 65%、现场温度不能低于 21℃、现场不能有穿堂风。

2）焊接参数见表 13-1。

表 13-1　焊接参数

焊道	工艺方法	焊材规格/mm	电流/A	电弧电压/V	电流种类/极性	送丝速度/(m/min)	焊接速度/(mm/s)	热输入/(kJ/mm)	图示
1	131	1.2	165~175	21.9~22.4	DCEP	6.3~7.1	8	0.43~0.48	
2	131	1.2	180~190	22.6~22.9	DCEP	7.3~7.6	7	0.51~0.53	
3	131	1.2	170~180	22.3~22.6	DCEP	6.6~7.3	7	0.46~0.51	

注：DCEP——直流正接。

2. 试件抛光及装夹

1）先用丙醇将试件坡口两侧 50mm 范围内的油污清洗干净，再用不锈钢丝轮将坡口两侧 20mm 范围内的氧化膜清理打磨干净（将铝合金表面打磨至亮白色）。

2）试件组对间隙为 2~2.5mm（起弧端为 2mm，收弧端为 2.5mm），定位焊焊在两端坡口内侧，长度为 25mm 左右。

3）将定位焊位置用直柄磨机磨成缓坡口状。

4）将装配固定好的试板装夹在不锈钢垫板上，如图 13-2 所示。

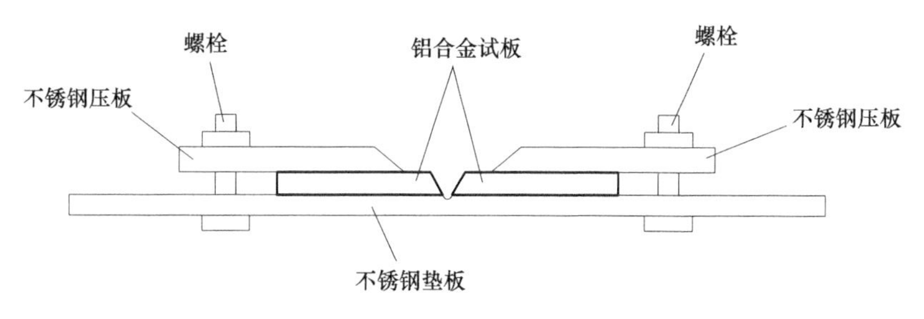

图 13-2　试件装夹示意图

13.1.2　脉冲电弧对铝及铝合金的影响

1）熔化极脉冲氩弧焊（脉冲 MIG 焊）用的电源是直流脉冲。利用脉冲 MIG 焊除了可实现对焊丝熔化及熔滴过渡的控制，改善电弧稳定性，可用小的平均焊接电流实现熔滴喷射过渡，可以进行全位置焊接外，脉冲 MIG 焊还有一重要优点是可用粗焊丝焊接薄铝板。

2）脉冲 MIG 焊还可以调节焊接热输入，以控制预热和冷却速度。平焊对接焊宜用较大的基值电流，空间位置焊接时宜用较低的基值电流，脉宽比宜选 25%~50%，对空间位置焊缝应选较小的脉宽比，以保证电弧有一定的挺直度。

3）脉冲 MIG 焊适用于焊接铝合金薄板、薄壁管子、立焊焊缝、仰焊焊缝及全位置焊缝。

13.1.3　铝合金 6mm 板焊接操作

1. 打底焊

1）起弧时从定位焊缓坡口上方进行起弧。

2）焊接过程中保持好电弧的长度和焊枪的角度，焊丝伸出长度一般为15mm，焊枪角度为85°左右，打底时的运条方式为直线停顿方法运条，如图13-3、图13-4所示。

3）打底层厚度约为3mm，打底层不宜过厚，打底层过厚的话焊接时产生的气孔很难溢出，会导致焊缝出现气孔缺陷。

4）焊完后用直柄磨机将起弧、收弧处的接头打磨平整。

2. 盖面焊

1）盖面焊采用两道盖面，第一道盖面时应盖面焊缝宽度方向的三分之二的位置，焊枪角度可以调整为75°~80°，如图13-5所示。

2）第二道盖面焊时将坡口全部盖满，操作基本与第一道盖面焊一致，只是要注意焊接时要控制好熔池宽度及焊接速度，不要使坡口边缘出现咬边和未熔合现象。

3）注意各层道之间的层间温度应控制在60~100℃，每焊完一道要用不锈钢丝刷将层间黑灰清理干净。

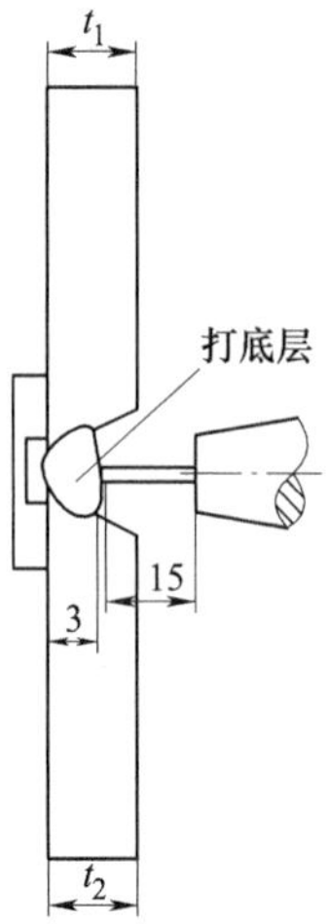

图13-3 打底层

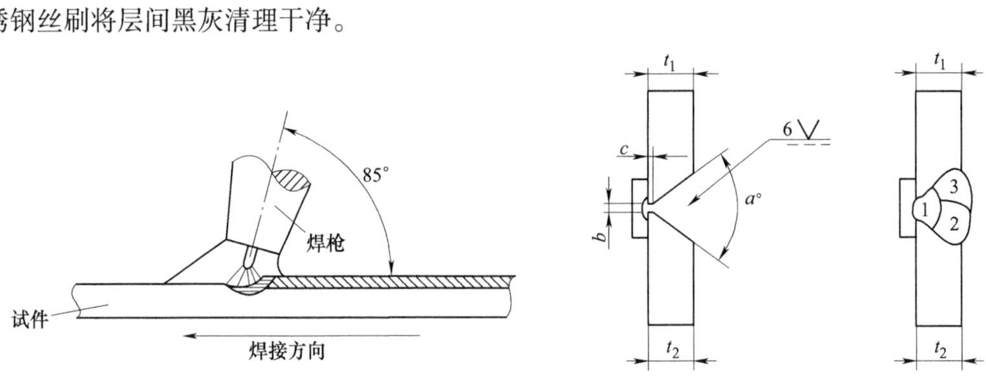

图13-4 焊枪角度

图13-5 盖面层焊接

13.1.4 焊接注意事项

1）焊丝、试件必须确保清洁。

2）气体流量应该在指导范围之内，不宜过大或过小，过小无法有效保护熔池，过大的话将会造成紊流使焊缝中形成缺陷。

3）层间温度要控制在60~100℃。

13.2 铜及铜合金对接横焊

13.2.1 铜及铜合金焊前准备及装配

1. 操作准备

（1）试件材质及形式

1）试件材质。纯铜（Cu）。

2）坡口形式。V形，坡口尺寸如图13-6所示。坡口角度为75°~80°，钝边为3mm，不留间隙，如图13-6所示。

（2）焊接材料及设备

1）焊接材料。选择焊丝为 SCu1898，ϕ2.5mm，要求该焊丝生产时表面已经过钝化，并采用真空密封包装，故使用前不需要再进行清洗。焊丝伸出长度为 5~10mm。

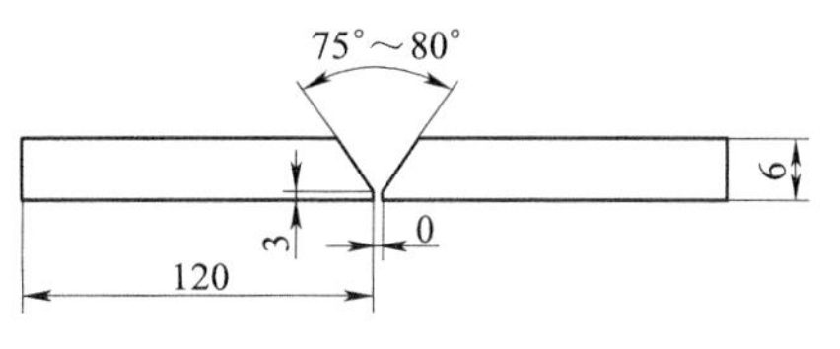

图 13-6　铜合金对接横焊装配示意图

2）焊接设备。芬兰 KEMPPI PR04200 型焊机，直流反接。

2. 焊接参数（表 13-2）

表 13-2　焊接参数

焊道	焊丝直径/mm	焊接电流/A	电压/V	氩气流量/(L/min)	预热温度/℃	图示
1	1.6	400~425	32~36	25	200~260	
2	1.6	400~425	32~36	25	—	
3	1.6	350~385	27~31	25	—	

13.2.2　铜及铜合金的焊接操作

1. 试件打磨及清理

1）先用丙酮将试件坡口两侧 30mm 范围内的油垢、污物擦净。

2）用不锈钢丝轮打磨坡口及其两侧各 30mm 范围，以去除氧化皮，直至露出金属光泽为止。

2. 预热

采用氧乙炔焰加热（或电阻加热）到 200℃左右，焊接过程中保持此温度。

3. 定位焊

采用与正式施焊相同的焊接材料及焊接参数，定位焊缝设在坡口反面，距离端头 20mm 处，一点定位，定位焊缝的长度为 40~60mm，如图 13-7 所示。

4. 打底焊

1）在接头两端装上引弧板及引出板。焊接时由引弧板中部起弧，待电弧稳定后开始正式施焊。

2）焊接过程中尽量保持电弧长度和焊枪角度，一般电弧长度控制为 5~8mm。电弧过低或焊枪倾角过大都会造成大量飞溅物的产生，其将穿透气体保护罩、从而使空气进入焊接熔池，产生焊缝缺陷。

3）焊接过程中焊枪应做锯齿形小幅度摆动，大的摆动幅度将造成保护气体的紊流，同样会将空气带入焊接熔池，产生气孔等焊接缺陷。

4）焊接过程中焊枪应在坡口两侧稍作停留，以便于焊透。

5）由于有衬垫，打底焊时可以不考虑烧穿问题。

6）打底层厚度控制在 3mm 左右，如图 13-8 所示。

5. 盖面焊

盖面焊焊接操作技术同打底层的焊接，注意保持层间温度在 200℃以内，因此焊接速度不宜太慢。待电弧移至引出板上后收弧，如图 13-9 所示。

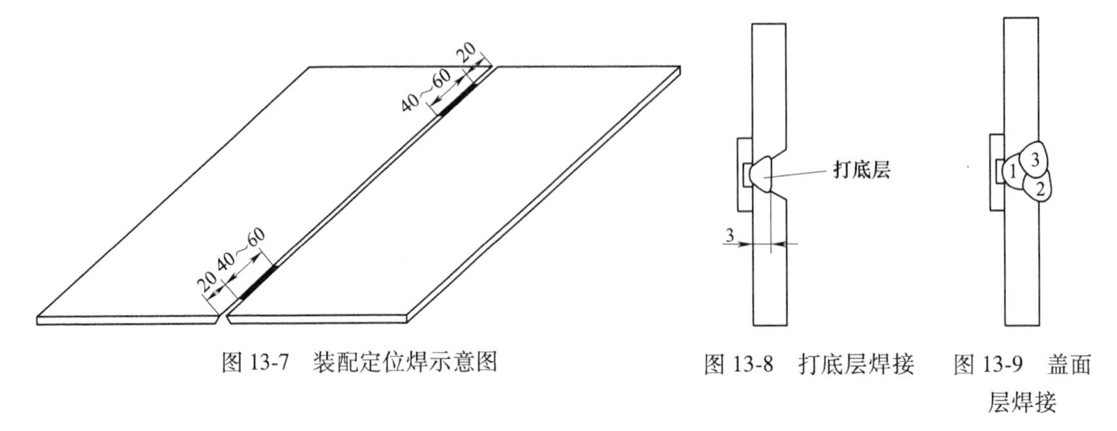

图 13-7　装配定位焊示意图

图 13-8　打底层焊接

图 13-9　盖面层焊接

13.2.3　焊接注意事项

1）焊接过程中，焊枪对准的位置要正确，引弧电压不能过低，焊接速度不能过慢；否则会导致液态金属下淌，造成焊缝下垂。

2）引弧电压不能过高，焊接速度要适中；否则会引起焊缝的咬边和焊瘤等缺陷。

3）焊枪的摆动幅度要一致，速度要均匀，以保证焊缝成形良好。

项目14

可达性较差的结构焊接

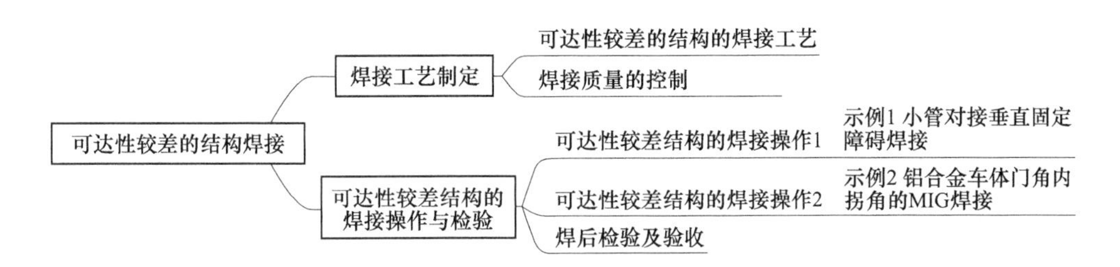

14.1 焊接工艺制定

14.1.1 可达性较差的结构的焊接工艺

1. 可达性较差的结构焊接的基本概念

每一个焊接结构，要使每条焊缝都能施焊，必须保证焊缝周围有供焊工自由操作和焊接装置正常运行的条件，这就叫焊接可达性。在实际焊接过程中，有一些焊接部位不容易接触到，其焊接可达性就较差。

2. 可达性较差的结构焊接工艺特点

为确保可达性较差的条件下焊接的质量，要制定好相应的焊接工艺措施，充分利用辅助工具完成多障碍、操作空间狭窄、可达性差的结构焊接。其涉及的主要焊接工艺包括：

（1）焊前预热和层间温度　焊前预热的主要作用：

1）预热能减缓焊后的冷却速度，有利于焊缝金属中扩散氢的逸出，避免产生氢致裂纹。同时也可减少焊缝及热影响区的淬硬程度，提高了焊接接头的抗裂性。

2）预热可降低焊接应力。均匀地局部预热或整体预热可以减少焊接区域被焊工件之间的温度差（也称为温度梯度）。这样，一方面降低了焊接应力，另一方面，降低了焊接应变速率，有利于避免产生焊接裂纹。

3）预热可以降低焊接结构的拘束度，对降低角接接头的拘束度尤为明显，随着预热温度的提高，裂纹发生率下降。

预热温度和层间温度的选择不仅与钢材和焊条的化学成分有关，还与焊接结构的刚度、焊接方法、环境温度等有关，应综合考虑这些因素后确定。另外，预热温度在钢材板厚方向的均匀性和在焊缝区域的均匀性，对降低焊接应力有着重要的影响。局部预热的宽度，应根据被焊工件的拘束情况而定，一般应为焊缝区周围的3倍壁厚，且不得少于150~200mm，如果预热不均匀，不但不能减少焊接应力，反而会出现增大焊接应力的情况。

（2）焊后消应力热处理　在可达性差焊接过程中，由于焊接过程本身加热和冷却的不均匀性，以及结构的特殊性，产生拘束或外加拘束，在焊接工作结束后，在构件中总会产生焊接应力。焊接应力在构件中的存在，会降低焊接接头区的实际承载能力，产生塑性变形，严重时，还会导致构件的破坏。

消应力热处理是让焊好的工件在高温状态下的屈服强度下降，来达到松弛焊接应力的目的。常用的方法有两种：一是整体高温回火，即把工件整体放入加热炉内，缓慢加热到一定温度，然后保温一段时间，最后在空气中或炉内冷却。用这种方法可以消除 80%～90%的焊接应力；另一种方法是局部高温回火，即只对焊缝及其附近区域进行加热，然后缓慢冷却，降低焊接应力的峰值，使应力分布比较平缓，起到部分消除焊接应力的目的。

（3）后热处理　后热处理是指焊接工作停止后，立即将工件加热到一定温度（300～400℃），保温一定时间（2～4h），使工件缓慢冷却下来，以加速氢的逸出的一种焊接热处理工艺。

3. 可达性较差的结构焊接操作要领

（1）坡口加工及形式选择　试件坡口的加工方法有：

1）人工加工坡口。主要用手锉磨削，用于壁厚≤4mm 的小型管件，工作量不大的场合。

2）坡口机加工坡口。用于管径较大、壁厚 4～10mm，要求坡口较规整的管道坡口。

3）火焰切割加工坡口。用于大管径和厚壁管、现场作业的坡口，可用氧乙炔火焰或等离子焰加工坡口，这种坡口会形成表面氧化层，须进一步打磨去除氧化层。

焊条电弧焊板厚 6mm 以上焊件对接时，一般要开设坡口，对于重要结构，板厚超过 3mm 就要开设坡口。厚度相同的工件常有几种坡口形式可供选择，Y 形坡口和 U 形坡口只需一面焊，可达性较好，但焊后角变形大，焊条消耗量也大些。双 Y 形坡口和双面形坡口两面施焊，受热均匀且小，变形较小，焊条消耗量较小，在板厚相同的情况下，双 Y 形坡口比 Y 形坡口节省焊接材料 12%左右，但必须两面都可焊到，所以有时会受到结构形状限制。U 形和双面 U 形坡口根部较宽，容易焊透，且焊材消耗量也较小，但坡口制备成本较高，一般只在重要的结构中采用，根据现场操作空间、障碍形式等加以选择。

（2）降低焊接变形与焊接残余应力　缓冷与锤击焊缝都是降低焊接变形和焊接残余应力的主要措施。

1）焊后缓冷。缓冷是对焊后零件设法保温（如置于石棉灰或生石灰粉中），让工件缓慢冷却，以消除内应力。缓冷对于高碳钢、合金钢、铸铁工件尤为重要，对一些要求较高的工件，为消除焊后剩余内应力，可进行消除应力退火，即将焊后零件置于加热炉中，炉中缓慢加热至一定温度、并保温一定时间，然后在空气中冷却或随炉缓冷。如气缸盖热焊后，采用下列退火规范：退火温度 600℃，保温 10min，然后随炉冷却到 30℃以下出炉。

2）锤击焊缝。当堆焊层或焊缝处在炽热状态时，用小锤子敲打焊缝，以抵消焊缝金属及热影响区金属的收缩力，从而减小或消除内应力、减小或矫正变形。锤击施焊部位，还可改变金属组织内分子排列情况，提高金属的力学性能和耐蚀性。延展性能较好的焊缝金属，采用这个方法效果较好。对于底层和表面层的焊缝一般不锤击。锤击时，一定要注意选择合适的温度范围。有些金属在一定温度范围内强度异常弱小，有些金属则具有脆性。

例如，铝在温度升到 400～500℃时，其强度几乎丧失；青铜铸件当温度升到 550～650℃

时，其强度也变得很小。这时，十分轻微的冲击或者大的静载荷（如自重）就能使工件损坏。钢铁材料温度在300~500℃时有脆性，也不能进行锤击。此外，含磷高的钢铁材料，冷态锤击时也易产生裂纹。一般钢铁材料，温度在800℃时锤击效果较好。随着温度的下降，锤击力量也应减小，冷焊缝的锤击应在温度低于300℃时进行。锤击时，尽可能地向缝的横向锤击，使焊缝金属尽可能横向伸展。并且锤击要稠密、轻快而均匀。

4. 可达性较差结构焊接的焊后自我检查

焊接质量的保证，最根本的取决于焊工自身对焊接质量的重视程度、操作技术水平和责任心。进行认真自检，就是对焊接质量高度负责的体现，并贯穿于每道焊缝焊接的全过程。包括：

1）承担的施焊任务与焊工合格证的项目、范围是否相符。

2）母材、焊材校核，正确验证焊材与工艺，以免错用材料。

3）组对质量（坡口形式、尺寸、表面粗糙度与施焊部位清洁度）。

4）施焊环境。

5）预热温度（如需要时）。

6）各焊道焊缝质量。

7）外观质量（焊缝形状、尺寸、焊渣、飞溅、表面缺陷、钢印或永久性标记）。

14.1.2　焊接质量的控制

1. 焊接工艺评定与规程编制

对于给定的焊接结构，经过焊接生产工艺分析，并考虑企业的实际情况，如焊接工艺所要求的特殊条件能否满足，企业现有设备与采用的工艺方法改用新工艺的可能性，工厂技术水平及工人素质，环境和劳动保护及综合经济效益等。选定焊接工艺方法之后，制定全部工艺参数，最终形成工艺规程和工艺文件。但是所拟定的工艺规程是否能提供适合技术要求的焊接接头，则需要通过焊接工艺评定或焊接试验来确定。

因此，焊接工艺规程是经过对焊接结构的生产过程进行分析后的焊接要求，通过工艺评定进行确定，编制指导生产的焊接工艺卡，由焊接技术人员及焊接工程师制定。重要的焊接结构，如压力容器、锅炉，电能与电力设备的金属结构，桥梁、重要的建筑结构等，在编制焊接工艺规程之前都要进行焊接工艺评定。通常企业接受新的结构生产任务，进行工艺分析，初步制定工艺之后，就要下达焊接工艺评定任务书，拟定焊接工艺评定指导书，根据规定的焊接试件、试样，进行检验、加工、试验，测定焊接接头是否具有所要求的性能，然后做出焊接工艺评定报告，编制焊接工艺规程，作为焊接生产的依据。

现行国家强制性标准，如《压力容器安全技术监察规程》《蒸汽锅炉安全技术监督规程》等，都对焊接制造的相关结构规定了进行焊接工艺评定的要求，所以焊接工艺评定是表明施焊单位是否有能力焊出符合规程和产品技术条件的焊接接头，并验证所制定的焊接工艺是否合适。

（1）焊接工艺评定程序　在对待生产的焊接结构进行了焊接生产工艺分析之后，能够确定在焊接生产中遇到的各种焊接接头，对这些接头的相关数据如材质、板厚（管壁厚度）、焊接位置、坡口形式及尺寸、焊接方法等进行整理编号，进而确定要进行焊接工艺评定的焊接接头，一般来说，根据现行的文献标准，焊接工艺评定的程序可以归纳为以下四点：

1）编制焊接工艺评定指导书。对于要进行焊接工艺评定的接头，通常由焊接工程师编制焊接工艺评定指导书，其内容包括以下几个方面：

① 结构名称、接头名称、文件编号。

② 母材的钢号、分类号和规格。

③ 接头形式，坡口及尺寸（简图或施工图）。

④ 焊接方法。

⑤ 焊接参数及热参数（预热、后热及焊后热处理和其参数）。

⑥ 焊接材料（包括焊条、焊丝、焊剂、气体等）。

⑦ 焊接位置（立焊时还须包括焊接方向）。

⑧ 焊前准备、焊接要求、清根、锤击等在内的其他技术要求等。

⑨ 编制的日期、编制人、审批人的签字。

具体焊接工艺评定指导书的格式，可由有关部门或制造厂自行确定。然而编制焊接工艺评定指导书是一项需要运用专业知识、文献资料和实际经验的工作，编制的正确性和准确性将直接影响焊接工艺评定的结果。

2）试件的准备与焊接。根据制定的焊接工艺指导书，由焊接工程师或技术人员根据有关标准的规定，进行焊接试件的准备与焊接工作，包括的主要内容：

① 按标准规定的图样，选用材料并加工成待焊试件。

② 使进行焊接工艺评定所用的焊接设备、装备、仪表处于正常工作状态，值得注意的是焊工须是本企业熟练的技师或持证焊工。

③ 试件焊接是焊接工艺评定的关键环节之一，要求焊工按焊接工艺评定指导书的规定认真操作，同时应有专人做好施焊记录，它是现场焊接的原始资料，是焊接工艺评定报告的重要依据。

3）试件检验与测试。焊接好的试件需要进行各种检验和性能测试，主要包括焊缝缺陷检验和力学性能试验两个部分。

① 对试件进行焊缝的质检。对于对接焊缝的试件，进行外观检查、无损检测；对角焊缝试件，进行外观检查，然后切取金相试样，进行宏观金相检验，规定断口试验的试样使其根部受拉并折断，检查断口全长有无缺陷。

另外，对于组合焊缝的试件，分为全焊透和未全焊透两类，检验项目、方法和角焊缝试件是一样的。对于T型接头的对接焊缝，除进行上述项目的检验外，还要求进行力学性能检验，是用除接头形式不同而其他参数相同的对接接头的对接焊缝试件进行的。此外，还有耐蚀堆焊层和堆焊层的试件、试样的检验，螺柱焊的检验等，送交试件时，应随附检测任务书、加工试样的图样、注明检测项目。

② 对于焊接缺陷检验合格的试件，按标准规定进行力学性能试验，包括拉伸弯试验，有的还包括冲击、硬度试验。各种力学性能试验的试样尺寸和试验过程可以参考相关标准进行。

4）编制焊接工艺评定报告。在完成了各项测验后，焊接工程师汇集所有试验记录和试验报告，可以编制“焊接工艺评定报告”。

焊接工艺评定报告实际上也是评定的记录，故其内容包括了焊接工艺评定指导书的内容，所不同的是所有项目不是拟定的，而是实际采用数据的记录，例如母材和焊材附上质量证明、实际坡口形式和尺寸、施焊参数和操作方法，应记录焊工姓名和钢印号，还有报告编号、指导书编号、相应的焊接工艺规程编号等，最后应有评定结论，即使不合格也要做报告，并分析原因，提出改进措施，修改焊接工艺指导书，重新进行评定，直到合格为止。评定结束，将评定报告或评定记录，连同全部的资料作为一份完整的材料存档保存。

2. 焊接工艺评定规则

各类焊接工艺评定标准都规定了基本的焊接工艺评定程序或规则，除一些细节外，这些规则大致相同：

1）焊接工艺评定是制定焊接工艺规程的依据，应使用处于正常工作状态的设备、仪表，由本单位技能熟练的焊接人员用符合相应标准的钢材、焊材焊接试件，进行各项试验，并应于产品焊接之前完成，有的标准规定某制造厂进行的焊接工艺评定，及随后编制的工艺规程只适用于该制造厂。

2）改变焊接方法，应重新进行焊接工艺评定。一条焊缝使用两种或两种以上焊接方法时，标准规定了评定方法。

3）焊接工艺因素分为重要因素、补加因素和次要因素。重要因素是指影响焊接接头拉伸和弯曲性能的焊接工艺因素；补加因素是指接头性能有冲击韧度要求时须增加的附加因素；次要因素是指对要求测定的力学性能无明显影响的焊接工艺因素，当变更任何一个重要因素时都需要重新评定焊接工艺；当增加或变更任何一个补加因素时，只按增加或变更的补加因素增加冲击韧性试验，变更次要因素则不需重评，但需重新编制焊接工艺。由于焊接工艺因素相当多，而且同一工艺因素对某一焊接方法或焊接工艺是重要因素，对另一焊接方法或焊接工艺可以是补加因素，也可以是次要因素。各标准都制定了工艺评定因素表，为了减少评定的工作量，将众多的母材及不同的厚度分成不同的类、组别，规定了相互取代的条件，评定时应参照标准执行，防止重复评定，又不致漏评。

4）对应各种焊接接头和焊缝形式，标准规定了对接焊缝、角焊缝、组合焊缝试件和耐蚀层堆焊试件，另外，还增加了锅炉结构常用的螺柱焊焊缝。

5）全部力学性能试验、无损检测、化学分析试验等按国标规定进行。

3. 焊接工艺规程编制

焊接工艺规程，有时也称为焊接工艺卡，从广义的角度来看两者是相同的，从细节来说，焊接工艺规程要更详细一些。对于给定的焊接结构进行焊接工艺分析，工艺方案、工序流程图的确定，车间分工明细及有关工艺标准、资料等是进行焊接工艺规程设计的主要依据，但更重要的是焊接工艺评定报告，这是焊接工艺规程编制的基础。

以制造焊接结构为主的公司、工厂或车间，根据积累的实际生产经验（大量的焊接工艺评定结果）编制通用焊接工艺规程，其中规定了常见的不同材料、不同焊接工艺、不同接头（厚度）的焊接工艺，供生产中选用和执行，而对每一种产品都要制定包括焊接工艺在内的专用的工艺规程。焊接工艺规程所包括的基本内容和焊接工艺评定报告相差不大，所不同的是焊接工艺规程是针对某一个焊接接头而言的，具体编制时，要参考焊接工艺评定报告及相关标准的规则规定进行。

14.2 可达性较差结构的焊接操作与检验

14.2.1 小管对接垂直固定障碍焊接

【教学目的】

能够选择合理的焊接参数、采用正确的焊接角度及运条方法，对焊接缺陷有一定的预防措施，将焊件的内部与外观控制在一定范围内。

【重点和难点】

1）焊缝气孔的控制。

2）焊缝外观尺寸的控制。

3）焊接咬边控制。

4）焊缝未熔合的控制。

【注意事项】

1）解决措施要简单适用。

2）焊丝的清洁度是否符合要求。

3）喷嘴的可达性是否良好。

【教学过程】

1）焊机的安全操作注意事项。

2）作业规程中安全操作注意事项。

3）焊前准备。

①试件规格与材质如图14-1所示。

②焊材：焊丝牌号为ER50-6，直径ϕ1.6mm；气体为99.9%的氩气；钨棒：铈钨（ϕ2.4mm）。

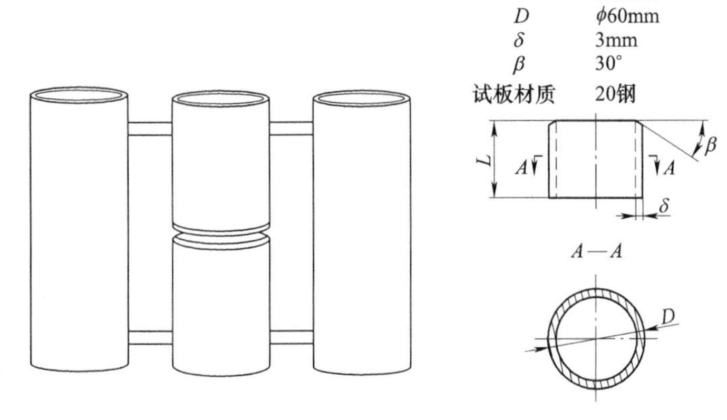

图14-1 试件规格与材质

③焊接过程中为防止焊缝收缩对焊接间隙的影响，焊缝的组对间隙应前端窄后端宽，右端2.0mm左右，左端2.5mm左右；采用2点固定，分别在焊点1、焊点2定位焊，长度为10mm左右，具体组对尺寸如图14-2所示。

④试件清理：焊前必须用砂布或千叶片打磨，去除母材、焊材上的杂质，并呈现出金属光泽，再进行焊接，对于一些油污渗入母材的管子，可用火焰加热来去除，以减少气孔的产生。

4）工艺准备。

①钨棒端部的形状，根据焊接电流种类而定。由于低碳钢采用直流正接，焊接时对钨极的烧损不太大，所以打底焊时可选用端部形状较尖的钨棒，有利于焊接电弧热量集中，如

图 14-3 所示，盖面时，由于熔池因重力引起的下坠，焊缝表面成形容易形成下塌现象，影响外观成形，所以应选用将钨棒端头打磨成 $R=1\sim1.5$mm 半球状的钨棒，如图 14-4 所示，

② 焊接角度及顺序。从中心线过去 10~15mm 开始起弧，向左边焊点 2 焊接。然后从起弧点向焊点 1 焊接，如图 14-5 所示。

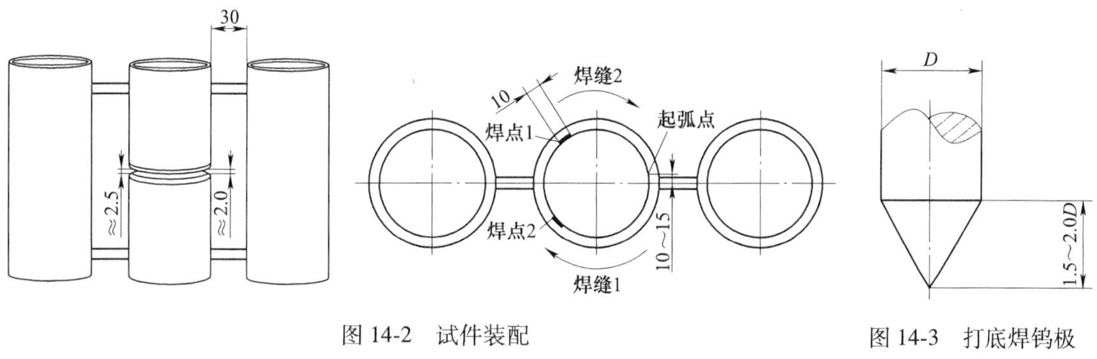

图 14-2　试件装配

图 14-3　打底焊钨极端部形状

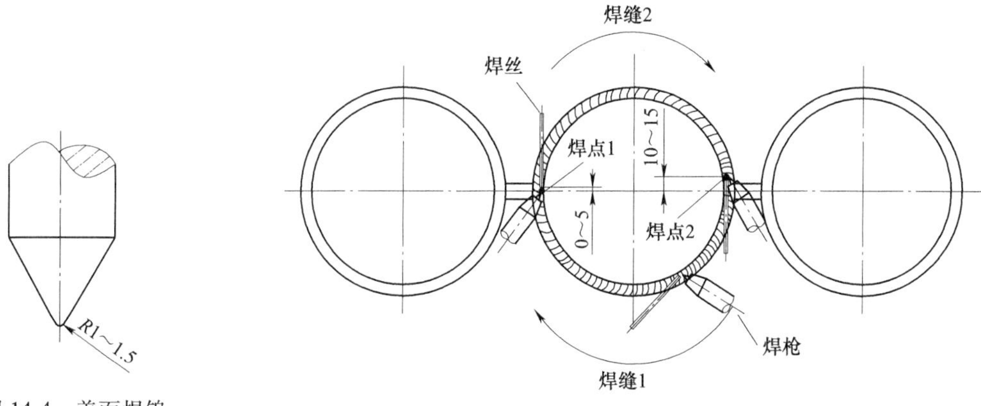

图 14-4　盖面焊钨极端部形状

图 14-5　焊接起弧与收弧位置

③ 喷嘴。由于钨棒选用直径为 2.4mm，喷嘴孔径相应的选择 ϕ10mm，具体规格为 ϕ10mm×47mm。

④ 作业环境。焊接操作要避免穿堂风对焊接过程的影响，空气的剧烈流动使空气中的氢会进入熔池中去，从而产生气孔，影响焊缝的内部质量。

⑤ 电源极性。打底焊采用直流正接。

⑥ 焊接参数与层道数见表 14-1。

表 14-1　焊接参数及层道数

层次	电流/A	电压	气体流量/(L/min)	
1	70~80	—	15	
2	70~80	—	15	

5）实习操作练习。

① 起弧。

a. 为避免起弧时对钨棒端头与工件的烧损，采用高频振荡器起弧。

b. 为保证起头的保护效果，引弧前先将选定的氩气对准引弧处放气 5~10s。

c. 起弧时要注意保持适宜的电弧长度，电弧太长气体保护效果不好，电弧太短容易产生夹钨，一般控制在 1~3mm 之间。

② 填丝。由于小管对接垂直固定障碍 TIG 焊，属一般困难位置焊接，可采用断续填丝法，所以本案例打底焊与盖面焊都采用断续填丝法进行焊接。

③ 打底层

a. 采用左焊法进行焊接，焊丝与焊缝前进方向的角度为 15°左右，焊枪与焊丝的夹角控制在 80°~90°，而焊枪与焊缝两侧试管角度为 95°~100°，运条方式采用直线焊接运条方法，焊枪中的钨棒要指向焊缝的中部，如图 14-6 所示。

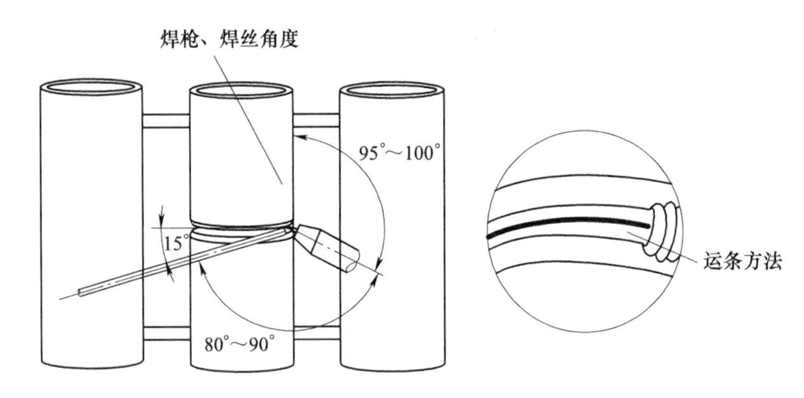

图 14-6　打底焊的焊枪、焊丝与运条方法

b. 焊接时，电弧与母材的距离应保持在 1~2mm，并将电弧保持在熔池前端约为熔池的 1/2 处，焊丝始终在熔池前端，随时根据焊接的需要将焊丝送进，并控制焊接前进速度的均匀性。

c. 焊接接头时，为保证接头良好，应从焊缝收弧处前 5mm 开始引弧，不填丝运条至收弧处出现熔孔，稍加焊丝以便接头平整，然后正常焊接。

d. 打底焊时应控制好焊缝的厚度，大约 1mm，并保证坡口的棱边不被熔化，如图 14-7 所示，以便盖面层焊接时控制焊缝的直线度。

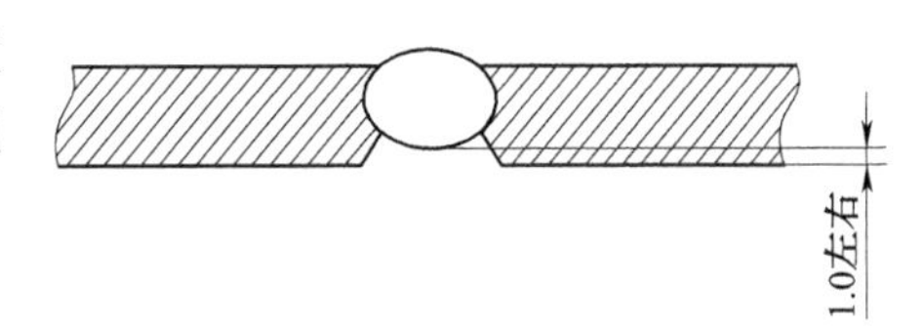

图 14-7　打底焊的尺寸要求

6）盖面层。

a. 焊缝的盖面与打底焊的焊枪角度基本一致，运条采用斜月牙形的运条方法，焊条运条至坡口上侧边缘时应稍有停顿，如图 14-8 所示，将焊缝两侧的坡口填满后，正常焊接。

b. 为了保证焊缝表面的平整，焊枪往前及左右运条时应匀速，并根据熔池的情况不断地送入焊丝，焊丝送入应及时、均匀并与焊枪有良好的配合。

c. 当盖面过程出现气泡时，要用砂轮机或角磨机打磨干净后再进行焊接。因为产生气泡的原因是熔池进入了油、锈、污物等杂质，采用焊接操作很难将这些杂质排出。

7）收尾。由于焊缝在收尾处时温度较高，容易产生缩孔，为保证焊缝收尾良好，采用焊机上设置的收弧功能进行收弧，并应用焊机上的延迟送气功能来提高收弧处气体保护效果，如果焊机没有收弧功能，可采用焊接速度增加法进行收弧，在填满焊缝收弧处后不填丝往焊缝前进方向快速直线运条 10mm，也可防止缩孔的产生。

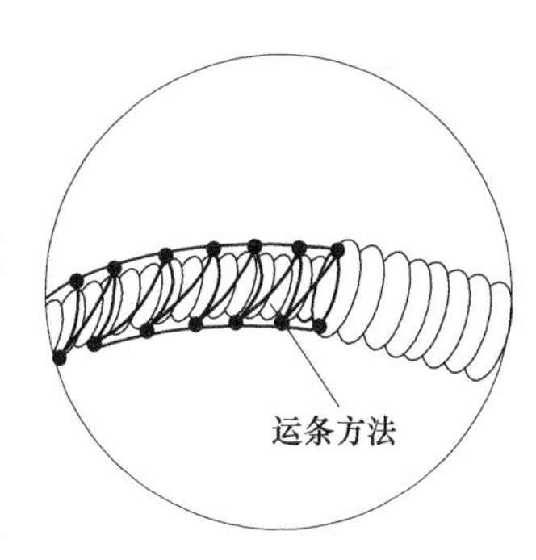

图 14-8 运条方法

8）操作要领。

a. 小管对接垂直固定障碍 TIG 焊背面成形的操作要领。焊接过程中为保证背面的成形，起弧时在焊缝前端形成一个熔孔来确保焊透，但熔孔不能太大，控制在两侧各熔化 0. 5mm 左右。垂直固定焊时，受重力的影响，太大的熔孔熔池容易产生下坠，在试管背面焊缝的上部产生咬边现象。此外为防止焊缝的内凹，焊接电弧与填丝应始终在坡口根部进行，具体方法是：将焊枪的钨棒伸出喷嘴 2～3mm 指向坡口根部，焊丝也指向坡口根部，相应地将焊丝端部的熔滴送入熔池，如图 14-9 所示。

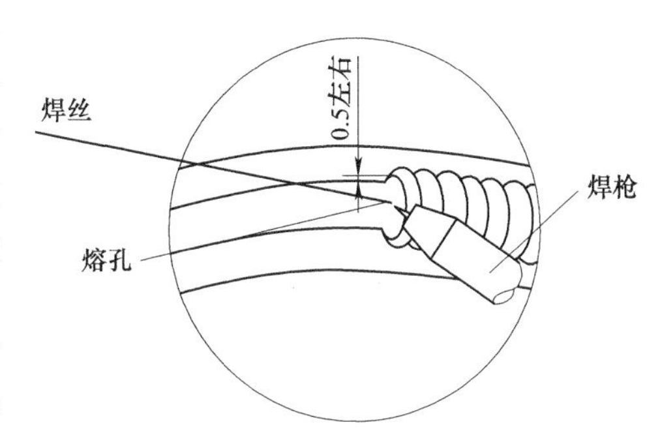

图 14-9 焊缝熔孔与焊枪指向位置

由于小管对接垂直固定障碍 TIG 焊母材板厚度只有 3mm，在盖面时很容易将打底焊缝熔透，影响打底焊缝的背面成形，为了避免出现这种情况，应将焊接层间温度冷却到 60℃以下，再进行下一层焊缝的焊接。

b. 小管对接垂直固定障碍 TIG 焊外表面成形的操作要领。

小管对接垂直固定障碍 TIG 焊盖面时，在焊缝的上端也容易产生表面咬边，解决表面咬边首先是要压低焊接电弧，然后注意控制焊缝熔池形状，特别是当斜月牙形运条至焊缝上端时，焊丝送入应及时，送入熔池上部的焊丝要多于熔池下部。

盖面焊前，焊枪要在焊缝上预走，避免在焊接过程中障碍物对操作造成影响。为保证外观美观，操作时焊枪上下摆动宽窄度与焊接电弧高低要一致，且焊枪与焊丝送入要配合良好。

14. 2. 2 铝合金车体门角内拐角的 MIG 焊接

【教学目的】

能够选择合理的焊接参数、采用正确的焊接角度及运条方法，对焊接缺陷有一定的预防措施，将焊件的内部与外观控制在一定范围内。

【重点和难点】

1）焊缝气孔的控制。

2）焊缝外观尺寸的控制。

3）焊接拐角控制。

4）焊缝裂纹的控制。

【注意事项】

1）解决措施要简单适用。

2）焊材及母材的清洁度是否符合要求。

3）喷嘴的可达性是否良好。

4）作业环境是否达到要求。

【教学过程】

1）焊机的安全操作注意事项。

2）作业规程中安全操作注意事项。

3）焊前准备。

① 车体门角的内拐角结构简介。铝合金车体门角，由铝合金车体门立柱与底架边梁组对而成，其焊缝要求高且比较集中，特别在门角的拐角处，焊枪的可达性不太好，具体如图14-10所示。

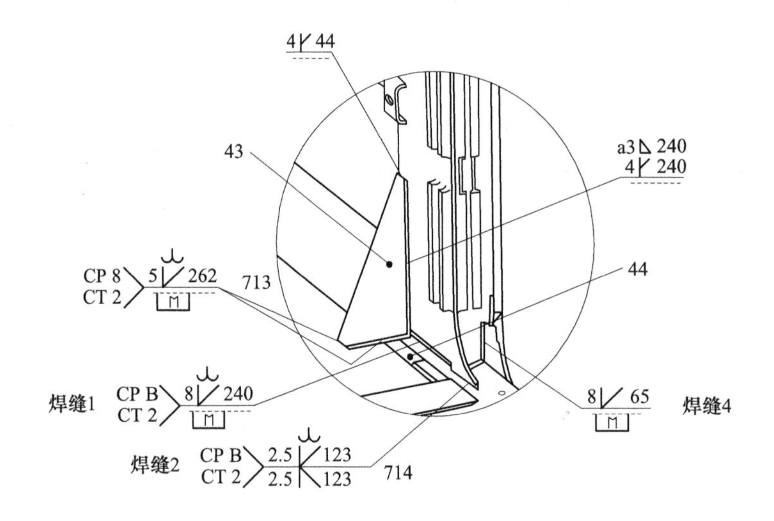

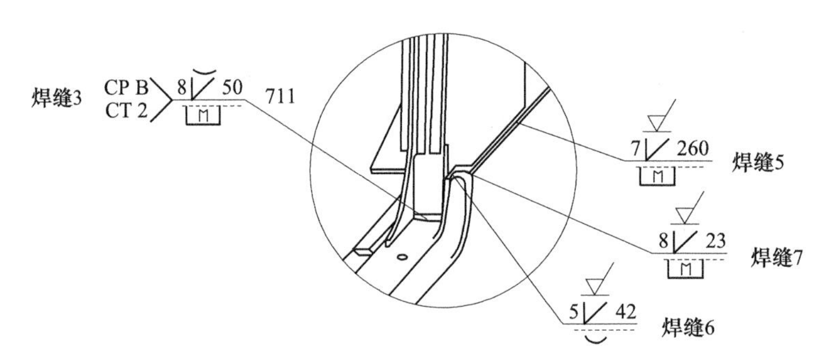

图 14-10　车体门角的内拐角结构图

注：CP B—焊缝等级为 B 级，对应的检验等级为 CT 2；M—永久垫板。

② 设备：福尼斯 TPS-5000 型数字化焊接电源；8m 焊枪，推拉丝式。

③ 气体：纯氩，含量为 99.999%。

④ 焊材：5087，直径 1.2mm。

⑤ 母材：侧墙门立柱、底架边梁为铝合金型材，型号 6005A。

⑥ 焊前清理。

a. 用 3M 异丙醇清洗工件表面的油脂及油污。

b. 采用风动不锈钢钢丝轮对焊缝区域 20mm 范围内进行抛光，去除工件表面的致密氧化膜。

4）焊前工艺分析。由于铝及铝合金的热导率要比钢大数倍，线胀系数也比钢要大，电导率较高，因此容易产气孔、热裂纹、未熔合等焊接缺陷。

① 气孔。产生原因：

a. 未彻底去除坡口区域的油污、水分、氧化膜或待焊接区域被再次污染。

b. 生产现场的湿度超标。

c. 气体流量偏小或偏大。

d. 焊枪渗水或送丝轮的导丝槽沾有油污。

e. 焊工操作不当或喷嘴内的飞溅物太多。

f. 焊接时，保护气体被打磨时排出的压缩空气或过堂风吹散。

g. 焊丝或焊枪内的送丝软管受潮。

预防措施：

焊接前对焊缝表面进行去油污；清理焊接区域 20mm 范围内的氧化膜至呈亮白色；控制焊接现场湿度 65%以下；选择合适的气体流量；焊接过程中避免穿堂风；经常对焊枪送丝软管及送丝机构进行维护保养。

② 热裂纹。产生原因：

a. 焊接参数选择过大且熔池高温停留时间过长。

b. 层间温度过高。

c. 焊缝周围刚度大，焊缝有效厚度不足。

d. 角焊缝根部有未熔合缺陷。

e. 弧坑未填满（弧坑裂纹）。

f. 材料的裂纹倾向较大。

预防措施：

选择合适的焊接参数；控制焊缝层间温度；填满焊缝弧坑；选择裂纹倾向较小的母材。

③ 未熔合。产生原因：

a. 选择的焊接电流偏小。

b. 坡口角度偏小。坡口角度偏大的接头与坡口角度小的接头比较，偏大的接头根部相对产生未熔合的概率较低。

c. 焊工操作技能的高低。

d. 多层焊时，层道数偏少。层道数较多的焊缝相对产生未熔合的概率较低。

e. 电弧挺度不足，如弧长偏软、导丝软管不畅、送丝轮的压紧力不够、导电嘴不畅等。

预防措施：

选择合适焊接参数；焊前对焊缝表面进行清理；合理的布局焊缝层道数；选择合适的电弧。

5）焊接参数。见表 14-2（焊缝 2 的 4~6 层不属于拐角焊缝）。

表 14-2　门角拐角焊缝参数

焊缝		焊接电流/A	焊接电压/V	弧长/mm	气体流量/(L/min)	层道数
焊缝 2	打底层 1	230~240	24.6	-6~8	18~20	
	盖面层 2、3	220~230	24.1	-2~0	18~20	
焊缝 3	打底层 1	235~245	24.9	-6~8	18~20	
	填充层 2	220~230	24.1	-2~0	18~20	
	盖面层 3、4	220~230	24.1	0~2	18~20	
焊缝 4	打底层 1	180~200	22.3	-6~8	18~20	
	填充层 2、盖面层 3	150~160	20.5	-2~0	18~20	

6）实习操作练习。

① 打底焊。

a. 焊前预热。焊接前对门角焊缝进行预热，预热温度控制在 80~120℃之间。

b. 焊接顺序。如图 14-10 所示，从焊缝 3 开始起弧，焊至焊缝 4 立焊的顶端，效果如图 14-11 所示。

c. 运条方式。焊缝 3、4 运条方式采用直线停顿式焊接运条方法。

d. 焊接。焊接时，焊枪始终在焊缝的中间，要求将熔池控制在电弧后面，在平角拐立角时，在拐角处调节焊枪旋钮，减小焊接电流如图 14-12 所示，采用不停弧焊接，来保证焊接质量。

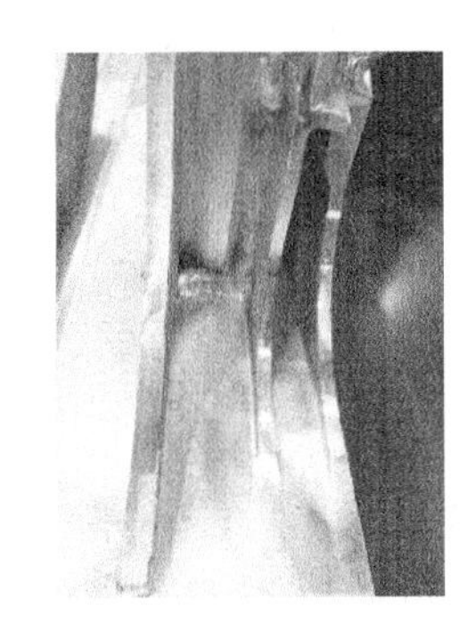

图 14-11　车体门角的拐角打底焊

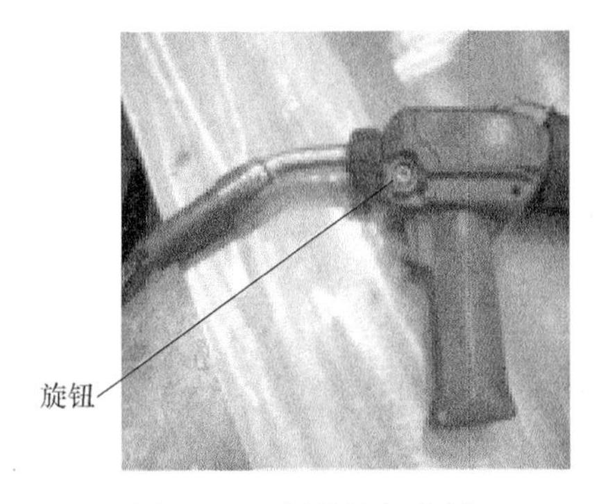

图 14-12　焊枪旋钮位置

② 填充焊。

a. 焊接顺序。从焊缝 2 开始起弧，然后焊焊缝 3，最后在焊缝 4 处收弧，具体如图 14-13所示。

b. 运条方式。焊缝 2 采用直线停顿式焊接运条方法，焊缝 3 采用圆圈式焊接运条方法，焊缝 4 采用锯齿式焊接运条方法。

c. 焊接。焊接时，焊缝 2 与焊缝 3、焊缝 3 与焊缝 4 的拐角处，采用不停弧焊接，焊缝 3、4 要预留 1mm 左右深的焊缝，有利于焊缝盖面成形。

③ 盖面焊。

a. 焊接顺序。从焊缝 2 开始起弧焊到焊缝 3 收弧，焊接焊缝 2、3 的盖面第一道如图 14-14 所示，然后按填充层顺序焊接焊缝 2、3 的盖面第二道及焊缝 4 的盖面层。

b. 运条方式。焊缝 2、3 采用直线停顿式焊接运条方法，焊缝 4 采用锯齿式焊接运条方法。拐角处采用圆圈式运条方法。

c. 焊接。焊接时，拐角采用不停弧焊接，焊缝 4 两侧稍有停顿，有利于焊缝成形及防止咬边的产生。

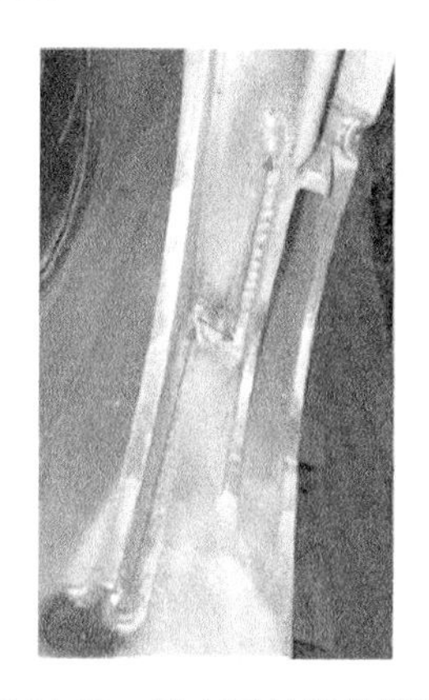

图 14-13　填充层的焊接顺序

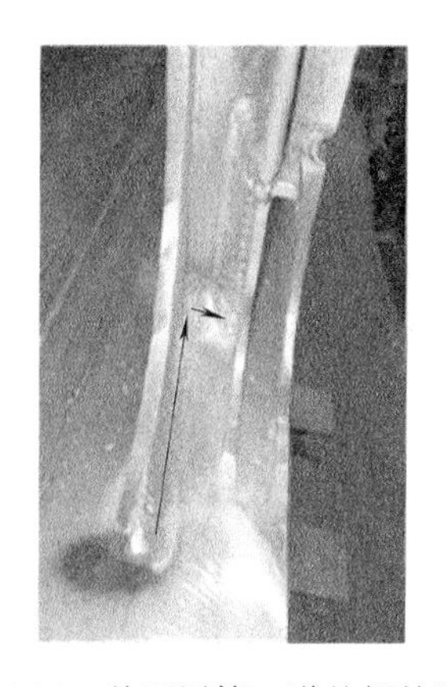

图 14-14　盖面层第一道的焊接顺序

④ 操作要领。

a. 焊缝拐角的操作要领。拐角是铝合金车体门角内拐角的 MIG 焊接的难点之一，特别在平角拐立角时，由于参数变化比较大，很容易在拐角处产生熔合不良及余高过大等缺陷，如图 14-15 所示。

为了控制拐角焊接缺陷的产生，采用从平角焊到立焊整个过程不停弧、一次性完成的焊接方法，在焊接拐角处调节焊接电流，拐角时采用画圆圈式运条方法，焊后成形美观，如图 14-16 所示。

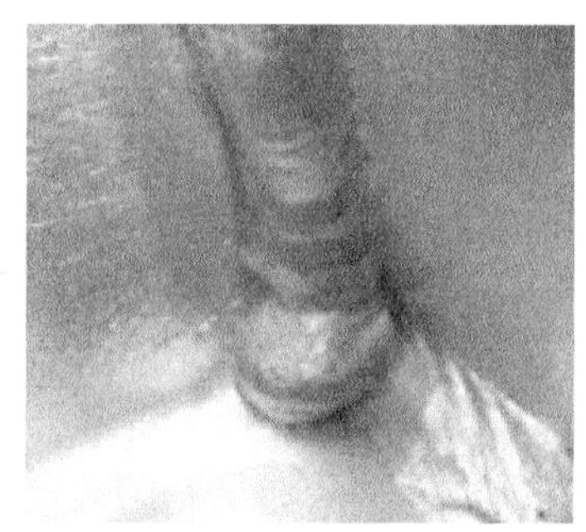

接头未熔合

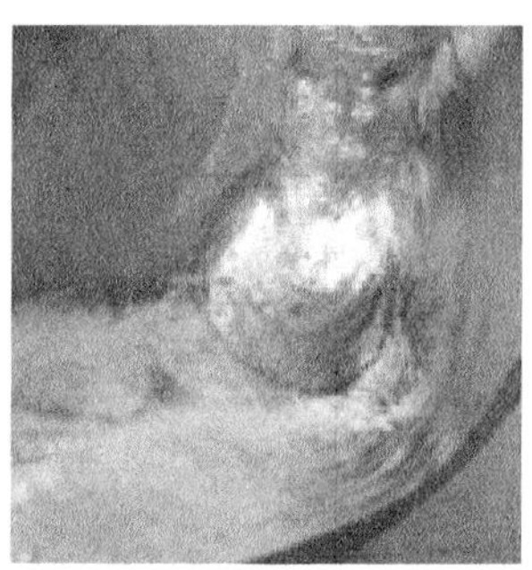

拐角余高过大

图 14-15　拐角成形不良

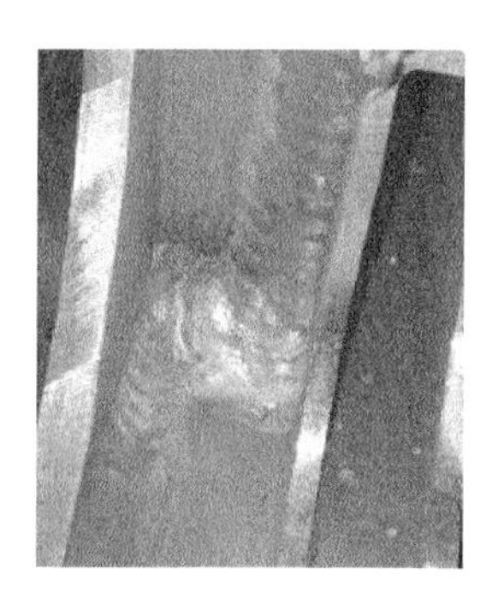

图 14-16　拐角焊接方法改进后的成形

b. 焊缝层道的布局：由于焊缝 2、3、4 的层道数不一样，为了保证焊缝的内部与外观质量，应对拐角焊缝合理的布局。

第一步：先焊焊缝 3、4 打底焊。

第二步：焊接焊缝 2 的打底焊，焊缝 3、4 的填充层。

第三步：焊接焊缝 2、3 盖面层的第 1 道。

第四步：焊接焊缝 2、3 盖面层的第 2 道及焊缝 4 的盖层

具体焊缝层道数的布局如图 14-17 所示。

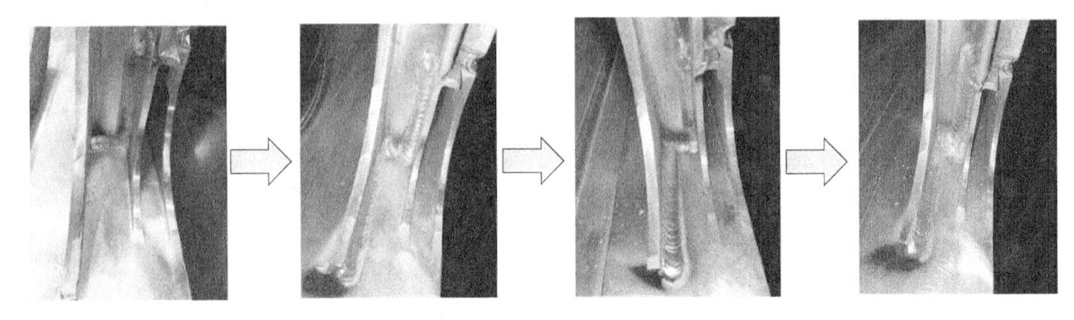

图 14-17　拐角焊缝的布局

14.2.3　焊后检验及验收

1. 检验依据和标准

工程质量验收的依据主要有：上级主管部门批准的设计纲要、设计文件、施工图样和说明书、设备技术说明书、招标投标文件和工程合同、图样会审记录、设计修改签证和技术核定单、现行的质量检验标准和施工技术验收标准及规范，以及施工单位提供的质量保证文件和技术资料等。

2. 工程质量验收程序和内容

工程质量的验收是按照工程合同规定的质量等级，遵循现行的有关质量评定标准，采用相应的手段对工程分阶段进行质量认可与否的过程。由于工程项目的大小、内容以及承包方式的不同，工程质量验收标准往往有很大的不同，因此，工程质量验收的程序和内容也有很大的不同。任何工程项目都是由分项工程、分部工程和单位工程所组成，工程质量验收程序应按分项工程、分部工程和单位工程的顺序逐级进行。工程质量验收工作一般应由监理工程师负责。

（1）分项工程的验收　对于重要的分项工程，监理工程师应按照工程合同的质量等级要求，根据该分项工程施工的实际情况，参照有关质量评定标准进行验收。

（2）分部工程的验收　在分项工程验收的基础上，根据各分项工程质量验收结论，参照分部工程质量标准，便可得出分部工程的质量等级，从而决定可否验收。

（3）单位工程的验收　在分项工程和分部工程验收的基础上，通过对分项工程和分部工程质量等级的统计，再根据反映单位工程结构及性能质量的质量保证资料，核查结构是否安全、是否达到设计要求，对单位工程的质量做出全面的综合评定，从而决定是否达到工程合同所要求的质量等级，进而决定能否进行全部验收。

（4）全部工程的竣工验收　全部验收是指整个工程项目已按设计要求全部完成，并已

符合竣工验收标准，施工单位预验通过，监理工程师初验认可，由监理工程师组织以建设单位为主，有设计、施工等单位参加的，在一定时期内的正式验收。这是工程项目建设全过程的最后一道工序，它是建设投资成果转入生产或使用的标志，是全面考核投资效益，检验设计和施工质量的重要环节。竣工验收签证书必须有建设单位、施工单位和监理单位三方签字方能生效。确定交接日期，最后由总监理工程师宣布竣工。

项目15

非铁金属材料组合件的焊接

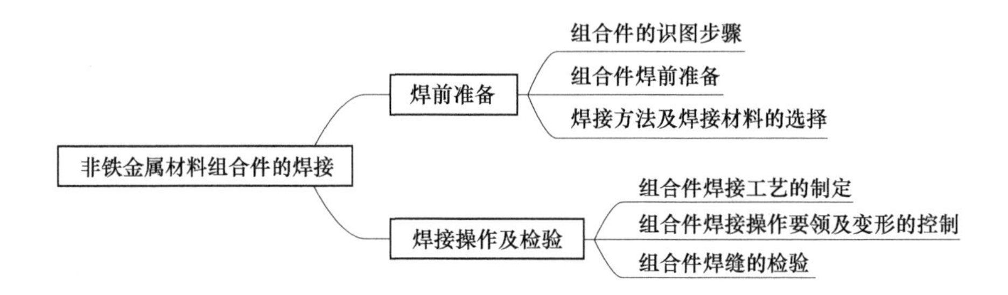

15.1 焊前准备

15.1.1 组合件的识图步骤

在机械行业中，设计和开发人员把所要表达的意思以图样的形式输出，加工和检测人员以图样作为依据，因此，图样是一种交流的载体，也可以把它理解成一种交流语言。下面结合图15-1、表15-1分两个步骤进行识图。

第一步。依据读三视图的方法：长对正、宽相等、高平齐，初步了解试件大概是什么形状。

第二步。找到各部件的装配定位尺寸，分析并确定装配顺序，从焊缝的标注了解焊缝有什么要求，从而确定焊缝装配间隙。

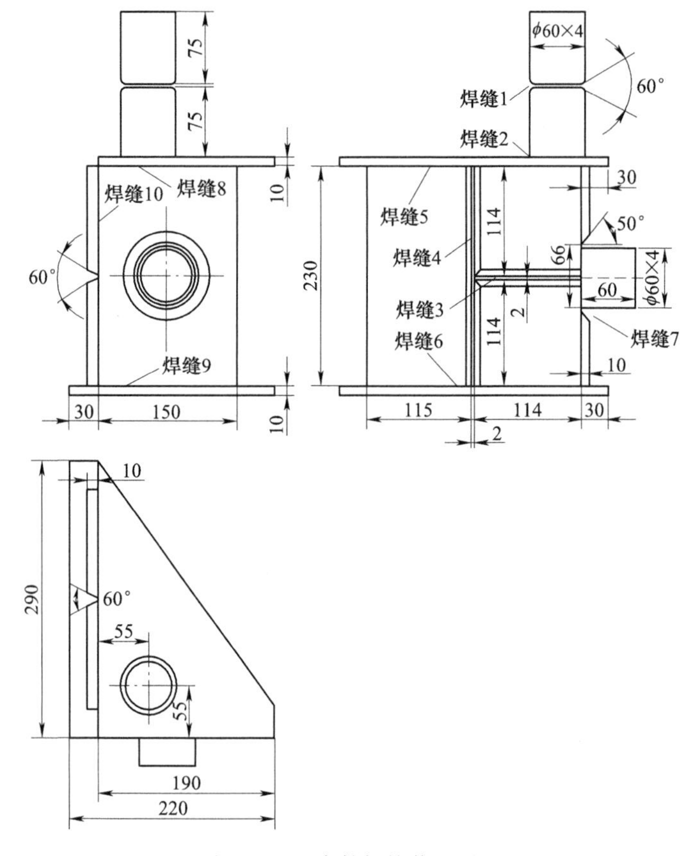

图15-1 组合件焊接装配图

15.1.2 组合件焊前准备

实际操作焊机型号及保护气体（表15-1）

表15-1 实际操作焊机型号及保护气体

<table>
<tr><th>焊机品牌</th><th>焊接方法</th><th>焊机型号</th><th>保护气体</th></tr>
<tr><td rowspan="4">北京嘉克新兴科技有限公司</td><td>焊条电弧焊111</td><td>ARC—UP400M</td><td></td></tr>
<tr><td>气保焊135</td><td rowspan="2">ARC—NB350P</td><td>80%Ar+20%CO_2</td></tr>
<tr><td>气保焊136</td><td>99.9%CO_2</td></tr>
<tr><td>手工氩弧焊141</td><td>ARC—WSM250</td><td>99.99%Ar</td></tr>
</table>

自备下列工具：面罩、锤子、扁铲、锉刀、钢丝刷、砂布、锯条、手电筒、钨极、磨光机、大力钳、角铁、活扳手、电动工具、组合件焊接组对辅助工具。

15.1.3 焊接方法及焊接材料的选择（表15-2）

表15-2 焊接方法及焊接材料的选择

<table>
<tr><th>焊缝编号</th><th>焊缝形式</th><th>焊接方法</th><th>焊接材料</th><th>焊接位置</th><th>检测方法</th></tr>
<tr><td>1</td><td>4V</td><td rowspan="2">141</td><td rowspan="2">ER70S-6
ϕ2.0mm、ϕ2.5mm</td><td>PC</td><td rowspan="2">VT</td></tr>
<tr><td>2</td><td>a3</td><td>PB</td></tr>
<tr><td>3</td><td>10V</td><td rowspan="4">136</td><td rowspan="4">ER711 ϕ1.2mm</td><td>PC</td><td>RT</td></tr>
<tr><td>4</td><td>10V</td><td>PF</td><td>RT</td></tr>
<tr><td>5</td><td>a7</td><td rowspan="2">PB</td><td rowspan="2">VT</td></tr>
<tr><td>6</td><td>a7</td></tr>
<tr><td>7</td><td>10V</td><td>111</td><td>ER5015 ϕ2.5mm、
ϕ3.2mm、ϕ4.0mm</td><td>PH</td><td>VT</td></tr>
<tr><td>8</td><td>a7</td><td rowspan="3">135</td><td rowspan="3">ER50-6 ϕ1.2mm</td><td>PD</td><td rowspan="3">VT</td></tr>
<tr><td>9</td><td>a7</td><td>PB</td></tr>
<tr><td>10</td><td>a7</td><td>PF</td></tr>
</table>

15.2 焊接操作及检验

15.2.1 组合件焊接工艺的制定

1）选择合理的焊接参数（表15-3）

2）根据焊缝所在的位置，对焊缝区域20mm范围内清洗打磨至金属光泽。

3）装配焊缝3和焊缝4，焊缝间隙3mm，定位焊采用搭桥的方式点焊（待整个试件装配完后，搭桥点焊可以再去除，目的是减少焊缝的接头，减少缺陷的产生），如图15-2所示。

表 15-3　焊接参数

焊缝编号	焊缝形式	焊接方法	焊缝层道数	焊接电流/A	焊接电压/V	层道分布
1	4V	141	打底（1）	90	15.6	
			盖面（2）	80	15.3	
2	a3		打底（1）	150	17.6	
			盖面（2）	130	16.4	
3	10V	136	打底（1）	180	22.8	
			填充 1（2）	190	24.6	
			填充 2（3）	190	24.6	
			盖面 1（4）	190	23.6	
			盖面 2（5）	190	23.6	
			盖面 3（6）	180	22.6	
4	10V		打底（1）	170	22.6	
			盖面（2）	170	23	
5	a7		打底（1）	160	21.5	
			盖面 1（2）	190	23.6	
			盖面 2（3）	190	23.6	
6	a7		打底（1）	190	23.6	
			盖面 1（2）	190	23.6	
			盖面 2（3）	190	23.6	
7	10V	111	打底（1）	90	15.6	
			填充（2）	120	16.1	
			盖面（3）	115	16.0	
8	a7	135	打底（1）	170	18.2	
			盖面 1（2）	150	17.6	
			盖面 2（3）	150	17.2	
9	a7		打底（1）	170	18.2	
			盖面 1（2）	160	17.6	
			盖面 2（3）	160	17.6	
10	a7		打底（1）	120	16.1	
			盖面（2）	120	16.1	

4）将焊缝 7 插入式管板装配，焊缝间隙为 2.5~3mm，定位焊与打底焊采用相同的焊接材料及方法，单点固定，定位焊于 1 点钟的位置并将焊缝两端打磨成缓坡状，有利于焊接时接头的熔合。

5）将TIG焊焊缝1装配固定，焊缝间隙2.5mm，定位焊与打底焊采用相同的焊接材料及方法，两点固定并将焊缝两端打磨成缓坡状，有利于焊接时接头的熔合。再将焊缝2定位画线并定位焊。

6）底板定位画线，将焊缝3、4与焊缝7管板组装起来并点焊于焊缝侧。

7）盖板定位画线，将盖板点焊固定并点焊于焊缝侧。

8）检查组装好后的试件尺寸是否符合要求，将搭桥点固焊清除，对所有角焊缝的定位焊进行打磨，使之成缓坡状。

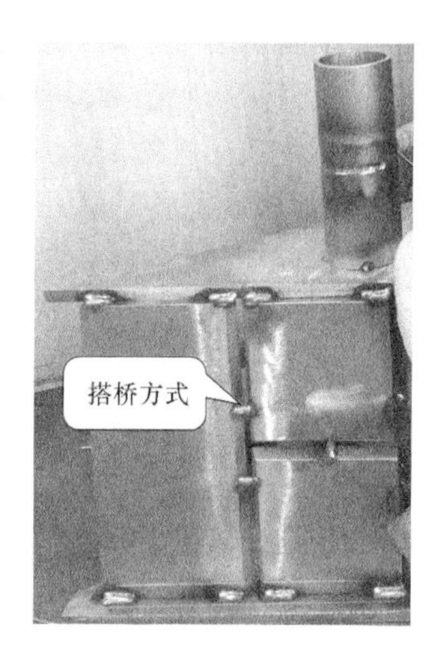

图15-2 搭桥方式定位焊

15.2.2 组合件焊接操作要领及变形的控制

组合件因为是一个整体，焊接必须考虑温度对各条焊缝的影响，焊接变形的影响，焊缝的先后焊接顺序影响起头与收弧的美观。焊接顺序如下：

先将焊缝1、焊缝2交替打底、盖面。

把所有焊缝的打底层焊完，使试件成为一个相互制约的整体，防止局部变形。焊接顺序是：焊缝3→焊缝4→焊缝5→焊缝6→焊缝10→焊缝8→焊缝9→焊缝7。

焊接操作要领如下：

1）焊缝1为TIG焊，打底应注意单面焊双面成形，电弧上下斜摆动锯齿形运条，当电弧在上面时及时添加适量焊丝稍作停顿，再向下斜拉并保持1/2的电弧吹到背面。正面焊缝的高度控制在离上坡口边0.5mm，离下坡口边1mm。盖面层的焊接，焊接前用钢丝刷把上一层清理干净，焊接时电弧上下斜摆动锯齿形运条，当电弧在上面时及时添加适量焊丝稍作停顿，再向下斜拉，将下坡口熔合好马上回至上坡口，注意保持焊缝的高度宽度差一致。

2）焊缝2为TIG焊采用摇摆的运条方式焊接，采用7号喷嘴，钨极超出喷嘴5mm，焊缝高度控制在a2.5，焊缝2的盖面与打底的操作方法相同，钨极超出喷嘴3mm。

3）焊缝3打底焊采用灭弧焊从T形接头处起弧向右的方法焊接，焊接时注意1/2的电弧吹到背面。因焊缝3与焊缝4需做射线检测其内部缺陷，所以完成后用工具将T形接头处清理干净整齐才能保证无缺陷。填充采用连弧焊，第一层直线运条压住打底层的1/2，要留有足够的空间让第二层的填充焊能完全熔入根部，以保证根部无未熔合、夹渣等缺陷。填充层的高度控制在距离坡口上边1mm，距离坡口下边2mm。盖面层采用灭弧焊分3道焊接，灭弧焊时当起弧时往前焊2~3mm，然后熄弧，熄弧后接着就起弧（哪里熄弧就在哪里起弧），就这样循环将焊缝焊接完，每一层道都是压住前一道的1/3，焊接最后一层时为了防止咬边，可让焊缝稍冷却后再进行焊接。

4）焊缝4打底焊采用灭弧焊，注意1/3的电弧吹到背面，每一个电弧都采用3点式运条并保证焊缝的高度控制在离坡口边2mm，在两侧坡口位置需稍作停顿，防止背面咬边和正面产生夹沟。盖面时同样采用灭弧焊，从中间起弧然后迅速拉至左侧坡口并观察坡口是否填满，再稍快地拉至右侧坡口并观察坡口是否填满，最后回到焊缝中间熄弧，每一个熔池都压住前一个熔池的1/3。

5）焊缝5打底焊采用连弧并做斜圆圈运条从左往右焊，焊缝高度控制在a5，注意不要将坡口的棱角熔掉，盖面层采用灭弧焊分 2 道焊接，灭弧焊时当起弧时往前焊 2～3mm，然后熄弧，熄弧后接着就起弧（哪里熄弧就在哪里起弧）就这样循环将焊缝焊接完，每一层道都是压住前一道的 1/2。

6）焊缝 6 打底焊采用连弧并做斜圆圈运条从左往右焊，焊缝高度控制在 a5，盖面层采用灭弧焊分 2 道焊接，灭弧焊时当起弧时往前焊 2～3mm，然后熄弧，熄弧后接着就起弧（哪里熄弧就在哪里起弧）就这样循环将焊缝焊接完，每一层道都是压住前一道的 1/2。为保证焊缝厚度达到 a7，可用划针从焊缝根部往外 10mm 画直线（a7＝7×1.42），焊接时压着线焊接。

7）焊缝 7 打底焊时，两个半圈从下往上焊接，选用 ϕ2.5mm 焊条直流正接，采用灭弧焊进行焊接，当处在横焊位置时应控制 1/2 的电弧在背面，立焊时 1/3 电弧在背面，更换焊条时应将收弧处接头修磨，并及时检查前一根焊条打底焊的背面成形情况，是否有夹渣或者未熔合，有的话及时将焊缝打磨处理重新焊接。填充焊与盖面焊采用 ϕ3.2mm 的焊条直流反接，焊条与焊缝前进反方向角度保持在 80°，这样有利于观察熔池，与管子的夹角应为 30°。

为保证焊缝两侧熔合较好不产生夹沟以及焊缝的平整易控制，应采用熄弧式锯齿形运条方法焊接，运条方法：时钟面 6 点钟至 9 点钟之间焊时，从管子侧往坡口方向斜拉，9 点钟至 12 点钟之间焊时，从坡口侧往管子方向斜拉，两边稍停顿 1s，中间过渡稍快些，如图 15-3 所示。填充层焊道不要太厚，越薄凝固的越快，合理的分布各填充层的焊缝高度，焊完第三道填充层后确保填充层表面距试件水平面 1～2mm，保证坡口的棱边不被熔化，以便盖面层焊接时控制焊缝的直线度，还可防止盖面层过高。盖面前应测量坡口之间的宽度，以保证盖面层焊缝宽度能达到最高标准。盖面层的焊条角度、运条方法和方向等可参照填充层的焊接。采用熄弧法焊接，因焊缝为圆形，所以焊条角度一定要随时一致，焊接焊条从管子侧引弧并在坡口边稍作停顿，再匀速向下斜拉至下侧坡口，看见铁液将坡口填满就立即熄弧。当熄弧 1s 后立即在熔池的前端引燃电弧，熔池应压住上一个熔池的 2/3。焊接时注意观察焊接熔池从熔化到凝固的瞬间过程，通过观察焊缝的高度来调整焊接前进的速度，以控制焊缝的平整度。

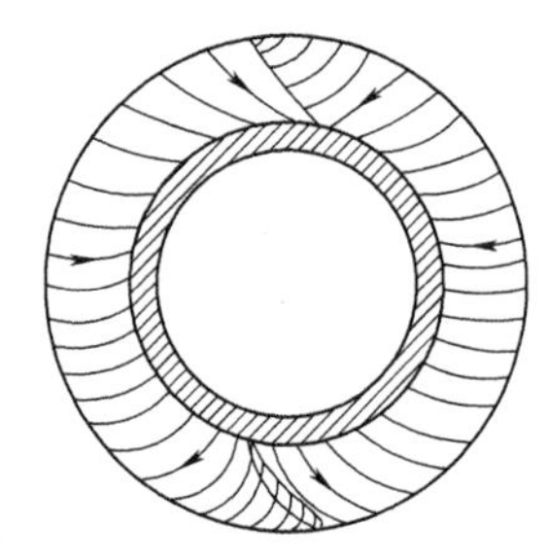

图 15-3　填充层与盖面层运条方法

8）焊缝 8、焊缝 9 的焊接方法采用 135，所以要更换实芯焊丝及相应的保护气体，调整好焊接参数。打底焊采用连弧并做斜圆圈运条从右往左焊，盖面焊与焊缝 6 相同采用画线的方式保证焊脚尺寸符合要求。

9）焊缝 10 立焊打底焊采用三角形运条，焊缝高度控制在离棱角 2mm，盖面焊采用灭弧焊，从中间起弧然后迅速拉至左侧棱角并观察坡口填满，再稍快地拉至右侧棱角并观察坡口填满，最后回到焊缝中间熄弧，每一个熔池都压住前一个熔池的 1/3，依次循环的焊接完。

15.2.3　组合件焊缝的检验

1. 组合件检测评定说明

1）整体试件的四种焊接方法（111/141/135/136）分别对应不同的评分标准，其中：111 外观 50 分；135 外观 50 分，136 外观 120 分，141 外观 80 分，四种方法总分为 300 分。

2）136焊接方法的对接焊缝拍片一张，分数为50分。

3）总分为：外观300分×35%+无损检测50分×20%。

4）没有按图样要求进行组对或采用相应的焊接方法，该试件为零分。

2. 焊条电弧焊外观检测评定要求（见表15-4）

表15-4　焊条电弧焊外观检测评定要求

名称	B组外观评定	C组外观评定	D组外观评定	外部评定的最低标准	外观评定判定报废件	测量值	得分/分
相应分数/分	10	9	7	5	0		
					未熔合、表面夹渣、表面气孔、裂纹扣50分		
管焊脚尺寸/mm	4.0~4.9	5.0~5.9	6.0~6.5	7.6~7.5	<4 >8.5		
管焊脚尺寸差/mm	≤2	≤2.5	≤3	≤3.5	>3.5		
咬边/mm	无咬边	咬边深度≤0.5且咬边长度≤25	咬边深度≤0.5且咬边长度≤50	咬边深度≤0.5且咬边长度≤75	咬边深度>0.5或咬边长度>75		
背面焊缝高度/mm	0.0~2.2	2.3~2.8	2.9~4.0	4.1~5.0	>5.0；<-0.1		
焊缝外观	成形美观，焊缝均匀、细密，高低宽窄一致	成形较好，焊缝均匀、平整	成形尚可，焊缝平直	焊缝弯曲，高低、宽窄明显	极其明显的弯曲，较大的高低差及宽窄差，电弧擦伤及机械损伤		
总分：50分							

3. 熔化极气体保护焊外观检测评定要求（见表15-5）

表15-5　熔化极气体保护焊外观检测评定要求

名称	B组外观评定	C组外观评定	D组外观评定	外部评定的最低标准	外观评定判定报废件	测量值	得分/分
相应分数/分	10	9	7	5	0		
					未熔合、表面夹渣、表面气孔、裂纹扣50分		
焊缝厚度 *a*/mm FW（角接焊缝）	7.0~7.9	8.0~8.9	9.0~9.9	6.0~6.9或9.9~10.5	≤6.0或>10.5		
角焊缝焊脚不对称/mm	≤2	≤2.5	≤3	≤3.5	>3.5		
咬边/mm	无咬边	咬边深度≤0.5且咬边长度≤25	咬边深度≤0.5且咬边长度≤50	咬边深度≤0.5且咬边长度≤75	咬边深度>0.5或咬边长度>75		

（续）

名称	B 组外观评定	C 组外观评定	D 组外观评定	外部评定的最低标准	外观评定判定报废件	测量值	得分/分
转角焊缝高低差/mm	0~1	1.1~2	2.1~3	3.1~4	>4		
焊缝外观	成形美观，焊缝均匀、细密，高低宽窄一致	成形较好，焊缝均匀、平整	成形尚可，焊缝平直	焊缝弯曲，高低、宽窄明显	极其明显的弯曲，较大的高低差及宽窄差，电弧擦伤及机械损伤		
总分：50 分							

4. 药芯焊丝熔化极气体保护焊外观检测评定要求（见表 15-6）

表 15-6 药芯焊丝熔化极气体保护焊外观检测评定要求

名称	B 组外观评定	C 组外观评定	D 组外观评定	外部评定的最低标准	外观评定判定报废件	测量值	得分/分
相应分数/分	10	9	7	5	0		
					未熔合、表面夹渣、表面气孔、裂纹扣 120 分		
正面焊缝高度/mm	0.0~2.2	2.3~2.8	2.9~4.0	4.1~5.0	>5.0 或<-0.1		
正面焊缝高低差/mm	≤1	1.1~2	2.1~3	3.1~4	>4		
正面焊缝宽度差/mm	≤1	1.1~2	2.1~3	3.1~4	>4		
对接焊缝咬边/mm	无咬边	咬边深度≤0.5 且 咬边长度≤25	咬边深度≤0.5 且 咬边长度≤50	咬边深度≤0.5 且 咬边长度≤75	咬边深度>0.5 或 咬边长度>75		
错边/mm	≤0.5	≤1	≤1.5	≤2	>2		
根部凹陷/mm	无凹陷			0.1~0.5	>0.5		
背面焊缝高度/mm	0.0~2.2	2.3~2.8	2.9~4.0	4.1~5.0	≥5.0 或<-0.1		
焊缝厚度/mm	7.0~7.9	8.0~8.9	9.0~9.9	6.0~6.9 或 9.9~10.5	<6.0 或>10.5		
角焊缝焊脚不对称/mm	≤2	≤2.5	≤3	≤3.5	h>3.5		
角焊缝咬边/mm	无咬边	咬边深度≤0.5 且 咬边长度≤25	咬边深度≤0.5 且 咬边长度≤50	咬边深度≤0.5 且 咬边长度≤75	咬边深度>0.5 或 咬边长度>75		

（续）

名称	B组外观评定	C组外观评定	D组外观评定	外部评定的最低标准	外观评定判定报废件	测量值	得分/分
转角焊缝高低差/mm	0~1	1.1~2	2.1~3	3.1~4	>4		
焊缝外观	成形美观，焊缝均匀、细密，高低宽窄一致	成形较好，焊缝均匀、平整	成形尚可，焊缝平直	焊缝弯曲，高低、宽窄明显	极其明显的弯曲，较大的高低差及宽窄差，电弧擦伤及机械损伤		
总分：120分							

5. 钨极氩弧焊外观检测评定要求（见表15-7）

表15-7 钨极氩弧焊外观检测评定要求

名称	B组外观评定	C组外观评定	D组外观评定	外部评定的最低标准	外观评定判定报废件	测量值	得分/分
相应分数/分	10	9	7	5	0		
					未熔合、表面夹杂、表面气孔、裂纹扣80分		
焊缝高度/mm	0.0~1.7	1.8~2.1	2.2~2.8	2.9~4.0	>4.0或<-0.1		
焊缝高低差/mm	≤0.5	0.6~1	1.1~1.5	1.6~2	>2		
焊缝宽度差/mm	≤0.5	0.6~1	1.1~1.5	1.6~2	*b*>2		
对接焊缝错边/mm	≤0.5	≤1	≤1.5	≤2	>2		
焊缝厚度/mm	3.0~3.9	4.0~4.5	4.6~5.0	5.1~6.0	<3或>6		
角焊缝焊脚不对称/mm	≤0.5	≤1	≤1.5	≤2	>2.5		
咬边/mm	无咬边	咬边深度≤0.5且咬边长度≤25	咬边深度≤0.5且咬边长度≤50	咬边深度≤0.5且咬边长度≤75	咬边深度>0.5或咬边长度>75		
焊缝外观	成形美观，焊缝均匀、细密，高低宽窄一致	成形较好，焊缝均匀、平整	成形尚可，焊缝平直	焊缝弯曲，高低、宽窄明显	极其明显的弯曲，较大的高低差及宽窄差		
总分：80分							

6. 药芯焊丝熔化极气体保护焊内部检测评分要求（见表15-8）

表15-8 药芯焊丝熔化极气体保护焊内部检测评分要求

<table>
<tr><td rowspan="2">名称</td><td>内部评定</td><td>内部评定</td><td>内部评定</td><td rowspan="2">测量值</td><td rowspan="2">得分/分</td></tr>
<tr><td>B组</td><td>D组</td><td>判定报废</td></tr>
<tr><td>相应分数/分</td><td>10</td><td>5</td><td>0</td><td></td><td></td></tr>
<tr><td>裂纹、未焊透、未熔合、肉眼可见表面气孔夹杂</td><td>不许有</td><td>不许有</td><td>有则判废，得0分</td><td></td><td></td></tr>
<tr><td rowspan="2">气孔数量</td><td rowspan="2">单个气孔数≤2个</td><td rowspan="2">单个气孔数≤4个</td><td>孔缺陷>4个</td><td rowspan="2"></td><td rowspan="2"></td></tr>
<tr><td>单个气孔≥1/2σ（壁厚）</td></tr>
<tr><td>长条形气孔/虫形气孔</td><td rowspan="2">不许有</td><td rowspan="2">长条形气孔的长：宽≤4</td><td rowspan="2">长条形气孔的长：宽>4</td><td rowspan="2"></td><td rowspan="2"></td></tr>
<tr><td>长：宽≥3：1</td></tr>
<tr><td>缩孔</td><td>单个点状缩孔数≤1个</td><td>单个点状缩孔数≤2个</td><td>有贯穿型的或单个点状缩孔数>2个</td><td></td><td></td></tr>
<tr><td rowspan="2">夹杂</td><td rowspan="2">单个点状≤2个</td><td>单个点状≤4个</td><td>单个点状>4个</td><td rowspan="2"></td><td rowspan="2"></td></tr>
<tr><td>或条状≤4mm</td><td>或条状>4mm</td></tr>
</table>

注：1. 试件中凡有裂纹、未焊透、未熔合及肉眼可见表面气孔夹杂为不合格。
2. 评定区为10mm×10mm。
3. 单个气孔ϕ≤0.5mm不计，ϕ为0.5~1mm按1个气孔计，ϕ为1~2mm按2个气孔计，ϕ为2~3mm按3个气孔计，以此类推。
4. 长条形/虫形，长：宽≥3：1为条状。

项目16

机器人焊接工艺优化

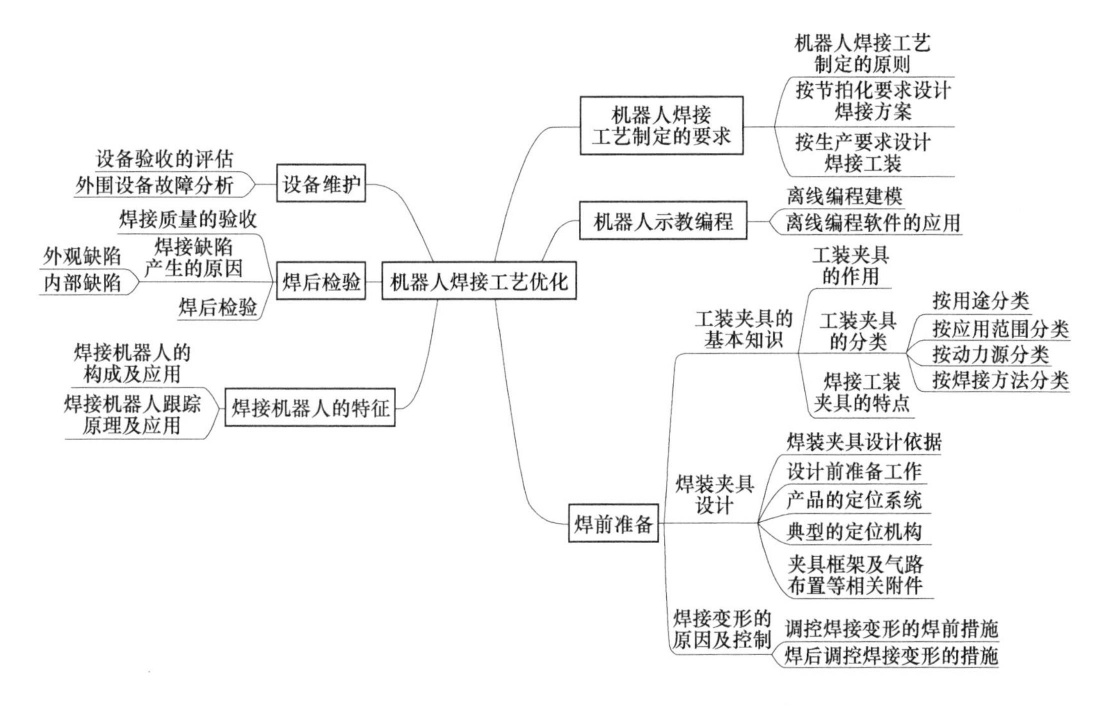

16.1 机器人焊接工艺制定的要求

16.1.1 机器人焊接工艺制定的原则

（1）选择合适的焊接方法　针对不同的母材，可选择的焊接方法也是不一样的。根据母材厚度、材质种类、接头型式、使用条件等方面的不同，选择不同的焊接方法。

（2）选择合适的焊接参数　不同的焊接方法，焊接参数的调节也是不一样的。例如，机器人 MAG 焊接，主要通过调节电流、电压和焊接速度来改变焊接热输入，从而实现不同的焊接效果。

16.1.2 按节拍化要求设计焊接方案

节拍是指连续完成相同的两个产品（或两次服务，或两批产品）之间的间隔时间。换句话说，即指完成一个产品所需的平均时间。不同的节拍要求，焊接方案也有所区别。焊接方法不同，对应的焊接效率也会有差异。同样的碳钢焊接，可以采用激光焊接，也可以采用

MAG 焊接，两者的效率是不同的。为了弥补焊接方法差异带来的效率的不同，可以采用增加机器人数量、焊接工位等方式。焊接顺序也会对生产节拍产生影响，合理的焊接顺序可以减少焊枪的空走时间，从而提高生产效率。除此之外，合理的产品的工艺布局及转运流程都有利于生产节拍的提高。

16.1.3　按生产要求设计焊接工装

焊接工装主要是用于焊接过程中产品的定位、固定和夹紧。利用焊接工装可以保证产品的重复准确定位，有利于机器人焊接。另外，生产过程中可能出现工装与机器人或焊枪的干涉，这一点也是在设计焊接工装时需要考虑的。另外，工装设计过程中，在保证基本功能的要求的同时，应尽可能降低工人的劳动强度，提高生产效率。

16.2　机器人示教编程

16.2.1　离线编程建模

机器人的离线编程技术，是利用计算机图形学的成果，建立起机器人及其工作环境的模型，利用一些规划算法，通过对图形的控制和操作在脱离生产线的情况下进行机器人的轨迹规划。

16.2.2　离线编程软件的应用

离线编程技术经过了几十年的发展，从前期的通用机器人编程技术发展到专门针对弧焊机器人的离线编程技术，可以实现弧焊参数的制定、机器人与变位机协调控制、无碰撞焊接路径的自动生成、焊缝的自动编程等功能。以下以 ABB 机器人为例进行讲解。

RobotStudio 是一款计算机应用程序，用于机器人单元的建模、离线创建和仿真。在 RobotStudio 中，实际上是构建了虚拟机器人、虚拟变位机、虚拟控制器、虚拟工件等机械装置和电气设备。可以根据工件的三维形状提取焊缝曲线，进而自动生成焊接目标点，如图 16-1 所示；也可以如示教编程那样指定中间点，然后通过插值方式（见图 16-2）、姿态限定方式（见图 16-3），生成中间轨迹上的焊枪位姿。离线编程程序中，可以仿真观察焊接生产过程，看是否存在运动突变、是否发生碰撞。仿真验证合格后，可以将这些数据导入到实际的机器人控制柜中，完成机器人焊接的在线编程。

RobotStudio 仿真步骤：首先是构建机器人模型和环境；然后将各组件进行连接，构建机器人系统；接着进行编程，让机器人按照所需轨迹和工作参数（焊接、切割、喷涂等）运行；最后，可以通过仿真验证程序的准确性。

（1）导入机器人模型　在软件当中，可以选择“空工作站”或“带机器人控制器工作站”。两者的区别是，前者创建的工作站中不包含机器人，需要从“ABB 模型库”中选取；而后者则会获得一个包含机器人本体的工作站。

（2）导入工具——焊枪　工具是在工件上使用的特殊对象。为进行焊接，需要导入的工具为焊枪。实际使用时，焊枪是随机器人腕部末端一起运动的，为此，需要在 RobotStudio 中将焊枪安装到机器人腕部末端法兰盘上。在 RobotStudio 中可以将一个对象（子对象）安装到另一个对象（父对象）上。安装可以在部件级或装置级创建。将对象连接到父对象后，移动父对象也就移动了子对象。

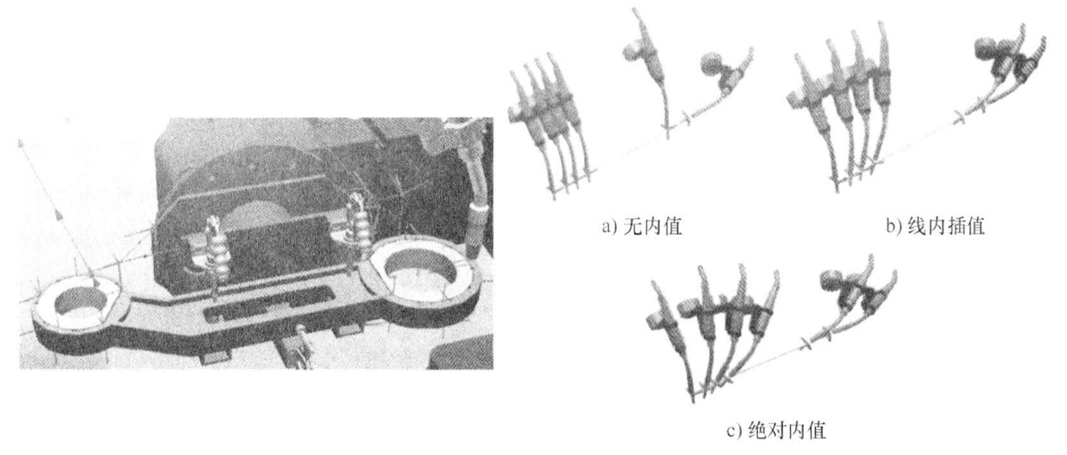

a) 无内值　　b) 线内插值

c) 绝对内值

图 16-1　离线编程自动焊接路径生成

图 16-2　离线编程焊枪插值方式

（3）导入程序库文件、几何体或设备　如果在 RobotStudio 中编程或仿真，需要使用工件和设备的模型。一些标准设备的模型作为程序库或几何体随 RobotStudio 一起安装。若选用 ABB 的变位机或导轨，则可以直接在该软件中选择导入。

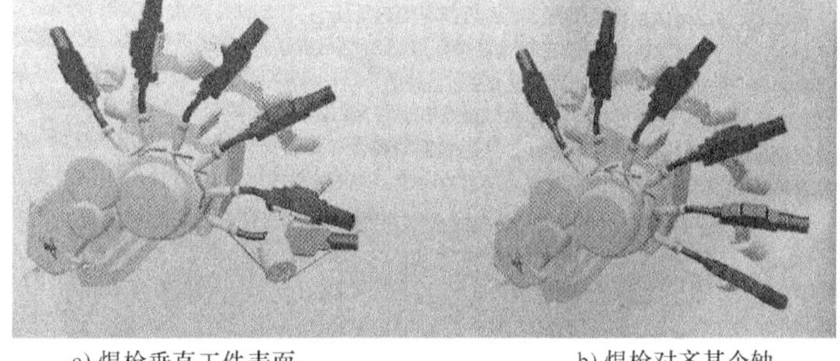

a) 焊枪垂直工件表面　　b) 焊枪对齐某个轴

图 16-3　离线编程焊枪姿态限定方式

（4）创建工件　工件一般需要导入几何体或使用 RobotStudio 建模功能构建。

（5）创建焊接机器人系统　正确构建机器人系统，才能启动虚拟控制器，从而实现操作虚拟示教器、移动机器人、示教目标点编程、仿真等功能。

（6）操作机器人　在构建机器人系统后，可以操作机器人运动。机器人运动有多种操作模式，移动机器人工作站到合适的角度便于观察和操作。

16.3　焊前准备

16.3.1　工装夹具的基本知识

1. 工装夹具的作用

1）采用工装夹具，提高装配效率。工装夹具上都有定位基准，将工件按照定位基准进行放置，可以保证其每次都基本在同一位置，从而保证了装配精度，提高装配作业的速度。另外，焊接工装夹具多数会采用液压、气动、磁力等夹具，可以减轻操作者的体力劳动，提高效率。

2）采用工装夹具，有利于控制焊接变形。利用夹具上的夹紧装置可以对工件易于变形的位置采取反变形的工艺或者强制压紧，待工件冷却后，焊接变形能够得到控制。

3）采用工装夹具，可以使工件尽可能地处于最有利的施焊位置，即水平及船形位置，既便于焊接，又能保证焊接质量。

4）采用工装夹具，可以扩大焊接范围。当焊接机器人固定时，利用变位装置可以将不同位置的焊缝都转到机器人焊接范围内，并调整至合适位置进行焊接。

2. 工装夹具的分类

（1）按用途分类

1）装配用工艺装备。这类工装的主要任务是按产品图样和工艺上的要求，把焊件中各零件或部件的相互位置准确地固定下来，只进行定位焊，而不完成整个焊接工作。这类工装通常称为装配定位焊夹具，也叫暂焊夹具，它包括各种定位器、压夹器、推拉装置、组合夹具和装配胎架。

2）焊接用工艺装备。这类工装专门用来焊接已定位焊好的工件。例如，移动焊机的龙门式、悬臂式、可伸缩悬臂式、平台式、爬行式等焊接机；移动焊工的升降台等。

3）装配焊接工艺装备。在这类工装上既能完成整个焊件的装配又能完成焊缝的焊接工作。这类工装通常是专用焊接机床或自动焊接装置，或者是装配焊接的综合机械化装置，如一些自动化生产线。应该指出，实际生产中工艺装备的功能往往不是单一的，如定位器、夹紧器常与装配台架合在一起，装配台架又与焊件操作机械合并在一套装置上；焊件变位机与移动焊机的焊接操作机、焊接电源、电气控制系统等组合，构成机械化自动化程度较高的焊接中心。

（2）按应用范围分类

1）通用焊接工装夹具。指已标准化且有较大适用范围的工装夹具。这类工装夹具无须调整或稍加调整，就能适用于不同工件的装配或焊接工作。

2）专用焊接工装夹具。只适用于某一工件的装配或焊接，产品变换后，该工装夹具就不再适用。

3）柔性焊接工装夹具。指用同一工装夹具系统装配焊接在形状与尺寸上有所变化的多种工件。柔性概念没有明确的界限，可以是广义的，即工件变化可以在大范围内，形状完全不同，尺寸变化也很大，如组合夹具；也可以是狭义的，工件变化只在小范围内，即在相似的形状和尺寸变动不大的范围内，如可调整夹具。

（3）按动力源分类　可分为手动、气动、液压、电动、磁力、真空等。

（4）按焊接方法分类　可分为电弧焊工装、电阻焊工装、钎焊工装、特种焊工装夹具等。

3. 焊接工装夹具的特点

焊接工装夹具的特点，是由装配焊接工艺和焊接结构决定的。与机床夹具比较其特点是：

1）在焊接工艺装备中进行装配和焊接的零件有多个，它们的装配和焊接按一定的顺序逐步进行，其定位和夹紧也都是分别的、单独的或是一批批联动地进行，其动作次序和功能要与制造工艺过程相符合。

2）焊件在工装夹具中比机加工零件在机床夹具中受有较小的夹持力，而且不同零件、不同部件的夹持力也不相同。在焊接过程中，当零件因焊接加热而伸长或因冷却而缩短时，为了减少或消除焊接变形，要求对某些零件给予反变形或做刚性固定。但是，为了减少焊接应力，又允许某些零件在某一方向是自由的。有些零件仅利用定位装置定位即可，而不夹紧。因此，在焊接工装夹具中不是对所有的零件都做刚性的固定。

3）由于工装夹具往往是焊接电源二次回路的一个部分，有时为了防止焊接电流流过机件而使其烧坏，需要进行绝缘。因此绝缘和导电是一个重要而特殊的问题。例如，在设计电阻焊用的夹具时，如果绝缘处理不当，将引起分流，使焊接接头强度降低。在设计电弧焊用的变位机时，如果导电系统设计不当，将会烧坏轴承。

4）焊接工装夹具要与焊接方法相适应。例如，用于熔化焊的夹具，工作时主要承受焊接应力和夹紧反力以及焊件的重力；用于压焊的夹具主要承受顶锻力。薄板钨极氩弧焊要求在夹具上设置铜垫，埋弧焊可在夹具上设置焊剂垫；焊接钛合金、锆合金等活性材料，可以考虑背面充氩气保护；焊接高强钢时为防止裂纹需要焊前预热或焊后缓冷，可以考虑在夹具上设置加热装置；再如，为了避免直流电弧的磁偏吹现象，焊缝两侧的压块不用磁性材料制作；真空电子束焊所使用的夹具也要考虑磁性材料对电子束聚焦的影响。

5）焊接件为薄板冲压件时，其刚度比较差，极易变形，如果仍然按刚体的六点定位原理，即3-2-1定位，工件就可能因自重或夹紧力的作用，定位部位发生变形而影响定位精度。此外，薄板焊接主要产生波浪变形，为了防止变形，通常采用比较多的辅助定位点和辅助夹紧点以及过多的依赖于冲压件外形定位。因此，薄板焊接工装与机床夹具有显著的差别，不仅要满足精确定位的共性要求，还要充分考虑薄板冲压件的易变形和制造尺寸偏差较大的特征，在第一基面上的定位点数目 N 允许大于3，即采用 N-2-1定位原理。

16.3.2　焊装夹具设计

1. 焊装夹具设计依据

设计依据是以客户提供的产品三维模型、产品图样、产品技术要求和有关技术要求等为输入信息，在设计焊装夹具之前，应了解产品结构特征、工艺需要等信息，并结合企业自身的加工制作水平进行设计。认真分析用户提供的产品图样，将各零部件的基准定位信息记录并标记，如图16-4所示。

2. 设计前准备工作

在正式开始焊装夹具设计之前，应根据之前分析图样得到的信息，在产品三维模型上，将产品需要焊接的位置标记上焊缝位置分布，如图16-5所示，以免在设计过程中丢漏焊缝，造成设计时间延误；根据产品图样的定位信息，确定产品在焊装夹具底板上的摆放位置，在满足支撑定位的前提下，尽量使产品离夹具底板近一些，方便产品靠近夹具底板，一侧焊缝在变位机旋转180°时，机器人可以更好的焊接姿态进行焊接；同时确定焊接所采用的焊枪型号，并要求提供焊枪的完整数字模型，将焊枪以合理的角度摆放至产品焊缝上，直观的反应焊接过程，一般每条焊缝放置两把焊枪，位于焊缝两端，焊枪布置应与产品对接面有45°夹角，与焊缝走向有75°夹角，如图16-6所示。

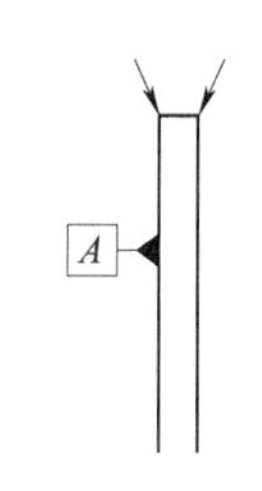

图16-4　产品图样基准信息

3. 产品的定位系统

产品的定位分为定位销及定位面，其中，定位销分为圆形定位销和菱形定位销，圆形定

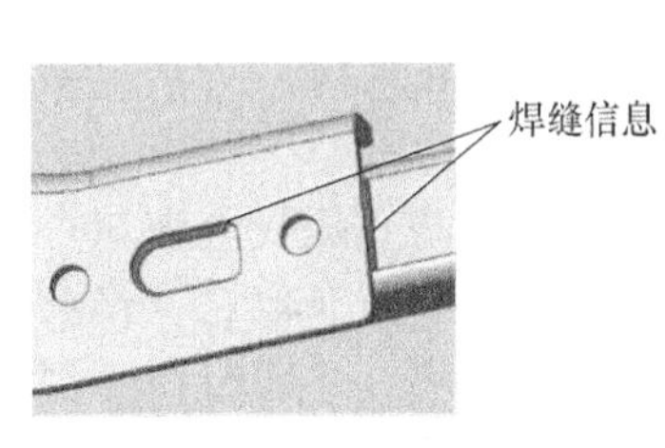

图 16-5 绘制焊缝信息

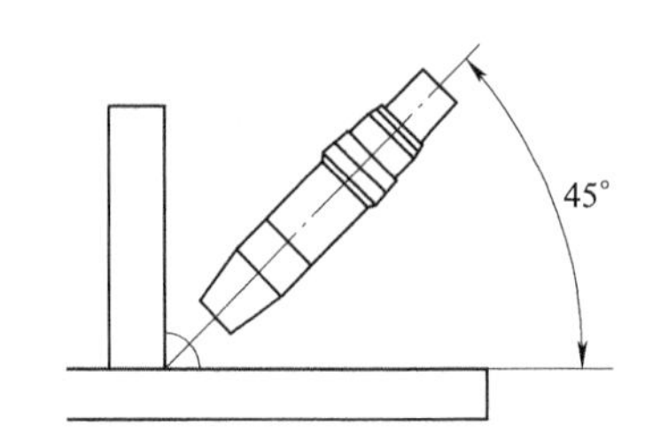

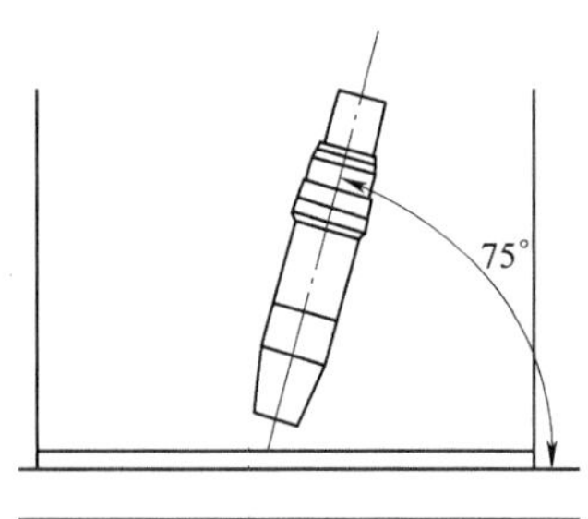

图 16-6 焊枪摆放角度示意

位销作为主要定位基准，菱形定位销为防转定位销；定位面一般为支撑面，支撑面应有对应的压紧机构进行压紧，保证产品在焊装作业中一直保持在确定的位置上。在产品定位过程中，应注意以下常见问题，以免浪费设计时间。

1）在零件与焊接总成基准不一致时，通常按焊接总成基准定位。

2）在零件单件基准无法使用时，可以选择总成中此件的功能性位置进行定位。

3）支撑面一般选择在零件的基准面上，以保证不同批次产品定位基准相同，产品焊接质量稳定。

4）压紧位置应选择在距离焊缝近且底部有支撑的位置，原则上无支撑不压紧，在底部无支撑的情况下仍需要采用压紧来固定零件，则可以采用弹簧压头和增加压紧限位挡块，以免压紧导致零件变形，影响产品焊接质量。

5）压紧机构一般采用压臂缸进行压紧，压臂的打开角度是由装件时夹具平台的角度决定的。例如，夹具平台人工装件的角度为 15°，则远离人侧的压臂缸打开角度需>105°，以免压臂在装件过程中落下，影响装件效率。

4. 典型的定位机构

在焊装夹具的设计过程中，应尽量选择已经通用化、标准化的夹紧机构以及标准的零部件，提高夹具的通用化、系列化程度，以提高焊接生产线的可维护性。以下介绍几种此项目使用的典型机构。

1）抽销机构，如图 16-7 所示。当产品孔的轴线方向与取件方向（一般为垂直方向）的夹角>5°时，定位销应设计成活动销，在装件之前由阀片控制气缸带动定位销伸出，装件后完成焊接，在取件前有阀片控制气缸实现定位销的缩回，完成销定位工作。此机构可以根据产品孔的形式，对伸出销进行修改，广泛应用于焊装夹具的销孔定位机构。

2）浮动压紧机构，如图 16-8 所示。在要求多点同时压紧或曲面压紧时，为了让所有压点都能有效压紧，可选择浮动压紧机构，根据实际情况，可以改变摆臂的形状，通常摆臂回转处间隙不能超过 0.5mm，以保证良好的浮动压紧效果。

3）圆管支撑压紧机构，如图 16-9 所示。在焊装夹具的设计中，经常有圆柱类零件需要支撑压紧，此机构是采用底部 V 形块+可调节支撑销来进行支撑，夹紧与之对应，可调节性良好，提高圆柱类零件的定位准确性。

4）U 形支撑+弹簧压紧机构，如图 16-10 所示。此机构常用于方管的定位支撑，U 形块单侧与方管一面接触，方管另一面依靠弹簧压紧机构来定位，U 形块另一侧起导向作用，产品取出时需克服弹簧压紧机构与方管的摩擦力。常规的 U 形支撑两侧面都与方管表面接触，发生焊接变形时，易导致工件无法取出，影响焊接生产。

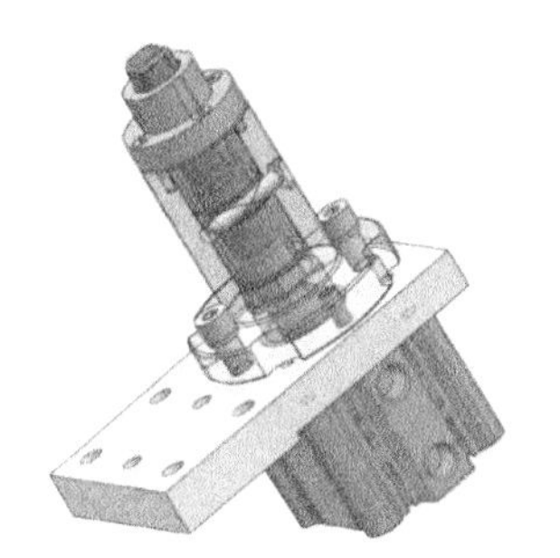

图 16-7　抽销机构

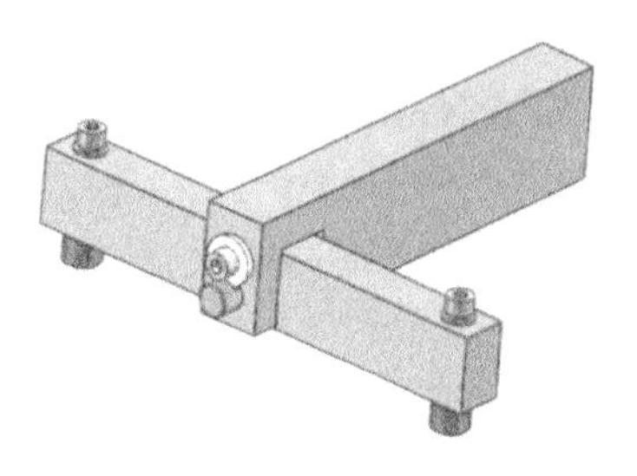

图 16-8　浮动压紧机构

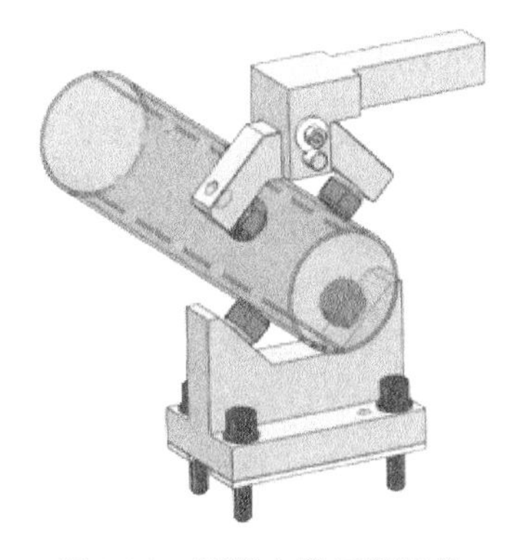

图 16-9　圆管支撑压紧机构

图 16-10　U 形支撑+弹簧压紧机构

5. 夹具框架及气路布置等相关附件

1）夹具框架是整个夹具的基础，它的强度及稳定性影响着整个产品的定位准确性和焊接质量。夹具框架一般由矩形管焊接而成，夹具框架上焊接夹具底板，所有的夹具定位组立都连接在此板上，夹具底板在满足强度的前提下应尽可能增大开口率，以达到减轻整体重量，使夹具在回转过程中受到的惯性矩变小，延长变位机等回转元件的寿命。夹具底板的固定通常由 4 钉 2 销定位固定，4 钉四角分布，2 销对角线布置，在一些比较大型的夹具上，应增加连接螺钉数量，并在定位销孔处增加耐磨套，以保证夹具底板的定位可靠性。

2）气路管线布置依据各气动元件的工作位置及工作顺序进行分组，并分配电控阀进行控制，通常一个电磁阀最多同时控制 4 个气缸（ϕ40mm 缸径，行程<50mm），使气缸的动作稳定并快速响应。

3）为了满足焊装夹具的安装调试等要求，夹具底板上需增加用于夹具吊装的吊装孔，要求吊装时，夹具整体趋于水平状态；同时还有用于夹具定位调整的坐标检测孔，坐标检测孔一般采用 3 个基准坐标孔，为了操作方便，有时也布置 4 个基准坐标孔；布置传感器接线端子箱及气管走向，应尽量避开焊缝区域，无法避开焊缝的管线应做防烫、防飞溅处理，以免管线损坏。

16.3.3　焊接变形的原因及控制

焊接时焊件受到不均匀加热并使焊缝区熔化，与焊接熔池相邻的高温区材料的热膨胀受到周围冷态材料的制约，产生不均匀的压缩塑性变形。

焊接变形是由多种因素交互作用而导致的结果。焊接时的局部不均匀的焊接热输入是产生焊接变形的决定性因素，焊接热输入是通过材料因素、制造因素和结构因素产生的拘束，影响热源周围的金属运动，最终形成了焊接变形。

对于焊接变形的控制可以分为焊前、焊时和焊后措施。也可以分为力学措施和加热及工艺措施。

1. 焊前调控焊接变形的措施

1）合理地选择焊缝的形状和尺寸。在保证结构承载能力的前提下，应尽可能使焊缝长度最短；尽可能使焊脚尺寸最小；尽可能使板厚最小；断续焊缝和连续焊缝相比，优先采用断续焊缝；角焊缝和对接焊缝相比，优先采用角焊缝；复杂结构最好采用分部组合焊接。

2）尽量避免焊缝的密集与交叉。

3）反变形法。即按照预先估计好的结构的变形大小和方向，在装配时对构件施加一个大小相等方向相反的变形与焊接变形相抵消，使构件焊后保持设计要求。

2. 焊时调控焊接变形的措施

1）先焊短焊缝后焊长焊缝。焊接1m以上的长焊缝时要两头、中间断断续续地焊，不要连续焊接，采用逐步退焊、跳焊、预留焊接长度的方法，预留100～200mm的焊缝，对纵向收缩变形给予补偿，减少焊接变形量。

2）厚板尽可能采用多层焊代替单层焊。T形接头板厚较大时采用开坡口对接焊缝。双面均可焊接操作时，要采用双面对称坡口，并在多层焊时采用与构件中心线（或轴线）对称的焊接顺序。

3）对于焊缝较多的构件，组焊时要采取合理的焊接顺序。根据结构和焊缝的布置，先焊收缩量较大的焊缝，后焊收缩量较小的焊缝；先焊拘束度较大而不能自由收缩的焊缝，后焊拘束度较小而能自由收缩的焊缝。

4）选用不同的焊接参数，采用能量密度较高的焊接方法，通过较小的焊接热输入，控制焊接温度场，减小焊接变形。

3. 焊后调控焊接变形的措施

（1）机械方法　即利用外力使构件产生与焊接变形方向相反的塑性变形，从而使两者相互抵消。对于大型构件可以采用压力机来矫正挠曲变形。

（2）加热方法　其中一种方法是火焰矫形，即利用火焰局部加热时产生的收缩变形使较长的金属在冷却后收缩，来达到矫正变形的目的。

16.4　焊接机器人的特征

16.4.1　焊接机器人的构成及应用

焊接机器人是从事焊接（包括切割与喷涂）的工业机器人。焊接机器人主要包括机器人和焊接设备两部分。机器人由机器人本体和控制柜（硬件及软件）组成。而焊接装备，以弧焊及点焊为例，则由焊接电源（包括其控制系统）、送丝机（弧焊）、焊枪（钳）等部分组成，其示意图如图16-11所示。对于智能机器人还应有传感系统，如激光或摄像传感器及其控制装置等。世界各国生产的焊接用机器人基本上都属关节机器人，绝大部分有6个轴。其中，1、2、3 轴可将末端工具送到不同的空间位置，而 4、5、6 轴解决工具姿态的不同要求。

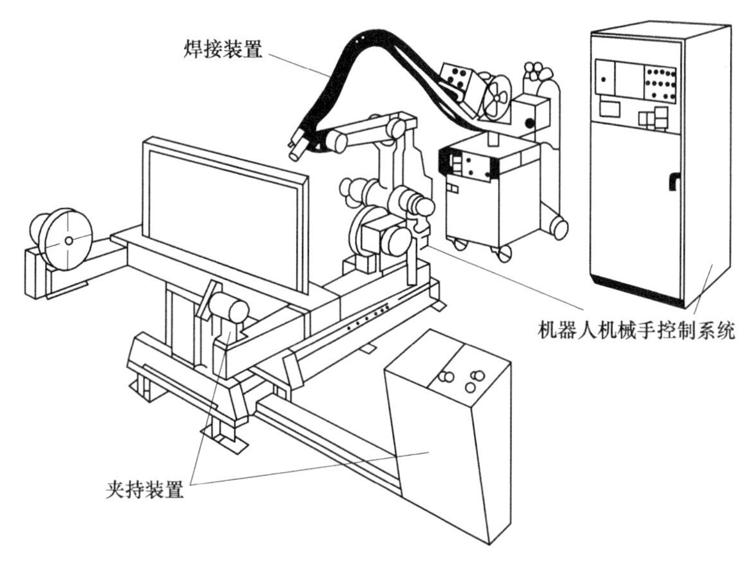

图 16-11　焊接机器人构成

目前焊接机器人应用比较普遍的焊接有三种：点焊机器人、弧焊机器人和激光焊接机器人。三者之间的主要区别是机器人末端持握的工具不同，分别是焊钳、焊枪和激光加工头。弧焊机器人是用于弧焊（主要是熔化极气体保护焊和非熔化极气体保护焊）自动作业的工业机器人。弧焊机器人在通用机械、金属结构等行业已经得到广泛应用。在机器人焊接过程中，为了保证焊枪跟踪工件焊道的运动，并不断填充金属形成焊缝，需要机器人在运动过程中有良好的速度稳定性和轨迹精度。另外，还需要有其他功能：如通过示教器设定焊接条件、摆动功能、坡口填充功能、焊接异常检测功能、焊接传感器（焊缝起始点检测、焊缝跟踪）的接口功能等。

16. 4. 2　焊接机器人跟踪原理及应用

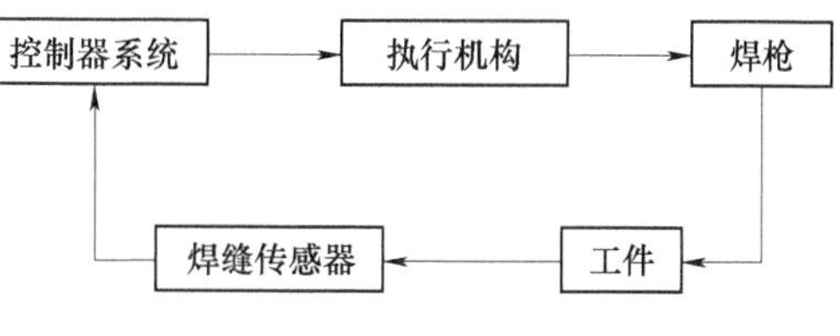

图 16-12　焊缝自动跟踪系统框图

焊接机器人跟踪系统主要由传感器、控制器、执行机构三大部分组成，并构成一个闭环反馈系统，如图 16-12 所示。

在焊缝自动跟踪系统中，利用传感器精确检测焊缝的位置和形状信息并转化为电信号，然后控制系统对电信号进行处理，并根据检测结果控制自动调节机构调整焊枪位置，从而实现焊缝自动跟踪。

16. 5　焊后检验

16. 5. 1　焊接质量的验收

根据标准 ENISO5817：2014，基于特定缺欠种类、尺寸和数量，对焊缝质量的划分称为质量等级，并规定了三个级别的质量等级，分别用 B、C、D 来表示，B 表示最高的质量要求，具体见表 16-1，其中采用符号的含义见表 16-2。

表 16-1　焊接质量等级

序号	编号 ISO 6520-1	缺欠名称	解释及图示	t/mm	不同评定级别所允许的缺欠极限值（单位：mm）		
					D	C	B
1 表面缺陷							
1.1	100	裂纹	—	≥0.5	不允许	不允许	不允许
1.2	104	弧坑、裂纹	—	≥0.5	不允许	不允许	不允许
1.3	2017	表面气孔	单个气孔最大尺寸 —对称焊缝 —角接焊缝	0.5~3	$d \leq 0.3s$ $d \leq 0.3a$	不允许	不允许
			单个气孔最大尺寸 —对称焊缝 —角接焊缝	>3	$d \leq 0.3s$ 最大 3 $d \leq 0.3a$ 最大 3	$d \leq 0.2s$ 最大 2 $d \leq 0.2a$ 最大 2	不允许
1.4	2025	末端弧坑、缩孔	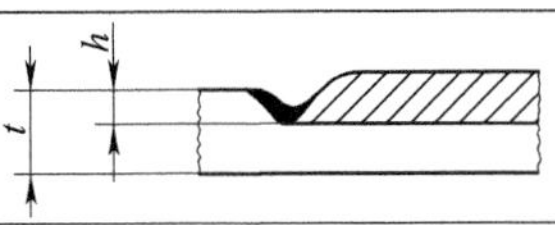	0.5~3	$h \leq 0.2t$	不允许	不允许
				>3	$h \leq 0.2t$ 最大 2	$h \leq 0.1t$ 最大 1	不允许
1.5	401	未熔合（未完全熔合）	—	≥0.5	不允许	不允许	不允许
		微观未熔合	仅在显微镜可以观察	≥0.5	允许	允许	允许
1.6	4021	根部熔深不足	只针对单面焊对接焊缝 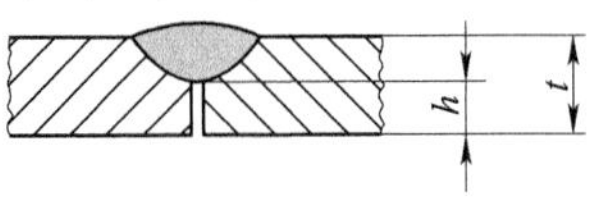	≥0.5	短缺欠： $h \leq 0.2t$ 最大 2	不允许	不允许
1.7	5011 5012	盖面咬边	要圆滑过渡，但这个不作为整体缺欠对待 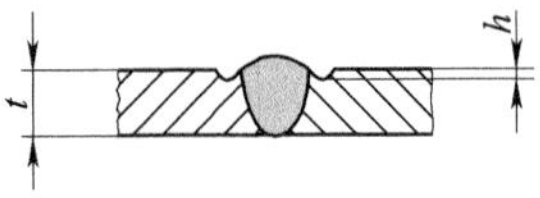 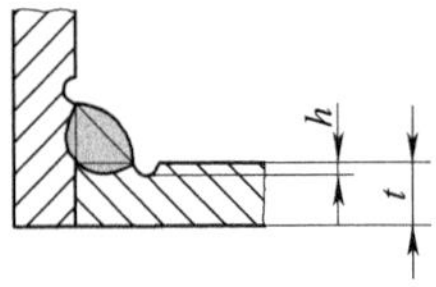	0.5~3	短缺欠： $h \leq 0.2t$	短缺欠： $h \leq 0.1t$	不允许
				>3	$h \leq 0.2t$ 最大 1	$h \leq 0.1t$， 最大 0.5	$h \leq 0.05t$ 最大 0.5
1.8	5013	根部收缩凹陷	要圆滑过渡 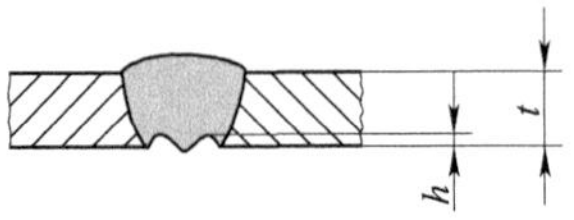	0.5~3	$h \leq 0.2+0.1t$	短缺欠： $h \leq 0.1t$	不允许
				>3	短缺欠： $h \leq 0.2t$ 最大 2	短缺欠： $h \leq 0.1t$ 最大 1	短缺欠： $h \leq 0.05t$ 最大 0.5

（续）

序号	编号 ISO 6520-1	缺欠名称	解释及图示	t/mm	不同评定级别所允许的缺欠极限值（单位：mm）		
					D	C	B
1.9	502	余高过大（对接焊缝）	要圆滑过渡 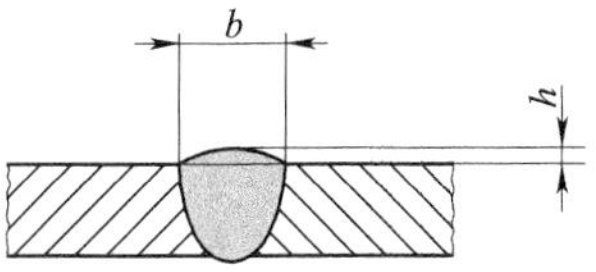	≥0.5	h≤1+0.25b 最大 10	h≤1+0.15b 最大 7	h≤1+0.1b 最大 5
1.10	503	盖面余高过大（角焊缝）	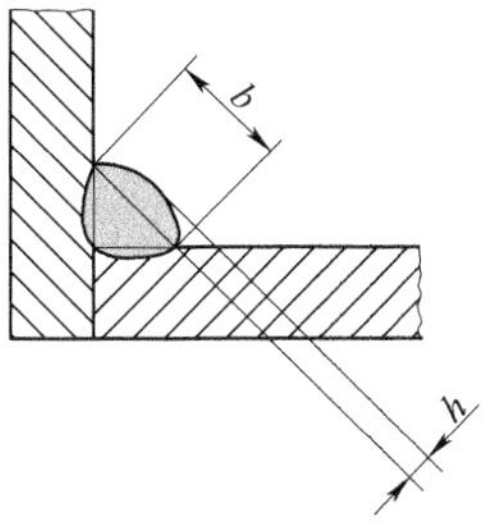	≥0.5	h≤1+0.25b 最大 5	h≤1+0.15b 最大 4	h≤1+0.1b 最大 3
1.11	504	根部焊瘤	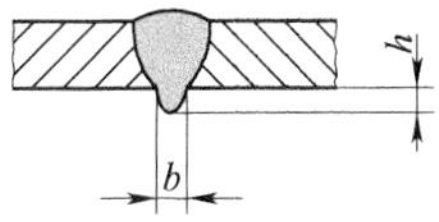	0.5~3	h≤1+0.6b	h≤1+0.3b	h≤1+0.1b
			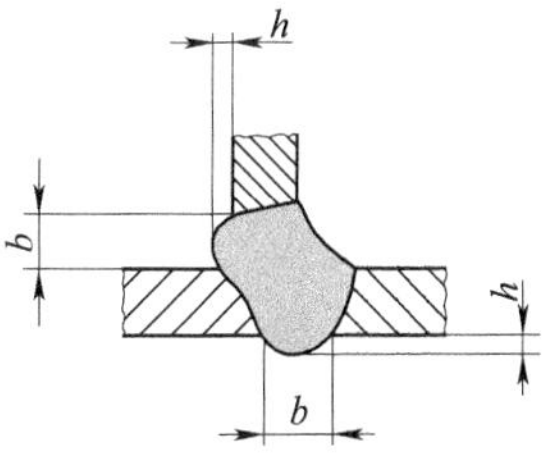	>3	h≤1+1.0b 最大 5	h≥1+0.6b 最大 4	h≤1+0.2b 最大 3
1.12	505	焊趾角度不对	对接焊缝 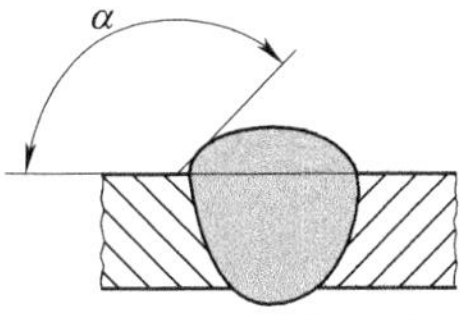	≥0.5	α≥90°	α≥110°	α≥150°
			角焊缝 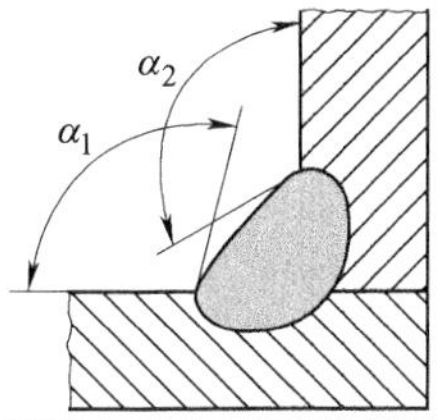	≥0.5	α≥90°	α≥100°	α≥110°
1.13	506	翻边	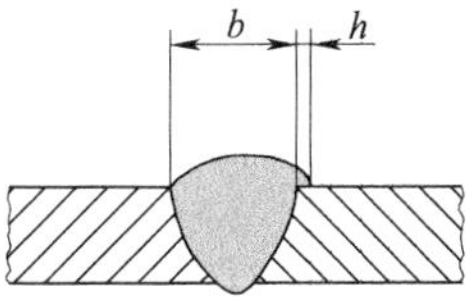	≥0.5	短缺欠： h≤0.2b	不允许	不允许

（续）

序号	编号 ISO 6520-1	缺欠名称	解释及图示	t/mm	不同评定级别所允许的缺欠极限值（单位：mm）		
					D	C	B
1.14	509 511	盖面凹陷 未填满	要圆滑过渡 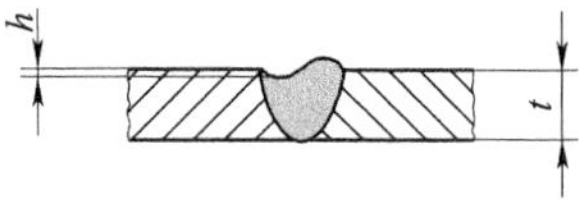	0.5~3	短缺欠： $h\leqslant 0.25t$	短缺欠： $h\leqslant 0.1t$	不允许
				>3	短缺欠： $h\leqslant 0.25t$ 最大 2	短缺欠： $h\leqslant 0.1t$ 最大 1	短缺欠： $h\leqslant 0.05t$ 最大 0.5
1.15	510	烧穿	—	≥0.5	不允许	不允许	不允许
1.16	512	角焊缝过度不对称（焊角过度不等长）	在要求对称角焊缝时 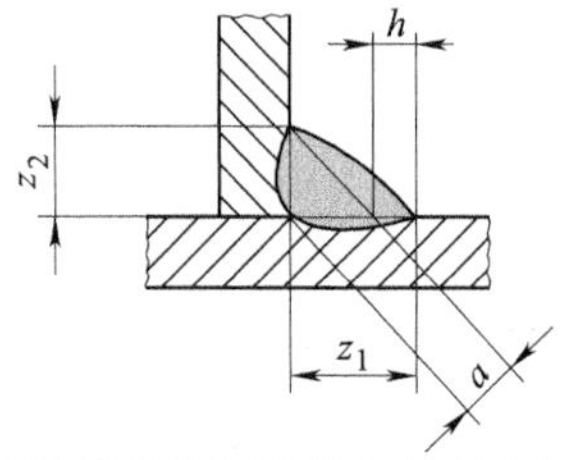	≥0.5	$h\leqslant 2+0.2a$	$h\leqslant 2+0.15a$	$h\leqslant 1.5+0.15a$
1.17	515	根部凹陷	要圆滑过渡 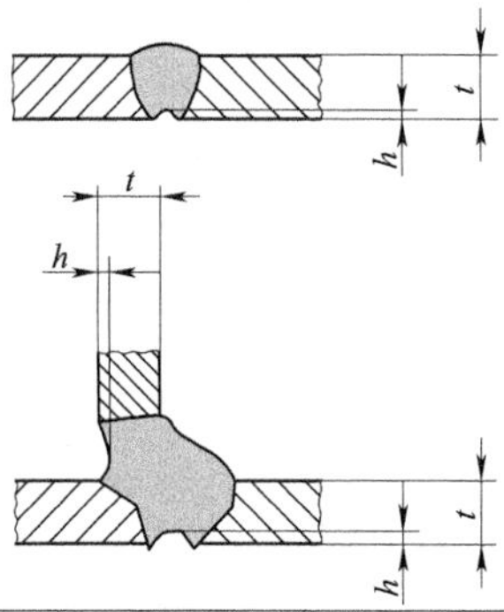	0.5~3	$h\leqslant 0.2+0.1t$	短缺欠： $h\leqslant 0.1t$	不允许
				>3	短缺欠： $h\leqslant 0.2t$ 最大 2	短缺欠： $h\leqslant 0.1t$ 最大 1	短缺欠： $h\leqslant 0.05t$ 最大 0.5
1.18	516	根部弥散气孔	结晶时焊缝中的气泡在根部结成的海绵状分布的气孔（如根部缺少气体保护时）	≥0.5	局部允许	不允许	不允许
1.19	517	接头不良	—	≥0.5	缺欠极限值取决于再引弧位置出现的缺欠种类	不允许	不允许
1.20	5213	角焊缝厚度过小	不适用于要求较大熔深的工艺 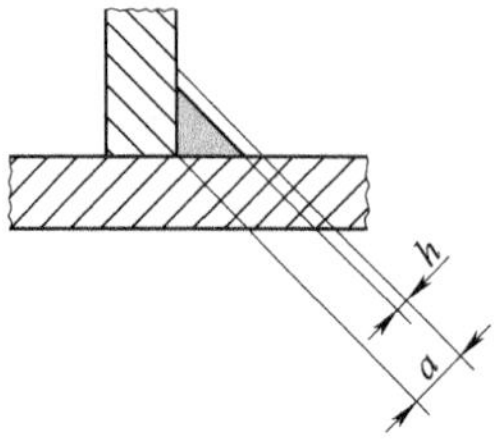	0.5~3	短缺欠： $h\leqslant 0.2+0.1a$	短缺欠： $h\leqslant 0.2$	不允许
				>3	短缺欠： $h\leqslant 0.3+0.1a$， 最大 2	短缺欠： $h\leqslant 0.3+0.1a$ 最大 1	不允许

（续）

序号	编号 ISO 6520-1	缺欠名称	解释及图示	t/mm	不同评定级别所允许的缺欠极限值（单位：mm）		
					D	C	B
1.21	5214	角焊缝厚度过大	角焊缝的实际厚度过大	≥0.5	允许	h≤1+0.2a 最大 4	h≤1+0.15a 最大 3
1.22	601	电弧擦伤	—	≥0.5	允许，当不影响母材的性能时	不允许	不允许
1.23	602	焊接飞溅	—	≥0.5	允许与否取决于实际应用，如何种材料，是否有防腐保护要求等		
1.24	610	回火色（变色）	—	≥0.5	允许与否取决于实际应用，如何种材料，是否有防腐保护要求等		
2 内部缺欠							
2.1	100	裂纹	除微观裂纹和弧坑裂纹以外的所有种类裂纹	≥0.5	不允许	不允许	不允许
2.2	1001	微观裂纹	一般在微观裂纹金相中才能发现的裂纹（50×）	≥0.5	允许	允许与否取决于母材的种类，更主要是裂纹的聚集情况	
2.3	2011 2022	球形气孔 弥散气孔（均布）	下列条件和缺欠的极限必须满足，见ENISO5817：2014 附录 A a1）缺欠的最大面积占投影面面积的百分比（包括成簇缺欠）注：投影面中的弥散气孔取决于焊层的数量（焊缝的容积）	≥0.5	单层：≤2.5% 多层：≤5%	单层：≤1.5% 多层：≤3%	单层：≤1% 多层：≤2%
			a2）截面上缺欠的最大面积占（包括成簇的缺欠）占断裂面面积的百分比（只在涉及焊工考试及工艺评定时应用）	≥0.5	≤2.5%	≤1.5%	≤1%
			b）单个气孔的最大尺寸 —对接焊缝 —角接焊缝	≥0.5	d≤0.4s 最大 5 d≤0.4a 最大 5	d≤0.3s 最大 4 d≤0.3a 最大 4	d≤0.2s 最大 3 d≤0.2a

（续）

序号	编号 ISO 6520-1	缺欠名称	解释及图示	t/mm	不同评定级别所允许的缺欠极限值（单位：mm）		
					D	C	B
2.4	2013	局部密集气孔	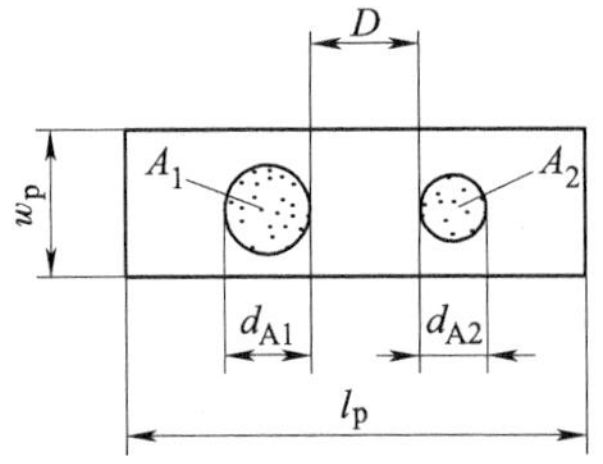 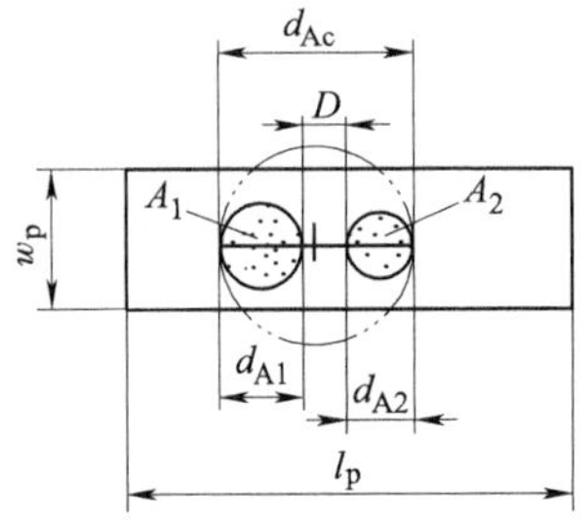 基准长度 l_p 为 100mm 整个气孔密集区域用一个可以圈住所有气孔的圆圈的直径 d_A 来表示 对于单个气孔应该满足这个圈内所有气孔的要求 当 D 小于 d_{A1} 或 d_{A2}，即二者之间小的一个时，$d_{AC}=d_{A1}+d_{A2}+D$ 整体密集性气孔不允许 d_A 可以代表 d_{AC}，d_{A1}，d_{A2}	≥0.5	$d_A\leqslant25$ 或 $d_A\leqslant w_p$	$d_A\leqslant22$ 或 $d_A\leqslant w_p$	$d_A\leqslant15$ 或 $d_A\leqslant w_p/2$
2.5	2014	链状气孔	对接焊缝	≥0.5	$h\leqslant0.4s$ 最大 4 $l\leqslant s$ 最大 75	$h\leqslant0.3s$ 最大 3 $l\leqslant s$ 最大 50	$h\leqslant0.2s$ 最大 2 $l\leqslant s$ 最大 25
			角焊缝	≥0.5	$h\leqslant0.4a$ 最大 4 $l\leqslant a$ 最大 75	$h\leqslant0.3a$ 最大 3 $l\leqslant a$ 最大 50	$h\leqslant0.2a$ 最大 2 $l\leqslant a$ 最大 25
			情况 1（$D>d_2$） 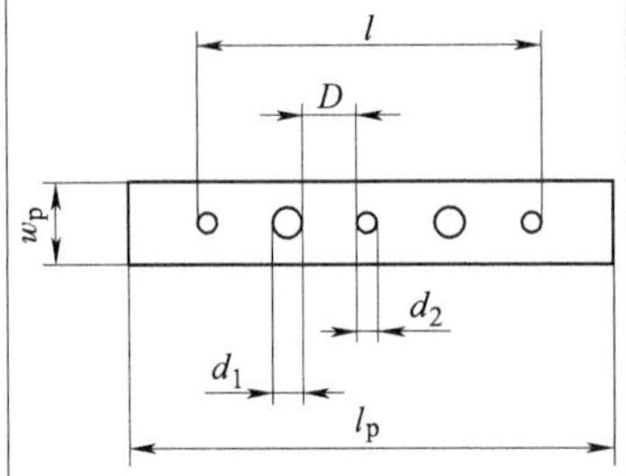				

（续）

序号	编号 ISO 6520-1	缺欠名称	解释及图示	t/mm	不同评定级别所允许的缺欠极限值（单位：mm）		
					D	C	B
2. 5	2014	链状气孔	情况 2（$D<d_2$） 基准长度 l_p 为 100mm。对于情况 1：$d_1=h$；对于情况 1：$d_1+d_2+D=h$ 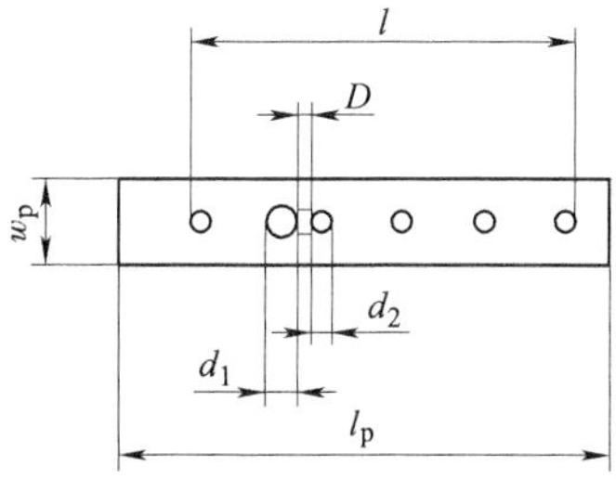				
2. 6	2015 2016	条形气孔 虫形气孔	对接焊缝	≥0. 5	h≤0. 4s 最大 4 l≤s 最大 75	h≤0. 3s 最大 3 l≤s 最大 50	h≤0. 2s 最大 2 l≤s 最大 25
			角焊缝	≥0. 5	h≤0. 4a 最大 4 l≤a 最大 75	h≤0. 3a 最大 3 l≤a 但 最大 50	h≤0. 2a 最大 2 l≤a 最大 25
2. 7	202	缩孔	—	≥0. 5	允许短缺欠，但不允许至表面对接焊缝 h≤0. 4s 最大 4 角焊缝 h≤0. 4a 最大 4	不允许	不允许
2. 8	2024	弧坑缩孔	测量 h 或 l 中较大值 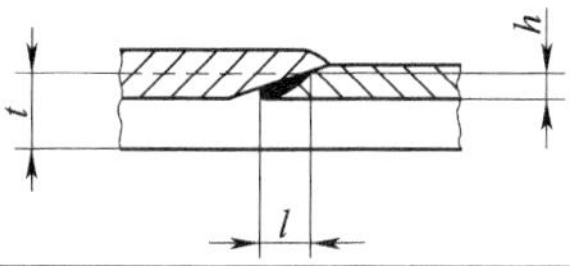	0. 5~3	h 或 l≤0. 2t	不允许	不允许
				>3	h 或 l≤0. 2t 最大 2		
2. 9	300 301 302 303	固体夹杂、夹渣、焊剂夹杂、氧化物夹杂	对接焊缝	≥0. 5	h≤0. 4s 最大 4 l≤s 最大 75	h≤0. 3s 最大 3 l≤s 最大 50	h≤0. 2s 最大 2 l≤s 最大 25
			角焊缝	≥0. 5	h≤0. 4s 最大 4 l≤a 最大 75	h≤0. 3s 最大 3 l≤a 最大 50	h≤0. 2a 最大 2 l≤a 最大 25
2. 10	304	除铜以外的金属夹杂	对接焊缝	≥0. 5	h≤0. 4s 最大 4	h≤0. 3s 最大 3	h≤0. 2s 最大 2
			角焊缝	≥0. 5	h≤0. 4a 最大 4	h≤0. 3a 最大 3	h≤0. 2a 最大 2
2. 11	3042	夹铜	—	≥0. 5	不允许	不允许	不允许

（续）

序号	编号 ISO 6520-1	缺欠名称	解释及图示	t/mm	不同评定级别所允许的缺欠极限值（单位：mm）		
					D	C	B
2. 12	401 4011 4012 4013	未熔合（未完全熔合） 坡口未熔合 层间未熔合 根部未熔合	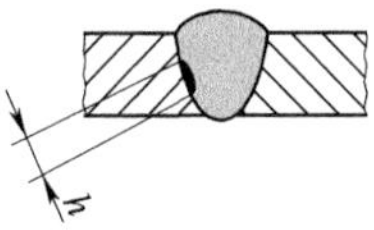 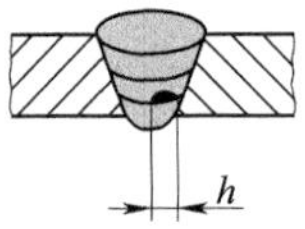 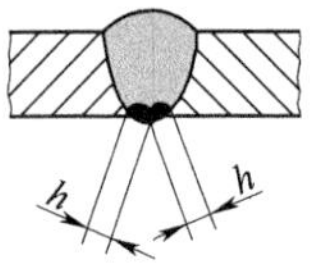	≥0. 5	允许短缺欠，但不允许至表面 对接焊缝 $h \leqslant 0.4s$ 最大 4 角焊缝 $h \leqslant 0.4a$ 最大 4	不允许	不允许
2. 13	402	未焊透	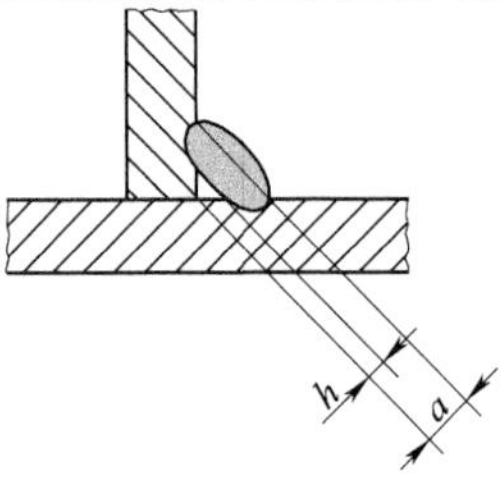 T 型接头（角焊缝）	>0. 5	短缺欠： $h \leqslant 0.2a$ 最大 2	不允许	不允许
			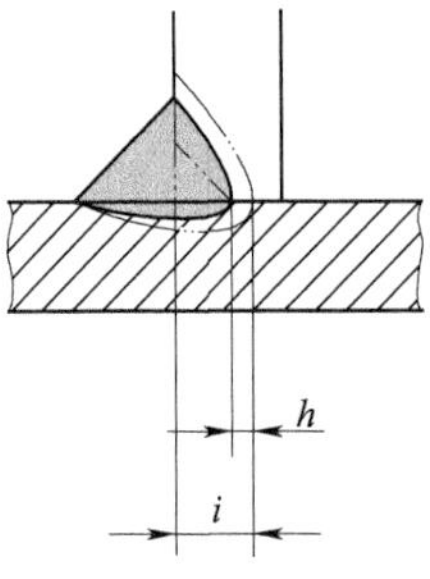 T 型接头（部分焊透） 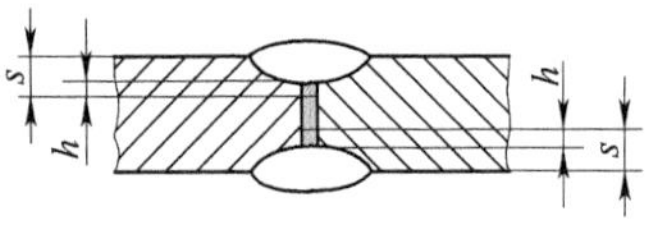 对接接头（部分焊透）	≥0. 5	短缺欠： 对接焊缝 $h \leqslant 0.2s$ 或最大 2 T 型接头 $h \leqslant 0.2a$ 最大 2	短缺欠： 对接焊缝 $h \leqslant 0.1s$ 或最大 1. 5 角焊缝 $h \leqslant 0.1a$ 最大 1. 5	不允许
			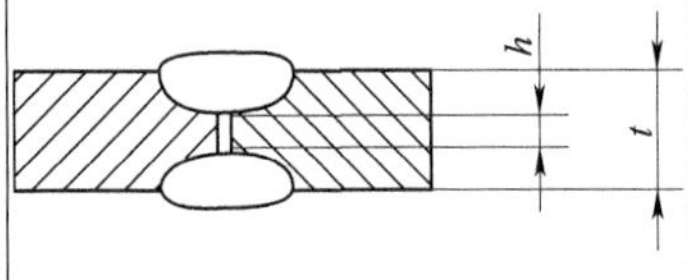 对接接头（完全焊透）	≥0. 5	短缺欠： $h \leqslant 0.2t$ 最大 2	不允许	不允许

（续）

序号	编号 ISO 6520-1	缺欠名称	解释及图示	t/mm	不同评定级别所允许的缺欠极限值（单位：mm）		
					D	C	B
3. 焊缝的几何形状缺欠							
3.1	507	错边	偏差的极限值基于无缺欠的位置。如果没有规定其他值，中心线相吻合，只体现无缺欠位置。t 是指较小的厚度				
	5071	板错边		0.5~3	$h \leqslant 0.2+0.25t$	$h \leqslant 0.2+0.15t$	$h \leqslant 0.2+0.1t$
				>3	$h \leqslant 0.25t$ 最大 5	$h \leqslant 0.15t$ 最大 4	$h \leqslant 0.1t$ 最大 3

表 16-2　焊接质量等级中符号的含义

序号	符号	名称	备注
1	a	角焊缝的名义厚度	
2	A	气孔面积	
3	B	焊缝余高的宽度	
4	d	气孔尺寸	
5	d_A	气孔面积尺寸	
6	h	缺欠的高度	
7	l	缺欠长度	
8	l_P	投影面或截面的长度	
9	s	对接焊缝的名义厚度	
10	t	板厚或壁厚（名义厚度）	
11	w_p	焊缝宽度和断面的宽度或高度	
12	z	角焊缝的焊脚尺寸	
13	α	焊趾角度	
14	β	错边角度	
15	i	角焊缝熔深	
16	r	焊趾半径	

16.5.2　焊接缺陷产生的原因

在焊接时，由于焊工的操作技术水平、设备、材料和环境等因素的影响，往往会造成焊接缺陷，影响焊接的质量。常见的焊接缺陷有两种，外观缺陷：咬边、焊瘤、弧坑及烧穿等，内部缺陷：气孔和夹渣、裂纹、未焊透、未熔合。

1. 外观缺陷

（1）咬边　咬边是沿焊趾的母材部分产生沟槽或凹陷的现象。产生原因：焊接电流过大、电弧过长、焊条角度不当等所致。矫正操作姿势，选用合理的规范，采用良好的运条方式都会有利于消除咬边。焊接角焊缝时，用交流焊代替直流焊也能有效地防止咬边。

（2）焊瘤　焊缝中的液态金属流到加热不足未熔化的母材上或从焊缝根部溢出，冷却后形成的未与母材熔合的金属瘤即为焊瘤。焊接规范过强、焊条熔化过快、焊条质量欠佳（如偏芯），焊接电源特性不稳定及操作姿势不当等都容易带来焊瘤。在横、立、仰焊接位置更易形成焊瘤。

（3）弧坑　弧坑多是由于收弧时焊条（焊丝）未做短时间停留造成的。弧坑减小了焊缝的有效截面积，弧坑常带有弧坑裂纹和弧坑缩孔。

防止弧坑的措施：选用有电流衰减系统的焊机，尽量选用平焊位置，选用合适的焊接规范，收弧时让焊条在熔池内短时间停留或环形摆动，填满弧坑。

（4）烧穿　烧穿是指焊接过程中，熔深超过工件厚度，熔化金属自焊缝背面流出，形成穿孔性缺陷。焊接电流过大，焊接速度太慢，电弧在焊缝处停留过久，都会产生烧穿缺陷。工件间隙太大，钝边太小也容易出现烧穿现象。烧穿是锅炉压力容器产品上不允许存在的缺陷，它完全破坏了焊缝，使接头丧失其连接及承载能力。选用较小电流并配合合适的焊接速度，减小装配间隙，在焊缝背面加设垫板或药垫，使用脉冲焊，能有效地防止烧穿。

2. 内部缺陷

（1）气孔　气孔是指焊接时，熔池中的气体未在金属凝固前逸出，残存于焊缝之中所形成的空穴。其气体可能是熔池从外界吸收的，也可能是焊接冶金过程中反应生成的。气孔的形成机理：常温固态金属中气体的溶解度只有高温液态金属中气体溶解度的几十分之一至几百分之一，熔池金属在凝固过程中，有大量的气体要从金属中逸出来。当凝固速度大于气体逸出速度时，就形成了气孔。产生气孔的主要原因：母材或填充金属表面有锈、油污等，焊条及焊剂未烘干会增加气孔量，因为锈、油污及焊条药皮、焊剂中的水分在高温下分解为气体，增加了高温金属中气体的含量。焊接热输入过小，熔池冷却速度大，不利于气体逸出。焊缝金属脱氧不足也会增加氧气孔。

气孔的危害：气孔减少了焊缝的有效截面积，使焊缝疏松，从而降低了接头的强度和塑性，还会引起泄漏。气孔也是引起应力集中的因素。氢气孔还可能促成冷裂纹。

防止气孔的措施：

1）清除焊丝，工作坡口及其附近表面的油污、铁锈、水分和杂物。

2）采用碱性焊条、焊剂，并彻底烘干。

3）采用直流反接并用短电弧施焊。

4）焊前预热，减缓冷却速度。

5）用偏强的规范施焊。

（2）夹渣　夹渣是指焊后熔渣残存在焊缝中的现象。夹渣产生的原因：

1）坡口尺寸不合理。

2）坡口有污物。

3）多层焊时，层间清渣不彻底。

4）焊接热输入小。

5）焊缝散热太快，液态金属凝固过快。

6）焊条药皮，焊剂化学成分不合理，熔点过高。

7）钨极惰性气体保护焊时，电源极性不当，电流密度大，钨极熔化脱落于熔池中。

8）焊条电弧焊时，焊条摆动不良，不利于熔渣上浮。可根据以上原因分别采取对应措施以防止夹渣的产生。

（3）裂纹　焊缝中原子结合遭到破坏，形成新的界面而产生的缝隙称为裂纹。从产生温度上看，裂纹分为两类：

1）热裂纹。产生于 Ac_3 线附近的裂纹。一般是焊接完毕即出现，又称结晶裂纹。这种热裂纹主要发生在晶界，裂纹面上有氧化色彩，失去金属光泽。

① 结晶裂纹的形成机理：热裂纹发生于焊缝金属凝固末期，敏感温度区大致在固相线附近的高温区，最常见的热裂纹是结晶裂纹，其生成原因是在焊缝金属凝固过程中，结晶偏析使杂质生成的低熔点共晶物富集于晶界，形成所谓“液态薄膜”，在特定的敏感温度区（又称脆性温度区）间，其强度极小，由于焊缝凝固收缩而受到拉伸应力，最终开裂形成裂纹。结晶裂纹最常见的情况是沿焊缝中心长度方向开裂，为纵向裂纹，有时也发生在焊缝内部两个柱状晶之间，为横向裂纹。弧坑裂纹是另一种形态的，常见的热裂纹。热裂纹都是沿晶界开裂，通常发生在杂质较多的碳钢、低合金钢、奥氏体型不锈钢等材料的焊缝中。

② 影响结晶裂纹的因素。

a. 合金元素和杂质的影响。碳元素以及硫、磷等杂质元素的增加，会扩大敏感温度区，使结晶裂纹的产生机会增多。

b. 冷却速度的影响。冷却速度增大，一是使结晶偏析加重，二是使结晶温度区间增大，两者都会增加结晶裂纹的出现机会。

c. 结晶应力与拘束应力的影响。在脆性温度区内，金属的强度极低，焊接应力又使这部分金属受拉，当拉伸应力达到一定程度时，就会出现结晶裂纹。

③ 防止结晶裂纹的措施。

a. 减小硫、磷等有害元素的含量，用碳含量较低的材料焊接。

b. 加入一定量的合金元素，减小柱状晶和偏析。如铝、钒、钛、铌等可以细化晶粒。

c. 采用熔深较浅的焊缝，改善散热条件，使低熔点物质上浮在焊缝表面而不存在于焊缝中。

d. 合理选用焊接参数，并采用预热和后热，减小冷却速度。

e. 采用合理的装配次序，减小焊接应力。

2）冷裂纹。指在焊接完毕冷却至马氏体转变温度 M_3 点以下产生的裂纹，一般是在焊后一段时间（几小时，几天甚至更长）才出现，故又称延迟裂纹。

① 冷裂纹的特征。

a. 产生于较低温度，且产生于焊后一段时间以后，故又称延迟裂纹。

b. 主要产生于热影响区，也有发生在焊缝区的。

c. 冷裂纹可能是沿晶开裂，穿晶开裂或两者混合出现。

d. 冷裂纹引起的构件破坏是典型的脆断。

② 冷裂纹产生机理。

a. 淬硬组织（马氏体）减小了金属的塑性储备。

b. 接头的残余应力使焊缝受拉。

c. 接头内有一定的含氢量。

含氢量和拉伸应力是冷裂纹（这里指氢致裂纹）产生的两个重要因素。一般来说，金属内部原子的排列并非完全有序的，而是有许多微观缺陷。在拉伸应力的作用下，氢向高应力区（缺陷部位）扩散聚集。当氢聚集到一定浓度时，就会破坏金属中原子的结合键，金属内就出现一些微观裂纹。应力不断作用，氢不断地聚集，微观裂纹不断地扩展，直至发展为宏观裂纹，最后断裂。决定冷裂纹的产生与否，有一个临界的含氢量和一个临界的应力值。当接头内氢的浓度小于临界含氢量，或所受应力小于临界应力时，将不会产生冷裂纹（即延迟时间无限长）。在所有的裂纹中，冷裂纹的危害性最大。

③ 防止冷裂纹的措施。

a. 采用低氢型碱性焊条，严格烘干，在 100~150℃下保存，随取随用。

b. 提高预热温度，采用后热措施，并保证层间温度不小于预热温度，选择合理的焊接规范，避免焊缝中出现淬硬组织。

c. 选用合理的焊接顺序，减小焊接变形和焊接应力。

d. 焊后及时进行消氢热处理。

以裂纹产生的原因分，又可把裂纹分为：

1）再热裂纹。接头冷却后再加热至 500~700℃时产生的裂纹叫再热裂纹。再热裂纹产生于沉淀强化的材料（如含 Cr、Mo、V、Ti、Nb 的金属）的焊接热影响区内的粗晶区，一般从熔合线向热影响区的粗晶区发展，呈晶间开裂特征。

① 再热裂纹的特征。

a. 再热裂纹产生于焊接热影响区的过热粗晶区，产生于焊后热处理等再次加热的过程中。

b. 再热裂纹的产生温度：碳钢与合金钢 550~650℃；奥氏体型不锈钢约 300℃。

c. 再热裂纹为晶界开裂（沿晶开裂）。

d. 最易产生于沉淀强化的钢种中。

e. 与焊接残余应力有关。

② 再热裂纹的产生机理。再热裂纹的产生机理有多种解释，其中模型开裂理论的解释如下：近缝区金属在高温热循环作用下，强化相碳化物沉积在晶内的位错区上，使晶内强化强度大大高于晶界强化，尤其是当强化相弥散分布在晶粒内时，阻碍晶粒内部的局部调整，又会阻碍晶粒的整体变形，这样，由于应力松弛而带来的塑性变形就主要由晶界金属来承担。于是，晶界应力集中，就会产生裂纹，即所谓的模型开裂。

③ 再热裂纹的防止。

a. 注意冶金元素的强化作用及其对再热裂纹的影响。

b. 合理预热或采用后热，控制冷却速度。

c. 降低残余应力，避免应力集中。

d. 回火处理时尽量避开再热裂纹的敏感温度区或缩短在此温度区内的停留时间。

2）层状撕裂。主要是由于钢材在轧制过程中，将硫化物（MnS）、硅酸盐类等杂质夹在其中，形成各向异性，在焊接应力或外拘束应力的使用下，金属沿轧制方向的杂物开裂。

3）应力腐蚀裂纹。在应力和腐蚀介质共同作用下产生的裂纹。除残余应力或拘束应力的因素外，应力腐蚀裂纹主要与焊缝组织组成及形态有关。

裂纹的危害，尤其是冷裂纹，带来的危害是灾难性的。世界上的压力容器事故除极少数是由于设计不合理，选材不当的原因引起的以外，绝大部分是由于裂纹引起的脆性破坏。

（4）未焊透　未焊透指母材金属未熔化，焊缝金属没有进入接头根部的现象。

1）产生未焊透的原因。

① 焊接电流小，熔深浅。

② 坡口和间隙尺寸不合理，钝边太大。

③ 磁偏吹影响。

④ 焊条偏芯度太大。

⑤ 层间及焊根清理不良。

2）未焊透的危害。未焊透的危害之一是减少了焊缝的有效截面积，使接头强度下降。其次，未焊透引起的应力集中所造成的危害，比强度下降的危害大得多。未焊透严重降低焊缝的疲劳强度。未焊透可能成为裂纹源，是造成焊缝破坏的重要原因。

3）未焊透的防止。使用较大电流来焊接是防止未焊透的基本方法。另外，焊角焊缝时，用交流代替直流以防止磁偏吹，合理设计坡口并加强清理，用短弧焊等措施也可有效防止未焊透的产生。

（5）未熔合　未熔合是指焊缝金属与母材金属，或焊缝金属之间未熔化结合在一起的缺陷。按其所在部位，未熔合可分为坡口未熔合、层间未熔合和根部未熔合三种。

1）产生未熔合缺陷的原因。

① 焊接电流过小。

② 焊接速度过快。

③ 焊条角度不对。

④ 产生了磁偏吹现象。

⑤ 焊接处于下坡焊位置，母材未熔化时已被铁液覆盖。

⑥ 母材表面有污物或氧化物影响熔敷金属与母材间的熔化结合等。

2）未熔合的危害。未熔合是一种面积型缺陷，坡口未熔合和根部未熔合对承载截面积的减小都非常明显，应力集中也比较严重，其危害性仅次于裂纹。

3）未熔合的防止。采用较大的焊接电流，正确地进行施焊操作，注意坡口部位的清洁。

16.5.3　焊后检验

对于焊缝的焊后检验，常用的检验方法有非破坏性检验和破坏性检验两大类。

（1）外观检验　用肉眼或借助样板、低倍放大镜（5~20倍）检查焊缝成形、焊缝外形尺寸是否符合要求，焊缝表面是否存在缺陷，所有焊缝在焊后都要经过外观检验。

（2）致密性检验　对于储存气体、液体、液化气体的各种容器、反应器和管路系统，都需要对焊缝和密封面进行致密性试验，常用方法有水压试验、气压试验、煤油试验等。

（3）无损检测　常见的一些无损检测方法有磁粉检测、渗透检测、超声波检测、X射线检测等。

（4）破坏性检验　破坏性检验主要包括焊缝的化学成分分析、金相组织分析和力学性能试验，主要用于科研和新产品试生产。

16.6 设备维护

16.6.1 设备验收的评估

焊接机器人包括机器人和焊接设备，设备的验收也要涵盖这两大部分的内容。对设备各部件的检查，要确保各部件无缺损、缺件、松动、损坏等问题。对电路连接进行检查，确保其规范可靠，有各种安全接地线。通过机器运转，检查设备能否正常工作，走动轨迹精度是否满足技术条件和使用要求，并且运转过程中，设备应无剧烈振动、发热及其他异常现象。

对于带有焊接夹具的焊接机器人，需要从夹具设计的安全性、工艺性、可靠性等方面进行评估。安全性包括焊接过程中夹具不能松动，组装的工件也不能有过大的窜动和掉落的风险，不能与机器人或其他设备干涉等。工艺性包括能够实现焊接过程中焊枪焊接工件的工艺所需角度、焊丝伸出长度、气体保护，夹具应有准确固定的定位装置，确保工件组装的一致性。可靠性包括夹具的强度、压块设计、螺栓或锁紧销均进行了校核且满足使用要求。

对设备的硬件检查确认没有问题以后，需要利用焊接机器人焊接试板，检测所编程序和焊接效果。利用试板编程，检测不同焊接位置的焊接效果，并进行对应的外观检测、其他必要的无损检测，甚至是破坏性试验等。条件允许的情况下，可选择具体产品进行试验，进行针对性更强的焊接效果评估。

16.6.2 外围设备故障分析

要使机器人能够用于焊接工件，还需要有相应的外围设备，并与焊接机器人集成为一个能够完成某种任务的基本系统或称为工作站。外围设备大致可分为机器人的底座，工件的固定台，工件的变位、翻转、移位装置，机器人的龙门机架、固定机架和移动装置等。工件的固定还需要有夹具。另外还可能需要配备焊枪喷嘴的清理装置，焊丝的剪切装置，焊钳电极的修整、更换装置等辅助设备。大部分机器人生产厂家都有自己的标准外围设备，可方便地与自家的机器人组合使用，但如果将它们与其他公司的机器人组合则会有一定的困难。

项目 17

机器人焊接

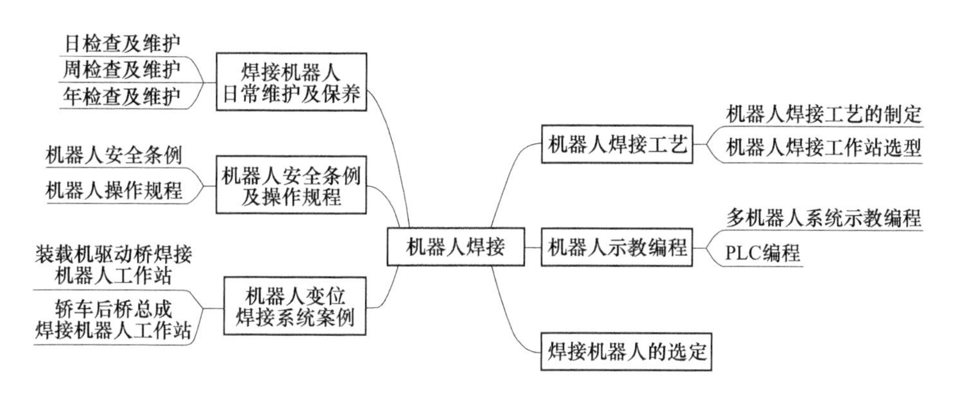

17.1 机器人焊接工艺

17.1.1 机器人焊接工艺的制定

弧焊机器人多采用的气体保护焊方法有 MAG 焊、MIG 焊和 TIG 焊，选择的焊接方法不同，对应的保护气体也有差别。MAG 焊采用的保护气为二氧化碳（20%）+氩气（80%），MIG 焊和 TIG 焊采用的保护气是氩气。焊接前需要将保护气调节至合适的流量。Cloos 焊接机器人的焊丝伸出长度一般为 15mm 左右，焊前需要根据材料的种类、母材的板厚、焊接位置等因素确定焊接电流、电压和焊接速度等参数。

17.1.2 机器人焊接工作站选型

凡是在焊接时工件可以不用变位，而机器人的活动范围又能达到所有焊缝或焊点位置，都可以采用简易焊接机器人工作站。因此，简易焊接机器人工作站是用于焊接生产的、最小组成的焊接机器人系统。这种工作站的投资比较低，特别适合于初次应用焊接机器人的工厂选用。由于设备操作简单，容易掌握，故障率低，所以能较快地在生产中发挥作用，取得较好的经济效益。即使是一条较为复杂的焊接机器人生产线，也常会组合几台简易焊接机器人工作站。

1. 简易弧焊机器人工作站

1）简易焊接机器人工作站可适用于不同的焊接方法，如熔化极气体保护焊（MIG、MAG、CO_2）、非熔化极气体保护焊（TIG）、等离子弧焊接与切割、激光焊接与切割、火焰切割及喷涂等。

2）简易弧焊机器人工作站一般由弧焊机器人（包括机器人本体、机器人控制柜、示教器、弧焊电源和接口、送丝机、焊丝盘支架、送丝软管、焊枪、防撞传感器、操作控制盘及各设备间相连接的电线、气管和冷却水管等）、机器人底座、工作台、工件夹具、围栏、安全保护设施和排烟罩等部分组成，必要时可再加一套焊枪喷嘴清理及剪丝装置，如图 17-1 所示。

3）简易弧焊机器人工作站的一个特点是焊接时工件只是被夹紧固定而不做变位，可见，除夹具须根据工件情况单独设计外，其他的都是标准的通用设备或简单的结构件。简易弧焊机器人工作站由于结构简单，只需购进一套焊接机器人，其他可自己设计制造和配套。但必须指出，这仅仅是就简易机器人工作站而言，对较为复杂的机器人系统最好还是由机器人系统集成公司提供成套交钥匙服务。

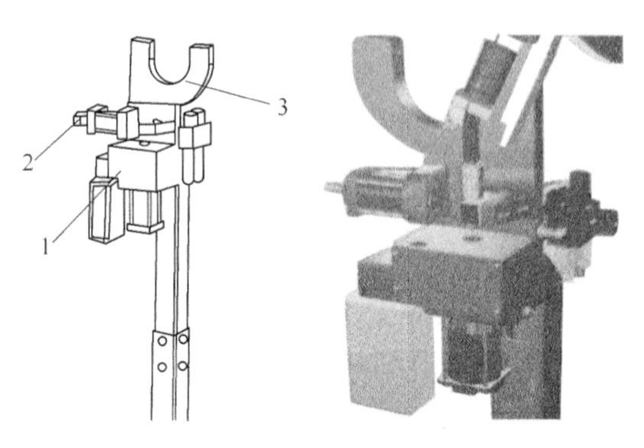

图 17-1　焊枪服务中心

1—焊枪清理器　2—剪丝机构　3—TCP 矫正单元

4）图 17-2 所示是一种简易弧焊机器人工作站的典型应用例子。由于焊缝是处于水平位置，工件不必变位；而且弧焊机器人的焊枪可由机器人带动做圆周运动完成圆形焊缝的焊接，不必使工件做自转，从而节省两套工件自转的驱动系统，可简化结构，降低成本。这种简易工作站采用两个工位（也可以根据需要采用更多的工位），并把工作台设计成以机器人第 1 轴为圆心的弧形，以便机器人能方便地到达各个工位进行焊接，如图 17-3 所示。

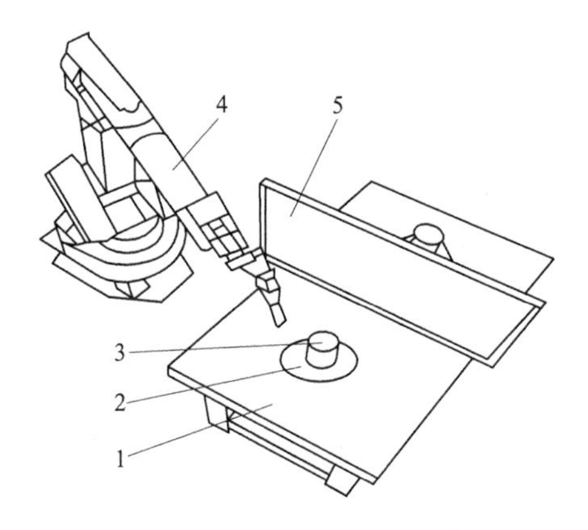

图 17-2　简易弧焊机器人工作站

1—工作台　2—夹具　3—工件　4—机器人　5—挡光板

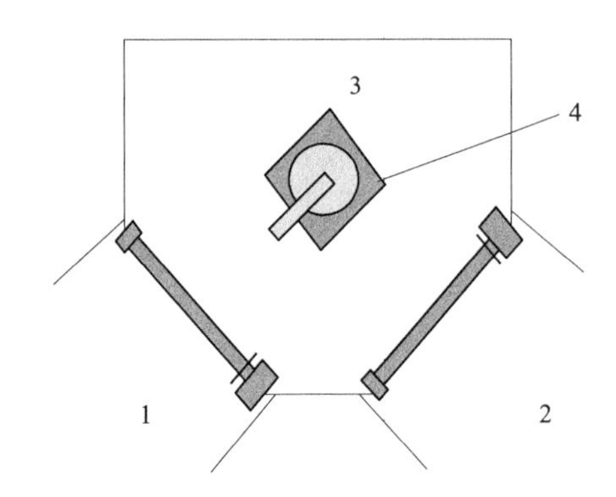

图 17-3　多工位简易弧焊机器人工作站

1—变位机 1　2—变位机 2　3—机器人工作区　4—机器人

5）在工作台上装两个或更多夹具，可以同时固定两个或两个以上的工件，一个工位上的工件在焊接，另外的在装卸或等待。工位件焊完，马上会自动转到已经装好待焊工件的工位上接着焊接。机器人就这样轮流在各操作人员将工件装夹固定好之后，按下操作盘上“准备完毕”的按钮，这时机器人正在焊接的工件用挡光板隔开，避免弧光及飞溅物对操作人员的伤害。这种工作站一般都采用手动夹具。机器人在三个工位间进行连续焊接，有效地提高其使用率，而操作人员轮流在各工位装卸工件。

2. 变位机与焊接机器人组合的工作站

变位机主要实现对工件位姿的变化。不同类型变位机和机器人的组合可以构建多种形式的焊接机器人工作站。如前所述，变位机有不同的自由度，变位机自由度越多，越容易与机器人配合形成更复杂的运动，但是同时变位机成本也会上升，用户需在成本与性能间权衡。变位机与机器人的组合分为两种：一种是两者分别运动，另一种是两者协调运动，需根据工件特点和设备能力进行选择。

（1）回转工作台+弧焊机器人工作站　如前所述，回转工作台是单轴复位机，类似的还有头尾架变位机、转胎等，其组成和控制方式类似。

1）系统组成。图 17-4 所示为一种较简单的回转工作台+弧焊机器人工作站的示意图。这种工作站与简易焊接机器人工作站相似，焊接时工件并不变换姿态，只是转换位置。因此，选用两分度的回转工作台（1 轴）只做正反 180° 回转，可用伺服电动机也可用气缸驱动。台面上装有 4 个气动夹具，可以同时装夹 4 个工件。用挡光板将台面分为两个工位，一个工位的工件在焊接，另一个工位的工件在装卸。焊完两个工件后工作台旋转 180°，将待焊件送入焊接区，而把焊完的工件转到装卸区。由于生产节拍的需要，本方案采用两台弧焊机器人分别焊接两个工件的组合形式。如果对节拍要求不是很紧，也可以只用一台机器人来焊两个工件。因为焊接两个工件才转一次台面，比只焊一件就要转一次更能节省辅助时间。由于装卸和焊接是同时进行的，可提高效率，操作人员也有充分的时间来装卸、检查工件。

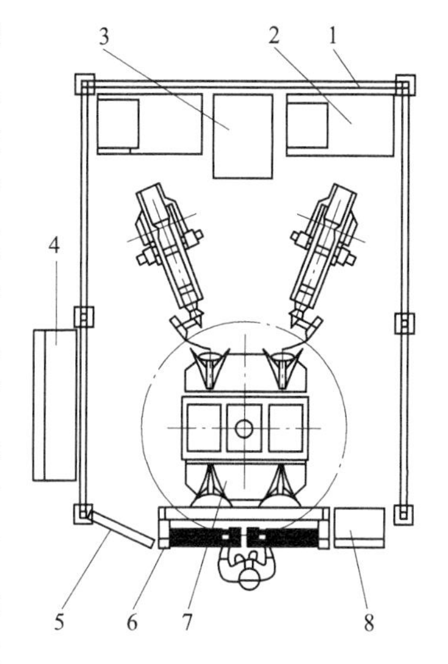

图 17-4　回转工作台+弧焊机器人工作站

1—安全围栏　2—机器人控制柜　3—焊接电源　4—工作台控制柜　5—门　6—安全光栅及装卸工件窗口　7—回转工作台及工件　8—操作盘

回转工作台与焊接机器人都固定在一块共同的底板上。它们不仅用螺钉拧紧还打上销钉，防止在运输或使用中设备相对位置发生窜动而使机器人焊出的焊缝偏离正确位置。这种用一块大的金属底板把机器人与外围设备固定在一起的方法，比分别用地脚螺钉直接固定在地面的方法更可靠，安装调试快捷。在其他形式的机器人工作站中也常采用这种方式。

2）回转工作台+弧焊机器人工作站的控制。回转工作台的运动一般不是由机器人控制柜直接控制的，而是由一个外加的可编程序逻辑控制器 PLC 来控制。

机器人控制柜控制机器人焊接完一个工件后，通过其控制柜的 I/O 接口给 PLC 一个信号，PLC 再按预定程序驱动伺服电动机或气缸体带动工作台回转。工作台回转到位后由接近开关反馈信号给 PLC。由于工作台只做 180° 回转，PLC 根据两个接近开关中的一个反馈信息来判断是 1 号夹具还是 2 号夹具进入焊接区，并将判断结果由 I/O 接口传给机器人控制柜，调出相应的程序进行焊接。即使两个夹具装的工件不一样或焊接不同的焊缝，机器人也能正确地焊接。这种控制方法在很多其他种类的机器人工作站中也常采用。

安全围栏的开口处装有安全光栅，这对有回转运动的工作台或变位机都是很重要的安全措施。因为操作人员的衣物有可能被钩住，在工作台回转时会发生人身安全事故，所以必须让控制系统在工作台回转时不断监视安全光栅的情况，一旦有人进入工作区，安全光栅被挡住，机器人立即停止运动。但变位机定位后，控制系统不再监控安全光栅，操作人员可以靠近台面进行装卸工件。

（2）旋转-倾斜变位机+弧焊机器人工作站

1）使用旋转-倾斜变位机，工件在焊接时既能做倾斜变位，又可做旋转（自转）运动，有利于获得好的焊接位置，保证焊接质量。变位机可以与机器人分时运动，也可以协调运动。当变位机与机器人分时运动时，外围设备一般是由 PLC 控制的，不仅控制变位机正反 180°回转，还要控制工件的倾斜、旋转或分度的转动。变位机在变位时，机器人是静止的，机器人运动时，变位机是不动的。

2）编程时，应先让变位机使工件上的接头处于所要求的位置，然后由机器人来焊接，再变位，再焊接，直到所有焊缝焊完为止。对于圆形工件上的圆形角焊缝或搭接焊缝，变位机使工件倾斜约 45°，使接缝处于船形位置并做自转，而机器人只是将焊枪以要求的姿态和位置停在接缝的上方进行焊接。

3）对于要求较大焊脚的焊缝，机器人可做横向摆动。如工件自转时接缝位置有较大的径向跳动，机器人可以运行电弧跟踪程序，使焊枪做相应的左右或上下调节以跟踪接缝。但这时由于工件做自转，焊枪只是在原位做摆动或上下左右调节并不走焊缝的轨迹。

4）由于焊接参数、摆动及跟踪由机器人控制柜来控制，而工件的自转速度（即焊接速度）是由 PLC 及伺服电动机的驱动电源控制的，编程时一定要注意调节好。

5）当变位机与机器人做协调运动时，一般需要由机器人控制柜控制。协调控制的本质是示教时同时记录机器人 TCP（工具中心点）和变位机的位姿，再现时机器人和变位机将其示教轨迹重现。

（3）导轨多工位机器人工作站　导轨可以扩展机器人的运动范围。采用导轨实现多工位机器人工作站如图 17-5 所示。

在焊接领域，导轨主要是用来承载机器人的。而在其他领域，也可能是机器人不动，工件在移动，在工件移动的同时完成相关操作，但无论如何，其原理是类似的。与变位机类似，导轨与机器人可以是分时运动，也可以是协调运动。分时运动只需将导轨运动和机器人焊接依序编程即可，协调运动与变位机协调运动类似。

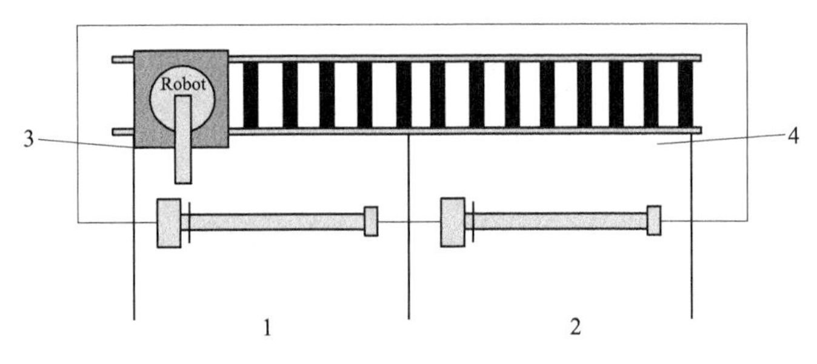

图 17-5　导轨多工位机器人工作站

1—工位 1　2—工位 2　3—机器人　4—导轨

（4）翻转变位机+弧焊机器人工作站

1）对于大型且需要翻转进行焊接的工件，采用翻转变位机进行焊接。由于工件较大，组装时较难做到尺寸一致性，因此，几乎每条焊缝焊接前都要先运行接触寻位，寻找并自动修正起焊点的位置，也几乎所有接缝都要运行电弧跟踪。

2）对大型工件提高装配精度，减少运行寻位的次数，对提高生产效率意义重大。对大型工件，有时机器人焊接和人工焊接相结合也是一种可选的方案。

（5）焊接机器人与周边设备做协调运动的工作站

1）随着机器人控制技术的发展和焊接机器人应用范围的扩大，与周边变位设备做协调运动的机器人工作站在生产中的应用也逐渐增多。由于各机器人生产厂商对机器人的控制技术（特别是控制软件）大多对外不公开，协调控制技术各厂商之间有较大的差别。

2）具有协调运动功能的机器人工作站大部分是由机器人生产厂商成套配置。例如，由专业工程开发单位设计周边变位设备，必须选用机器人公司提供的配套伺服电动机（码盘）及驱动系统。下面分别介绍这种工作站的特点和应用。

① 熔化焊过程中若能使整条焊缝各个点的熔池始终都处于水平或稍微下坡状态，焊缝外观最平滑、最美观，焊接质量也最好。但不是所有的焊缝都可以用普通变位机把整条焊缝都变位到这种理想状态下焊接，例如，球形或椭球形工件的径向焊缝、马鞍形焊缝或复杂形状工件的空间曲线焊缝等。为了使整条焊缝在焊接时都能使熔池处于水平或稍微下坡状态，焊接时变位机必须不断地改变工件的位置和姿态。也就是说，变位机在焊接过程中不是静止不动的，而是要做相应的运动，变位机的运动和机器人焊枪的运动必须能共同合成焊缝的轨迹，并保持焊接速度和焊枪姿态在要求范围之内，这就是机器人与周边设备（变位机）的协调运动。

② 近年来，采用弧焊机器人焊接的工件越来越复杂，对焊缝的质量要求也越来越高，生产中采用与变位机做协调运动的机器人系统也逐渐多起来。但必须指出，具有协调运动功能的机器人系统其成本要比普通机器人工作站高，用户应根据实际需要决定是否选用这种机器人系统。

③ 所有用伺服电动机驱动的外围变位设备都可能与机器人做协调运动，因为所用伺服电动机（码盘）和驱动单元是由机器人生产厂商配套提供的，而且机器人控制柜有与外围设备做协调运动的控制软件。

④ 机器人与变位机做协调运动的工作站在编程上与普通机器人工作站没有太大的差别。只是系统一旦进入协调运动状态，变位机的2个轴和机器人的6个轴便成为统一的整体，这时1个轴运动，另外7个轴也会做相应的运动，以保持机器人的工具中心点（TCP）与变位机的相对位置与姿态不变。

17.2　机器人示教编程

17.2.1　多机器人系统示教编程

多机器人系统示教编程需要先将不同机器人系统的程序编制完成，并确认程序无误，然后利用预留的接口将不同机器人系统的程序进行连接。连接后整体进行试运行，尤其是检查两个程序是否能够顺利连接，确认可以连接且相互连接的机器人都能够按照前期编写的程序运行。

17.2.2　PLC编程

PLC（Programmable Logic Controller）编程是一种数字运算操作的电子系统，专为在工业环境下应用而设计。它采用可编程序的存储器，用来在其内部存储执行逻辑运算、顺序控制、定时、计数和算术运算等操作的指令，并通过数字式、模拟式的输入和输出，控制各种类型的生产过程。可编程序逻辑控制器及其有关设备，都应按易于使工业控制系统形成一个整体，易于扩充其功能的原则设计。随着微处理器、计算机和数字通信技术的飞速发展，计算机控制已扩展到了几乎所有的工业领域。

现代社会要求制造业对市场需求做出迅速的反应，生产出小批量、多品种、多规格、低成本和高质量的产品，为了满足这一要求，生产设备和自动生产线的控制系统必须具有极高的可靠性和灵活性，PLC 编程正是顺应这一要求出现的，它是以微处理器为基础的通用工业控制装置。

PLC 是采用“顺序扫描，不断循环”的方式进行工作的。即在 PLC 运行时，CPU 根据用户按控制要求编制好并存于用户存储器中的程序，按指令步序号或地址号做周期性循环扫描，若无跳转指令，则从第一条指令开始逐条顺序执行用户程序，直至程序结束，然后重新返回第一条指令，开始下一轮新的扫描，在每次扫描过程中，还要完成对输入信号的采样和对输出状态的刷新等工作。

1. 工作原理

1）PLC 的一个扫描周期必经输入采样、程序执行和输出刷新三个阶段。

2）PLC 在输入采样阶段，首先以扫描方式按顺序将所有暂存在输入锁存器中的输入端子的通断状态或输入数据读入，并将其写入各对应的输入状态寄存器中，即刷新输入，随即关闭输入端口，进入程序执行阶段。

3）PLC 在程序执行阶段，按用户程序指令存放的先后顺序扫描执行每条指令，经相应的运算和处理后，将其结果再写入输出状态寄存器中，输出状态寄存器中所有的内容随着程序的执行而改变。

4）输出刷新阶段。当所有指令执行完毕，输出状态寄存器中的通断状态在输出刷新阶段送至输出锁存器中，并通过一定的方式（继电器、晶体管或晶闸管）输出，驱动相应输出设备工作。

2. 特点

PLC 编程的应用面广、功能强大、使用方便，已经成为当代工业自动化的主要装置之一，在工业生产的所有领域得到了广泛的使用，在其他领域（例如民用和家庭自动化）的应用也得到了迅速的发展。

3. 语言类型

PLC 的用户程序是设计人员根据控制系统的工艺控制要求，遵照 PLC 编程语言的编制规范，按照实际需要使用的功能来设计的。只要用户能够掌握某种标准编程语言，就能够在控制系统中使用 PLC，实现各种自动化控制功能。

根据国际电工委员会制定的工业控制编程语言标准（IEC 1131-3），PLC 有五种标准编程语言：梯形图语言（LD）、指令表语言（IL）、功能模块语言（FBD）、顺序功能流程图语言（SFC）、结构化文本语言（ST）。这五种标准编程语言，十分简单易学。

（1）梯形图语言　梯形图语言是 PLC 程序设计中最常用的编程语言，它是与继电器线路类似的一种编程语言。由于电气设计人员对继电器控制较为熟悉，因此，梯形图编程语言得到了广泛的欢迎和应用。梯形图编程语言的特点是：与电气操作原理图相对应，具有直观性和对应性；与原有继电器控制相一致，电气设计人员易于掌握。梯形图编程语言与原有的继电器控制的不同点是，梯形图中的能流不是实际意义的电流，内部的继电器也不是实际存在的继电器，应用时，需要与原有继电器控制的概念区别对待。

（2）指令表语言　指令表编程语言是与汇编语言类似的一种助记符编程语言，和汇编语言一样由操作码和操作数组成。在无计算机的情况下，适合采用 PLC 手持编程器对用户程序进行编制。同时，指令表编程语言与梯形图编程语言图一一对应，在 PLC 编程软件下可以相互转换。指令表编程语言的特点是：采用助记符来表示操作功能，具有容易记忆，便于掌握的特点；在手持编程器的键盘上采用助记符表示，便于操作，可在无计算机的场合进行编程设计；与梯形图有一一对应关系，其特点与梯形图语言基本一致。

（3）功能模块语言　功能模块语言是与数字逻辑电路类似的一种 PLC 编程语言，采用功能模块图的形式来表示模块所具有的功能，不同的功能模块有不同的功能。功能模块图编程语言的特点：以功能模块为单位，分析理解控制方案简单容易；功能模块是用图形的方式表达功能，直观性强，对于具有数字逻辑电路基础的设计人员很容易掌握编程；对规模大、控制逻辑关系复杂的控制系统，由于功能模块图能够清楚表达功能关系，使编程调试时间大大减少。

（4）顺序功能流程图语言　顺序功能流程图语言是为了满足顺序逻辑控制而设计的编程语言。编程时将顺序流程动作的过程分成步和转换条件，根据转换条件对控制系统的功能流程顺序进行分配，一步一步地按照顺序动作。每一步代表一个控制功能任务，用方框表示。在方框内含有用于完成相应控制功能任务的梯形图逻辑。这种编程语言使程序结构清晰，易于阅读及维护，大大减少编程的工作量，缩短编程和调试时间，用于系统的规模较大，程序关系较复杂的场合。顺序功能流程图编程语言的特点：以功能为主线，按照功能流程的顺序分配，条理清楚，便于对用户程序理解；避免了梯形图或其他语言不能顺序动作的缺陷，同时也避免了用梯形图语言对顺序动作编程时，由于机械互锁造成用户程序结构复杂、难以理解的缺陷；用户程序扫描时间也大大缩短。

（5）结构化文本语言　结构化文本语言是用结构化的描述文本来描述程序的一种编程语言，它是类似于高级语言的一种编程语言。在大中型的 PLC 系统中，常采用结构化文本来描述控制系统中各个变量的关系。主要用于其他编程语言较难实现的用户程序编制。

结构化文本编程语言采用计算机编程语言的描述方式来描述系统中各种变量之间的各种运算关系，完成所需的功能或操作。大多数 PLC 制造商采用的结构化文本编程语言与 BASIC 语言、PASCAL 语言或 C 语言等高级语言相类似，但为了应用方便，在语句的表达方法及语句的种类等方面都进行了简化。结构化文本编程语言的特点：采用高级语言进行编程，可以完成较复杂的控制运算；需要有一定的计算机高级语言的知识和编程技巧，对工程设计人员要求较高，直观性和操作性较差。

17.3　焊接机器人的选定

焊接机器人按照用途分，可以分为弧焊机器人和点焊机器人。

1. 弧焊机器人

弧焊机器人在通用机械、金属结构等许多行业中得到广泛应用，如图 17-6 所示。弧焊机器人是包括各种电弧焊附属装置在内的柔性焊接系统，而不只是一台以设定的速度和姿态携带焊枪移动的单机。在弧焊作业中，焊枪应跟踪工件的焊道运动，并不断填充金属形成焊缝。因此，运动过程中速度的稳定性和轨迹精度是两项重要的指标。一般情况下，焊接速度约取 5~50mm/s，轨迹精度约为±0.2~0.5mm。另外，焊枪姿态对焊缝质量也有一定的影响，因此希望在跟踪焊道的同时，焊枪姿态的可调范围尽可能大。

对于小型、简单的焊接作业，机器人有四到五个轴即可胜任；对于复杂工件的焊接，采用六轴焊接机器人时，调整焊枪姿态比较方便；对于特大型工件的焊接作业，为加大工作空间，有时把关节型机器人悬挂起来，或者安装在移动平台上使用，还可以配合变位机以适应复杂工件的焊接。

2. 点焊机器人

点焊机器人主要应用于汽车工业领域，如图 17-7 所示。一般装配每辆汽车车体大约需要完成 3000~4000 个焊点，而其中 60%是由机器人完成的。

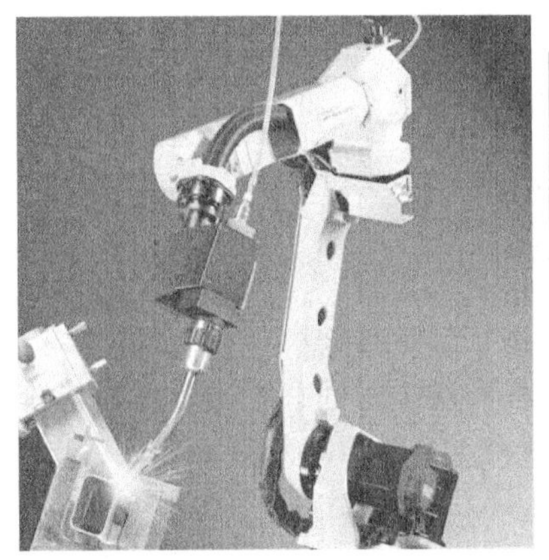

图 17-6　弧焊机器人

图 17-7　点焊机器人在汽车领域的应用

17.4　机器人变位焊接系统案例

17.4.1　装载机驱动桥焊接机器人工作站

1. 工作站系统构成

装载机驱动桥焊接机器人系统，其基本结构是由弧焊机器人本体、焊接电源、变位器、卡盘、尾座、调整顶进滑座、系统控制箱及其他外围设备组成的，如图 17-8 所示。

2. 安全防护

焊接机器人手臂的动作范围在半径为 1400mm 的圆形范围内，可对驱动桥的任何位置进行焊接，系统中设置 1 个焊接工位，为改善操作者的工作环境并确保操作人员的人身安全，在系统中设置有安全防护栏。该防护栏设有光电保护、门开关等安全保护装置并与焊接机器人具有联动互锁功能。

3. 焊接工装

焊接工装一端采用自动定心的自定心卡盘，另一端采用顶尖定位、夹紧工件。顶尖的移动通过顶进滑座调整尾座的位置实现，既可用于定位夹紧工件，又可适应工件长度的变化。

4. 作业过程

操作人员用专用行车吊将工件吊入焊接工装位置，工件一端插入自定心卡盘，并将工件

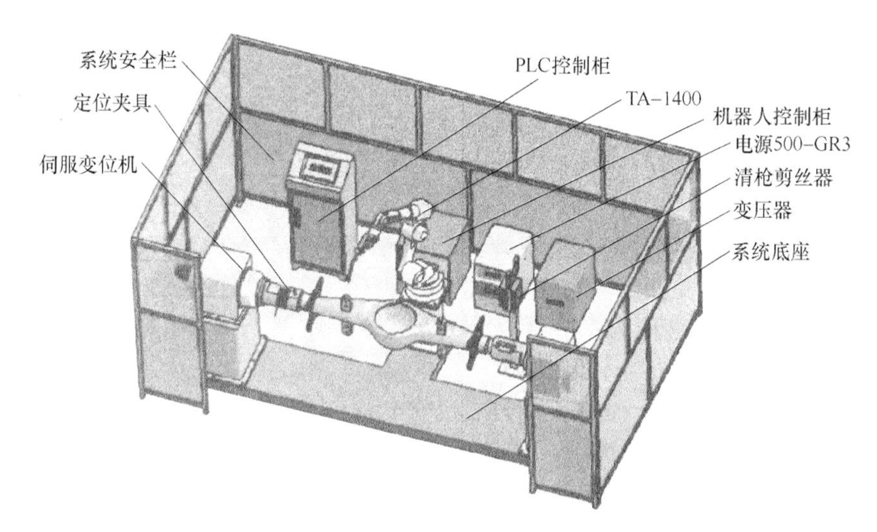

图 17-8 装载机驱动桥焊接机器人系统

初步夹紧，另一端用尾座顶紧工件，松开吊装绳，将工件可靠定位夹紧。操作人员起动焊接机器人系统，焊接机器人自动确定焊接位置并开始自动焊接，按预先编制好的程序实现各个焊缝的起弧、焊接（摆动）、收弧的整个焊接过程。对于不同位置的焊缝，变位器转速可自动调节。装载机驱动桥工件焊缝位置，如图 17-9 所示。

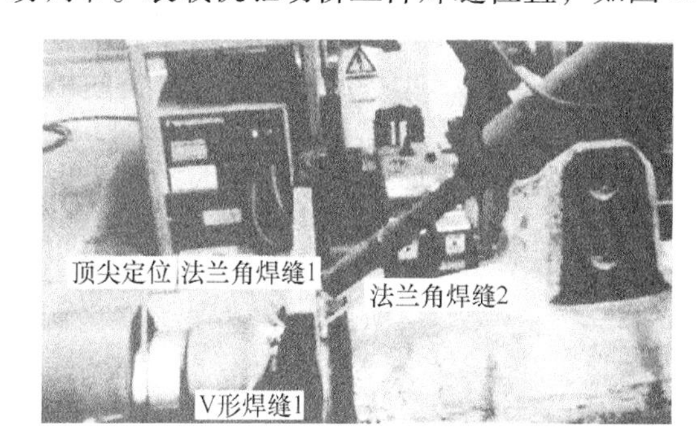

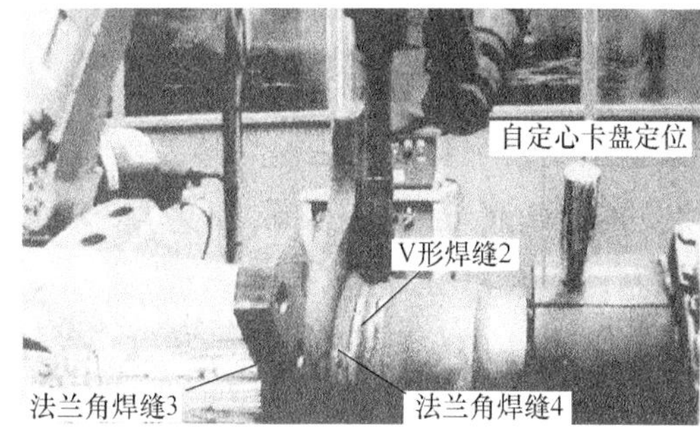

图 17-9 装载机驱动桥工件焊缝位置

17.4.2 轿车后桥总成焊接机器人工作站

1. 工作站系统构成

该套焊接系统主要由可同时工作的 2 台焊接机器人，1 套 1000kg 外部轴变位机，2 套 500kg 外部轴变位机，2 套夹具及各种保护装置等部分构成，如图 17-10 所示。

2. 工作站系统特点

1）采用协调软件可实现两台机器人之间以及机器人与外部轴之间的同步协调运动。因为采用双机器人同时焊接，所以可以达到较佳的焊接条件、较佳的焊接姿势、较高的焊接质量及较高的生产效率。

2）在机器人工作过程中可进行工件的装卸，一个工位焊接时，另一个工位装卸，工件装卸所需时间不包含在生产节拍内，所以可实现高生产效率。

3）采用了预约起动方式，工件装卸结束，按预约起动，机器人焊接结束后工作台可自动旋转，作业者可离开。

4）系统具有多种自动保护功能，在工件夹紧定位没有结束时，机器人焊接操作不能进行（有传感信号反馈给控制部分）。

图 17-10　轿车后桥总成焊接机器人系统

后桥总成有左右两个边管，后桥总成由左右后摆杆支架、套筒、前摆杆支架组成，边管工件焊缝位置如图 17-11 所示。

系统为垂直翻转两工位焊接，各工位分别装有不同的夹具各一套。后桥总成如图 17-12 所示。焊接时两台机器人与一轴变位器配合完成该工位的焊接。机器人在工位 1 进行焊接时，操作人员把被焊工件安装到工位 2 夹具上，用气动夹具夹紧工件，然后按下焊接系统主操作盒的预约起动按钮；当机器人在工位 1 完成焊接后，垂直变位装置自动翻转变位 180°，机器人在工位 2 进行焊接，这时操作人员可在工位 1 进行工件装卸。

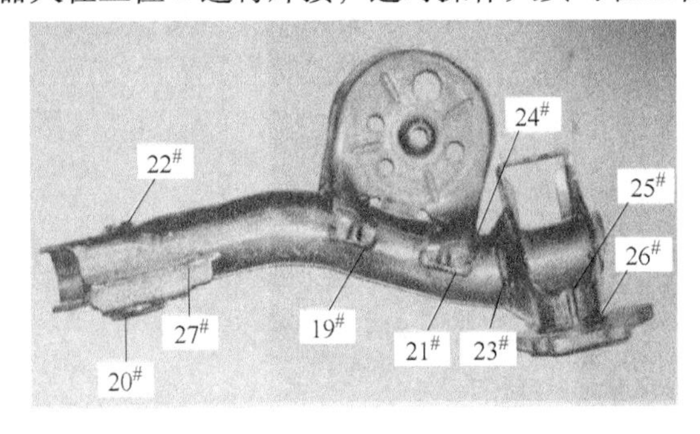

图 17-11　边管工件焊缝位置图示

图 17-12　后桥总成

17.5　机器人安全条例及操作规程

17.5.1　机器人安全条例

1. 安装和维修机器人作业时，应关闭总电源（断路器）

在进行机器人的安装、维修和保养时，切记要将总电源关闭。带电作业可能会产生致命性后果，如不慎遭高压电击，可能会导致心跳停止、烧伤或其他严重伤害。

2. 与机器人保持足够的安全距离

严禁无关人员在机器人工作范围内活动，没有防护栏的机器人系统应设定安全警戒线，机器人工作时，所有人员应撤离到安全线以外。

工作人员在调试与运行机器人时，机器人可能会执行一些意外的或不规范的动作，并且，所有的运动都会产生很大的力量，从而严重伤害个人或损坏机器人工作范围内的任何设备，所以，应时刻保持警惕与机器人保持足够的安全距离。

3. 静电放电的防范

ESD（静电放电）是电动势不同的两个物体间的静电传导，它可以通过直接接触传导，也可以通过感应电场传导。由于未接地的人员可能会传导大量的静电荷，这一放电过程可能会损坏敏感的电子器件。因此，非专业人员禁止随意触碰控制器内线路板上的元器件。在有静电放电标识的情况下，要做好防静电工作（穿防静电服、使用防静电工具等）。

4. 紧急停止

紧急停止优先于机器人任何其他控制操作，它会断开机器人伺服电动机的电源，停止所有运行，并切断由机器人系统控制且存在潜在危险的功能部件的电源。出现下列情况时应立即按下任一紧急停止按钮（红色按钮）。

1）机器人运动时，工作区域内有工作人员。

2）机器人将要伤害工作人员或损伤机器设备。

5. 灭火

发生火灾时，请确保全体人员安全撤离后再行灭火。应首先处理受伤人员。当电气设备（如机器人或控制器）起火时，使用二氧化碳灭火器，切勿使用水或泡沫灭火。

6. 工作中的安全

机器人移动速度可能很快，并且很重、力度很大，运动中的停顿或停止都会产生危险，即使可以预测运动轨迹，但外部信号有可能改变操作，会在没有任何警告的情况下，产生预想不到的运动。因此，当进入机器人工作范围时，务必遵循所有的安全条例。

1）如果在机器人工作范围内有工作人员时，停止操作或手动操作机器人系统。

2）当人员必须进入通电的机器人工作范围时，另一个人请拿好示教器，以便随时控制机器人。

3）注意旋转或运动的工具，如切削工具和锯，确保在接近机器人之前，这些工具已经停止运动。

4）注意工件和机器人系统的高温表面，因为机器人的电动机长期运行后温度会很高。

5）注意夹具并确保夹好工件，如果夹具打开，工件会脱落并导致人员伤害或设备损坏。夹具非常有力，如果不按照正确方法操作，也会导致人员伤害。

6）注意液压、气压系统及带电部件。即使断电，这些电路上残余的电量也很危险。

7. 示教器的安全

示教器是一种高科技的手持式终端，其零部件非常昂贵，为避免操作不当引起的故障或损伤，在操作时应小心慎重，做到以下几点：

1）机器人的示教器在任何情况下的摔打、磕碰都有可能造成其损坏。抛掷或重击示教器更会导致其破损或故障。在停止示教时，要将它挂到专门存放它的指定位置上，以防意外摔到地上，如图 17-13 所示。

2）示教器的控制电缆线应顺放在人踩踏不到的位置，并留有宽松的距离，使用时应避免用力拉拽和踩踏控制电缆。示教器使用后，要将电缆盘好挂在示教器电缆挂钩上，防止踩踏和焊接飞溅物烫伤。

3）切勿划伤或磨损显示屏，造成显示模糊不清。

4）定期清洁示教器屏幕，使其保持清洁。使用软布蘸少量水或中性清洁剂轻轻擦拭，切忌使用溶剂、洗涤剂或擦洗海绵清洁。

5）示教器没有连接 USB 设备时，务必盖上 USB 端口保护盖。端口长时间暴露在灰尘中会使它发生中断、接触不良等故障。

8. 手动模式下的安全

在手动模式下，机器人的空走速度设定在中速（10m/min）移动。初学者必须在安全设定数据之内工作，应始终以中、低速进行操作示教。

图 17-13　示教器悬挂示意图

9. 自动模式下的安全

自动模式用于生产或试验中运行机器人程序。在自动模式操作情况下，常规模式暂停机制、自动模式停止机制和上级停止机制都要处于可控状态。

10. 检查、维护及保养

机器人应定期检查、保养、清洁，发现异常问题要及时处理解决，以保证机器人在正常情况下使用。避免用潮湿的抹布擦拭机器人、示教器和控制柜。

11. 注意警示牌

装贴在机器人上的警示牌要遵照执行，忽视这些警示可能会造成人身伤害和设备损坏，安全注意事项分为“危险”“注意”“强制”“禁止”四类警示。

17.5.2　机器人操作规程

1）机器人送电程序，先闭合总开关电源，再闭合机器人变压器电源开关，接着闭合焊接电源开关，最后旋开机器人控制柜电源。

2）机器人断电程序，先关闭机器人控制柜电源，然后断开焊接电源开关，其后断开机器人变压器电源，最后关断总电源开关。

3）机器人控制柜送电后，系统启动（数据传输）需要一定时间，要等待示教器的显示屏进入操作界面后再进行操作。

4）操作机器人之前，须指导教师在场并同意。所有人员应退至安全区域，机器人动作范围以外。

5）示教过程中要将示教器时刻拿在手上，不要随意乱放，左手套进示教器挂带里，避免失手掉落。电缆线顺放在不易踩踏的位置，使用中不要用力拉拽，应留出宽松的长度。

6）厂家从操作者安全角度考虑，已预先设定好一些机器人运行数据和程序，初学者未经许可不要进入这些菜单进行更改设置，以免发生意外。操作中如遇到异常提示，应及时报告指导教师处理，不要盲目操作。

7）编程现场要做到光线充足，通风良好。操作者的眼睛与工件之间的观测距离应保持在 100~500mm 之间，程序编好后，用跟踪操作逐点修改，检查行走轨迹和各种参数准确无误后，旋开保护气瓶的阀门，然后，按亮示教器上的检气图标，调整流量计的悬浮小球至适当位置后，关闭检气，把示教器的光标移至程序的起始点。

8）进行焊接作业前，先将示教器挂好，钥匙旋转到“Auto”侧，打开排烟除尘设备，穿戴好焊接防护服，手持面罩，按下机器人起动按钮。观察熔池时，避免眼睛裸视或皮肤外露而被弧光灼伤，发现焊接异常应立刻按下停止按钮，并做好记录。

9）机器人动作中如遇危险状况时，应及时按下紧急停止按钮，使伺服电动机断电，以免造成人员伤害或物品损坏。

10）结束操作后，将模式开关旋转到“Teach”侧，放空气管内的残余气体，将机器人归为初始零位，退出示教程序，关断除尘器设备电源，关闭保护气瓶上的气阀，然后按照机器人断电程序操作。最后，把示教器的控制电缆线盘好，将示教器挂在指定的位置，清理完作业现场、检查无安全隐患后离开。

17.6　焊接机器人日常维护及保养

17.6.1　日检查及维护

1）送丝机构。包括送丝力矩是否正常，送丝导管是否损坏，有无异常报警。

2）气体流量是否正常。

3）焊枪安全保护系统是否正常（禁止关闭焊枪安全保护工作）。

4）水循环系统工作是否正常。

5）测试 TCP 点是否准确（做一个尖点，编制一个测试程序，每班在工作前运行检查）。

17.6.2　周检查及维护

1）擦拭机器人各轴。

2）检查程序点的精度。

3）检查清渣油位。

4）检查机器人各轴零位是否准确。

5）清理焊机水箱后面的过滤网。

6）清理压缩空气进气口处的过滤网。

7）清理焊枪喷嘴处杂质，以免堵塞。

8）清理送丝机构，包括送丝轮、压丝轮、导丝管。

9）检查软管束及导丝软管有无破损及断裂（建议取下整个软管束，用压缩空气清理）。

10）检查焊枪安全保护系统是否正常，以及外部急停按钮是否正常。

17.6.3　年检查及维护

1）检查控制箱内部各基板接头有无松动。

2）内部各线有无异常情况（如通断情况，有无灰尘，各接点情况）。

3）检查本体内配线是否断线。

4）机器人的电池电压是否正常。

5）机器人各轴的电动机制动是否正常。

6）5 轴的传动带松紧度是否正常。

7）4、5、6（腕部）轴减速器加油（机器人专用油）。

8）各设备的电压是否正常。

项目18

焊接技术管理

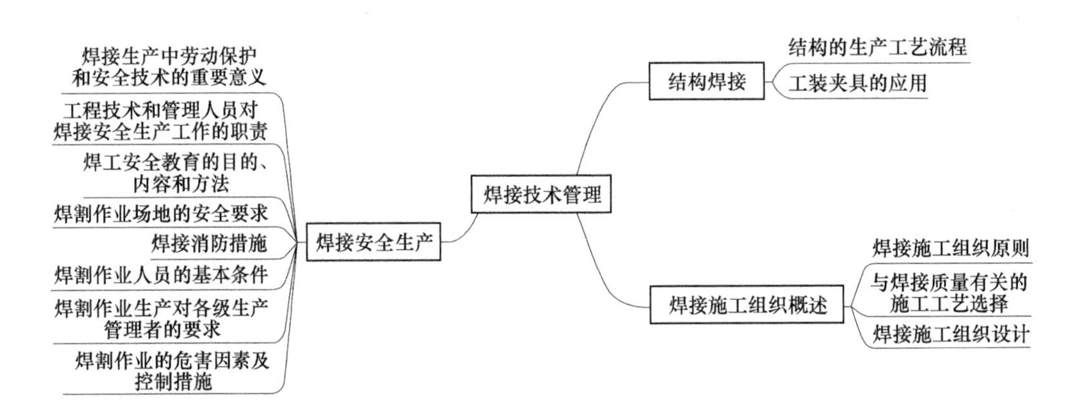

焊接技术管理工作的内容一般包括焊接施工管理、焊接安全技术管理、焊接工艺评定管理、焊工培训管理、焊接质量管理、焊接热处理管理、焊接工程验收管理、焊接工程监理等。可以看出，焊接技术管理工作的内容大部分是质量管理工作的内容，其根本目的就是保证焊接质量。

18.1　结构焊接

18.1.1　结构的生产工艺流程

各种结构的制作工艺过程中都要使用不同的工装。结构不同，所采用的工装也不同，多数工装一般都采用焊接工装，一个较大的焊接工装，就是一个焊接结构。因此，要设计焊接工装，必须了解焊接结构的生产工艺流程、所用设备及工艺装备。

1. 焊接结构的生产工艺流程框图

焊接结构与铆接结构相比，有较高的强度和刚度，较低的结构重量，而且施工方便。因此，在机器制造中，它已基本替代了铆接结构。船体、车辆底盘、起重及挖掘等机械的梁、柱、桁架、吊架、锅炉及各种容器等现在都已采用焊接结构。

虽然焊接结构式样繁多，但其生产工艺流程大致相同，其工艺流程如图18-1所示。

2. 焊接结构生产的主要工序

成形加工以前的工序总称为备料。它包括钢材复验、钢材矫正、放样划线、切割加工和成形加工等五道工序。

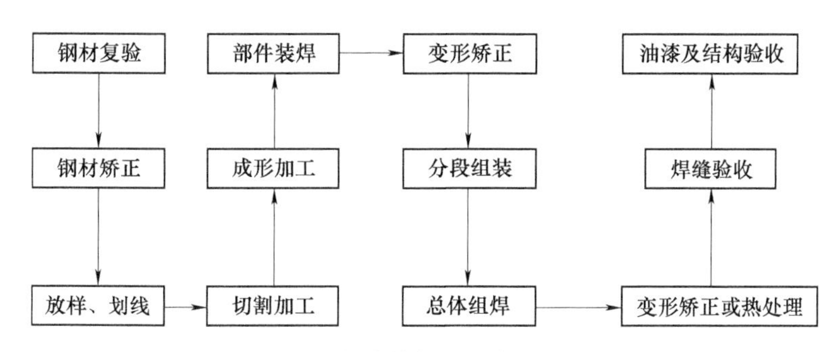

图 18-1　焊接结构的生产工艺流程

（1）钢材复验　焊接结构使用的材料主要是钢材，即钢板和型钢，型钢是指具有一定截面形状的轧制钢材，如角钢、槽钢、工字钢、圆钢等。

钢材入厂时应有完整的质量证明书，并且应以批号为单位（同一炉号、同一规格，同一工艺过程，包括同一热处理制度）。为了确保产品质量，在使用前应对每一批钢材进行必要的化学成分和力学性能的复验，以保证符合其牌号所规定的、质量证明书上保证的要求。复验的项目和数量按有关产品的技术要求标准进行，如果复验不合格，可对不合格项目取双倍试样再次进行检验，若仍不合格，则该批钢材作不合格论。

（2）钢材矫正　钢材在轧制、运输、堆放过程中，常会产生凹凸不平或弯曲、扭曲、波浪变形等现象，特别是薄钢板及截面积小的型钢，更容易发生变形。这些变形的存在，将使划线达不到所要求的精确度，并能妨碍自动气割机的切割工作。轧制钢材下料前的允许偏差值见表 18-1。

凡变形超过允许偏差值的钢材，在划线之前必须进行钢材的矫正。常用机械矫正的分类及适用范围见表 18-2。

表 18-1　轧制钢材下料前的允许偏差值　　（单位：mm）

偏差名称	简　图	允许值
钢板，扁钢的局部挠度		$S \geq 14$ 时，$f \leq 1$ $S<14$ 时，$f \leq 1.5$
角钢、槽钢、工字钢、圆钢的直线度		$f \leq L/1000 \ngtr 5$
角钢两支的垂直度		$\Delta \leq b/100$
工字钢、槽钢翼缘的倾斜度		$\Delta \leq b/80$

表 18-2　机械矫正的分类及适用范围

类别		简　图	适用范围
拉伸机矫正		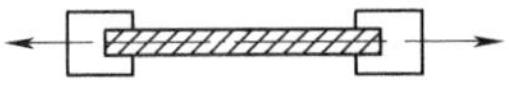	薄板瓢曲的矫正 型钢扭曲的矫正 管子、带钢和线材的矫正
压力机矫正		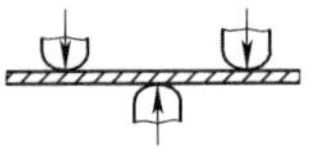	板材、管子和型钢的局部矫正
辊式机矫正	正辊	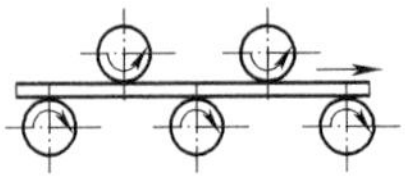	板材、管子和型钢的矫正
	斜辊	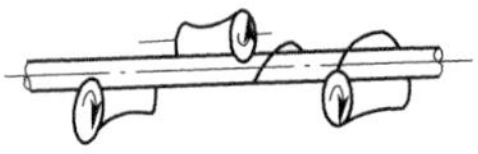	圆截面、管子和圆钢的矫正
		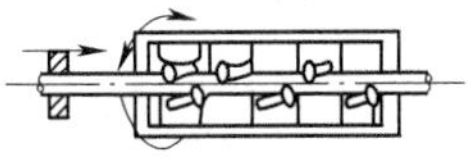	圆截面薄壁管的精矫
		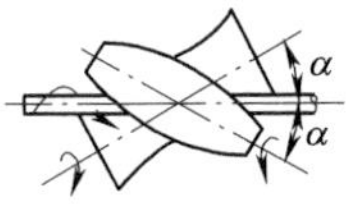	圆截面厚壁管和圆钢的矫直

常用的矫正设备有钢板矫正机、型钢矫正机、撑直机、管子矫直机等。

1）钢板矫正机。钢板矫正机是利用多辊对钢板进行正、反多次弯曲而将钢板矫平的机器，如图 18-2 所示。矫正机的下辊筒为主动辊筒，由电动机带动各个辊筒旋转。上辊筒为被动辊筒，用以压紧板料，钢板越不平时，压力就加得越大。上辊筒的两旁是导向辊筒（F_1、F_n），不施加压力，在于使钢板通过时正确引入中间的工作辊筒。为防止上、下辊筒的弯曲，还装有上、下支承辊筒。

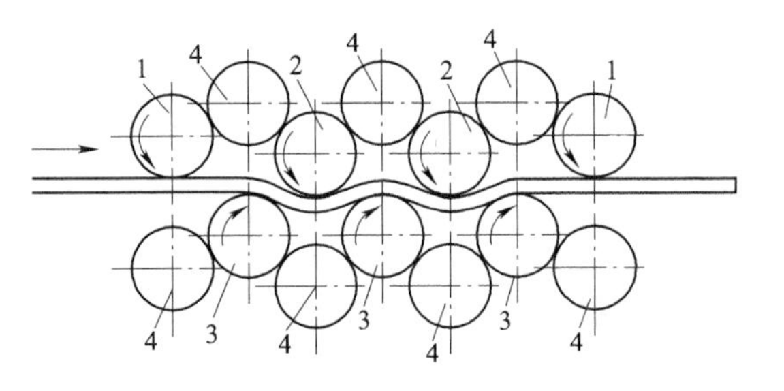

图 18-2　钢板矫正机的作用原理
1—上工作辊筒　2—导向辊筒
3—下工作辊筒　4—下支承辊筒

扁钢和小块钢板也可在矫正机上矫平，只要将扁钢和小块钢板放在一块衬垫的钢板上一起进行辊矫，如图 18-3 所示。

矫正的质量取决于辊筒的数量和钢板的厚度。辊筒越多，矫正的质量越高。

常用的辊筒 $n=5\sim9$。钢板越厚，越容易矫平，薄钢板的矫平可参照扁钢和小块钢板的方式，也可将数块薄板叠在一起进行辊矫。

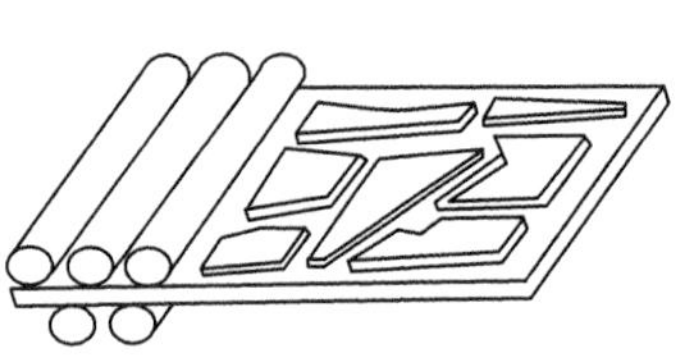

图 18-3　小块钢板辊矫

2）型钢矫正机。型钢矫正机用来矫直型钢，其作用原理与钢板矫正机相同，仅是辊筒有着与被矫正型钢轮廓相适应的辊形，矫正槽钢和角钢所用的辊筒辊形，如图 18-4 所示。

3）撑直机。撑直机用来矫直或弯曲型钢。它主要由两个支撑和一个推撑组成，如图 18-5 所示。

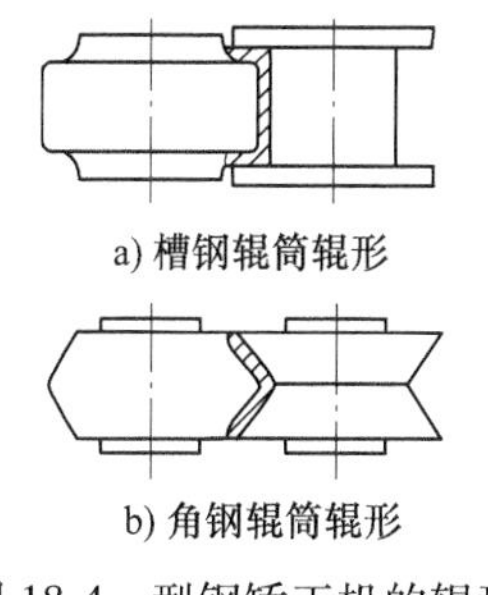

图 18-4　型钢矫正机的辊型

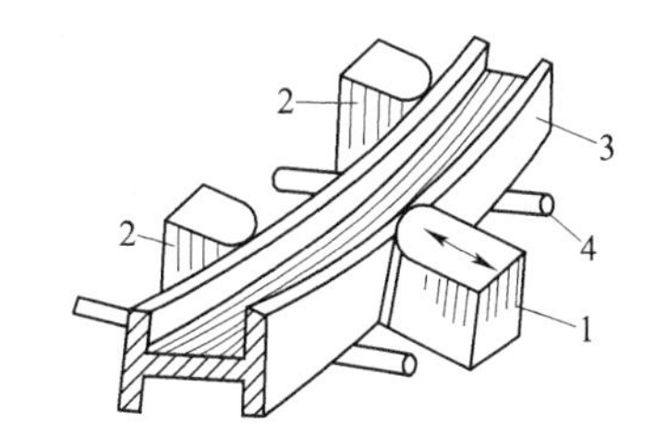

图 18-5　撑直机的工作原理

1—推撑　2—支撑　3—被矫型钢　4—滚轮

由电动机驱动通过减速齿轮使推撑做水平往复运动，支撑与推撑之间的距离、支撑与支撑之间的距离可由支撑外侧的手轮来调节，工作台的两边各装有一个滚轮，被矫型钢可放在滚轮上移动。

撑直机工作时，推撑不断地运动着，实现撑直或弯曲型钢。

（3）放样、划线

1）放样。放样是将图样上结构的形状和尺寸展开成平面的形状和尺寸，以 1∶1 的比例在放样台上画出其平面形状，制成样板，供划线使用。

2）划线。划线是将构件的展开平面形状与尺寸画到钢材上，并标注加工符号。批量生产时可以利用样板进行划线，单件生产时可以在钢材上直接放样再划线。

（4）切割加工　切割加工分下料切割和边缘加工两部分。

下料切割。下料切割就是在钢板、型钢和管子上按划出的线对它们进行分离切割，加工成所需的坯料或零件。常用的方法有锯削、剪切、冲裁和气割等。

1）锯削。锯削时用锯对材料进行分离的一种切割方法，一般用来切割各类型材和管子。常用的锯削机床有弓锯床、圆片锯床和砂轮切割机。弓锯床是利用锯条做往复运动进行锯削的设备，被广泛用来锯削中、小型型材和管子。圆片锯床是利圆锯片做旋转运动对材料进行锯削的下料机床，功能和弓锯相似，但效率较高，常用来切断中、小型型材和管子。砂轮切割机是利用砂轮片做旋转运动，对材料进行锯削的下料机床，可用来锯削弓锯床较难切割的高强度钢（如耐热钢，低合金高强度钢，不锈钢），同时由于其设备简单，也被广泛应用于锯削直径在 50mm 以下的管子及弯管后余量的切除。砂轮切割机的工作原理，如图 18-6 所示，扳动手柄时，将砂轮片往下移动，即能切割工件。

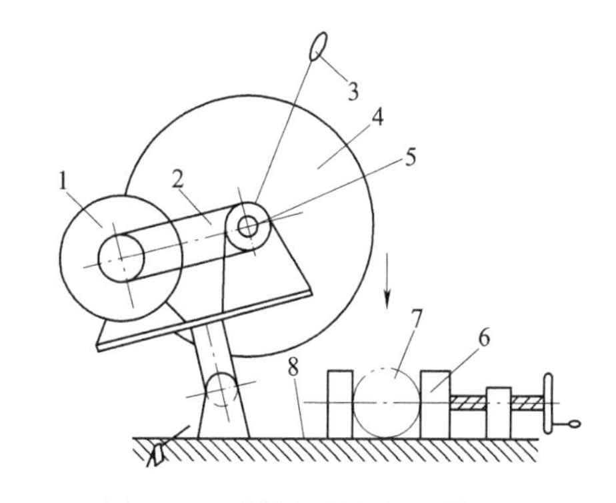

图 18-6　砂轮切割机的工作原理

1—电动机　2—带传动机构　3—手柄　4—砂轮片　5—主轴　6—夹紧装置　7—工件　8—底座

2）剪切。剪切是利用剪刀片对材料进行切断的切割方法。剪切具有经济效率高、切口光洁、在材料分离过程中无切削的一系列优点，所以应用十分广泛。剪切的基本原理与剪刀剪切相似，剪切设备有龙门剪板机、斜剪机、联合剪切机和双盘剪切机等。龙门剪板机适用于长直线形钢板的剪切，最长剪切长度可达5m，其特点是送料简单、使用方便，剪切速度快，沿钢板直线轮廓还可剪切方形、平行四边形、梯形和三角形等各种直线组合几何形状。常用的龙门剪板机型号是Q11—13×2500，可剪切最大板厚为13mm，最大宽度为2500mm的低碳钢。斜剪机可以剪切外形呈曲线的钢板。

由于受龙门剪板机剪刀片长度的限制，如果要剪切超过剪刀片长度的钢板时，就会出现劳动强度高、工效低、剪切质量差等缺点。联合剪切机是将斜剪机与冲孔装置组合在一起，成为一台机床，可以用来冲孔和剪切钢板，若利用各种剪型钢的模具，还可以用来切断各种型钢（如工字钢、槽钢、角钢、圆钢和其他异形钢），操作形式有脚踏式和手扳式两种，使用时操作方便，经济效率较高。双盘剪切机的刀片是由上、下两个呈锥形的圆盘组成，圆盘的位置是倾斜的，并且可以调节，这种剪切机主要用于薄钢板曲线的剪切。用剪切机剪切时，切口平面附近的钢材会产生冷作硬化现象，冷作硬化深度的深浅根据被剪金属材料的厚度而不同，一般可达2~4mm。因此，重要结构零件的边缘在剪切后应刨去2~6mm，以消除冷作硬化的影响。

3）冲裁。冲裁是利用压力机借助一定形状的模具对坯料进行冲压，使其产生分离的加工方法，也称板料冲压，它包括落料、冲孔和修整三个工序。落料是为了获得冲下的工件，冲孔是冲出来需要的孔，而掉下的材料为废料。

4）气割。气割是利用可燃气体与氧气混合燃烧的预热火焰，将切割金属加热到燃点，然后喷射切割氧，使切口处的金属激烈燃烧，并吹除燃烧后产生的金属氧化物，而把金属分割开来的方法。与剪切相比，其特点是可切割的金属厚度较大，可切割的零件不受几何形状的限制，能切割空间任意位置的零件，设备简单。但切割薄板及直线形工件的生产率和经济性不如剪切。因此，通常规定厚度在16mm以上的直线切割和厚度在6mm以上的曲线切割才采用气割。气割按操作控制方法的不同，分手工气割、半自动气割、靠模自动气割、光电跟踪气割、数控气割等多种形式。手工及半自动气割目前应用得最普遍；靠模自动气割是根据零件外形所制成的靠模板而进行自动气割，适用于批量生产的小零件；光电跟踪气割是沿钢板的下料线，或者直接沿着图样上的线条进行自动气割；数控气割是把放样、划线和气割等工序编成数字程序输入专用计算机，由切割系统控制气割机头进行自动气割。对于不锈钢、非铁金属材料等不能用氧气切割的材料，可采用等离子弧切割，目前用等离子弧切割不锈钢的最大厚度可达180mm，切割铝合金的最大厚度达250mm。

边缘加工。对工件进行边缘（包括坡口）加工，使边缘得到所需的形状、尺寸、精度和粗糙度。边缘加工的目的是：除去剪切边缘冷作硬化层，修整气割边缘、达到一定的设计和工艺要求，为焊接和装配作好边缘准备。

通常边缘加工是在工件成形前进行的。但对于压制成形件、厚壁卷圆筒节、大直径弯管件和精度要求较高的工件，则应在成形和矫正后进行。

边缘加工的方法主要有：氧气切割（或等离子弧切割）和机械切割两种，有时也用手工磨削。加工坡口的设备有：刨边机、风动工具、金属切割机床、气割设备和自动碳弧气刨机等。

大型板材通常在刨边机上进行单边刨削或在龙门刨床上进行边缘加工，也可用气割设备加工坡口。

经过较圆的筒节、封头和大直径管子可用端面车床、立式车床或镗床等金属切削机床进行边缘加工，也可用氧气切割设备。例如，用封头余量切割机代替立式车床，对管子、封头和筒节的端面做平面和倾斜切割。氧气切割的工效高、成本低，但切割后工件表面的粗糙度和精度比用机械切削要差，需用砂轮进行修磨。

（5）成形加工　对有不同角度或曲面要求的零件或构件，选择折边、弯曲、压制、钻孔等方法，使钢材产生塑性变形，以达到所需的形状，这个工序称为成形加工。通常在常温下进行的成形加工称为冷成形。如果构件变形度或刚度较大，则需把钢材加热到800～1100℃高温才能进行，称为热成形。

1）折边。即把工件折个角度。槽形工件的折边工艺，如图18-7所示。图18-7a为零件形状，首先用直臂式模具将外边折弯，如图18-7b，再用曲臂式模具将内边折弯，如图18-7c。利用不同的模具，能够折弯成各种工件断面，如图18-8所示。折边常用的设备有摆梁式弯曲机和折弯压力机（折边机）等，后者除折边外，还可压形和冲孔。

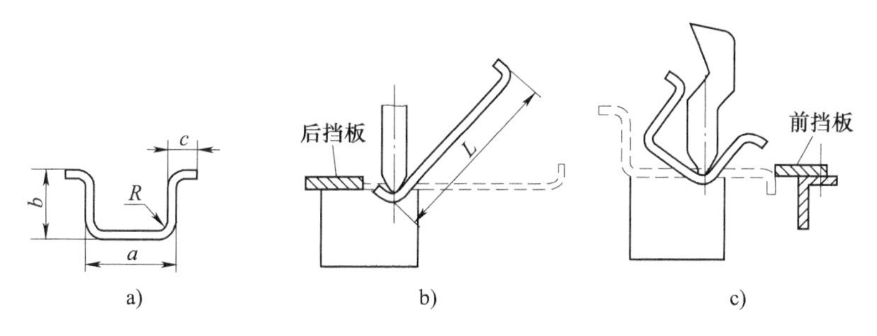

图18-7　槽形工件的折边工艺

2）弯曲。弯曲包括弯板、弯管和型钢的弯制等。

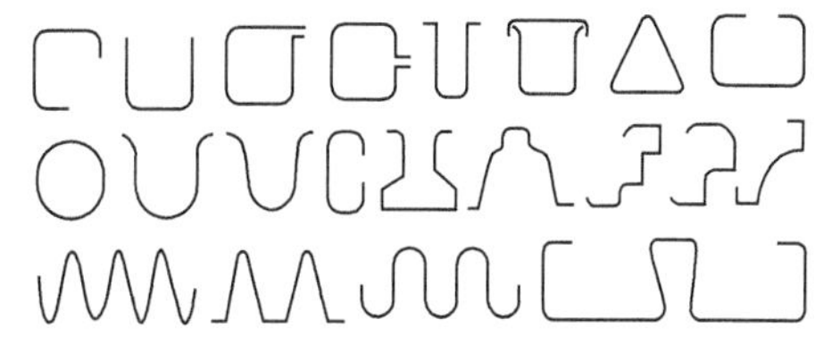

图18-8　典型折边工件断面

弯板是将钢板在冷态或热态下弯制成圆柱形或圆锥形筒体，所用设备是三辊卷板机和四辊卷板机。三辊卷板机的工作原理如图18-9所示。下辊是主动辊，上辊能做垂直升降运动调整距离，因此能卷制不同半径和板厚的筒节。板材的弯曲是借助于上辊向下辊移动后产生的压力，使板材发生塑性变形来达到的。板材沿着下辊旋转的方向向前移动，并带动上辊旋转。板材随着辊筒，做多次来回旋转，便能获得所要求的曲率。三辊卷板机的缺点是接合处有直段，会形成尖桃形，因此，卷制前需要进行预弯。四辊卷板机的工作原理，如图18-10所示。上辊是主动辊，下辊能做垂直升降运动调整距离，侧辊是辅助辊，可以沿着箭头所示的方向进和退。板材进行弯曲时被压紧在上、下辊之间，随着辊筒的旋转，板材向前移动。同时，两侧辊推进，对板材施加压力，使板材产生塑性变形。辊筒多次来回旋转，便能获得所要求的曲率。在四辊卷板机上，不但可以卷圆，而且可以进行板材边缘的预弯。按卷制温度的不同，卷板可以分成冷卷、热卷和温卷三种形式。

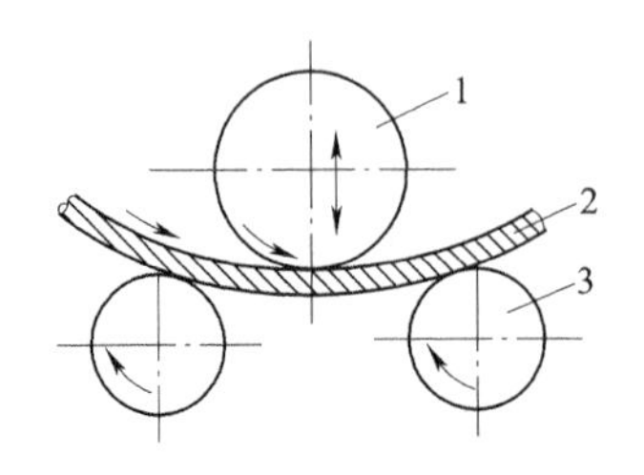

图 18-9　三辊卷板机工作原理

1—上辊　2—板材　3—下辊

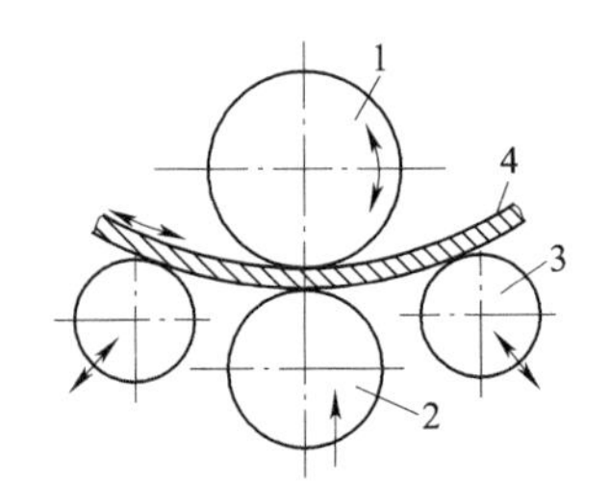

图 18-10　四辊卷板机工作原理

1—上辊　2—下辊　3—侧辊　4—板材

冷卷是在常温下卷制，适用于薄板和中厚板。冷卷在操作上比较方便，曲率容易控制，而且经济，但对较厚的板材要求设备功率较大，并易产生冷作硬化现象，卷制时板材有回弹现象。

热卷是指在温度不低于 700℃时进行的卷制，常用于厚板。热卷的卷板机功率消耗要比冷卷少，并能防止材料的冷作硬化现象，也没有回弹现象。所以热卷筒节只要控制好坯料的下料尺寸，卷制到闭合即可。热卷的缺点是板材被加热到高温，表面会产生较严重的氧化皮；高温状态下劳动条件差，操作有一定的困难；板材壁厚有轧薄现象；工件表面氧化皮会脱落到工件和辊筒之间，易使内、外表面卷制出严重的麻点和凹坑等表面缺陷。

温卷是指将板材加热到 500～600℃进行的卷制，与冷卷相比，板材有稍大的塑性，可以减少冷卷脆断的可能性和降低卷板机的负荷。与热卷相比，可减轻因氧化皮而引起的筒节表面缺陷和改善操作条件。不足之处是，成形后的筒节内存在因卷制而引起的内应力，根据要求有时需要进行消除应力的热处理。

弯管是将管子弯制成一定的平面角度或空间角度，通常在弯管机上进行。根据弯制时管子的温度，可分为冷弯和热弯两种。

冷弯又分有芯冷弯和无芯冷弯两种。有芯冷弯是指在弯曲时，在管子的内弯曲变形处插入一根定直径的芯棒，在一定程度上可以防止弯头内侧形成皱折，并能减小管子的椭圆度。缺点是由于采用了芯棒，使操作复杂，劳动强度大，芯棒与管子内壁的摩擦，会使内壁拉毛；弯头外侧壁厚减薄量增加；弯管功率较大，并且对小口径管子不适用。

无心冷弯就是将空心管直接在弯管机上进行弯曲，无心冷弯的优点是没有芯棒，弯管时管内也不必涂油，简化了工序，提高了生产效率；管壁减薄量少；内壁不会机械损伤，质量较高；为弯管的机械化、自动化创造了条件，广泛用来弯制 $\phi32$～$\phi108$mm 的各种直径管子。常用管子冷弯机的示意图，如图 18-11 所示。

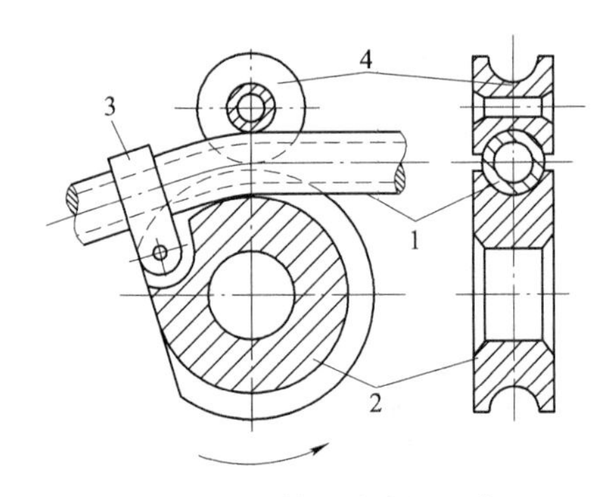

图 18-11　管子冷弯机示意

1—管子　2—工作扇轮　3—夹头　4—辊热弯通

热弯常在一次性生产、弯头数量极少、制造冷弯模具不经济，没有弯管设备或弯管设备功率不足等情况下采用，热弯多数是用来弯制大口径管子。常用的方法有中频热弯和火焰热弯两种。中频热弯是利用一台特殊的中频加热弯管机，将管子放在具有强大中频电磁场的感应圈宽度范围内（一般为10~20mm），管子被均匀加热到900~1000℃，随即将管子的加热部分弯曲，感应圈内的冷却水还向前喷射冷却已弯曲段的管子。这样，加热区被限制在一狭窄范围内，前后均处于冷却状态。当管子在弯管机内进行弯曲时，只有在这狭窄的加热区发生弯曲变形，这样局部区域的加热-弯曲-冷却连续进行下去，就完成了整个弯头的弯制工作。中频加热弯管机的工作原理，如图18-12所示。工作时，管子被夹持在夹头内，转臂的转动带动管子，使之弯曲成形。可由调节夹头与旋转中心的相对距离调节弯曲半径的大小。这种弯管机可弯制180°弯头，但弯制后弯头外侧壁厚减薄量较大。火焰热弯是利用氧乙炔焰通过火焰加热对管子进行局部的弯曲，达到热弯各种管子的目的。与中频热弯相比，火焰热弯的设备简单、投资小、成本低，耗电量少。但温度控制较困难，生产效率低，一般适用于弯曲大口径管子的弯头。

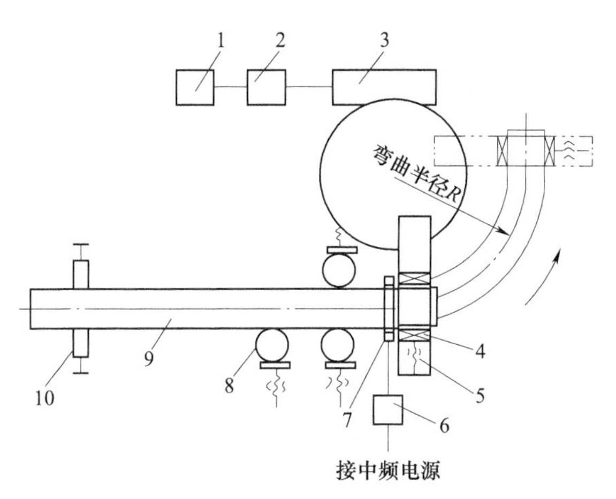

图18-12　中频加热弯管机工作原理

1—调速电动机　2—减速器　3—蜗杆　4—夹头　5—转臂　6—变压器　7—感应圈　8—导向滚轮　9—管子　10—滚轮架

型钢弯曲是将工字钢、槽钢、角钢、扁钢或圆钢弯曲成所需要的形状。常用设备是卷板机和专门的型钢弯曲机。在卷板机上弯曲时，需在卷板机辊筒上安装与型材截面形状相吻合的钢套滚轮或弯曲模，其具体操作可按照钢材卷制筒节的弯曲方法进行。

利用型钢弯曲机弯制型钢是常用的方法，型钢弯曲机配有成套的滚轮，按弯曲型钢的形状，可以更换相适应的滚轮。常用的滚轮是倾斜排列的，呈锥体的形状，可在同一滚轮上弯曲不同的型钢。

3）压制成形。压制成形是以金属板材为坯料，利用安装在压力机上的冲压模具，使板料变形，得到一定形状的机器零件的加工方法，常用于筒体封头、瓦片筒节、封头人孔翻边的制造。封头的压制通常在水压机或油压机上进行，以水压机用得最普遍，封头的压制成形如图18-13所示。将坯料加热到预定的温度后，把它放在下模上，并与下模对中，下模是一个圆环。然后开动水压机，使活动横梁下降，直至上模与坯料钢板平面接触，再加压，由于上模的形状与封头的形状相一致，随着上模的下压，坯料就包在上模表面，通过下模后即成形。常用钢材的加热和冲压规范，见表18-3。此外，封头亦可采用旋压成形，如图18-14所示。旋压时先用一台专用压力机将坯料压成蝶形，如图18-14a所示，完成封头的大曲率弧形，然后放置在立式旋压机上将蝶形坯料缩口，完成封头的小R部位和直段，如图18-14b所示。旋压成形的设备较简单，胎模安装方便，适应于单件小批量生产。压制工艺的特点是可以获得其他加工方法不能或难以制造的零件，压制成形后的工件一般不需要

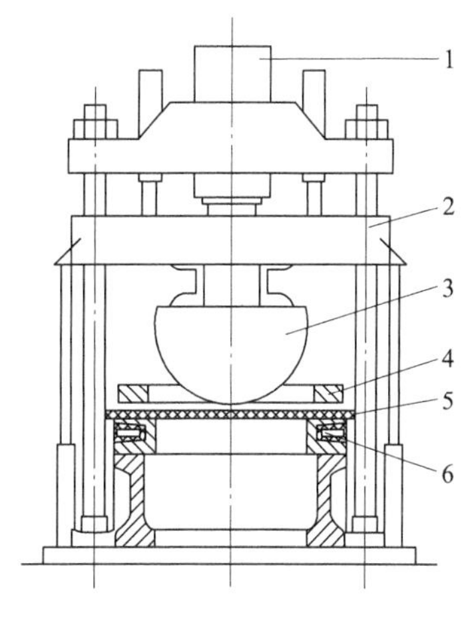

图18-13　封头压制

1—工作罐　2—活动横梁　3—上模　4—压边圈　5—坯料　6—下模

对成形部位进行机械加工，成形部位的尺寸精度较高，稳定性好并具有一定的互换性，在材料耗费不大的情况下，可获得强度高、刚度大而重量轻的工件，并且便于实现机械化和自动化，生产率高，操作方便。缺点是对于厚大件需要有专门的压力设备，如大型水压机，而这些设备往往价格昂贵。

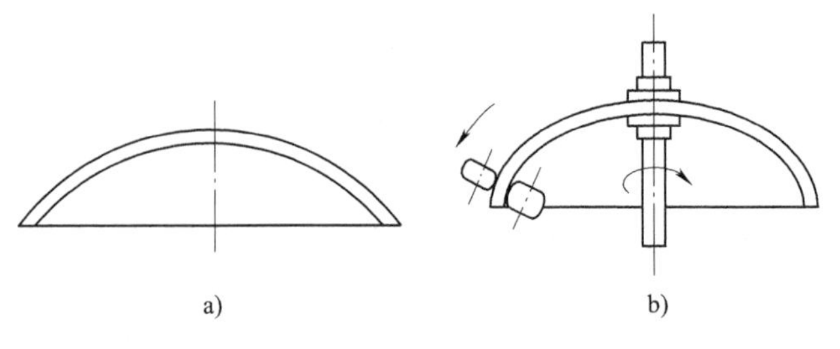

图 18-14　旋压封头

4）钻孔。钻孔是金属构件的一个重要加工方法。钻孔常用设备是固定钻床和摇臂钻床。摇臂钻床跨度可达到 3m 以上，钻孔孔径可达 50～90mm，因此，生产面积大，适应性强。孔多、批量大时，用钻模板可提高钻孔率。

表 18-3　常用钢材的加热和冲压规范

钢材牌号	加热温度/℃	冲压温度/℃	终压温度/℃
Q235，Q235R，20g，22g	950～1050	950～1000	≮700～730
16MnR，16MnCu	950～1050	950～1000	≮800
18MnMoNb	1000～1050	1000	≮800
12CrMo，15CrMo	950～1000	950～1000	750～800
1Cr18Ni9Ti	1050	1000～1050	800～850

（6）构件的装配-焊接　根据图样、有关工艺文件和技术条件的规定，将零件用焊接定位或其他连接方法装在一起的工序称为装配。

1）构件的装配-焊接的特点。金属结构件的装配-焊接，不同于其他装配方法，而有其自身的特点。

① 由于结构件的零件都是由原材料经过划、剪、割、矫正、卷和弯等工序制成的，零件精度低，互换性差。装配时，某些零件可能需经选配和调整，必要时还得用气割、批錾或砂轮机进行修整。所以在装配时要注意将组件、部件或产品的整体偏差（如对接偏差）控制在技术条件允许的范围内。

② 金属构件都采用焊接进行连接，因此，装配-焊接后如发现问题，就不能拆卸成原来的零件，这些问题若不能返修，就会导致整个产品的报废。所以对装配顺序和质量应有周密和严格的要求。生产过程中，事先应充分了解图样的技术要求，装配时严格按有关工艺文件进行。

③ 由于装配时需伴有大量的定位焊缝，装配后还有大量的焊接工作量，所以装配时应掌握焊接应力和构件变形的特点，并采取适应措施以防止或减少变形量，提高装配质量。

④ 对体积庞大和刚性较差的构件，装配时应适当考虑加固措施。某些超出制造现场加工和运输能力的大型产品，需分组出厂，在工地总装。

⑤ 装配-焊接时应尽量利用焊接变位机和焊接胎卡具，以保证焊接质量和提高生产率。

2）典型构件的装配-焊接。金属构件的装配-焊接方法、种类和形式繁多，对同一种构件也可以有不同的装配方式。其选择原则是：在保证质量和下道工序可能的条件下，尽可能省工、省时和省力。

① 筒节环缝的装配-焊接。筒节的环缝装配，可以立装也可以卧装。立装容易保证质量，效率高和占场地小，适用于筒壁较薄、直径较大的筒节装配；筒壁较厚或重量较重的筒节应采取在专用的滚轮架上进行卧式装配。装配时将两个筒节分别置于固定滚架和可调滚轮架上，移动可调滚轮架可以调整焊缝间隙。旋转螺杆可使筒节上升或降低或做径向水平移动，以调整坡口和错边，局部偏差可用斜楔来调整。

每节筒节装配好后，再进行封头装配。此时先装配一只封头，然后进行内环缝的自动焊，焊毕后，再装配另一只封头，形成一条终接环缝。通常终接环缝内部以焊条电弧焊进行封底，所以应开深度较浅的焊条电弧焊坡口。如果封头上中间有人孔，则可以将自动焊机头拆下，从人孔中伸入，终接环缝的内缝也可以进行自动焊。有的筒体很长，自动焊的内环缝装置从封头一端达不到对面封头的环缝处时，可将终接环缝设在筒体的中间，两边的筒体内环缝焊完后，再进行终接环缝的装配，此时终接环缝的内缝通常采用焊条电弧焊。内环缝焊完后再一次进行外环缝的焊接，并一次焊成。

② 梁、柱的装配-焊接。装配梁、柱的胎架，如图 18-15 所示。各种梁、柱的结构种类很多，几种常见截面形状梁、柱的装配-焊接顺序，见表 18-4。

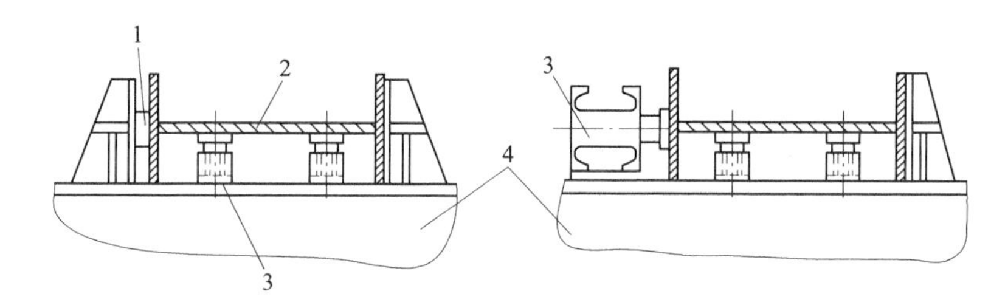

图 18-15　梁、柱装配

1—调速电动机　2—减速器　3—蜗杆支撑或螺栓顶铁　4—平台

表 18-4　常见截面形状梁、柱的装配-焊接顺序

名称	截面形状	装配-焊接顺序
单腹板梁		装件 1、2、5→焊接→矫正→装件 3、4→焊接→矫正
型钢梁		装件 1、2、3→焊件 3→矫正→装件 4→焊接→矫正→装件 5→焊件 5
		装件 1、2→焊接→矫正→装件 3→焊接→矫正

（续）

名称	截面形状		装配-焊接顺序
型钢梁	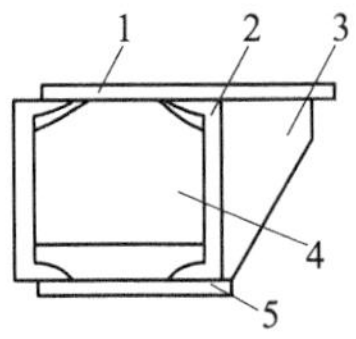 1 2 3 4 5		装件 1、2、4→焊件 4→矫正→装件 5→焊接→矫正→装件 3→焊件 3→矫正
双腹板梁	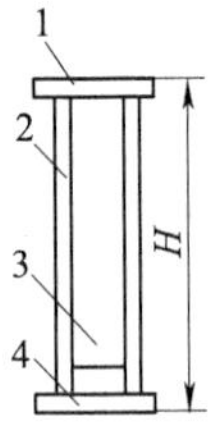 1 2 3 4 H	H=1000~1600mm	装件 2、3→焊接→矫正→装件 1→焊接→矫正→装件 4→焊接→矫正
		H<1000mm	装件 1、2、3→焊接→矫正→装件 4→焊接→矫正

3）焊后残余变形的矫正。矫正的方法有机械矫正和火焰矫正两大类，应根据工厂的设备条件、构件的形状和性质、工人的操作水平等具体进行选择。

4）质量检验。质量检验是保证焊接结构产品质量的主要措施。质量检验包括原材料入厂复验、产品外形几何尺寸检查、力学性能检查、无损检测、压力试验等，应针对产品选择相应的检验方法。

5）除锈、油漆。焊接结构成品在出厂前，应清除表面的铁锈、氧化皮等污物，最后涂上油漆。油漆即能防锈，保护产品，又能使产品外观美观。

18.1.2　工装夹具的应用

工装，即工艺装备，是指制造过程中所用的各种工具的总称，包括刀具、夹具、模具、量具、检具、辅具、钳工工具和工位器具等。工装为其通用简称，分为专用工装、通用工装、标准工装。夹具又称卡具，从广义上说，在工艺过程中的任何工序，用来迅速、方便、安全地安装工件的装置，都可称为夹具。例如焊接夹具、检验夹具、装配夹具等。

工装夹具是一种装夹工件的工艺装备，起到定位和夹紧的作用，使工件与刀具或焊具等设备处于相对稳定的位置，从而达到加工和安装的目的，其广泛用于机械加工、装配、检验、热处理、焊接等工艺过程中。

夹具如焊接夹具、检验夹具等在航空航天、造船、汽车、桥梁、建筑、金属结构的生产制造中都被广泛应用，为我国的工业经济发展做出了重要贡献。以焊接夹具为例，在实际的组装焊接生产中会出现难以控制的一面，如焊接带来的变形、应力难以消除，质量难以保证，精度不好达到设计要求等问题。为了解决这些问题，制造行业中已经在广泛地研究和应用焊接工装夹具来解决这些难题。因此，在目前制造业激烈竞争的今天，工装夹具是焊接件装配中的重中之重。在车间制造生产中无论是小的组焊工件，还是大型组焊设备，多数都需要用组焊工装夹具来完成组装焊接。常见的组装焊接夹具有：小型组合件组装焊接夹具，H型钢组装焊接夹具，焊接翻转夹具，槽壳类设备组装焊接夹具，汽车制造组装焊接夹具，箱体、容器类设备组装焊接夹具等。根据焊接件的结构特点设计合理的焊接组装夹具，在实际的生产中可以为企业提高生产效率、减轻工人劳动强度、缩短生产周期、提高企业的经济效益，同时焊接工装夹具的使用可以加快焊接生产机械化，促进自动化进程。

1. 常见焊接工装夹具的主要作用

1）准确、可靠的定位和夹紧，可以减轻甚至取消下料和划线工作。减小制品的尺寸偏差，提高了零件的精度和可换性。

2）有效地防止和减少了焊接变形。

3）使工件处于最佳的施焊部位，焊缝的成形性良好，工艺缺陷明显降低，焊接速度得以提高。

4）以机械装置代替了手工装配零件部位时的定位、夹紧及工件翻转等繁重的工作，改善了工人的劳动条件。

5）可以扩大先进的工艺方法的使用范围，促进焊接结构的生产机械化和自动化的综合发展。

随着我国制造行业的迅猛发展，工装夹具在设备制造生产中广泛地应用，工装夹具不仅可以保证产品制造精度，还能够提高劳动生产率，减轻工人的劳动强度，降低企业的制造成本，保证车间的安全生产，为企业创造更高的经济效益。

2. 工装夹具知识

（1）工装夹具的设计原则（一般工装夹具设计的基本原则）

1）满足使用过程中工件定位的稳定性和可靠性。

2）有足够的承载或夹持力度以保证工件在工装夹具上进行的施工过程。

3）满足装夹过程中的简单与快速操作。

4）易损零件必须是可以快速更换的结构，条件充分时最好不需要使用其他工具进行。

5）满足夹具在调整或更换过程中重复定位的可靠性。

6）尽可能地避免结构复杂、成本昂贵。

7）尽可能选用市场上质量可靠的标准品组成零件。

8）满足夹具使用国家或地区的安全法令法规。

9）设计方案遵循手动、气动、液压、伺服的顺序选用原则。

10）形成公司内部产品的系列化和标准化。

（2）夹具设计

1）夹具设计的基本要求：工装夹具应具备足够的强度和刚度；夹紧的可靠性；焊接操作的灵活性；便于焊件的装卸；良好的工艺性。

2）工装夹具设计准备：夹具设计任务单；工件图样及技术条件；工件的装配工艺规程；夹具设计的技术条件；夹具的标准化和规格化资料，包括国家标准、工厂标准和规格化结构图册等。

3）夹具设计的步骤：确定夹具结构方案；绘制夹具工作总图阶段；绘制装配焊接夹具零件图阶段；编写装配焊接夹具设计说明书；必要时，还需要编写装配焊接夹具使用说明书，包括机具的性能、使用注意事项等内容。

总之，大多数焊接工装夹具是为某种焊接组合件的装配焊接工艺而专门设计的，属于非标准装置，往往需要根据产品机构特点、生产条件和实际需要自行设计制造。焊接工装夹具设计是生产准备工作的重要内容之一，也是焊接生产工艺设计的主要任务之一。工装夹具设计的质量，对生产效率、加工成本、产品质量以及生产安全等有直接的影响，为此，设计时必须考虑实用性、经济性、可靠性等。

（3）工装夹具制造

1）工装夹具制造的精度取决于夹具元件的功用及装配要求，通常情况下可将夹具元件分为四类：

① 第一类是直接与工件接触，并严格确定工件的位置和形状的，主要包括接头定位件、V形块、定位销等定位元件。

② 第二类是各种导向件，此类元件虽不与定位工件直接接触，但它确定第一类元件的位置。

③ 第三类属于夹具内部结构零件相互配合的夹具元件，如夹紧装置的各组成零件。

④ 第四类是不影响工件位置，也不与其他元件相配合，如夹具的主体骨架等。

2）保证产品的形状和尺寸精度符合图样和技术要求。

① 必须使被装配的零件或部件获得正确的位置和可靠的夹紧，并在焊接时能防止焊件产生变形。

② 夹具结构应开敞，工人操作方便，焊接易接近工作处，必要时可在夹具骨架上切去影响的部分。

③ 应使装配焊接工作在最有利的状态下进行，如焊接应在平焊位置等。

④ 夹具有足够的刚度，且重量要轻，凡是受力的各种器件，都应该有足够的强度和刚度。

⑤ 工件可靠定位、定位夹紧应迅速，从夹具上取出工件应方便。

⑥ 要降低夹具的制造成本，应尽量使用标准化夹具元件，易磨损件便于更换。

⑦ 由于焊接热的作用，夹具的定位件和夹紧件等距焊缝应有一定的距离，以避免因受热产生变形，或将定位面、螺纹等夹具元件烧毁，同时为了工件加热量流失少，工件与定位件、夹紧件等夹具元件接触面应尽量小。

⑧ 对电阻焊夹具的选材，要求尽量使用非磁性物质材料。

（4）通用夹具及专用夹具　通用夹具是指能够装夹两种或两种以上工件的夹具，如车床的自定心卡盘、单动卡盘、弹簧卡套和通用心轴等；专用夹具是专门为加工某一特定工件的某一工序而设计的夹具。通用夹具只能对柱形、方形零件进行夹紧，它的特点是装夹灵活，缺点是没有精度，不适合异形零件的装夹。专用夹具是专门设计制造的，服务对象专一，针对性很强，一般由产品制造厂自行设计，不可以与其他夹具混用，具有独特性。

（5）组合夹具　组合夹具也称柔性组合夹具，分为机床组合夹具和焊接组合夹具，是由各种不同形状、规格和用途的标准化元件和部件组成的机床夹具系统。使用时，按照工件的加工要求可从中选择适用的元件和部件，以搭积木的方式组装成各种专用夹具，称为柔性组合夹具。组合夹具是由一套预先制好的、具有不同形状、不同规格的标准元件组成，可分为基础件、支撑件、定位件、调整件、导向件、紧固件、组合件等。使用时，根据工件的工艺要求、选取元件、组装出供机械加工使用的工装夹具。组合夹具的元件是通用性的标准件，它具有的不需要设计、不需要制造，循环使用，快速成形等优势。组合夹具有槽系组合夹具、孔系组合夹具、孔槽结合组合夹具。槽系组合夹具的优点是：螺栓在十字网状T形槽里行走自如，平移调整方便，很容易满足异形零件的定位装夹要求，适用于普通机床上进行一般精度零件的机械加工，其缺点是：定位螺栓在 X 轴/Y 轴上线性调整，被加工零件靠摩擦力定位，受力大或多次使用时定位点会位移。孔系组合夹具的优点是：销和孔的定位结构准确可靠，彻底解决了槽系组合夹具的位移现象；它的缺点是：只能在预先设定好的坐标点上定位，不能灵活调整。孔槽结合组合夹具是一种精密组合夹具，它既有槽系夹具的灵活调整，又有孔系夹具的刚性定位的。

（6）夹具的夹紧与定位　为使工件在定位件上所占有的规定位置在加工过程中保持不变，就要用夹紧装置将工件夹紧，才能保证工件的定位基准与夹具上的定位表面可靠地接触，防止工件在加工过程中移动、振动或变形。由于工件的夹紧装置是和定位紧密联系的，因此，夹紧方法的选择应与定位方法的选择一起考虑。在设计夹紧装置时，应考虑夹紧力的选择、夹紧机构的合理设计及其传动方法的确定。关于夹紧力的选择应包括方向、作用点及大小这三个要素的确定。

夹紧装置选择合适，不仅可以显著地缩短辅助时间，保证产品质量，提高劳动生产率，而且还可以方便工人操作，减轻体力劳动。夹紧力作用点在具体选择时还应注意以下几点：

1）夹紧力合力的作用点一般应靠近支撑表面的几何中心，也既作用于支撑三角形的中心，这样可使夹紧力较均匀地分布在接触表面上。

2）夹紧力作用点应尽可能靠近加工面，使加工力对于夹紧力作用点的力矩变小，这样可减少工件的转动趋势或振动。

工件在夹具中的位置是不确定的，为确保工件在夹具中位置确定，则要求工件在六个自由度上被限制，这叫“六点定位原理”。它是指工件在空间具有六个自由度，即沿 X、Y、Z 三个直角坐标轴方向的移动自由度和绕这三个坐标轴的转动自由度，要完全确定工件的位置，就必须消除这六个自由度，通常用六个支撑点（即定位元件）来限制工件的六个自由度，其中每一个支撑点限制相应的一个自由度。生产中常见的定位方式是以平面作为定位基准，此外还有工件以圆柱孔作为定位基准，如采用定位销。

由于工件加工表面的不同加工要求，定位支撑点的数目可以少于六个，有些自由度对加工工序要求有影响，有些自由度对加工要求无影响，这种定位情况称为不完全定位。不完全全定位是允许的。工件的一个或几个自由度被不同的定位元件重复限制的定位称为过定位。当过定位导致工件或定位元件变形，影响加工精度时，应该严禁采用。提高夹具定位面和工件定位基准面的加工精度是避免过定位的根本方法。

3. 工装夹具的选择和改进

（1）夹具的选择　选用夹具时，选用的夹具要兼顾结构的工艺特性，如对夹具的工艺性基本要求，通常考虑以下几点：

尽量选用可调整夹具、组合夹具及其他通用夹具，避免采用专用夹具，以缩短生产准备时间，减少制造劳动量和降低费用。

在成批生产时才考虑采用专用夹具，并力求结构简单。

装卸工件要迅速方便，以减少机床的停机时间。

夹具的安装要准确可靠，以保证工件在正确的位置上加工。

各种专用零件和部件结构形状应容易制造和测量，装配和调试方便。

（2）夹具的改进　对一个夹具进行合理的调整修配，需要明确选择装配基准：①装配基准应该是夹具上一个独立的基准表面或线，其他元件的位置只对此表面或线进行调整和修配；②装配基准一经加工完毕，其位置和尺寸就不应再变动；③对工装夹具的改进前提是应统一所有装配零件的基准，确保在零件的制造、检测和装配过程中共用且一致 。

针对已使用的夹具进行改进，需要制定问题分析。因为在夹具设计过程中，待加工件的定位以及加紧等均会考虑周到，单一细小的问题会导致夹具在使用过程中不便，例如，夹具使用中是否存在不易更换、松动以及加工夹具的让刀问题，在不对夹具进行结构性改进时，通常依靠螺栓紧固、销钉定位的方式。调整和装配夹具时，可对某一元件尺寸较方便地修磨。还可采用在元件与部件之间设置调整垫圈、调整垫片或调整套等来控制装配尺寸，补偿其他元件的误差，提高夹具精度。

另外除明确选择装配基准外，夹具定位基准的选择在以下情况时可作灵活的变动。

要根据结构布置、装配顺序等考虑定位基准的选择。

为防装配用的工装夹具定位基准面上因飞溅物、焊渣及碰撞造成基准面的不平整，不应采用大的基准平面并与零件整个接触，而应选用一些突出的定位块，用较小的面、线或点与零件接触。

应选用零件上那些平整和光洁的表面作为定位面。此外，当零件上某些尺寸有配合要求时，如孔的中心距等，可选择这些地方作为定位基准以保证其尺寸公差。

焊接件通常是由几个零件组成的，这时有些零件可以利用已装配好的零件来定位。

焊接工装夹具中的焊接件，在焊接加热过程中会伸长、缩短或弯曲，为此在定位时不应将它们强制固定，应允许它们沿某些方向的自由变形。

夹紧元件一般不起定位作用，但可起协助定位元件可靠工作的作用。也可将两者合并，组成定位-夹紧元件。

18.2 焊接安全生产

18.2.1 焊接生产中劳动保护和安全技术的重要意义

据统计，焊接生产场地火灾、爆炸事故发生的原因，绝大部分是由不恰当的焊接和切割所引起的。

1970 年夏天，国产某万吨级货轮在试航前夕，停泊在船厂码头时突然起火，上层建筑基本全部毁坏、变形，损失惨重。后经调查研究，是由焊接操作不当所引起。试航前，万吨货轮的油舱要注满柴油，注油时值班人员擅自离开工作岗位，致使柴油外溢，当时焊工正在施焊，电弧火星溅到柴油上，造成重大事故。

某 2.4 万吨级的油轮，在卸完油后的返航途中突然起火，导致爆炸，整船沉没。后经调查研究分析查明：油船油舱内油卸完后，油舱内还存有油气压力（剩余压力），在没有采取任何措施的情况下，操作工人在船长、轮机长等领导的同意下施焊，引起爆炸和火灾，造成重大事故。

因此，必须着重强调焊接生产安全的重要性，并要采取劳动保护措施，确保人民生命和国家财产的安全。

在焊接生产中为什么会发生上述事故，主要原因如下：

1）焊接生产有可能与可燃、易爆的气体（如乙炔等）、液体（如液化石油气）、明火相接触，稍不小心就容易发生火灾、爆炸等事故。

2）焊接生产人员一定要和各种电器接触，并受弧光的辐射，稍不注意就会发生触电事故和受弧光辐射致伤。

3）在焊接生产过程中还要与有害气体、金属蒸气、粉尘等接触，长期在这样的环境中工作，很可能引起呼吸道中毒。

4）根据工作需要，有时要在高处进行焊接、气割操作，不小心容易发生高空坠落事故。

因此，要使焊接生产人员深入了解安全技术，加强各项安全保护的技术措施和组织措施，同时加强焊接技术人员的责任感，是十分必要和具有重要意义的。

18.2.2 工程技术和管理人员对焊接安全生产工作的职责

焊接安全技术与生产技术有着密切联系。实践证明，各种高生产率的焊接新技术、新工艺，只有在安全技术问题得到解决的前提下，才可能被广泛地推广和应用。因此，对任何焊接新技术、新工艺的采用，必须同时从安全观点加以研究，探求适当的方法，消除可能引起工伤事故的因素。这些因素可能存在于生产条件中，也可能存在于操作过程中。所以只有在仔细研究生产过程的特点、焊接工艺、设备、工具及操作方法后，焊接安全问题，才能得到解决。

从某种意义上讲，焊接安全问题也是生产技术问题。因此，有关工程技术和管理人员对焊接安全工作是负有一定责任的。例如，焊接动火制度应当由企业总工程师和保卫部门负责并监督检查；焊接设备（如气瓶、点焊机等）在规定期限内的安全技术检验和维护，应由动力设备部门负责并监督检查；焊接安全防护装置的设置和合理使用、工作地点的合理组织及安全操作规章制度的建立和实施等，应由车间主任及有关技术人员负责并监督检查等。

总之，在设计、施工、安装、开工、停工等一切工作上，都必须贯彻执行与焊接有关的现行劳动保护法令所规定的安全技术标准和要求，特别是《焊接与切割安全》国家标准。

18.2.3 焊工安全教育的目的、内容和方法

焊接时发生的工伤事故（如爆炸、火灾），不仅会伤害焊工本人，而且还会危及在场的其他人员的人身安全，同时会使国家财产蒙受巨大损失，会严重影响生产的顺利进行。同样，焊接过程产生的各种有害气体，如焊接烟尘、有毒气体等，不仅会使焊工本人受害，作业点周围的其他生产人员也会受到伤害，甚至也得职业病。

根据《特种作业人员安全技术考核管理规则》（GB 5306—1985）的规定：“对操作者本人，尤其对他人和周围设施的安全有重大危害因素的作业，称特种作业”。并明确指出：“金属焊接（气割）作业属于特种作业”。同时还规定：“从事特种作业的人员，必须进行安全教育和安全技术培训”“经考核合格，取得操作证者，方准独立作业”。国务院早在1963年《关于加强企业生产中安全工作的几项规定》中就明确指出，焊工是特殊工种，必须进行专门的安全操作技术训练，经过考试合格后，才准许操作。

由此可见，焊工安全培训和考核，不仅在保障人身安全和健康方面，而且在保护国家财产和保证生产顺利进行等方面，都具有极其重要的意义。

焊工安全培训的内容包括：学习研究焊接设备和工具的正确使用；防止发生工伤事故和

职业病的安全卫生防护技术措施；焊接安全操作技术，尤其需要特别强调的是学习掌握焊接安全技术措施的理论依据及应用，从而能够在实际生产中采取有效的预防措施，消除险情，防止工伤事故和职业病。

18.2.4 焊割作业场地的安全要求

1）焊、割作业场地应宽敞、平整、光亮、通风。

2）焊接设备、工具和材料应排列整齐，不得乱堆乱放，并要保持必要的通道（车辆通道的宽度不小于3m，人行通道不小于1.5m）。

3）操作现场的气焊胶管、焊接电缆等，不得互相缠绕。用完的气瓶应及时移离场地，不得随便横躺竖放。

4）焊工作业面积不应小于4m²，地面应干燥。工作地点应有良好的天然采光或局部照明，须保证工作面照度达50~100勒克斯（lx）。

5）焊割作业点周围10m范围内，各类可燃易爆物品，必须清除或撤离。若不能清除撤离时，应采取可靠的安全措施覆盖以隔绝火星。

6）多点焊接作业或有其他工种混合作业时，各工位之间应设防护屏。

7）焊接作业场地应符合防火安全要求，溶解乙炔瓶与氧气瓶与焊接作业点距离应不小于10m，乙炔瓶与氧气瓶之间的距离不应小于5m。

8）室内作业时，通风应良好。有效作业场所小于30m²时，应采取机械通风，机械通风的换气频率应不小于12次/h。

9）室外作业时，操作现场地面与高处相配合的作业应密切配合，秩序井然，不得杂乱无章。

10）在地沟、坑道、检查井、管段和半封闭地段作业时，应先判断其中有无爆炸和中毒的危险，应当用仪器（如测爆仪、有毒气体分析仪等）进行检验分析，禁止用火柴、燃着的纸张或其他不安全的方法进行检查。对附近敞开的孔洞和地沟，应用饰面板等盖严，防止焊接火花进入其内。

18.2.5 焊接消防措施

为了迅速扑灭生产过程中发生的火灾，必须按照生产工艺过程的特点，按照着火物质的性质、灭火物质的性质及灭火剂取用是否便利等原则来选择灭火剂，否则，就无法取得良好的灭火效果。

根据物质燃烧的特性，《火灾分类》标准将火灾分为A类（固体物质）火灾、B类（液体或可熔化的固体物质）火灾、C类（气体）火灾和D类（金属火灾）等4类。

1. 灭火剂的性能及其应用

目前常用的灭火物质有水、灭火泡沫、惰性气体、不燃性挥发液、化学干粉、固态物质等。

（1）消防用水　水是最常用的灭火物质，它是取之不尽，用之不竭的天然灭火剂，在灭火中应用最广。其主要优点是灭火性强，价格低廉，取用方便。缺点是具有导电能力，不宜扑灭带电设备的火灾；当与水反应能产生可燃气体、并容易引起爆炸的物质着火时，不能用水扑救；非水溶性可燃气体的火灾，原则上也不能用水扑救；高温盐液或比水轻的易燃液体着火都不能用水扑救。

（2）泡沫灭火器　泡沫是由液体的薄膜包裹气体而形成的小气泡群，用作泡沫灭火剂的气体是空气或二氧化碳，用水作为泡沫的液膜。由空气构成的泡沫叫空气机械泡沫或空气泡沫，由二氧化碳构成的泡沫叫化学泡沫，前者应用较广，后者由于设备复杂，投资和维护费用高，应用不广。这些灭火剂对可燃性液体的火灾最适用，是油田、炼油厂、石油化工、发电厂、油库以及其他企业单位油罐区的重要灭火剂，也可用于普通火灾。

（3）卤代烷灭火剂　各种卤代烷灭火剂中，以1211灭火剂应用较广，它是一种无色略带芳香味的气体。化学性质稳定，对金属腐蚀性小，有较好的绝缘性能，毒性也较小，能有效地扑灭电气设备火灾、可燃气体火灾、易燃和可燃液体火灾，以及易燃固体的表面火灾。不能扑灭本身能提供氧气的化学药品、化学性活泼的金属、金属的氢化物和能自然分解的化学药品的火灾。由于具有一定的毒性，尤其是对大气臭氧层有破坏作用，因此，一般不宜采用。

（4）惰性气体灭火剂　二氧化碳灭火剂是常用的惰性气体灭火剂，此外，还有氮气等，可用于扑灭电气设备的火灾，对于不能用水扑灭的遇水燃烧物质，使用二氧化碳扑救最为适宜。可燃固体粉碎和干燥过程，以及精密机械设备等着火时，都可用二氧化碳灭火剂扑救。但它不能扑救碱金属和碱土金属的火灾。

（5）不燃性挥发液灭火剂　常用的灭火剂有四氯化碳等。它特别适用于带电设备的灭火，但四氯化碳有毒，并有一定的腐蚀性，禁止用于扑救电石和钾、钠、铝、镁等的火灾。

（6）干粉灭火剂　干粉是细微的固体微粒，其作用主要是抑制燃烧，常用的干粉有碳酸氢钠、碳酸氢钾、磷酸二氢铵、尿素等，可扑救可燃气体、电气设备、油类、遇水燃烧物质等物品的火灾。不能用于扑灭精密机械设备、精密仪器等的火灾。

2. 焊接设备的灭火措施

1）焊接设备着火时，应首先拉闸断电，然后再扑救。在未断电之前，不得用水或泡沫灭火器救火，否则容易触电伤人。应用干粉灭火器、二氧化碳灭火器、四氯化碳灭火器或1211灭火器扑救。干粉灭火器不宜用于旋转式直流焊机的灭火。

2）电石桶、电石库房等着火时，不能用水或泡沫灭火器灭火，也不能用四氯化碳灭火器扑救，应用干砂、干粉灭火器和二氧化碳灭火器扑救。

3）乙炔发生器着火时，应先关闭出气阀门，停止供气并使电石与水脱离接触。可用二氧化碳灭火器或干粉灭火器扑救。禁止用四氯化碳灭火器、泡沫灭火器或水进行扑救。

4）液化石油气瓶在使用或储运过程中，如果瓶阀漏气而又无法制止时，应立即把瓶体移至室外安全地带，让其逸出，直到瓶内气体排尽为止。同时，在气态石油气扩散所及的范围内，禁止出现任何火源。

如果瓶阀漏气着火，应立即关闭瓶阀。若无法靠近时，应立即用大量冷水喷注，使气瓶降温，抑制瓶内液化石油气升压和蒸发，然后关闭瓶阀，切断气源灭火。

5）氧气瓶着火时，应迅速关闭氧气阀门，停止供氧，使火自行熄灭。若邻近建筑物或可燃物失火，应尽快将氧气瓶搬出，转移至安全地点，防止因受货场高热影响而爆炸。

18.2.6 焊割作业人员的基本条件

焊接作业人员的条件比其他人员有更高的要求。凡是从事气焊、气割、焊条电弧焊、焊剂层下电弧焊、气体保护焊、等离子弧焊（切割）、碳弧焊（气刨）、电渣焊、电阻焊等工作业的人员，应满18周岁，具有初中毕业以上的文化程度，身体健康，无妨碍本职业的疾病和生理缺陷。凡有以下疾病者，均不宜从事电弧焊作业：

1）精神病、中枢神经和周围神经器质疾病。

2）明显的肝、肾疾病。

3）内分泌病（如甲状腺功能亢进、糖尿病、阿狄森氏病）。

4）明显的心血管疾病（如冠心病、高血压以及其他心脏病伴有心力衰竭）。

5）明显的呼吸道疾病（活动型肺结核、严重的慢性支气管炎和支气管扩张）。

6）屈光不正和视网膜疾病，对焊接过敏者。

18.2.7 焊割作业生产对各级生产管理者的要求

1）严格执行明火作业安全规定，杜绝违章指挥与违章作业。

2）合理组织、编制作业计划和施工工艺流程和安全技术措施，切实做到安全生产。

3）加强对职工安全知识的教育，认真检查和落实安全措施。

4）在禁火区动火，严格执行动火审批手续，并制定出防火、防爆安全技术措施。

5）焊、割生产过程中，要加强现场安全检查，以便将事故隐患抑杀在萌芽之中。

6）要制定重大事故应急抢救预案。

18.2.8 焊割作业的危害因素及控制措施

在焊接生产作业中，凡是影响安全生产的因素，都被称为焊接作业的危险因素。在焊接生产作业中，凡是影响操作者身体健康的因素，都被称为焊接作业的有害因素。各种焊接方法都会产生某些有害因素。不同的焊接工艺，其有害因素亦有所不同。在焊接生产过程中，主要的有害因素有：弧光辐射、烟尘、有毒气体、高温（热辐射）、高频电磁场、射线和噪声。其中物理有害因素有弧光辐射、高温（热辐射）、高频电磁场、金属飞溅、噪声和射线等，化学有害因素有焊接烟尘和有害气体。

焊接现场作业的人员，经常与焊接作业过程中产生的有毒气体、易燃易爆气体及物料、带电运行的设备等接触，容易发生中毒、烧伤、触电、机械事故等。同时由于作业环境的恶劣，还存在着火灾、烫伤、爆炸、急性中毒、高处坠落、碰伤、触电等危害因素。

1. 弧光辐射

焊接过程中的光辐射由紫外线、可见光和红外线等组成。它们是由于物体加热而产生的，属于热线谱。如熔焊时，焊接电弧的温度很高，焊条电弧焊的电弧弧柱中心温度达5000~8000K，等离子弧的电弧弧柱中心温度可达18000~24000K。在此温度下，可以产生强烈的可见光和不可见的紫外线和红外线。

焊接作业现场人员，在焊接过程中，如果皮肤没有保护好，被紫外线辐射后，皮肤表面会变成深黑色；被红外线辐射后，皮肤会被热灼伤；焊接电弧对未加防护的眼睛的伤害见表18-5。

表 18-5　焊接电弧对眼睛的伤害

电弧光类别	波长/μm	伤害程度
不可见的紫外线（短）	<310	引起电光性眼炎，受害者数小时后即产生眼中剧痛、流眼泪、畏光、眼角黏膜发红、角膜表皮细胞膨胀并使其浮肿、头痛等症状
不可见的紫外线（长）	310~400	对视觉、气管没有明显的伤害
可见光线	400~750	在焊接弧光极其明亮时，对视网膜有伤害，视网膜伤害严重时会减弱视力，甚至失明。短时间的伤害会使被伤害着感到眩晕
不可见的红外线（短）	750~1300	长时间内反复受到短波红外线的伤害，会在眼睛的晶状体表面上产生白内障，晶状体表面混浊，影响视力
不可见的红外线（长）	1300 以上	只有在长波红外线的严重伤害下，眼睛才会受到伤害

（1）紫外线　紫外线是一种波长为 180~400μm 的辐射线，可分为长波（320~400μm）、中波（275~320μm）和短波（180~275μm）三种。波长为 180~320μm 的紫外线，是明显具有生物作用的部分，尤其是 180~200μm 的紫外线，具有强烈的生物学作用。波长在 290μm 以下时，等离子弧焊的紫外线强度最大，其次是氩弧焊，焊条电弧焊最小。

中短波紫外线可被皮肤深度组织吸收，产生皮炎、弥散性红斑（也称电弧紫外线灼伤或轻度烧伤），有时会出现小水泡、渗出液和浮肿，有热灼感、发痒。紫外线过度照射引起眼睛的急性角膜炎称为电光性眼炎。波长很短的紫外线，能损害结膜与角膜，有时甚至侵及虹膜和视网膜。紫外线照射时，眼睛受伤害的程度与照射时间成正比，与照射源的距离平方成反比，与光线的投射角有关。光线与角膜成直角照射时作用最大，偏斜角度越大作用越小。

（2）红外线　红外线对人体的危害主要是引起组织的热作用，波长较长的红外线可被皮肤表面吸收，使人产生热的感觉。短波红外线可被组织吸收，使血液和深部组织灼伤。在焊接过程中，眼部受到强烈的红外线辐射，立即感到强烈的灼伤和灼痛，发生闪光幻觉。长期接触可能造成红外线白内障，视力减退，严重时能导致失明。此外，还可造成视网膜灼伤。

（3）可见光　焊接电弧的可见光线的光度，比肉眼正常承受的光度大约高 10000 倍，被照射后眼睛疼痛，看不清东西，通常较点焊“晃眼”，使人短时间内失去劳动能力。

（4）防护弧光辐射的措施

1）焊工从事明弧焊时，必须使用镶有特制护目镜片的面罩或头盔。护目镜片有三种：即吸收式滤光镜片、反射式防护镜片和光电式镜片（起弧时能快速自动变色）。光电式镜片防护效果最好，滤光镜片最差。气焊工及辅助工应戴好有防侧光遮光板的防护眼镜。辅助工最好用 3、4 号镜片，气焊工最好用 5、6 号镜片。镜片与镜架的各种性能必须符合国家标准要求。

2）采用防护屏。防护屏宜用耐火材料如玻璃纤维、石棉板、薄钢板做屏面，支撑一般采用角钢制成。

3）采用合理的墙壁饰面材料，防止狭小空间室内焊接时的弧光反射。

4）焊工必须穿戴好工作服、戴好手套，系好鞋带。

2. 焊接烟尘和有害气体

（1）焊接烟尘　在焊、割过程中，被焊、割的材料与焊接材料在熔融过程中产生的金属、非金属及其化合物的蒸气，在空气中冷凝及氧化而形成的细小的固态粒子，成为熔胶形态弥散在电弧周围，形成焊接烟尘。

焊接烟尘包括焊接烟气和粉尘。烟是直径小于 0.1μm 的固体微粒，简称烟。直径在 0.1~10μm 的固体微粒称为粉尘，简称尘。焊接烟尘的主要成分是金属氧化物、氟化物和有害气体。

焊接烟尘的成分及浓度主要取决于焊接材料（焊丝、焊条、焊剂及纤料）和母材成分及其蒸发的难易。不同成分的焊接材料和母材，在施焊时将产生不同成分的焊接烟尘，熔点和沸点低的成分一般发尘量较大。焊接烟尘是焊条电弧焊的主要有害因素之一，而结构钢焊条电弧焊的烟尘的成分主要取决于焊条药皮成分的变化。低氢型焊条烟尘中可溶性物质最多，占烟尘总量的一半左右，钛铁矿型和钛钙型焊条烟尘中可溶性物质均只占烟尘总量的 1/4 左右。在不锈钢焊接中，熔化极氩弧焊焊接烟尘中可溶性物质很少，而不锈钢焊条烟尘中可溶性物质占了一半以上。

焊接烟尘的主要成分是铁、硅、锰，其中主要毒物是锰。铁、硅、铝等的毒性输入不大，但其尘粒极细（5μm 以下），在空中停留的时间较长，容易吸入肺内。在密闭容器、锅炉、船舱和管道内焊接时，在烟尘浓度较高的情况下，如果没有相应的通风除尘设施，长期接触焊接烟尘会形成焊工尘肺病、锰中毒和焊工金属热等职业病。焊工尘肺病的发病一般比较缓慢，其症状表现为气短、咳嗽、胸闷和胸痛，也有的患者有食欲减退、无力、体重减轻等症状。X 射线诊断一期尘肺焊工的全肺有较多的中小点状影，同时出现胸膜斑。

慢性锰中毒早期表现为疲乏无力，时常头痛头晕、失眠、记忆力减退，以及植物神经紊乱，进一步发展，神经精神症状更明显，而且转弯、跨越、下蹲等都较困难。

焊工金属热主要症状是工作后发烧、寒颤、口内金属味、恶心、食欲不振等。翌晨经发汗后症状减轻。

（2）有害气体　在焊、割过程中产生的有害气体主要有臭氧、氮氧化物、一氧化碳和氟化氢等。

1）臭氧。臭氧是空气中的氧在短波紫外线的激发下生成的。臭氧具有刺激性，是一种淡蓝色的有毒气体。臭氧产生于距离焊接电弧约 1m 远处，焊接工艺方法不同，产生的臭氧量也不同。如气体保护焊时产生的臭氧比焊条电弧焊时多得多。臭氧对人体的危害主要是对呼吸道有强烈刺激作用。臭氧浓度超过一定限度时，往往引起咳嗽、胸闷、食欲不振、疲乏无力、头晕、全身疼痛等，严重时，可引起支气管炎。

我国卫生标准规定，臭氧的最高允许浓度为 $0.3mg/m^3$，在焊接现场，只要采取相应的通风措施，就可大大降低臭氧浓度，使之符合卫生标准。

臭氧对人体的作用是可逆的。由臭氧引起的呼吸系统症状，一般在脱离接触后均可得到恢复，恢复期的长短取决于臭氧影响程度的大小，以及人体体质的好坏。

2）氮氧化物。氮氧化物是由于焊接电弧的高温作用，引起空气中氮、氧分子离解，中心重新结合而形成的。焊接烟气中的氮氧化物主要是二氧化氮和一氧化氮，由于一氧化氮不稳定，很容易氧化成二氧化氮。氮氧化物属于具有刺激性的有害气体，其对人体的主要危害是对肺有刺激作用，轻者引起急性支气管炎，重者引起咳嗽剧烈，可出现肺水肿、呼吸困难、虚脱、全身软弱无力等症状。

氮氧化物对人体的作用也是可逆的，随着脱离作业时间的增长，其不良影响会逐渐减少或消除。

我国卫生标准规定，氮氧化物的最高允许浓度为 $5mg/m^3$。

3）一氧化碳。各种明弧焊都会产生一氧化碳气体，其中以二氧化碳气体保护焊产生的CO气体浓度最高，是二氧化碳气体保护焊主要的有害气体之一。一氧化碳为无色、无臭、无味、无刺激性的气体，几乎不溶于水，但易溶于氨水，可以被活性炭所吸收。

CO是一种窒息性气体，对人体的毒性作用是使氧在体内的循环，或组织利用氧的功能发生障碍，造成缺氧，表现出缺氧的一系列症状。CO轻度中毒时表现为头痛、全身无力、有时呕吐，足部发软，脉搏增快，头昏等。中毒加重时表现为意识不清，转成昏睡状态。严重时发生呼吸及心脏活动障碍，大小便失禁，反射消失。我国卫生标准规定，CO最高允许浓度为 $30mg/m^3$。

4）氟化氢。氟化氢主要参数于焊条电弧焊，由于碱性焊条药皮中的氟石（CaF_2）和石英（SiO_2）在电弧高温作用下形成氟化氢气体，氟及其化合物均有刺激作用，其中以氟化氢作用更为明显。氟化氢是无色气体，极易溶于水形成氢氟酸，两者的腐蚀性均强。氟化氢被呼吸道黏膜迅速吸收，也可经皮肤吸收而对全身产生毒性作用。吸入较高浓度的氟化氢气或蒸汽，可立即产生眼、鼻和呼吸黏膜的刺激症状。引起鼻腔黏膜充血、干燥、鼻腔溃疡等。严重时可发生支气管炎、肺炎等。我国卫生标准规定，氟化氢的最高允许浓度为 $1mg/m^3$。

（3）焊接烟尘和有害气体的防护　焊接烟尘与有毒气体存在着联系，粉尘越高，电弧辐射越弱，有毒气体浓度越低。反之，电弧辐射越强，则有毒气体浓度越高。焊接烟尘和有毒气体的防护措施是：

1）改革工艺，改进焊接材料，尽量实现机械化、自动化生产。如采用自动埋弧焊、机器人焊接等。采用无毒或毒性小的焊接材料。

2）加强焊、割作业区的通风。在焊、割作业区或整个焊接车间采用局部或全面通风除尘设施，大大改善焊、割作业区的环境，使焊、割作业区的空气质量符合国家卫生标准，从而消除焊接职业病的危害。

3）加强个人防护措施。如戴口罩、送风头盔等。

3. 放射性物质

焊接工艺过程中的放射性危害，主要是指钨极氩弧焊和等离子弧焊时使用的钍钨棒电极中的钍放射性污染和电子束焊接时的X射线。钍是天然放射性物质，能放射出α、β、γ三种射线。其中α射线占90%，β射线占9%，γ射线占1%。焊接操作时，主要的危害形式是钍及其衰变产物的烟尘被吸入体内，它们很难从体内排除，从而形成内照射，长期危害机体。外照射危害较小，因为虽然α粒子能量高，但其穿透力较弱，只要离发射源100～200mm的空气间隔，或者用纸、布及其他材料制成屏蔽，即可将α粒子完全吸收。β粒子用铝板和一层塑料布来隔离即可。

当人体受到的辐射剂量不超过允许值时，射线不会对人体产生危害。但是长期受到超允许计量的外辐射，或者放射性物质经常少量进入并蓄积在体内，则可能引起病变，造成中枢神经、造血器官和消化系统的疾病，严重者发生放射病。一般钨极氩弧焊和等离子弧焊的放射性都低于最高允许浓度，但是在钨棒磨尖、修理特别是储存地点，放射性浓度大大高于焊接地点，可达到或接近最高允许浓度。

真空电子束焊发射的 X 射线光子能量比较低，一般对人体只会造成外照射，其危害程度较小。主要是引起眼睛晶状体和皮肤的损伤，长期受超剂量照射可产生放射性白内障和放射性皮炎等。

对于钨极氩弧焊和等离子弧焊，为防止放射性污染可采用铈钨棒代替钍钨棒。由于铈钨棒几乎没有放射性，故可改善操作者的作业环境，避免放射性物质的污染。但必须使用钍钨棒时，为防止放射性物质的污染，必须采取以下相应的防护措施：

1）综合性防护，可对施焊区用薄金属板制成密闭罩，将焊枪和焊件置于罩内，罩的一侧设有观察防护镜，使有毒气体、金属烟尘以及放射性气溶胶等被最大限度地控制在一定的空间内，通过排气系统和净化装置排到室外。

2）焊接地点应设有单室，钍钨棒储存地点应固定在地下室封闭式箱内。大量存放时应藏于铁箱内，并安装通风装置。

3）应备有专用砂轮机来磨尖钍钨棒，对砂轮机应安装除尘设备。砂轮机周围地面上的磨屑要经常做湿式扫除并集中深埋处理。地面、墙壁最好铺设瓷砖或水磨石，以利于清扫污物。

4）手工焊接操作时，必须戴送风头盔或采取其他有效措施。采用密闭罩施焊时，在操作中不应打开罩体。磨尖钍钨棒时应戴除尘口罩。

5）选用合理的工艺，避免钍钨棒的过量烧损。

6）接触钍钨棒后，应用流动水和肥皂洗手，工作服及手套等应经常清洗。

7）真空电子束焊的防护重点是 X 射线。首先是焊接室结构应合理，采取屏蔽防护，即用低碳钢、复合钢板或不锈钢等材料制成圆形或矩形罩，并开设观察窗。观察窗应用普通玻璃、铅玻璃和钢化玻璃三层做防护。其中铅玻璃用来防护 X 射线，钢化玻璃用于承受真空室内外的压力差，普通玻璃经受金属蒸气的污染。此外，操作者应戴铅玻璃眼睛。

4. 噪声

噪声存在于一切焊接工艺中，其中以等离子切割、等离子喷涂等的噪声强度最高。噪声已成为某些焊、割工艺中存在着的主要职业性有害因素。

在等离子喷涂和切割等工艺中，由于气流间发生周期性的压力起伏、振动及摩擦等，并从喷枪口高速喷出，就产生了噪声。噪声的强度与流动的气体种类、流动速度、喷枪的结构以及工艺性能有密切的关系。由于等离子喷涂和切割的工艺要求有一定的冲击力，所以噪声的强度更高，大大超过了国家允许的噪声强度标准。

离子气的种类以应用双原子气体较多，双原子气体噪声的特点是以高频率噪声为主，高低频率噪声强度相差较大。而单原子气体则低频噪声较强，高低频噪声强度较接近。

噪声对人的危害程度与下列因素有直接关系：噪声的频率及强度，噪声频率越高，强度越大，危害越大；噪声源的性质，在稳态噪声与非稳态噪声中，稳态噪声对人体作用较弱；暴露时间，在噪声环境中暴露时间越长，则影响越大。此外，还与工种、环境和身体健康情况有关。

噪声在下列范围内不致对人体造成危害：频率小于300Hz的低频噪声，允许强度为90~100dB；频率在300~800Hz的中频噪声，允许强度为80~90dB；频率大于800Hz的高频噪声，允许强度为75~85dB。噪声超过上述范围时将造成噪声性外伤、噪声性耳聋和对神经、血管系统的危害等，会引起眩晕、耳鸣、鼓膜内凹、烦躁、疲倦、血压升高、幻听、心动过速、耳聋等。噪声卫生标准见表18-6。

表18-6　噪声卫生标准

每个工作日接触噪声的时间/h	新建、扩建、改建企业允许噪声/dB（A）	现有企业暂时允许噪声/dB（A）
8	85	90
4	88	93
2	91	96
1	94	99
最高不允许超过115dB(A)		

由于等离子弧焊接、切割和喷涂等工艺的噪声超过国家标准，必须对噪声采取防护措施，防止噪声的措施主要有：

1）等离子弧焊接工艺的噪声强度与工作气体的种类、流量等有关，应在保证工艺正常进行、符合质量要求的前提下，选择一种低噪声的工艺参数。

2）研制和采用适用于焊枪喷出口部位的小型消声器，以降低噪声。

3）操作者应戴隔音耳罩或隔音耳塞等个人防护器具。耳罩的隔音效果优于耳塞，但体积较大，佩戴时稍感不便。耳塞种类很多，常用的为耳研5型橡胶耳塞，具有携带方便、经久耐用、隔音较果好等优点。该耳塞的隔音效能为：低频为10~15dB，中频为20~30dB，高频为30~40dB。

4）在房屋结构、设备等处采用吸声或隔音材料。采用密闭罩施焊时，可在屏蔽上衬以石棉等消声材料，有一定的防噪声效果。

5. 高频电磁场

钨极氩弧焊和等离子弧焊、切割时，需由高频振荡器来激发引弧，在引弧的同时，有一部分能量以电磁波的形式向空间辐射，即形成高频电磁场，所以在引弧的瞬间（2~3s）有高频电磁场存在。

1）焊接中高频振荡器的峰值可达3500V，高频电压在数十秒内即衰减完毕，在相隔0.01s以后，开始同样的反向高频振荡过程，因此，焊接用高频电场是属于脉冲形式的高频电场。这种脉冲高频电场，通过焊把电缆软线对人体空间的电容耦合，即有脉冲电流通过人体。

由于振荡器高频电流的作用，在振荡器和电源传输线路附近的空间必然形成高频电磁场。高频电磁场的电场强度参考卫生标准为20V/m，磁场强度为5A/m。

高频电磁场强度的大小与许多因素有关，主要有：

① 高频设备的输出功率。设备的输出功率越大，辐射强度越高；输出功率越小，辐射强度越小。

② 高频设备的工作频率。对于同一台设备或其他条件相同的不同设备，其工作频率越高，场强越高；反之，越低。

③ 与高频振荡器的距离。一般来讲，距离越大，场强减小，而且场强的衰减较明显，也就是说，辐射强度随着与高频振荡器的距离的加大而迅速地减小。

④ 设备与传输线路有无屏蔽，对其附近空间场强影响极大，在一般屏蔽情况下，感应场强则低。

2）钨极氩弧焊和等离子弧焊焊接时，高频电磁场场强大小与高频振荡器的类型及测定时仪器探头放置的地方与测定部位之间的距离有关。手工钨极氩弧焊焊接时高频电磁场强度见表 18-7。

表 18-7　手工钨极氩弧焊焊接时高频电磁场强度　（单位：V/m）

操作部位	头部	胸部	膝部	踝部	手部
焊工前	58~66	62~76	58~86	58~96	106
焊工后	34~42	44~52	44~52	15~25	1
焊工前 1m	7.6~20	9.5~20	5~24	0~23	1
焊工后 1m	7.8	7.8	2	0	1
焊工前 2m	0	0	0	0	0
焊工后 2m	0	0	0	0	0

各种等离子弧焊接高频电磁场强度见表 18-8。

表 18-8　各种等离子弧焊接高频电磁场强度　（单位：V/m）

工艺方法	等离子弧切割	等离子弧堆焊	等离子弧喷涂
高频电磁场强度值	13（38）	4.2~6.0	30~54

等离子喷涂设备电磁场强度见表 18-9。

表 18-9　等离子喷涂设备电磁场强度　（单位：V/m）

测定部位	头部	胸部	膝部	踝部
操作者前面	30	38	44	54
操作者后面	24	32	30.4	30.4

人体在高频电磁场的作用下，能吸收一定的辐射能量，产生“致热作用”，对人体的健康有一定影响。长期接触场强较大的高频电磁场，会头晕、头痛、疲乏无力、记忆减退、心悸、胸闷、消瘦和神经衰落及植物神经功能紊乱。血压早期有波动，严重者血压下降或上升（以血压偏低为多见），白细胞总数减少或增多，并出现心律不齐、轻度贫血等。

3）钨极氩弧焊和等离子弧焊时，每次起动高频振荡器的时间只有 2~3s，每个工作日接触高频的累计时间大约在 10min，接触时间又是断续的。因此，高频电磁场对人体的影响较小，一般不足以造成危害。但考虑到焊接操作中有多种危害因素，所以仍有采取防措施的必要。对于高频振荡器在焊接过程中连续工作的情况，则必须采取有效和可靠的防护措施。

为了防止高频振荡器的电磁辐射对作业人员的不良影响与危害，应采取以下安全防护措施：

① 工件良好接地。施焊工件良好接地，能降低高频电流，同时可降低电磁辐射强度。接地点与工件越近，接地作用越显著，它能将焊枪对地的脉冲高频电位大幅度降低，从而减

少高频感应的有害影响。

② 在不影响使用的前提下，降低振荡器频率。脉冲高频电场的频率越高，通过空间和绝缘体的能力越强，对人体影响越大，因此，降低频率能使情况有所改善。对振荡器引弧频率的全面要求是：

a. 保证火花放电器要有足够的“击穿能力”，使引弧容易。

b. 在引弧过程中产生的有害因素要少，保证操作者的身体健康，达到安全生产的目的。

c. 应使振荡器结构合理、性能稳定、使用可靠、经久耐用、成本低、维修方便。

③ 减少高频电场的作用时间。高频电磁辐射照射操作人员的作用时间越长，对人体的影响程度越严重。作用周期越短，影响也越严重。

④ 屏蔽把线及导线。因脉冲高频电场是通过空间和焊枪的电容耦合到人体上的，加装接地屏蔽能使高频电场局限在屏蔽内，可大大减少对人体的影响。其方法是：采用细铜质金属编织软线，套在电缆胶管外面（焊枪上装有开关线时，必须放在屏蔽线外面），一端接于焊把，另一端接地。

⑤ 采用分离式握把。把原有的普通焊枪，用有机玻璃或电木等绝缘材料另接出一个把柄，也有屏蔽高频电场作用，但效果不如屏蔽把线及导线理想。

⑥ 降低作业现场的温、湿度。作业现场的环境温度和湿度，与射频辐射对肌体的不良影响有直接的关系。温度越高，肌体所表现的症状越突出；湿度越大，越不利于人体的散热，也不利于作业人员的身体健康。所以，加强通风降温，控制作业现场的温度和湿度，是减少射频电磁场对肌体影响的一个重要手段。

18.3 焊接施工组织概述

18.3.1 焊接施工组织原则

1. 工艺的先进性

焊接生产在保证产品质量的前提下要提高生产率、改善劳动条件、降低生产成本，采用先进的焊接工艺是焊接质量的保证。另外，需要注意所采用的工艺应是环保的，不能对操作者造成伤害，不能污染环境。

2. 成本的合理性

在现今市场经济的环境下，成本的高低是市场竞争力的重要指标之一，降低成本就是提高了产品的市场竞争力和经济效益。在保证产品质量前提下，想方设法地降低成本是每个企业都在考虑的。有时成本的降低和生产技术的先进性是相辅相成的，采用先进的管理模式，采购先进的生产设备，采用先进的生产工艺都可以降低生产成本，提高企业的经济效益，增强企业的市场竞争力。在有些情况下提高产品的质量与控制生产成本是相矛盾的，如消除残余应力的热处理工艺，会增加焊接结构的制造成本，但对一些动载或低温下工作的重型机械、某些压力容器就是必要的工艺工序。

3. 施工的可行性

施工技术方案是否可行，将关系到生产或施工能否顺利进行。一整套切实可行的施工技术方案能够节约成本，提高产品质量，提高生产效率，增加企业效益。制定施工技术方案时不仅要满足该项目的质量要求，还要结合本企业的现有条件，综合考虑采购原材料、制造、运输、安装等方面的情况，以保证施工方案的合理可行性。总之，制定施工技术方案必须满足产品的质量要求，必须最大限度地节约成本，必须保障施工人员的健康与安全。

4. 安全防护可靠性

焊接是现代化工业生产中一项重要的金属加工工艺，焊接生产过程中产生的有毒气体、有害粉尘、弧光辐射、高频电磁场、噪声及射线等严重地危害着焊工及技术人员的安全和健康。近年来新的焊接工艺方法不断地发明，随之也出现了新的不安全因素。因此，必须采取各种技术措施和组织措施来改善作业环境，防止各种事故的发生。

18.3.2 与焊接质量有关的施工工艺选择

1. 焊接方法的选择

目前常用的焊接方法有焊条电弧焊、埋弧焊、钨极氩弧焊（TIG 焊）、熔化极气体保护焊等。

（1）焊条电弧焊　焊条电弧焊设备简单，操作方便灵活，适应性强，可达性好，不受场地和焊接位置的限制，在焊条能达到的地方一般都能焊接。焊条电弧焊可焊金属材料广，除难熔金属或极易氧化的金属外，大部分工业用的金属均能焊接。

但是焊条电弧焊劳动条件差，熔敷速度慢，生产率低。一般说来在结构上具有很多短的、不规则的以及各种空间位置及其他不易实现机械化或自动化焊接的焊缝，最易采用焊条电弧焊，单件或小批量的焊接产品多采用焊条电弧焊，在安装或修理部门因焊机位置不定，焊接工作量相对较小，也往往采用焊条电弧焊。

（2）埋弧焊　埋弧焊是在自动或半自动下完成焊接的，与焊条电弧焊或其他焊接方法相比，具有生产率高，焊缝质量高、节省焊接材料和能源、劳动条件好等优点。

但是埋弧焊主要用于平焊位置的焊接，其他位置的埋弧焊因装置过于复杂未被应用，其灵活性不如焊条电弧焊等，特别是段焊埋弧焊的效率低，且小电流焊接电弧不稳定。由于焊接时用的辅助装置较多：如焊剂的输送和回收装置；焊接衬垫、引弧板和引出板；焊丝的去污锈和缠绕装置等，有时还须与焊接工装配合才能使用。

埋弧焊多用于大型构件的长焊缝平位焊接，尤其使用于焊缝填充量较大的厚板焊接。

（3）钨极氩弧焊　钨极氩弧焊焊接工艺性好，电弧燃烧稳定，无飞溅，焊后不需去渣，焊缝成形美观，能进行全位置焊接，是实现单面焊双面成形理想焊接方法。钨极氩弧焊能进行脉冲焊接，减少焊接热输入，很适于薄板或对热敏感材料的焊接。

但钨极氩弧焊的熔深浅、熔敷速度小、焊接生产率较低，其焊接时须采取防风措施；由于惰性气体较贵，生产成本较高。

从生产效率考虑钨极氩弧焊适于焊接薄板，如发动机叶片、散热片、管接头、壳体等。另外重要厚壁构件如压力容器、管道等对接焊缝的根部溶透焊道或其他结构窄间隙焊缝的打底焊道，为了保证焊接质量，有时也采用钨极氩弧焊。

（4）熔化极气体保护焊　熔化极气体保护焊焊接效率高，熔深比焊条电弧焊大。焊接厚板时可以采用较低的焊接电流和较快的焊接速度，其焊接变形小。

熔化极气体保护焊与焊条电弧焊相比受环境制约较大，在室外操作需采取防风措施。且其半自动焊枪比焊条电弧焊焊钳重，不轻便，操作灵活性不如焊条电弧焊。设备较复杂，对使用和维护要求高。

熔化极气体保护焊应用范围广，采用不同的保护气体可以焊接各种金属。焊接适应性较好，可以进行全位置焊接，焊接效率比焊条电弧焊高。

2. 焊接电源的选择

选择焊接电源一般应遵循以下原则：

（1）必须满足焊接工艺与焊接技术提出的要求　每一种弧焊方法都有其工艺特点，对电源的空载电压、输出电流的类型、外特性形状、动特性和焊接参数调节范围等有着不同的要求，只有满足这些要求才能确保焊接过程的顺利进行并取得好的焊接质量。

（2）应能获得好的经济效果　在满足工艺要求的前提下应选择高效节能、结构轻巧灵便、维修容易、造价低廉的弧焊电源。

（3）应符合现场的使用条件　新选用的弧焊电源必须能适应现场的工作环境、水与电供应条件、机械化与自动化水平、操作人员的技术素质等情况。

焊接电源的选择是在焊接方法确定之后进行的，选择者事前应充分掌握各种弧焊方法对电源的基本要求以及各类弧焊电源的基本特点，务必使供求协调一致。此外，还要综合考虑焊件的材料与结构特点及其焊接质量的要求。

3. 焊接参数的选择

（1）焊条直径　在生产中，为了提高生产效率，一般应尽可能地选择直径较大的焊条，但并不是说焊条直径越大越好，焊条直径的选择还要考虑如下其他因素：

1）考虑到生产效率的因素，一般情况下，在焊接I形坡口薄板时，厚度较大的板件应选择直径较大的焊条，厚度较小的板件选择直径较小的焊条，板件很薄时不易采用大直径焊条，这样容易烧穿熔池，且操作性也不好。

2）在板厚相同的条件下，平位置焊选用的焊条直径可以比立位焊焊接大一些，而仰焊、立焊、横位焊等焊接时不宜选用大直径焊条，以减小熔池，防止熔化金属下淌。

3）多层多道焊接坡口焊缝时，如果根部间隙较小，第一层焊缝采用的焊条直径不能太大，否则会因为电弧过长不能焊透，或造成咬边、夹渣等焊接缺陷。第一层焊完后为了提高生产效率可以采用直径较大的焊条。

（2）焊接电流与电弧电压

1）焊接电流：增大焊接电流，可以提高生产效率，但焊接电流过大容易造成焊缝烧穿。若焊接电流过大，熔池电流过大，熔池也大，则立位、横位焊时容易造成熔化金属流淌等；另外，焊接电流大，还往往会使焊接热输入增大，造成接头组织过热，力学性能下降。

根据上述情况，焊接时要根据焊接方法、焊条直径、焊接位置、焊接层次、接头性能要求等来选择焊接电流。在保证可操作性，并满足焊缝质量要求的前提下尽可能地选择较大的焊接电流。

2）电弧电压：焊条电弧焊的电弧电压主要由电弧长度来决定。电弧长，电弧电压高；电弧短，电弧电压低。在焊接过程中，电弧电压不宜过长，否则会造成电弧燃烧不稳定、易摆动、电弧热能分散、飞溅增多；焊缝厚度小，易造成咬边、未焊透、焊缝表面高低不平、焊波不均匀等缺陷；还会使熔化金属的保护差，空气中氧、氮等有害气体容易侵入，使焊缝容易产生气孔，金属力学性能下降。

CO_2 气体保护焊电弧电压的选择与焊丝直径、焊接电流及熔滴过渡形式有关。短路过渡时，在一定的焊丝直径与焊接电流下，电弧电压若过低，电弧引燃困难，焊接过程不稳定。电弧电压过高，则由短路过渡转变成大颗粒的长弧过渡，焊接过程也不稳定。只有电弧电压与焊接电流匹配合适时，才能获得稳定的焊接过程，并且飞溅小，焊缝成形好。

埋弧焊时，电弧电压主要影响焊缝成形系数，在其他条件不变时，提高电弧电压，焊缝成形系数相应增大。选择电弧电压可根据需要做适当的调节，例如，对开坡口的对接焊缝，填充时采用较小电弧电压，防止焊缝成形系数过大，造成咬边。盖面焊时，采用较大的焊接电流，增大焊缝成形系数，防止余高过大。但是电弧电压的调节是有一定范围的，不能过大或过小。电弧电压过小、过大都会使电弧燃烧不稳定。电弧电压过大时会使弧光从焊剂中漏出，从而产生焊接缺陷。

（3）焊接速度　焊接速度应该适当均匀，既要保证焊缝焊透又要保证不烧穿，同时还要使焊缝宽度和高度符合图样设计要求，焊接速度可根据需要由工艺设计人员确定或由焊接人员灵活掌握。

4. 焊接预热与层间温度的选择

焊前的预热温度主要根据钢材的焊接性能试验结果来确定。但随着焊件的形状和尺寸以及焊接条件的改变，还应该综合考虑以下因素：所焊焊件的实际碳含量和碳当量；焊件的大小、厚度及拘束度；焊接方法与实际焊接参数；现场工作环境，工作条件；环境温度、焊件的冷却条件等。

焊前预热温度的选择比较复杂，对于高拘束度焊件，在较恶劣的冷却条件下应适当提高预热温度。当工作条件较差时，可选择较低的预热温度，而在焊后应立即做低温后热处理以补偿焊前预热温度的不足。

5. 焊后热处理的选择

焊后热处理是将焊件整体或局部加热到一定的温度，并保温一段时间然后炉冷或空冷的一种热处理工艺。通过焊后热处理可以有效降低焊接残余应力，软化淬硬部位，促使氢的溢出，改善焊缝和热影响区的组织和性能，提高接头的塑性和韧性，稳定结构的尺寸等。常见的焊后热处理方法有消除应力退火、正火、正火加回火、淬火加回火（调质处理）等。

采用焊后热处理工艺时应注意以下问题：

1）对含有一定数量的 V、Ti 或 Nb 的低合金钢，应避免在 600℃左右长时间保温，否则会出现材料强度升高，而塑性、韧性明显下降的回火脆性现象。

2）焊后消除应力退火，一般应比母材的回火温度低 30~60℃。

3）对含有一定数量的 Cr、Mo、V、Ti、Nb 等元素的一些低合金钢焊接结构，消除应力退火时应防止再热裂纹。

4）焊后热处理过程中要注意防止结构变形。

5）焊后热处理一般安排在焊缝无损检测合格后进行。

6）焊件是否进行焊后热处理，要根据焊件的材料、厚度、结构刚度、焊接方法、焊件的性能、使用场合等确定。一般在以下情况下要考虑进行焊后热处理：

① 母材强度级别较高，产生延迟裂纹倾向较大的低合金钢。

② 在低温下工作的压力容器以及其他焊接结构，特别是在脆性转变温度以下使用的压力容器。

③ 承受交变载荷，对疲劳强度有要求的构件。

④ 大型压力容器和锅炉。

⑤ 有应力腐蚀和焊后要求尺寸稳定的结构。

6. 焊后机械消除应力

（1）机械拉伸法 机械拉伸法是对有残余应力的焊接结构进行加载，使焊接压缩塑性变形区得到拉伸，从而减少由焊接引起的局部压缩塑性变形量，使内应力降低。在确定加载压力时，必须充分估计工作时可能出现的各种附加应力，务必使加载时的应力高于实际工作时的应力。

（2）温差拉伸法 温差拉伸法是在焊缝两侧各用一个适当宽度的氧乙炔火焰加热，在割炬后一定距离处进行喷水冷却。割炬和喷水管以相同速度向前移动，这样可造成一个两侧高，焊缝区低的温度场。两侧的金属因受热膨胀就对温度较低的焊缝区进行拉伸，使之达到产生拉伸塑性变形，从而消除内应力。如果参数选用适当，则可取得较好的效果。温差拉伸法对于焊缝比较规则、厚度（一般小于40mm）不大的板、壳结构具有一定实用价值。

（3）机械振动法 机械振动消除焊接残余应力就是通过在焊件上安装振荡器带动焊件振动，使焊接残余应力释放，从而降低焊接残余应力或使应力重新分布。机械振动消除焊接残余应力时，振荡器的安装位置及焊件的支撑位置十分关键，一般振荡器要安装在焊件振动的波峰处，这样可以最大限度地释放能量，波峰和波谷可以采用撒沙子或凭手感的方法确定。不要将振荡器安装在焊件的薄板部位，以防振动过程中开裂，大型构件一般要根据具体情况更换几个安装位置进行振动。

18.3.3 焊接施工组织设计

1. 焊接施工组织编制的依据

（1）施工工程设计说明书 施工工程设计说明书是编制焊接施工组织的重要依据。施工工程设计说明书包含了主要设计依据、主要技术标准、设计载荷、设计规范及参考标准，焊接结构的用途、焊接结构的设计概况、安装步骤及要求等基本资料。根据这些基本资料，就可以获得很多对编制施工组织非常有用的信息，如根据工程量的大小来安排工程管理人员、技术人员、操作工人、机械设备等的数量，计算工程在水、电、焊接材料以及各种辅材方面的消耗；根据施工场地来安排运输；根据供货要求来安排生产进度；根据技术条件来安排技术准备工作，如焊接工艺评定等。

（2）施工中的有关技术标准 编制施工组织设计必须熟悉施工中相关技术标准，相关技术标准往往是进行焊接生产的主要依据。焊接施工是一项工程非常重要的环节，需要进行严格的控制，编制施工组织设计必须严格遵守这些标准规范，根据相关要求来组织生产。

（3）施工中的验收质量标准 施工验收质量标准是产品验收的依据，只有符合施工验收质量标准才算是合格的产品。因此，编制施工组织设计必须围绕施工验收质量标准，如组织机构，质量保证措施，各部门职责，质量控制要素、控制措施等都需要根据施工质量验收标准进行。

（4）施工环境及条件 编制施工组织设计不能忽视施工环境和条件。由于各地气候条件不同，对施工的影响也不同。施工环境对工程进度的影响很大，尤其是野外作业，由于焊接作业影响因素很多，当遇到恶劣气候条件时往往严重影响焊接作业进行。例如，大风、阴雨天气时必须采取有效的防风、防雨措施。另外环境温度对焊接的影响很大，在北方作业必须考虑采取有效的防冷裂措施。编制施工组织设计还必须对当地的经济条件进行考察，例如，供水、供电是否有障碍，交通是否便利等，生活、生产用品采购是否有困难等。

（5）施工企业的实际生产条件　编制施工组织设计不能脱离施工企业的实际生产条件，没有实际可操作性的施工组织设计是没有意义的，应尽量以施工企业现有的生产条件为依据来组织生产。当现有条件不能够满足生产需要时，要考虑是否进行整改，如扩大厂房、增添设备、增加人员或在合同允许的范围内分包等。

2. 焊接施工组织编制依据的内容

（1）工程简介　工程简介是对某项工程的性质、规模、特点等进行的概述，通过工程简介使人们对需要进行的焊接施工项目有一个大概了解。工程简介的内容不宜过于繁杂，要重点介绍该工程的规模、用途、设计要求、工作范围、结构特点、技术难点等重要的内容。

（2）工程质量目标　施工组织设计必须明确质量目标，保证质量是一项工程的最基本要求，因此，必须制定明确的质量目标，并采取措施保证其顺利实现。

（3）文件资料和验收标准　施工过程中及完成后需要提交的各种文件资料，包括各种工艺文件、检查记录、检验报告及其他表格等。

（4）总体施工部署　编制整体施工部署要根据工程结构特点，充分考虑工期、制作、运输等因素。主要内容包括足够简单的制造方案、施工组织机构的设置、管理人员的配备、技术人员的配备、材料的采购和管理方案、必要的工装及设备安装、技术准备工作，施工人员培训计划、运输方案等。

（5）施工技术措施　施工技术措施是焊接施工组织设计中的主要内容，在施工组织设计中可以不必描述得像具体的施工工艺那样翔实，但要求主干明确，逻辑性强，工艺特征要切中要害。在编写施工技术措施时要注意以下几点：

1）施工技术措施要有针对性，要突出重点工艺和工序。

2）加工工艺程序要安排妥当，不能有顺序颠倒的现象。

3）关键工序不能遗漏或倒置。

4）施工技术措施中要明确技术要求及标准。

（6）安全保证措施

1）教育与培训。施工作业人员必须认真学习本工种的安全技术操作规程，必须接受环保、文明生产意识教育，特种作业人员则必须接受特种作业安全培训，考核合格后才能上岗。各级干部必须学习国家和地方的劳动保护政策法规和公司的安全规章制度，并开展安全教育。

2）现场管理。施工现场要整洁有序，道路畅通，路面平坦，保证驾驶人员视野开阔，满足消防要求。要求施工人员正确用好劳保用品，应穿戴整齐，戴好安全帽，方可进入施工现场。施工现场还应树立安全、环保、文明生产标示牌。

3）安全用电。执行安全用电制度，加强用电管理。配电箱必须完好，线路绝缘可靠，临时线上需安装漏电保护装置，下班时切断电源，确保用电安全。用电设备的外壳应有可靠的接地、接零安装措施，接地应有效连接到焊件上。

4）防火、防爆。对施工人员进行消防培训，使其清楚防火注意事项，发生火灾时应采取的程序和步骤，掌握正确的灭火方法。对现场存放的易燃、易爆物品加强管理，配备足够的灭火器材，并保证其在有效期内，对现场还应采取安全防护措施，要有完整的管理规章制度。

5）高空作业。从事高空作业的人员应进行体验，保证其身体状况适宜高空作业，对现场还应采取安全防护措施，要有完整的管理规章制度。

6）焊接作业。从事焊接作业的人员要求经培训考核合格，并取得特种作业证的人员才能进入施工现场实施作业。严禁无证人员进行焊接操作及使用任何焊接设施。从事焊接作业的人员必须严格执行安全技术操作规程，正确使用安全防护用品（绝缘鞋、绝缘垫和电焊手套），对于高空作业、临边作业及有可能悬空坠落的场所必须系好安全带。

（7）环保及文明施工措施　环保措施包括水环境保护措施（如施工废水、生活污水排放办法、对工人进行环保教育，对于施工中废弃的零碎配件、边角料、生活垃圾等及时收集清理，搞好现场卫生，减少污染，以保护自然与环境不受破坏等）、大气环境及粉尘的防治措施（如减少灰尘的措施、有毒气体、易燃、易爆物的管理措施等）、降低噪声措施（控制机械设备的噪声，合理安排施工时间等）。文明施工措施包括生产纪律、劳动卫生保障、生活保障、治安与防盗等。

（8）冬（雨）季施工措施　冬季施工要采取措施防止焊接冷裂纹的产生，工厂内施工可以考虑在厂房采取保温措施，如安装暖气及其他保暖设备等，厂外施工无法采取保暖措施时，可以采取措施完善焊接工艺，如提高预热温度，焊后保暖等。雨季施工要注意防风、防雨，一般雨天不允许露天施焊，另外风力大于5级时要采取有效的防风措施。

（9）必要的附表和附图　如人员配备表，机械设备表，施工计划图，施工进度框图等。

（10）附件　如施工场地布局图等。

项目19

焊接质量管理

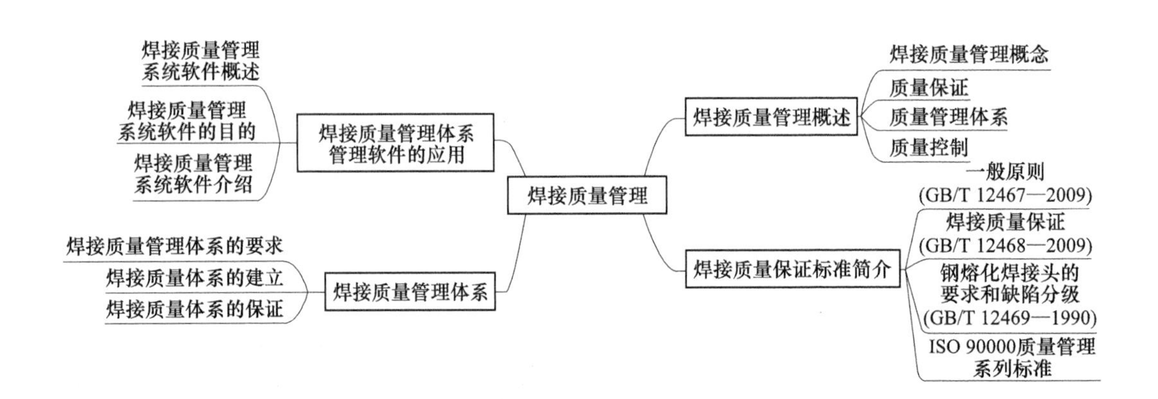

焊接质量是指一组固有特性满足要求的程度，前提是要有一个评定的标准。焊接质量主要包括焊缝的外观质量和内部质量。即需要明确为确保焊缝的外观和内部质量，应做哪些方面的检查以及对质量合格的要求。一般来说焊缝外观质量检查的项目主要包括咬边、气孔、焊波、焊脚尺寸及余高等，焊缝的内部质量主要有内部缺陷和焊缝的力学性能。焊缝的内部缺陷检验要通过超声波、射线检测等无损检测手段来完成。内部缺陷主要包括裂纹、孔穴、固体夹杂、未熔合和未焊透等；焊缝的力学性能主要通过破坏性试验来检验，检验的指标主要有接头的拉伸、弯曲、焊缝金属拉伸、接头低温冲击等几项，必要时还可以通过其他手段来检验。

19.1 焊接质量管理概述

19.1.1 焊接质量管理概念

焊接质量管理是指在质量方面指挥、控制和组织协调的活动。通过建立和保持相关体系进行过程管理、质量策划、质量控制、质量保证和质量改进，使其实施和实现所有质量职能。

1）质量管理是组织的全部管理工作的中心，应由最高管理者领导。

2）质量管理应规定：

① 质量方针——组织应遵循的质量政策、质量观念和活动准则，以及质量追求和承诺。

② 质量目标——产品质量等应在一定时期内实现的量化要求。

③ 质量职责——与质量有关各部门、各类人员应遵守明确规定的质量职责和权限。

④ 程序——形成文件的程序是质量管理设计活动过程的控制依据。

3）实施质量方针和实现质量目标是开展质量管理的根本目的。

4）开展质量管理应考虑经济性。在确保质量和改进质量的同时，应使成本适当，实现质量和效益最佳化。

19.1.2 质量保证

质量保证是质量管理的一部分，致力于提供质量要求会得到满足的信任。保证质量、满足要求是质量保证的基础和前提，质量管理体系的建立和运行是提供信任的重要手段。质量保证分为内部和外部两种，内部质量保证是组织向自己的管理者提供信任；外部质量保证是组织向顾客或者其他方提供信任。提供质量保证需要提交质量保证措施。焊接质量保证措施内容主要包括以下方面：

1. 焊工培训

上岗的焊工应该按焊接种类（埋弧焊、CO_2气体保护焊和焊条电弧焊等）和不同的焊接位置（平焊、立焊和仰焊等）分别进行考试。考试合格者发给合格证书。焊工须持证上岗，不得超越合格证规定的范围进行焊接作业。严禁无证上岗。

2. 施工纪律

焊接人员必须严格遵守焊接工艺，不得随意变更焊接参数。主要焊接质检人员应定期及不定期检查焊接工艺的贯彻执行情况。若现场条件和规定条件不符时，应及时反映、解决。焊接后，应按规定打上焊工钢印。

3. 环境控制

焊接工作宜在室内进行，并且在焊接环境温度达到5℃以上和相对湿度达到80%以下时方可施加焊接。当环境条件不满足上述要求时，可以通过预热创造局部施工环境。

4. 焊接材料及设备管理

所有焊接材料应符合设计规范的有关规定。焊接材料由专用仓库储存，按规定烘干、领用。当焊条、焊剂未用完时，应交回重新烘干。烘干后的焊条应放在专用的保温桶内备用。CO_2气体的纯度（体积分数）应不小于99.5%，采用混合气体时，气体的混合比例应符合技术要求。

焊接设备应处于完好状态，并应抽验焊接时的实际电流、电弧电压与设备上的指示是否一致，否则应督促检查、更换。

5. 施焊过程控制

1）焊接时宜用引弧板，且引弧板及引出板的材质、坡口与所焊件的坡口相同，引弧板、引出板长度应控制在80mm以上，焊后采用火焰切割方法割掉引弧板、引出板，不得用锤击掉。板件的拼接焊缝与结构焊缝的间距应大于100mm；采用焊接接长的板件，其接长长度不得小于1000mm，宽度不小于200mm；T形接头交叉焊缝的间距不应小于200mm。

2）自动埋弧焊回收焊剂的距离应不小于1m，半自动埋弧焊回收焊剂的距离应不小于0.5m，焊后应待焊缝稍冷后再清理焊渣和飞溅物，图样上要求打磨的焊缝必须打磨平顺。

3）自动埋弧焊施焊时不应断弧。如出现断弧，则须将停弧处刨成不陡于1∶5的斜坡，并搭接50mm再继续施焊，焊后将搭接部分修磨均匀。

4）多层焊施焊过程中每焊完一道，必须把焊渣清除干净，并将焊缝及附近母材清扫干净，再焊下一道。

6. 焊接检验

从事超声波检测和射线检测的无损检测人员，须持有国家相关部门颁发的有效二级以上合格证书，并经监理工程师确认后，方可准予上岗操作。

焊前要熟悉有关图样和工艺文件，核对焊接部件，并彻底清理待焊区的铁锈、氧化皮、油污、水分等杂质。焊后必须清理焊渣及飞溅物，所有的对接焊缝应顺应力方向打磨匀顺，图样要求打磨的角焊缝必须打磨平顺。

7. 监理措施

质量文件应及时报送监理工程师，并对关键工序需要设置监理工程师检查点。

19.1.3 质量管理体系

系统有效的质量管理，应建立和保持的相关体系是质量管理体系，应通过这一体系进行如下工作：

（1）过程管理　过程的策划、建立、连续监控和持续改进，是质量管理的重要内容。

（2）质量策划　确定质量目标、必要过程和相关资源并输出质量计划。

（3）质量控制　采用监视、测量、检查及调控以达到质量要求。

（4）质量保证　产品质量和服务质量满足现定要求，得到证实，取得本组织领导、上级特别是顾客的信任。

（5）质量改进　质量改进包括纠正措施、预防措施和改进措施，均是质量管理的一部分。

质量管理是通过质量管理体系进行过程管理、质量策划、质量控制、质量保证和质量改进，确保质量方针、质量职责和形成文件的程序的实施和质量目标的实现，满足顾客要求。

19.1.4 质量控制

质量控制是指为达到质量要求所采取的作业技术和活动。这些技术和活动包括控制对象，如某一工艺过程或检验过程等；制订控制标准，即应达到的质量要求，如公差范围等；制订具体的控制方法，如操作规程等；明确所采用的检验方法，包括检验工具和仪器等。质量控制的目的在于控制产品和服务生产、形成或实现过程中的各个环节，使它们达到规定的要求，把缺陷控制在其形成的早期并加以消除。就制造过程的质量控制来说，应该严格执行工艺规程和作业指导书。

19.2 焊接质量保证标准简介

19.2.1 一般原则（GB/T 12467—2009）

1. 一般要求

为了保证产品的焊接质量，生产企业在满足 GB/T 12467—2009 中所列出的企业技术装备、人员及技术管理的要求外，还应保证产品的合理设计及安排合理的制造流程。对焊接接头的质量要求，应通过可靠的试验及检验予以验证。

（1）设备　必须具备合格的车间、机器设备等。

（2）人员　必须由可信任的人员从事焊接产品的设计、制造、检验及监督管理工作。

（3）技术管理　企业应具备能保证焊接质量的质量控制体系及相应的机构措施。

（4）设计　从事产品的设计时应根据有关规则充分考虑载荷情况、材料性能、制造和使用条件及所有附加因素。设计者应熟悉本业务范围所涉及的各类原材料标准、焊接材料标准及各类通用性基础标准、无损检测标准等。

对有关焊接产品及焊接方法的选择、坡口形式的选用、是否需要分部组焊及如何分部应根据实际生产条件、母材、结构特征及使用要求等诸因素进行综合考虑。必要时还应征询工艺人员的意见，协商确定。设计者应向工艺人员提供下列文件：

1）产品设计的全套焊接结构图样及有关加工装配图样。

2）产品设计说明书。

3）产品制造中焊接接头的各项技术条件，如接头的等级要求、力学性能指标（包括特定条件下的低温冲击，疲劳及断裂韧度指标等）、耐蚀性、磨损性能、结构的尺寸公差要求等。应明确各项检验依据的标准及规则。一般产品设计需考虑的因素，如图 19-1 所示。

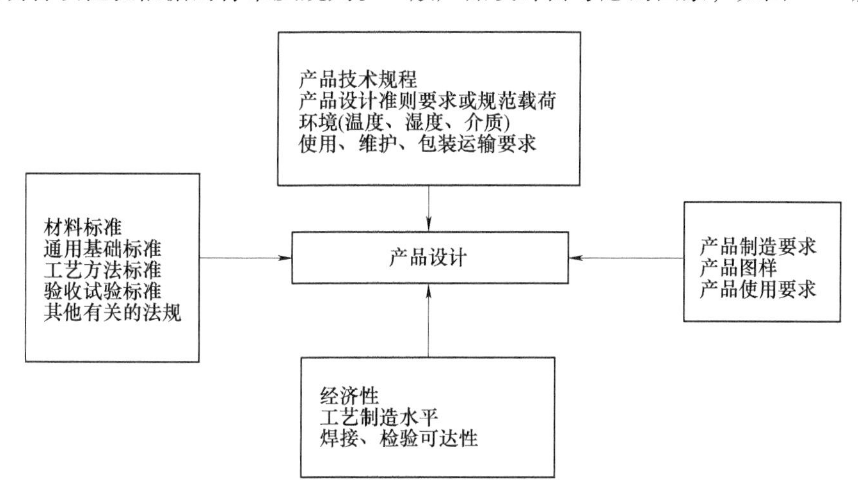

图 19-1　一般产品设计时需考虑的因素

2. 焊接产品的制造

焊接产品的一般制造流程，如图 19-2 所示。

3. 焊接性试验

对某些钢材，在进行焊接工艺评定试验之前，应根据有关的标准、规则进行焊接性试验。

19.2.2　焊接质量保证（GB/T 12468—2009）

GB/T 12468—2009 规定了以钢材焊接为主要制造手段的企业，为保证焊接产品质量而在技术装备、人员素质和技术管理等方面统一的基本要求。

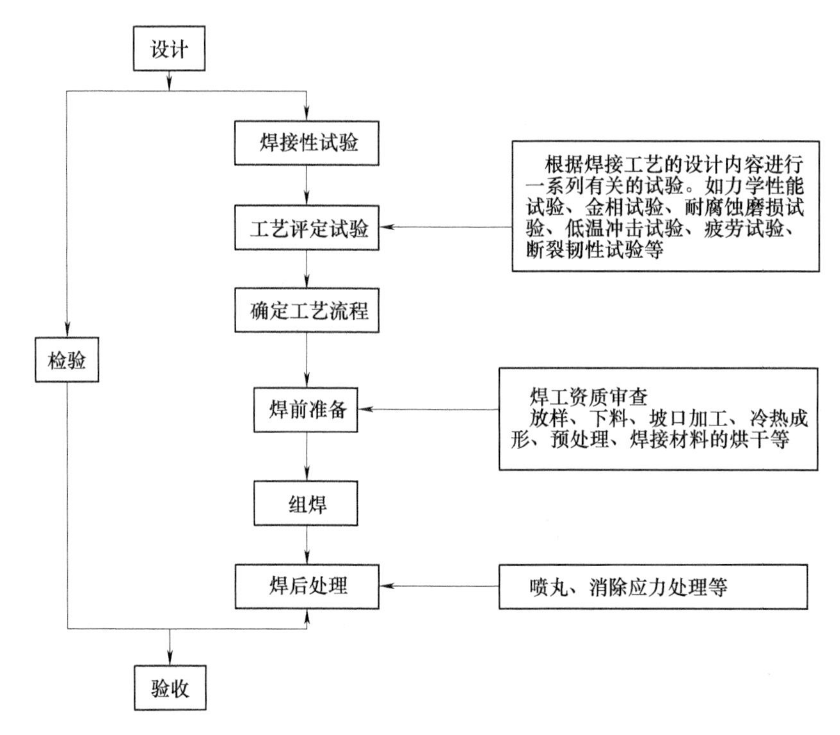

图 19-2　焊接产品的一般制造流程

1. 技术装备

为了保证焊接工作顺利完成，企业必须拥有相应的装置和设备，包括非露天装配场地及工作场地的装备、焊接材料的烘干设备及材料的清理设备；组装及运输用的吊装设备；加工机床及工具；焊接、切割设备及装置；焊接、切割用的工夹具；焊接辅助设备及工艺装备；预热及焊后热处理装置；检查焊接材料及焊接接头的检验设备及检验仪器；还应具有必要的焊接试验装备及设施。

2. 人员素质

（1）技术人员　企业必须具有一定的技术力量，包括具有相应学历的各类专业技术人员和具有一定技术水平的各种技术工种的工人，其中焊工和无损检测人员必须经过培训和考试合格取得相应的证书。

焊接技术人员由数人担任而且必须明确一名技术负责人，他们除具有相应的学历和一定的生产经验外，还必须熟悉企业产品相关的焊接标准和法规，必要时可经过专门的工艺知识培训。

（2）焊工　焊工必须达到与企业产品相关考核项目要求，并持有相应的合格证书。焊工只能在证书认可资质范围内按焊接工艺规程进行焊接生产操作。

（3）检查员　企业应配有与制造产品相适应的检查员，其中有无损检测员及焊接质量检测员、力学性能检测员、化学分析员等。无损检测员应持有与产品类别相适应的探伤方法的等级合格证。

（4）其他技术员　企业应具有与制造产品类别相适应的其他专业技术人员，如绘图员、机械设计员、涂装工艺员等。

3. 技术管理

企业应根据产品类别设置完整的技术管理机构，建立健全各级技术岗位责任和厂长或总工程师技术负责制。

企业必须要有完整的设计资料和正确的生产图样及必备的制造工艺文件。不管是从外来单位引进的还是自行设计的图样，必须有总图、零件图、制造技术条件等。所有图样资料应有设计人员、审核人员签字。总图应有厂长或总工程师签字。引进设计资料也必须有复核人员和总工程师或厂长的签字。

企业必须有必要的工艺管理机构及完善的工艺管理制度。应明确焊接技术员、检查员及焊工（包括焊接操作工）的职责范围及责任。

1）焊接产品必需的制造工艺文件应有技术负责人（主管工艺师或焊接工艺主管员）签字，必要时应附有焊接工艺评定试验记录或工艺试验报告。焊接技术员对工艺质量承担技术责任。

2）焊工应当对违反工艺规程及操作不当的质量事故承担责任。

3）企业应建立独立的质检机构，检查员应按照制造技术条件严格执行各类检查试验，应对所检焊缝提出充分的质量检测报告，对不符合技术要求的焊缝，应按产品技术条件监督返修和检验。检查员应对由漏检或者误检造成的质量事故承担责任。

19.2.3　钢熔化焊接头的要求和缺陷分级（GB/T 12469—1990）

1. 对接头性能的要求

对接头性能的要求有：常温的拉伸性能、常温冲击性能、常温弯曲性能、低温冲击性能、高温瞬时拉伸性能、高温持久拉伸性能、蠕变性能、疲劳性能、断裂韧度及其他（耐腐蚀、耐磨等特定性能）要求。

2. 接头外观及内在缺陷分级

GB/T 12469—1990《焊接质量保证—钢熔化焊接头的要求和缺陷分类》标准中，对钢熔化焊接接头外观及内在缺陷作了分级规定，见表19-1。在特殊情况下，可经过商定采用与本标准不同的规定，这必须在设计与制造文件中说明。

19.2.4　ISO 90000质量管理系列标准

1. 焊接管理人员与质量相关的业务

在ISO标准体系中，焊接是一项需要进行全盘管理的特殊工程，在ISO 14731—1997中规定了焊接管理人员与质量相关的业务，其中包括10个方面的内容，按照职能的划分，大体分为两部分：对外合同确认和转承包，对内与相关专业的接口，包括设计、材料、工艺、施工、检验、返修和文件化。

（1）合同审查　审查从事产品制造单位的焊接能力及相关业务。

（2）设计审查　审查相关的焊接标准、设计要求和相关的接口，检查焊接接头的详图、焊缝质量及合格标准。

（3）材料审查

1）母材的焊接性审查：包括材料证明书中的种类，材料购入说明书中的补充要求事项，母材的识别、保管及处理、追踪等。

2）焊接材料的审查：焊接材料的适应性、接收条件；包含焊接材料证明书中的种类。

表 19-1　缺陷分级（摘自 GB/T 12469—1990）

缺陷名称	代号	缺陷分级			
		Ⅰ	Ⅱ	Ⅲ	Ⅳ
焊缝外形尺寸		选用坡口由焊接工艺确定，需符合产品相关规定要求，本处不作分级规定			
未焊满	511	不允许		≤0.2mm+0.02δ 且≤1mm每100mm焊缝内缺陷总长≤25mm	≤0.2mm+0.04δ 且≤2mm每100mm焊缝内缺陷总长≤25mm
根部收缩	515 5013	不允许	≤0.2mm+0.02δ 且≤0.5mm	≤0.2mm+0.02δ 且≤1mm	≤0.2mm+0.04δ 且≤2mm
			长度不限		
咬边	5011 5012	不允许[①]		≤0.05δ 且≤0.5mm连续长度≤100mm且焊缝两侧咬边总长≤10%焊缝总长	≤0.1δ 且≤1mm，长度不限
裂纹	100	不允许			
弧坑裂纹	104	不允许			允许个别长≤5mm的弧坑裂纹
电弧擦伤	601	不允许			允许个别电弧擦伤
飞溅	602	清除干净			
接头不良	517	不允许		造成缺口深≤0.05δ 且≤0.5mm，每米焊缝不得超过一处	造成缺口深≤0.1δ 且≤1mm，每米焊缝不得超过一处
焊瘤	506	不允许			
未焊透（按设计焊缝厚度为准）	402	不允许		不加垫单面焊允许值≤0.15δ 且≤1.5mm每100mm焊缝内缺陷总长≤25mm	≤0.1δ 且≤2.0mm每100mm焊缝内缺陷总长≤25mm
表面夹渣	300	不允许		深≤0.1δ　长≤0.3δ 且≤10mm	深≤0.2δ　长≤0.5δ 且≤20mm
表面气孔	2017	不允许		每50mm长度焊缝允许直径≤0.3δ 且≤2mm的气孔两个　孔间距≥6倍孔径	每50mm长度焊缝允许直径≤0.4δ 且≤3mm的气孔两个　孔间距≥6倍孔径
角焊缝厚度不足（按设计焊缝厚度计）		不允许		≤0.3mm+0.05δ 且≤1mm，每100mm焊缝内缺陷总长≤25mm	≤0.3mm+0.05δ 且≤2mm，每100mm焊缝内缺陷总长≤25mm
角焊缝角不对称[②]	512	差值≤1mm+0.1a		差值≤2mm+0.15a	差值≤2mm+0.2a
		a——设计焊缝有效厚度			
内部缺陷		GB 3323 Ⅰ级	GB 3323 Ⅱ级	GB 3323 Ⅲ级	不要求
		GB 11345 Ⅰ级		GB 11345 Ⅱ级	

注：除注明角焊缝缺陷外其余均为对接、角接焊缝通用。

① 咬边如经磨削修整并平滑过渡则只按焊缝最小允许厚度值评定。

② 特定条件下要求平缓过渡时不受本标准规定限制（如搭接或不等厚板的对接和角接组合焊缝）。

3）分包审查。审查从事分包人员的适应性。

4）生产计划审查。审查工艺指导书及焊接工艺批准记录的适应性、作业指标、焊接夹具及设备、焊工的资格范围及有效期、施焊焊缝的试验要求、焊接检查的要求、环境条件、安全、卫生等。

5）焊接设备审查。审查与焊接相关设备的适应性、辅助设备及备品、安全、卫生。

6）焊接操作审查。发放作业指导书、坡口加工打磨组对及清理、焊接试板的准备、检查环境条件的适应性、焊工的标准执行、焊机及辅助机器的使用方法或作用、焊接材料及辅助材料、定位焊材料的应用、焊接条件的应用、施焊中试验的应用、预热、层间温度以及焊后热处理的应用及方法、焊接顺序、焊后处理等。

7）检查。目视检验焊接完了的焊缝的状况、焊缝的尺寸、焊件的形状、尺寸及允许误差、接头的外观、焊接接头的清理等。通过破坏及无损检测确定焊缝的内部质量。

8）焊缝及合格率检查。检查以及试验结果的评价、焊接返修、补焊部位的评价、纠正措施。

9）文件整理。填写必要的记录及保存整理备案。

2. 焊接质量管理模式的建立和应用

建立 ISO 9001 质量体系的焊接质量模式，需要满足两个规范要求，即我国标准和美国机械工程师协会-ASME 标准的焊接管理要求。作为焊接管理规范的八大内容是：焊接工艺规程（WPS）、焊接工艺评定报告（PQR）、焊工资格（WPQ）、焊接材料（包括采购、进货验收、储存及发放）、焊接施工、焊接检验、焊接返修和焊接设备。

焊接工艺评定流程可参考以下流程：提出焊接工艺评定项目→审核→安排加工试板→焊接→试板检验→汇集 PQR→审核、批准 PQR→WPS 生产认可→国内外监督机构认可→PQR 分类。

焊工技能评定流程可以参照以下流程：提出焊工技能评定项目→确定人次和名单→确定笔试合格→加工试验板件→施焊操作→评定要素记录→试板检验→汇总 WPQ→审核批准 WPQ→国内外监督机构认可→焊工资格清单→发放给各部门。

19.3　焊接质量管理体系

19.3.1　焊接质量管理体系的要求

完整质量要求中对焊接质量管理体系的要求，主要包括以下几个要素：

1. 合同评审

合同内容应包括焊接工艺、工艺评定、质量控制、施工环境、人员资格、焊缝检验及工艺评定应用的标准等要求。

2. 设计评审

设计评审的内容包括焊缝的位置、可操作性及焊接顺序、表面加工、母材的技术要求及焊接接头性能、焊接坡口和焊缝尺寸、焊缝质量合格标准、焊后热处理的要求等。

3. 分承包商

当制造商使用分承包服务时应向分承包商提供全部有关的规程及标准，并确保分承包商能满足合同的质量要求。所有承包商应在制造商的订货指令职责要求下工作并完全满足标准要求。

4. 焊工

所有焊工及焊接操作工应按照 GB/T 15169 或有关标准经相应的考试后认可。所有的认可记录要保存至合同有效时间结束。

5. 焊接操作人员

配备合适的焊接操作人员，以保证焊接人员获得必要的工艺规程或作业指导书，对质量活动负有责任的人员应具有足够的权利，以保证可采取必要的措施。

6. 检验人员

应配备具有足够专业知识和实践经验的检验人员，无损检测人员应按 GB/T 9445—1999《无损检测　人员资格鉴定与认证》或有关标准进行考核。

7. 生产设备

应配备性能符合要求的焊接、切割、坡口加工、装配夹具、起重运输、焊材烘干存储等必要的生产设备。

8. 设备维修

编制设备维修计划，使焊接与切割的重要设备处于良好的状态。

9. 生产计划

应编制结构制造工艺流程、工艺规程计划进度表、试验及检验规程以及产品部件的标识等。

10. 焊接工艺规程

应制定合适的焊接工艺规程，并确保其在生产中得到正确运用。

11. 焊接工艺评定

按 JB/T 6963—1993《钢制件熔化焊接工艺评定》或其他相关标准进行焊接工艺评定，或按合同要求评定，必要时对其他工艺如焊后热处理进行工艺评定。

12. 作业指导书

应当编制除焊接工艺规程以外的作业指导书。

13. 质量文件

应建立并保持有关质量文件（如焊接工艺规程、焊接工艺评定记录、焊工合格证书）的控制程序。

14. 焊接材料的检验

应制定焊接材料的检验程序，必要时按批检验焊接材料。

15. 焊接材料的储存和保管

按 JB/T 3223—2017《焊接材料质量管理规程》标准或其他相关标准存储和保管焊接材料，并建立相应的制度。

16. 母材的存放

保证母材不受存放环境的有害影响，并保持识别标识。

17. 焊后热处理

应按相应的标准编制焊后热处理规程，并按要求记录热处理工艺过程的温度-时间曲线。

18. 焊前、焊接过程和焊后检查

（1）焊前检查的项目 焊工证书的有效性、焊接工艺规程的适应性和合法性、母材和焊接材料的识别、接头和坡口制备的正确性、工装夹具的适用性、焊接工作条件的适用性。

（2）焊接过程的检查项目 主要焊接参数（焊接电流、电弧电压和焊接速度、预热和层间温度）、焊接顺序、焊道的清理和背面清根、焊接材料的正确使用和保管、焊接变形的控制、焊接尺寸的检查。

（3）焊后检查的项目 焊缝外观的目视检查、无损检测、破坏性检验、结构外形尺寸检查。

19. 不符合项

应采取措施控制不合格品，防止其被误用，必要时编制修复和矫正工艺规程。修复后按要求重新检查，对不合格品产生的原因进行分析，并采取矫正措施。

20. 检测设备的校准

对检验、测试和试验设备进行定期校准，以保证测量数据的准确性。

21. 可追溯性

在整个过程中应保持标识，满足可追溯性要求。

22. 质量记录

按合同要求作质量记录：评审记录、合格证、评定记录、检验报告、不合格记录等。

19.3.2 焊接质量体系的建立

1. 焊接质量管理体系的建立

质量管理体系的建立，是在确定市场及顾客需求的前提下，制定企业的质量方针、质量目标、质量手册、程序文件及质量记录等体系文件，确定企业在生产（或服务）全程的作业内容、程序要求和工作标准，并将质量目标分解落实到相关层次、相关岗位的职能和职责当中，形成质量管理体系执行系统的一系列工作。质量管理体系的建立还包含着组织不同层次的员工培训，使体系工作和执行要求为员工所了解，为形成全员参与的企业质量管理体系的运行创造条件。欲开展质量管理，必须设计、建立、实施和保持质量管理体系。

组织的最高管理者对依据 ISO 9001 国际标准设计、建立、实施和保持质量管理体系的决策负责，对建立合理的组织结构和提供适宜的资源负责；管理者代表的质量职能部门对形成文件的制定和实施、过程的建立和运行负直接责任。

建立质量体系应符合以下要求：

（1）质量管理体系应具有符合性 质量管理体系的设计和建立，应结合组织的质量目标、产品类别、过程特点和实践经验。因此，不同组织的质量管理体系有不同的特点。

（2）质量管理体系应具有唯一性 质量管理体系是相互关联和作用的组合体。包括：

1）组织结构：合理的组织机构和明确的职责、权限及其协调的关系。

2）程序：规定到位的形成文件的程序和作业指导书，是过程运行和进行活动的依据。

3）过程：质量管理体系的有效实施，是通过其所需过程的有效运行来实现的。

4）资源：必需、充分且适宜的资源，包括人员、资金、设施、设备、料件、能源、技术和方法。

（3）质量管理体系应具有系统性　质量管理体系的运行应是全面有效的，既能满足组织内部质量管理的要求，又能满足组织与顾客的合同要求，还能满足第二方认定、第三方认证和注册的要求。

（4）质量管理体系应具有全面有效性　质量管理体系应能采用适当的预防措施，有一定的防止重要质量问题发生的能力。

（5）质量管理体系应具有预防性　最高管理者定期批准进行内部质量管理体系审核，定期进行管理评审，以改进质量管理体系；还要支持质量职能部门（含车间）采用纠正措施和预防措施改进过程，从而完善体系。

（6）质量管理体系应具有动态性　质量管理体系所需要全过程及其活动应持续受控。组织应综合考虑利益、成本和风险，通过质量管理体系持续有效地运行使其最佳化。

2. 焊接质量体系建立的一般过程

（1）策划与准备阶段　组织的各级领导在贯彻《标准》（GB/T 19000—2000《质量管理体系基础和术语》，简称《标准》）上统一思想认识，贯彻是实行科学管理、完善管理结构、提高管理能力的需要。只有充分统一认识，做好思想准备，才能自觉积极地推动贯标工作，严格依据《标准》逐步建立和强化质量管理监督制约机制、自我完善机制，完善和规范本组织管理制度，保证组织活动或过程科学、规范地运作，从而提高产品（服务）质量，更好地满足顾客要求。

1）组织培训：选择的培训对象要包括活动中全部有关部门的负责人，他们是贯彻标准的骨干力量，贯彻达到什么样的效果，取决于最高管理者和各部门负责人对《标准》的理解。

2）建立贯标运行机构：一般由最高管理者担任贯标工作机构负责人，管理者代表担任副职，贯标工作涉及的职能部门负责人担任机构成员。

贯标工作机关的任务是策划和领导贯标工作，包括制定质量方针和质量目标、依据《标准》要素分配部门的质量职责，审核体系文件，协调处理体系运行中的问题。

3）任命管理者代表和确定质量管理工作主管部门：管理者代表由最高管理者以正式文件任命并明确职责权限，代表最高管理者承担质量管理方面的职责，行使质量管理方面的权利。

管理者代表应是本组织最高管理层成员，具有领导能力和协调能力，有履行管理者代表职责和权利的条件和渠道；熟悉本组织的业务；能较好地理解 GB/T 19000—2016《质量管理体系 基础和术语》（以下简称《标准》）及其要求，并且切实能够实际履行职责。

质量管理工作主管部门协助管理者代表，根据贯标工作机构决策，具体组织落实质量管理体系的建立和运行。

4）成立质量管理体系文件编写小组：选择经过文件编写、培训、有一定管理经验和较好文字能力的，来自质量管理体系责任部门的代表组成《标准》文件编写小组。

5）分析评价现有质量管理体系：贯标的目的是改造、整合、完善现有的体系，使之更加规范和符合《标准》要求。这要求贯标者依据《标准》对现有的管理体系进行分析、评估。

（2）质量体系文件的编制阶段　质量管理体系的实施和运行是通过建立贯彻质量管理体系文件来实现的。通过质量管理体系文件贯彻质量方针；当情况改变时，保持质量管理体系及其要求的一致性和连续性；作为组织开展质量活动的依据，质量管理体系文件为内部审核和外部审核提供证据；质量管理体系文件可用以展示质量管理体系，证明其与顾客及第三方要求相符合。

质量管理体系文件一般由质量手册、程序文件、作业指导书、质量记录表格四部分组成。

质量管理体系文件由专门编写小组编写，可按如下编写顺序进行：

1）自上而下地进行，即按质量手册-程序文件-支持性文件及记录表格的顺序编写。

2）自下而上地进行。

3）采取中间突破的方法，即先编写程序文件。

首先应对文件编写组成员进行培训，然后制定编写计划，收集有关资料，编写组讨论文件间的接口，然后将文件初稿交给咨询专家审核；咨询专家向编写组反馈，并共同讨论修改意见后，由编写组修改文件至文件符合要求。

（3）质量体系的试运行阶段

1）质量管理体系的试运行：编写完成质量管理体系文件后，要经过一段时间试运行，检验这些质量体系文件的适用性和有效性。组织通过不断协调、质量监控、信息管理、质量管理体系审核和管理评审，实现质量管理体系的有效运行。

影响质量活动有效性的因素很多，如旧的习惯、传统思想、缺乏认识、对文件理解偏差等。所以对程序、方法、资源、人员、过程、记录、产品连续监控是非常必要的，发现偏离标准的情况，应及时采取纠正措施，必要时可以增加内部质量审核的次数，通过内部质量审核和管理评审这一自我改进机制，可以持续改进质量管理体系。

2）内部质量的审核和管理评审：内部质量审核（简称内审）和管理评审是验证质量管理体系适宜性、充分性和有效性的重要手段。

内审分为文件审核和现场审核两个阶段。文件审核是评价组织编写的质量手册、程序文件是否符合《标准》的要求和工作目标的需要。现场审核是评价实际的质量是否符合《标准》、质量手册、程序文件等有关文件的规定，以及这些规定是否得到有效贯彻。内审内容包括：组织结构与所进行的活动的适宜性；质量管理体系实施、运行情况和工作程序的执行情况；有关质量制度、规章、办法执行贯彻情况；人员、设备和器材的适宜情况；质量管理体系文件的完整性，与标准的符合性等。试运行期间，内审、评审次数视情况可有较多次，每年需要2~3次；体系正常运行后，内审方式可以分为集中审核或者滚动审核。前者是集中全面审核，每年至少一次，后者是按照计划陆续开展，每次审核一个或者几个部门或活动，全年至少覆盖所有部门一次。

管理评审是最高管理者适时地评价组织管理质量体系的持续性、有效性、适宜性和充分性。管理评审包括如下内容：

① 实现质量方针、目标的程序。

② 内审及纠正措施完成情况及有效性评价、对薄弱环节采取的专门措施。

③ 质量指标完成情况及趋势分析。

④ 顾客意见及处理情况，主要问题分析及预防措施。

⑤ 本组织机构和资源的适应性。

⑥ 质量改进计划。

⑦ 进一步改进、完善质量管理体系的意见。

（4）质量体系的完善和评价阶段

1）质量管理体系的调整和完善。内审和管理评审可以帮助发现质量管理体系策划中不符合《标准》或操作性不强之处，一方面应纠正体系中的不合格项，另一方面要对文件进行修改。

2）质量管理体系资格认证的准备工作。质量管理体系资格认证的准备工作主要有 4 个方面：

① 模拟审核。由咨询专家独立对本组织的质量管理体系进行全面审核，明确提出不合格项，并作出结论性评价。其评价内容包括：过程是否被确定，过程程序是否被恰当地形成文件，过程是否被充分展开并按文件要求贯彻实施，在提供预期结果方面，过程是否有效。

② 组织针对不合格项举一反三，以点带面制定纠正措施计划，限期整改。

③ 提出资格认证申请，提交质量管理手册，确定资格认证时间。

④ 咨询专家指导资格认证前的各项准备工作。

（5）质量体系的审核　质量体系的审核是质量审核的一种形式，是实现质量管理方针所规定目标的一种管理手段，以确定质量体系要素是否有效地实施并实现规定的目标，同时还提供了减少、消除、特别是预防不合格产品质量所需的客观证据。

1）质量体系审核是有系统的、独立的审查活动。审核包括计划安排和文件，还有文件的有效贯彻，并达到规定的目标。

2）质量审核不应与监督或检验活动相混淆。

3）质量审核是一个统称，如果对质量体系或者其要素进行审核，则称为质量体系审核。

4）质量体系审核范围，由委托方作最后决定，应以充分满足审核范围和程序的需要为准。

（6）质量体系认证

1）质量体系认证模式标准：质量体系认证模式标准有 3 个，即 ISO 9001、ISO 9002 和 ISO 9003。它们是国际标准化组织（ISO）发布的 3 个质量保证标准，它们分别代表 3 种不同的质量体系要求，以满足供方、顾客或者第三方评价质量体系的不同需要。这三个标准是对规定的技术（产品）要求的补充，而不是取代。

① ISO 9001《质量体系设计、生产、开发、安装和服务质量保证模式》。标准提出了 20 个质量体系要求，并分别对每一个要素提出了具体要求，这 20 各要素涉及产品质量形成的全过程，主要用于供方在设计、开发、生产、安装和服务的各个阶段保证符合规定的要求。

② ISO 9002《质量体系生产、安装和服务质量保证模式》。标准提出了 19 个质量体系要素，并分别对每个要素提出了具体要求。标准要求供方建立并实施生产、安装和服务过程的质量保证体系，以保证产品质量符合规定的要求。

③ ISO 9003《质量体系最终检验和试验的质量保证模式》。标准提出了 16 个质量体系要素，并分别对每个要素提出了具体要求。标准着重要求供方产品最终质量的检验和试验能力，确保产品质量符合规定的要求。

通过上述比较，可以发现 3 种质量保证模式标准之间既存在着许多相同之处，也存在不同之处，各标准各自发挥作用。

2）质量认证模式标准的通用指南

① 第二方认证或者注册。在合同和第二方认证或注册的情况下，供方和另一方就使用哪个标准作为认定的基准应达成一致的意见。因此，应在充分考虑双方的利益、风险和成本的基础上，确定一种适宜的质量保证模式，并保证每一方所应采取的措施，以便对将要达到的预期质量提供足够的信任。

② 第三方认定或者注册。第三方认定或注册时，供方和认证机构就使用哪一个标准作为认证或注册的基准达到一致意见，要求所选的质量保证模式是适宜的，既不使顾客产生误会，又有助于供方实现自己的目标。

19.3.3 焊接质量体系的保证

质量体系确定后，按照质量体系文件的规定进行管理，定期对质量体系进行审核。通过审核确定质量体系要素是否有效实施并与规定实现的目标相适应，预防、减少和消除不合格因素，进一步改进、完善质量管理体系。

19.4 焊接质量管理体系管理软件的应用

19.4.1 焊接质量管理系统软件概述

焊接质量管理系统（WRP），经过十年修磨打造并在多家轨道交通装备焊接制造企业试用验证。主要包括焊接资源管理系统，实现焊接专业数据网络化管理、数据快速查询、辅助焊接工艺文件智能化快速编制，焊接工艺数字化与流程化，消除信息失真与延误。解决当前焊装车间普遍采用纸质版或电子版（Excel 或 Word）编制、管理焊接工艺存在的工艺设计质量不高、管理执行效率低下等问题。焊接信息化系统设立分级权限分级审核机制，使焊接工艺编制和使用流程管理电子化、流程化与标准化，并建立焊接工艺、材料与焊工数据库，实现焊接工艺管理数字化。基于焊接大数据带来的管理精度、管理效率的提高，有助于焊接工艺优化，提升工作效率。

19.4.2 焊接质量管理系统软件的目的

1）整合企业焊接相关的资源，通过软件进行系统化规范化管理，实现资源合理分配、高效利用。

2）辅助焊接工程师及技术人员提升焊接文件编辑效率、规范作业流程、提升业务水平。

3）依托 EN 15085 为主体，ISO 9606-1，ISO 15614 等欧标为基础的标准化平台，与国际标准接轨，链接国际大客户，建立焊接管理体系。

4）通过基础数据分析，生成焊接接头数据库，智能匹配关联数据。

5）实现 WPQR(焊接工艺评定）的动态管理。

6）实现 WPS 的智能设计及动态管理。

7）结合现有人员、设备及工艺，建立焊接工艺基础数据库。

8）建立焊接知识库，对焊接知识进行分类管理，含焊接工艺、人员资质、工作试件、设备信息等。

19.4.3 焊接质量管理系统软件介绍

1. 系统结构

系统登录后界面显示如图 19-3、图 19-4 所示（图片仅供参考）。主要包括项目文件区、辅助功能区（工具栏）、基础数据库和主工作区等。

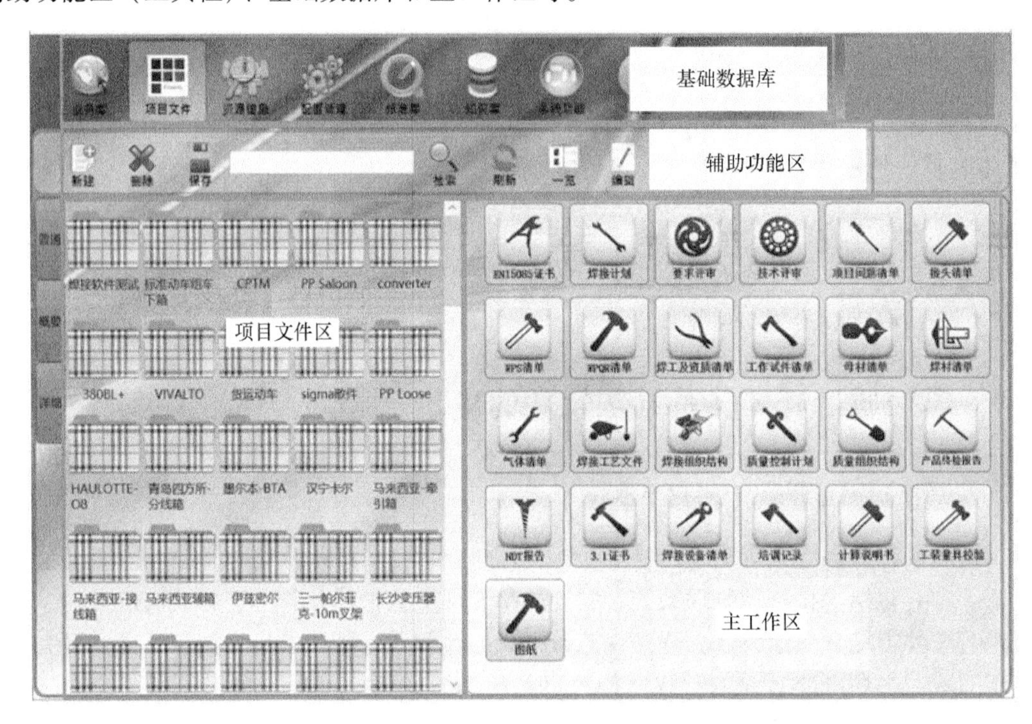

图 19-3 焊接质量管理系统主控界面示例（1）

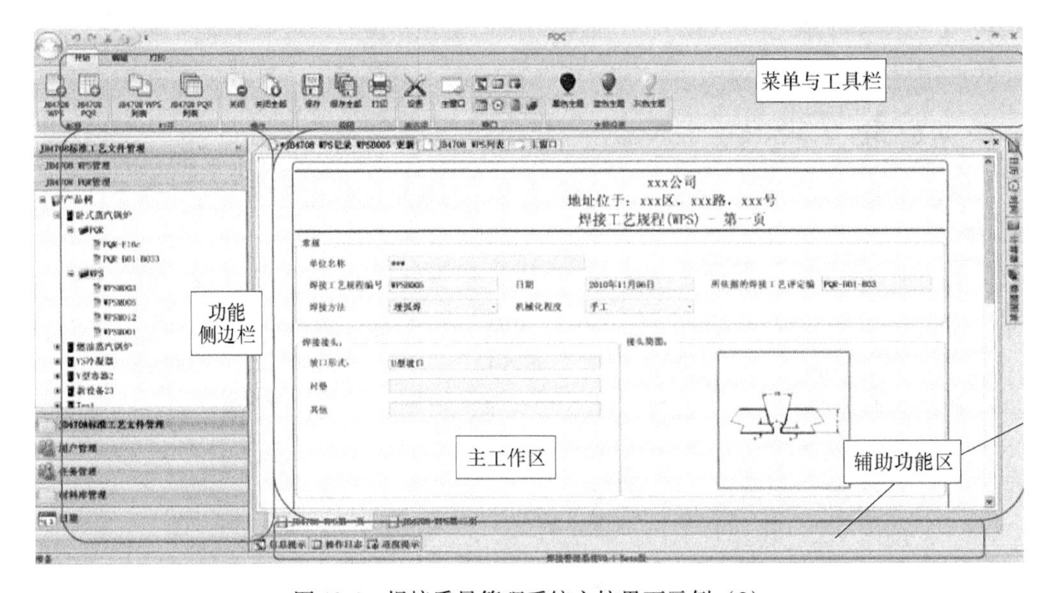

图 19-4 焊接质量管理系统主控界面示例（2）

焊接质量管理系统基础架构如图19-5所示（图片仅供参考），系统应包含但不局限于基础架构要求。

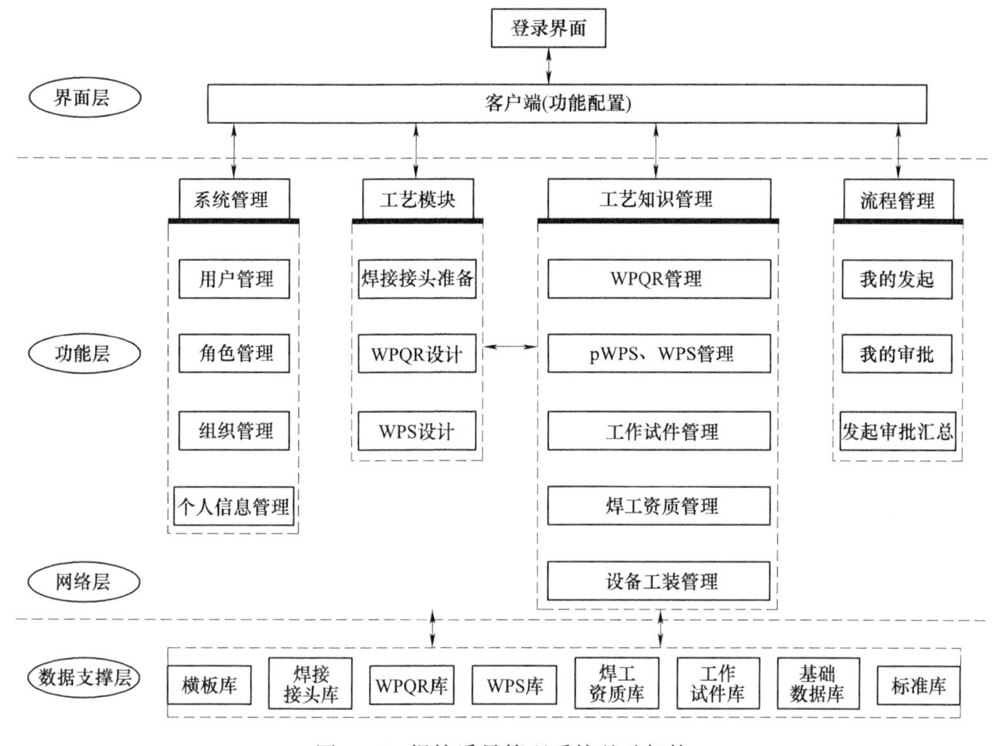

图19-5 焊接质量管理系统基础架构

2. 技术指标

焊接质量管理系统各模块基础技术指标见表19-2，系统应包含但不局限于基础技术指标要求（★★★文件模板自主配置，可实现后期系统管理员根据需求对Word、Excel等模板文件格式的后台自主编辑）。

表19-2 焊接质量管理系统各模块基础技术指标

序号	模块名称	基本操作功能	核心操作功能	附加功能	子模块
1	用户管理	用户管理 角色管理 权限管理 安全管理	1. 添加用户/角色 2. 删除用户/角色 3. 搜索 4. 用户/角色排序 5. 电子签名 6. 组织机构树管理 7. 用户-角色-权限自定义分配（权限细化至各页面及页面各功能按钮）	★★★ 1. 保留系统现场智控模块数据接口（明确接口要求，及后期与哪些软件进行集成） 2. 焊接信息化平台系统需开放平台及接口二次源代码 3. 需明确系统对硬件及服务器的配置要求 4. 电子签名可配置化，可实现系统管理员对字体及大小的调整	

（续）

<table>
<tr><th>序号</th><th>模块名称</th><th>基本操作功能</th><th>核心操作功能</th><th>附加功能</th><th>子模块</th></tr>
<tr><td>2</td><td>焊接标准库</td><td rowspan="6">添加
查看
编辑
删除
批量删除
检索
排序
上传附件
批量上传附件
下载附件
批量下载附件
附件在线预览
复制粘贴
批量复制粘贴
快捷键自定义设计
录入格式限定及验证
导出统计数据记录
导出统计数据报表</td><td>文件上传、存储、浏览、检索及下载等</td><td rowspan="6">智能检索
在线打印
智能排序
在线编辑、保存
自定义快速导航栏
高级检索（定制化数据智能对比统计分析）</td><td>焊接标准库
焊接技术资料
培训技术资料
……</td></tr>
<tr><td>3</td><td>焊接接头数据库</td><td>1. 具备标准焊接接头基础数据库
2. 焊接接头种类查询
3. 焊接接头信息编辑（包括查询、添加、删除、编辑等）
4. 与 WPQR、WPS 智能匹配
5. 工作试件智能匹配
6. 焊工资质智能匹配
7. 焊接接头列表的导入导出（Excel），在线打印</td><td>标准接头
产品接头</td></tr>
<tr><td>4</td><td>焊接工艺评定数据库</td><td>【工艺评定】-【焊接接头】智能关联获取数据
【工艺评定】-【其他带关联数据库】智能关联获取数据
【工艺评定】-【焊接接头】范围验证超出预警
【工艺评定】-【其他带关联数据库】范围验证超出预警</td><td>WPQR 数据库</td></tr>
<tr><td>5</td><td>焊接工艺规程数据库</td><td>1. 查询及编辑 WPS 信息（WPS 编号可编辑）
2. WPQR 智能匹配
3. WPS 修订、升版、审核
4. 导入/导出 WPS 及 WPS 清单</td><td>MAG 数据库
TIG 数据库</td></tr>
<tr><td>6</td><td>焊工资质管理</td><td>【焊工资质】-【焊接接头】智能关联获取数据
【焊工资质】-【其他带关联数据库】智能关联获取数据
【焊工资质】-【焊接接头】范围验证超出预警
【焊工资质】-【其他带关联数据库】证书到期及时预警
【焊工资质】-【其他带关联数据库】焊工清单的导入/导出（焊工清单）</td><td>焊工证书库</td></tr>
<tr><td>7</td><td>工作试件管理</td><td>1. 查询及编辑工作试件报告
2. 匹配具备焊接资质焊工
3. 工作试件报告的导入/导出（工作试件清单）</td><td>清单
附件</td></tr>
</table>

（续）

序号	模块名称	基本操作功能	核心操作功能	附加功能	子模块
8	基础数据库		1. 母材库，材料种类及规格、牌号、板厚等信息可编辑 2. 焊接方法库，具备全面的焊接方法供选择 3. 焊材及规格 4. 焊缝尺寸及焊接位置 5. 接头形式（匹配最新版本ISO 2553的接头符号） 6. 焊缝检验方法、缺陷等级、质量等级、检验等级及鉴定标准等 7. 焊接保护气体、电流种类等 ……		焊接标准库 焊接技术资料 培训技术资料
9	设备工装数据库		1. 设备工装信息管理（设备品牌、型号、编号、校验周期、到期及时预警等；工装名称及编号、生产厂家、校验周期、到期及时预警等） 2. 设备及工装信息的导入/导出（设备及工装台账）		
10	流程管理	工艺规程自动导入 编辑、复制、删除等基本操作	审批流程（★★★实现流程及节点的可配置化，便于后期系统管理员后台更改流程）		

3. 焊接资源管理系统

（1）系统管理

1）用户管理。用户管理界面是对使用本系统、需要登录本系统的用户进行管理。其中包括添加用户并编辑用户信息（登录名、姓名、角色、），其他用户信息（创建人、修改人、修改时间、创建时间）根据实际情况自动生成，如图19-6所示（图片仅供参考）。

2）角色管理。角色管理界面用于对系统角色进行管理，其中包括角色的添加和编辑，并且可以根据公司的实际情况自定义设置每个角色的权限，方便用户管理和数据管理，如图19-7所示（图片仅供参考）。

3）组织机构管理。组织机构管理模块是对企业组织机构以及用户所属机构的管理，其中组织结构树和各机构下面的人员，都可以根据公司实际的机构人员安排进行设计、添加、删除，如图19-8所示（图片仅供参考）。

4）个人信息管理。个人信息管理模块可对个人信息进行编辑及修改，如上传电子签名、修改密码等，如图19-9所示（图片仅供参考）。

（2）焊接数据库　焊接基础数据库主要存储及管理焊接接头数据、焊接工艺评定

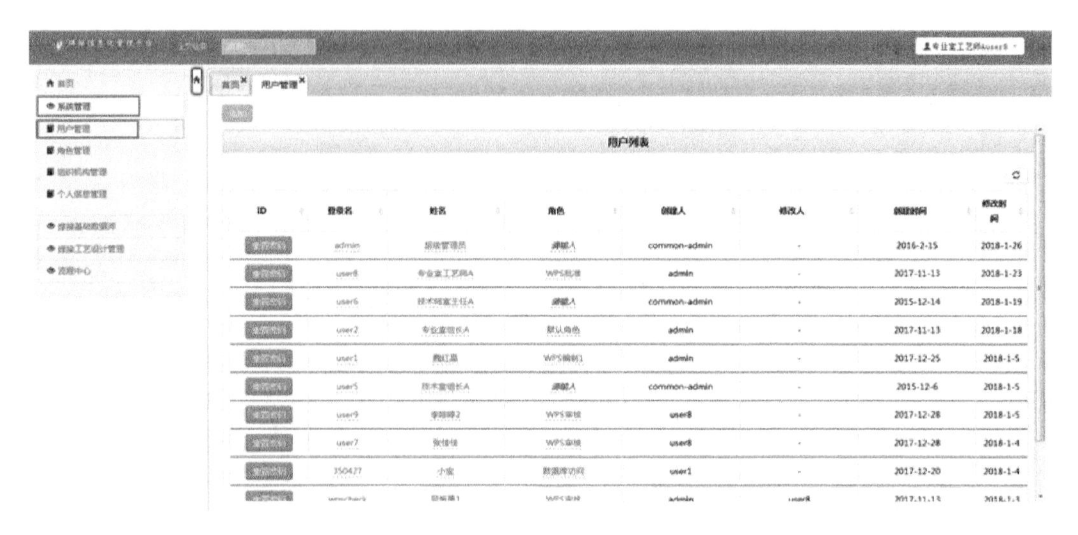

用户列表

ID	登录名	姓名	角色	创建人	修改人	创建时间	修改时间
[illegible]	admin	超级管理员	[illegible]	common-admin	-	2016-2-15	2018-1-26
[illegible]	user8	专业室工艺师A	WPS批准	admin	-	2017-11-13	2018-1-23
[illegible]	user6	技术师室主任A	[illegible]	common-admin	-	2015-12-14	2018-1-19
[illegible]	user2	专业室组长A	默认角色	admin	-	2017-11-13	2018-1-18
[illegible]	user1	魏红晶	WPS编制1	admin	-	2017-12-25	2018-1-5
[illegible]	user5	技术室组长A	[illegible]	common-admin	-	2015-12-6	2018-1-5
[illegible]	user9	李婷婷2	WPS审核	user8	-	2017-12-28	2018-1-5
[illegible]	user7	张佳佳	WPS审核	user8	-	2017-12-28	2018-1-4
[illegible]	350427	[illegible]	数据库访问	user1	-	2017-12-20	2018-1-4
[illegible]	[illegible]	[illegible]	[illegible]	admin	user8	2017-11-13	[illegible]

图 19-6　用户管理界面示例

首页　角色管理

添加　配置权限　配置左侧菜单权限

角色列表

ID	角色名	创建人	修改人	创建时间	修改时间
1	测试	admin	admin	2019-4-15	2019-4-15
2	测试角色	admin	admin	2018-2-9	2019-1-24
3	14545	admin	user8	2018-11-15	2018-11-23

图 19-7　角色管理界面示例

	登录名	姓名	创建人	修改人	创建时间	修改时间
	B2018012619050004	默认名字	user8	user8	2018-1-26	2018-1-26
	B2018012619050003	默认名字	user8	user8	2018-1-26	2018-1-26
	admin	超级管理员	common-admin	-	2016-2-15	2018-1-26
	user8	专业室工艺师A	admin	-	2017-11-13	2018-1-23
	user6	技术师室主任A	common-admin	-	2015-12-14	2018-1-19
	user2	专业室组长A	admin	-	2017-11-13	2018-1-18
	user1	魏红晶	admin	-	2017-12-25	2018-1-5
	user5	技术室组长A	common-admin	-	2015-12-6	2018-1-5
	user9	李婷婷2	user8	-	2017-12-28	2018-1-5
	user7	张佳佳	user8	-	2017-12-28	2018-1-4

显示第 1 到第 10 条记录，总共 28 条记录 每页显示 10 条记录

图 19-8　组织机构管理界面示例

图 19-9　个人信息管理界面示例

（WPQR）数据、焊接工艺规程（WPS）数据、焊接标准、焊接工艺知识、设备信息等。

1）焊接基础数据库。焊接基础数据库主要为编辑焊接接头清单、焊接工艺规程（WPS）、焊接工艺评定（WPQR）等提供数据支持，是焊接信息管理的基础。

主要内容如下：

① 母材库：按类别和组类别进行分类（对应 ISO 15608），包括材料的种类及规格、钢号（牌号）、力学性能、生产厂家、具体化学成分及材料状态等，基础信息可编辑。

② 焊接方法库：涵盖所有的焊接工艺方法供选择（对应 ISO 4063），信息可编辑。

③ 焊材库：焊材分焊丝、焊条和焊剂三类，包括焊材材料及牌号、规格、品牌、执行标准等，信息可编辑。

④ 焊接接头信息：主要包括焊缝尺寸（熔深及焊脚）、焊接位置、接头形式（匹配最新版本 ISO 2553 标准）等，信息可编辑。

⑤ 焊缝检验：主要包括焊缝质量等级、缺陷等级、检验方法、检验等级及鉴定标准等，信息可编辑。

⑥ 焊接保护气体：包含保护气体种类、纯度等信息（参照 ISO 14175），信息可编辑。

⑦ 电流种类：直流（DC）、交流（AC），正极性和反极性等信息，信息可编辑。

2）焊接接头数据库。

焊接接头数据库主要以 ISO 2553、EN 15085-3 附表 B 标准接头为基础数据，根据公司实际情况可以进行接头形式的添加操作，功能包含查询、添加、删除、批量删除、编辑、导入/导出 Excel、上传/下载图片、数据排序等，数据库模板执行公司要求，如图 19-10 所示（图片仅供参考）。

① 查询。查询功能主要是为了用户能够快速的根据关键字查找到自己想要的接头及数据，关键字根据公司要求进行编制，根据关键字实时反馈查询结果，如图 19-11 所示（图片仅供参考）。

② 添加。单击数据列表中“添加”按钮，系统在数据列表的最上方添加一条待编辑的空数据，待所有字段数据录入完毕，单击数据对应操作栏内的“确认”按钮，保存该条数据的同时将数据状态修改为非编辑状态，如图 19-12 所示（图片仅供参考）。

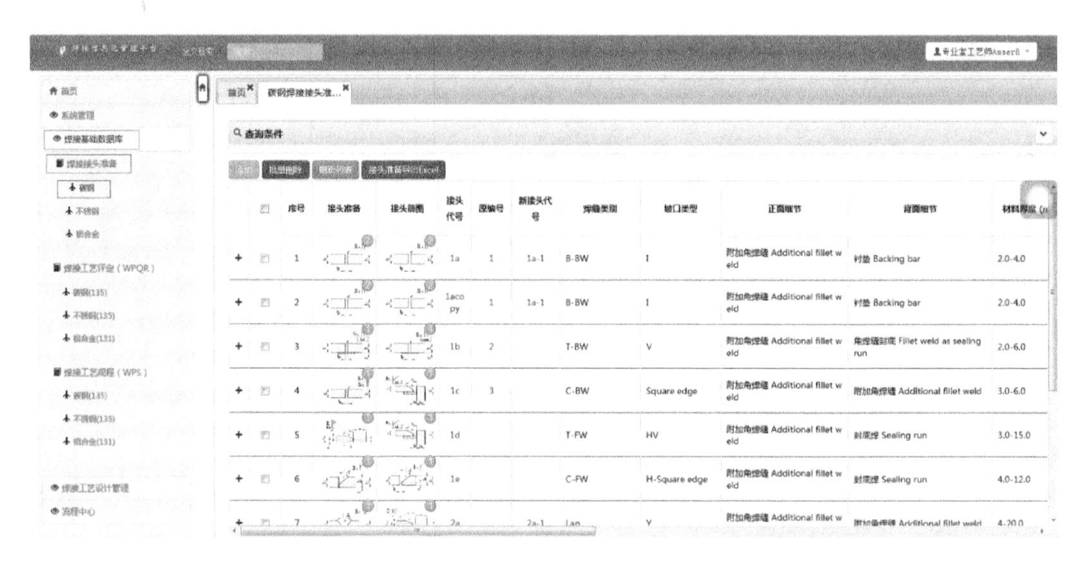

图 19-10　焊接接头数据库界面示例

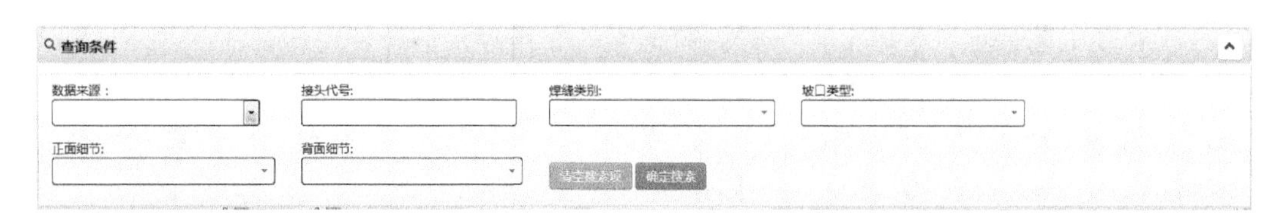

图 19-11　查询界面示例

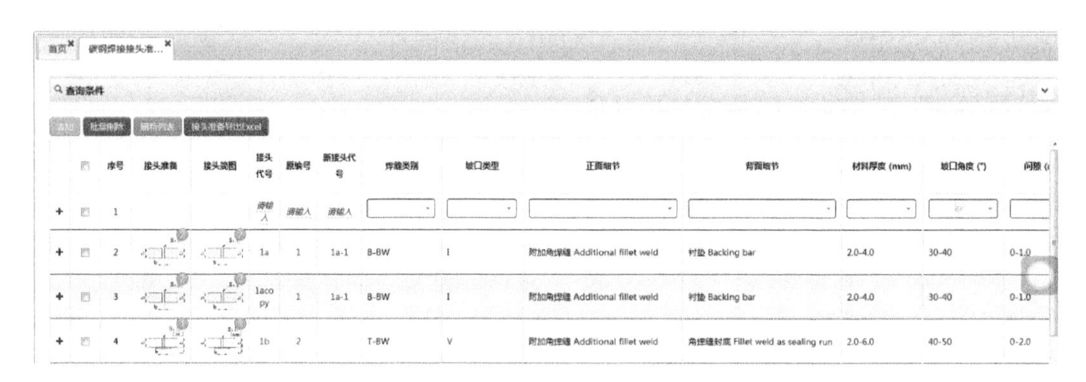

图 19-12　添加界面示例

“接头准备”和“接头简图”两个字段为图片格式文件，该数据库应支持包括 . wmf、. jpg、. gif、. png 等的尽量多格式的图片，并且实现上传的图片可以放大查看。系统应设置图片后台存储区，图片首次上传后自动存入存储区或直接存入存储区，后续使用图片时可直接调用，存储区图片应可删除及可导出，如图 19-13 所示（图片仅供参考），或者可以通过截图工具进行截图后粘贴上传。

③ 删除。对于添加/编辑的错误数据，系统应支持单条删除，删除的方式有右键删除和按钮删除。

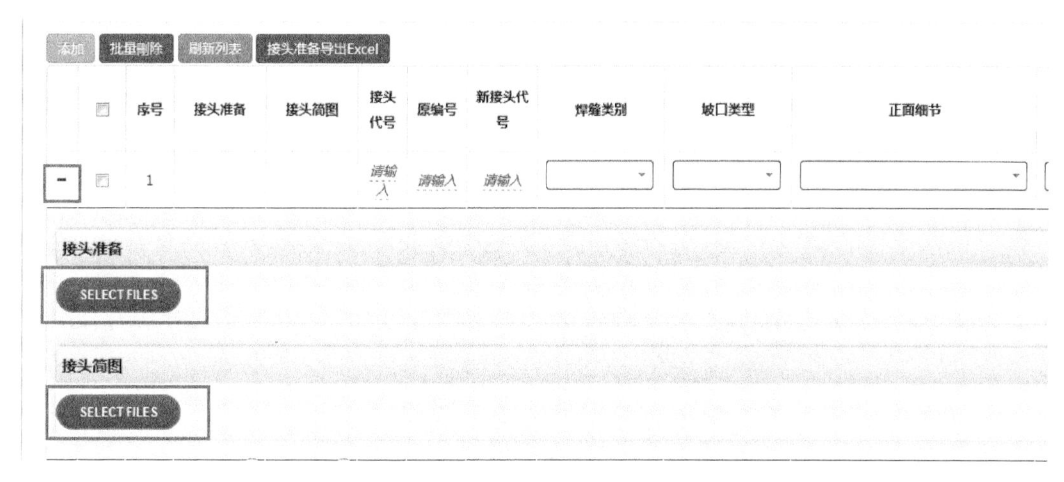

图 19-13 接头图片导入界面示例

④ 批量删除。对于添加/编辑的错误数据，系统支持多条数据同时删除，删除的方式有批量删除。

⑤ 编辑。对系统中已有的数据进行部分或全部字段数据修改，修改方式有双击需要修改的数据、右键选择编辑、单击编辑按钮。

⑥ 导入 Excel。单击数据列表对应“接头导入 Excel”按钮，系统导入符合 Excel 模板的接头数据文件至系统中，系统应可识别排序，并可对导入项进行编辑操作。

⑦ 导出 Excel。单击数据列表对应“接头导出 Excel”按钮，系统导出接头数据列表至符合该公司要求的 Excel 模板中，如图 19-14 所示（图片仅供参考）。

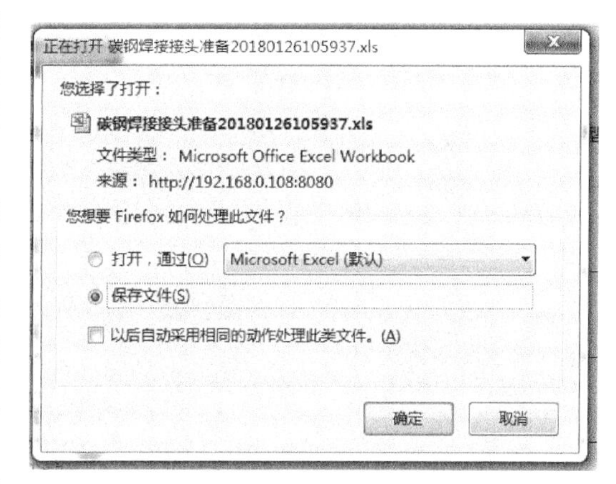

图 19-14 导出界面示例

⑧ WPQR 智能匹配。焊接接头编辑完成后，系统应根据焊接接头形式执行 ISO 15614-1 标准，在 WPQR 数据库中进行自动选择匹配，针对无法 100%匹配的应显示匹配度最接近的 WPQR 及信息供工艺人员选择及判断，如图 19-15 所示（图片仅供参考）。

⑨ WPS 智能匹配。焊接接头编辑完成后，系统应根据焊接接头形式在 WPS 数据库中进行自动选择匹配，针对无法 100%匹配的应显示匹配度最接近的 WPS 及信息供工艺人员选择及判断，若无适用 WPS 则工艺人员可以选择创建，如图 19-16 所示（图片仅供参考）。

⑩ 工作试件智能匹配。焊接接头编辑完成后，系统应根据焊接接头规格及形式并执行 EN 15085-4 标准，在工作试件数据库中选择进行自动匹配，针对无法 100%匹配的应显示匹配度最接近的供工艺人员选择及判断，可编辑。

⑪ 焊工证书智能匹配。焊接接头编辑完成后，系统应根据焊接接头规格及形式并执行 ISO 9606-1 标准，在焊工信息数据库中选择进行自动匹配，针对无法 100%匹配的应显示匹配度最接近选项，供工艺人员选择及判断。

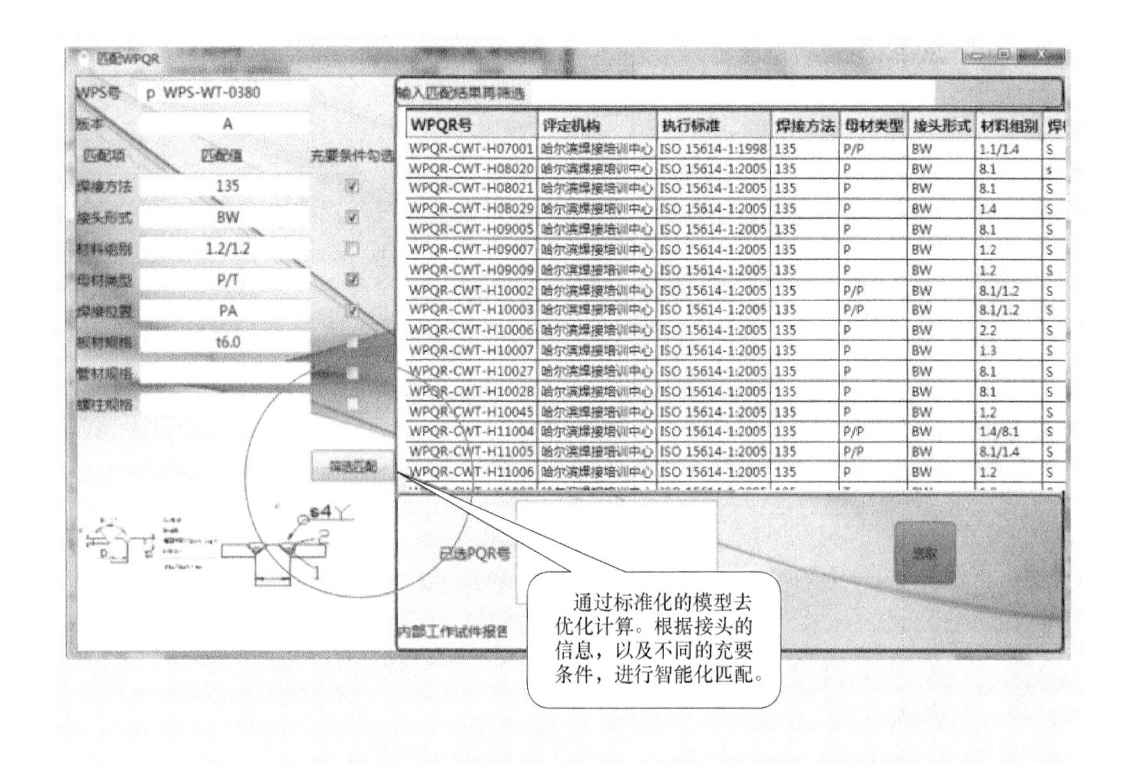

图 19-15　接头与 WPQR 智能匹配

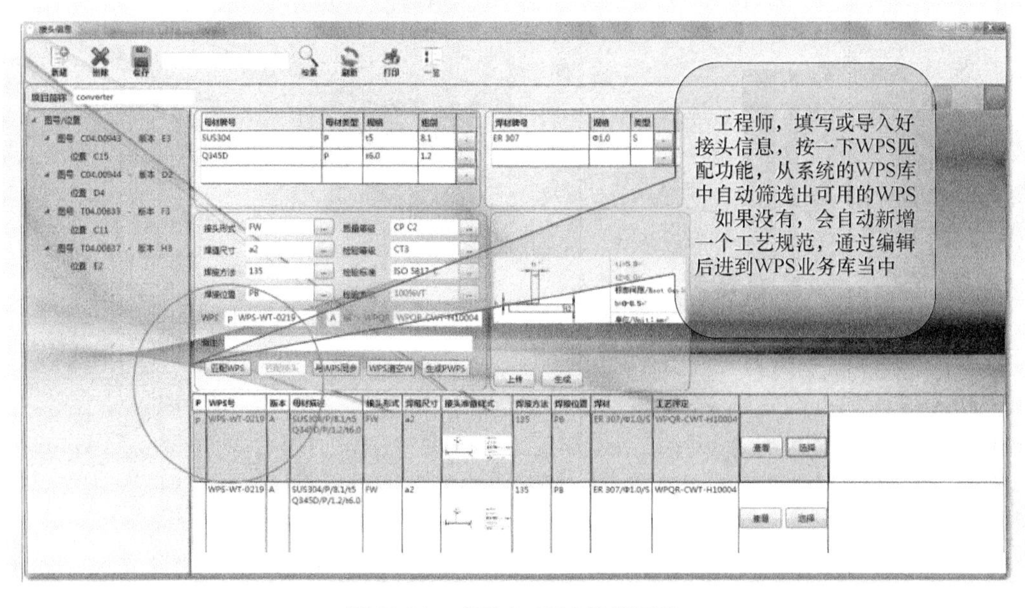

图 19-16　接头与 WPS 智能匹配

3）焊接工艺评定（WPQR）数据库。

焊接工艺评定数据库主要包含查询、添加、删除、批量删除、编辑、导出 Excel、上传/下载文件、数据排序等功能，其操作与焊接接头数据库类似，如图 19-17 所示（图片仅供参考）。

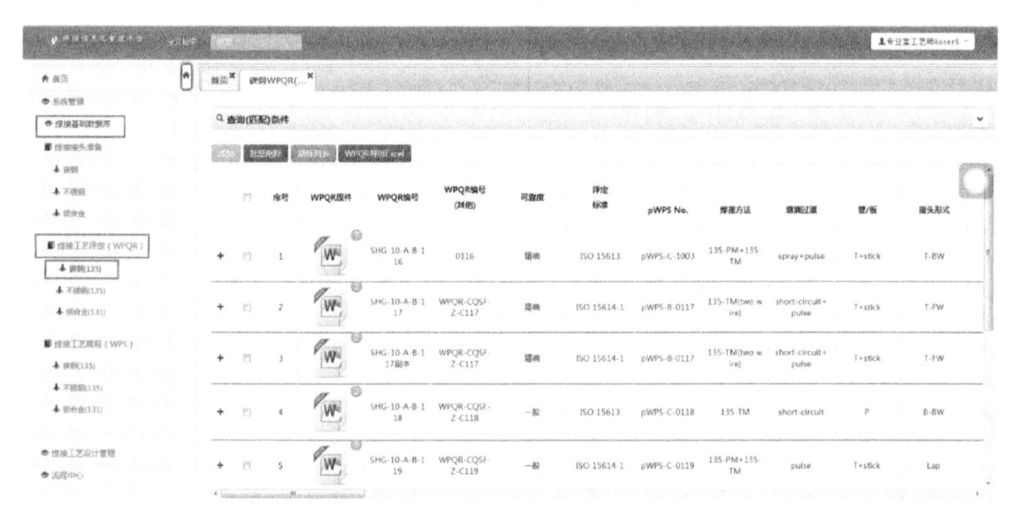

图 19-17　WPQR 查询界面示例

① 查询、编辑、删除、批量删除、导出、批量导出。导出时应包含附件。

② 添加。焊接工艺评定数据库分为“预焊接工艺规程内容（PWPS）”和“认可范围”两大类字段。预焊接工艺规程与认可范围名字相同或相似的字段之间相互关联，输入预焊接工艺规程内容后，系统将自动生成认可范围字段内容，不需手动输入。为防止焊接工艺评定编号重复，系统在保存新添加的数据时，将对重复编号的数据进行提示。

③ 上传文件。系统支持上传文件包括 Word、Excel、PDF。

4）焊接工艺规程（WPS）数据库。焊接工艺规程数据库主要包含查询、删除、添加、编辑/审核/批准、修订、导出 Excel、上传/下载文件、数据排序等功能，其操作与焊接工艺评定数据库类似，如图 19-18 所示（图片仅供参考）。

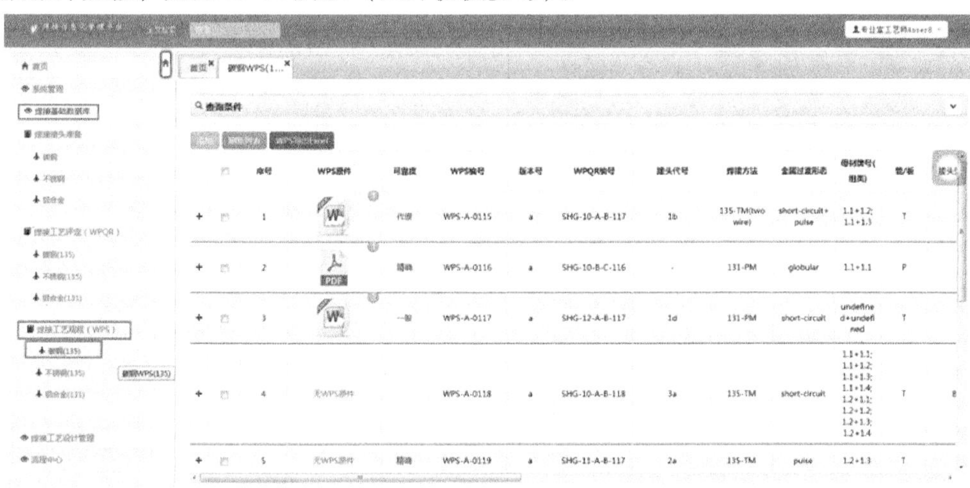

图 19-18　WPS 数据库界面示例

① 查询、删除、导出、上传/下载文件。为保证数据规范化存储，数据需要统一录入格式，其他同上；WPS导出格式为Word格式，模板采用公司统一模板，如图19-19所示。

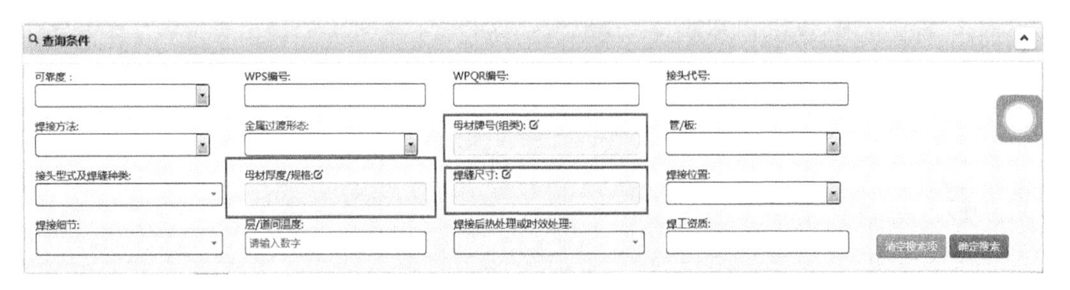

图19-19　查询界面示例

② 添加、编辑/审核/批准。单击数据列表“添加”按钮，系统将跳转到添加界面，如图19-20所示（图片仅供参考）。工艺人员编辑焊接工艺规程（WPS）信息后，进行保存，生成预焊接工艺规程（PWPS）；主管人员对PWPS进行审核确认，无误后将PWPS升版为WPS，否则退回由工艺人员进行修改；部门负责人对WPS进行批准，批准后，WPS不可编辑。

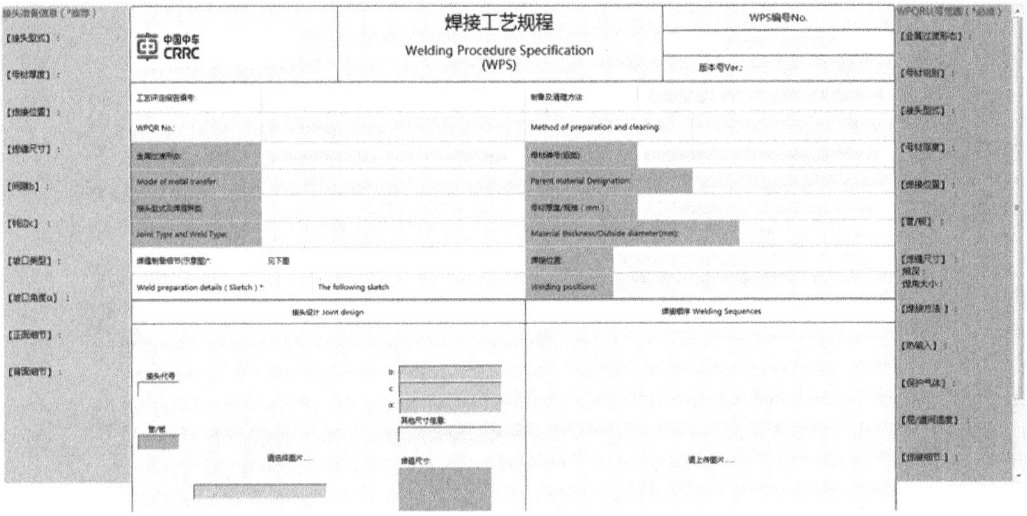

图19-20　添加界面

WPS每次升版，旧版本保留（包括PWPS），可以进行查阅。

添加界面的数据录入顺序是首先编辑关键词，如接头形式、母材材质与规格、焊接方法等，界面右侧WPQR认可范围栏按匹配度同步显示WPQR列表，并可单击展开显示该工艺评定报告的认可范围数据，供工艺人员选择与判断。

选定WPQR后，其相关内容自动填入对应位置，另外在编制焊接工艺规程文件时，相关字段的录入应当在该范围内，否则右侧的认可范围处将提示信息。

所有信息应为可编辑状态，编辑完成单击确认进行保存，并自动添加至数据库。

③ 修订。焊接工艺规程（WPS）经批准后，若对内容进行更改，需进行修订升版，工

艺人员单击升级按钮，WPS内容处于可编辑状态，后续审核、批准流程同上，如图19-21所示（图片仅供参考）。

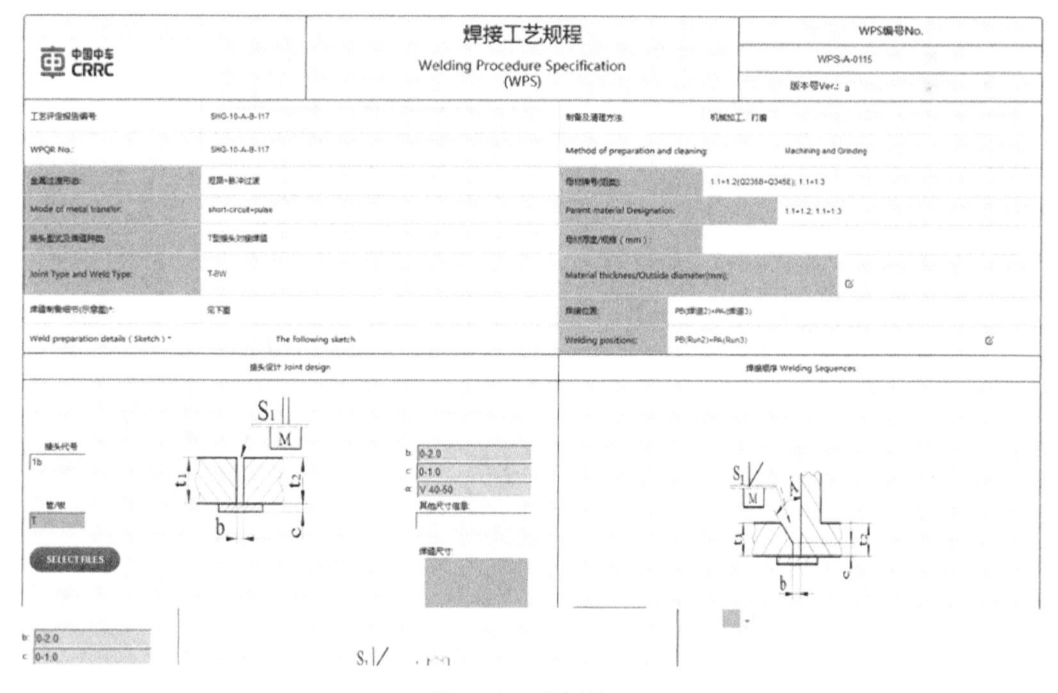

图19-21　修订界面

5）焊接知识库。焊接知识库主要是对焊接相关知识进行分类、存储、查询、管理等，主要有焊接接头模块、WPQR模块、PWPS及WPS模块、工作试件模块、焊工资质模块、焊接标准模块、焊接设备模块、工装模块、工具模块等；功能主要包含查询、添加、删除、批量删除、编辑、导出Excel、上传/下载文件、数据排序等，功能介绍同上，略；其中与上面重复内容可设置超链接跳转，如图19-22所示（图片仅供参考）。

首页　角色管理　焊接标准库

查询(匹配)条件

添加　批量删除　刷新列表　焊接标准导出Excel

序号	标准附件	标准分类	标准体系	标准编号	标准名称	版本号	采标信息	替代信
1	无标准附件	0306测试使用	0306测试使用	0306测试使用	0306测试使用	0306测试使用	0306测试使用	0306测试
2	无标准附件	钎焊	WPS	WPQR-A-B-0306	路由器	VB03060-JSDH	VB03060-JSDH	高合金钢 好几个

图19-22　焊接知识库界面

（3）焊接工艺设计管理　焊接工艺设计管理模块实现对接头汇总分析和新编WPS流程进行管理。

1）焊接接头汇总分析流程。焊接接头汇总分析流程是对项目进行管理，其中包括：项目中汇总表流程的管理和汇总表焊缝数据的管理，如图 19-23 所示（图片仅供参考）。

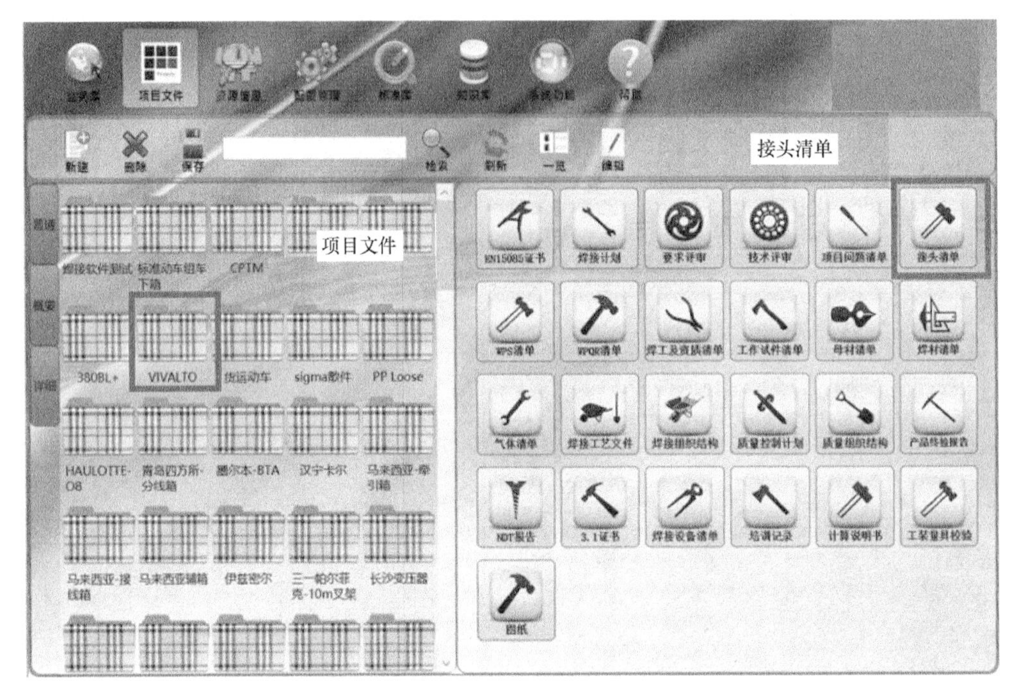

图 19-23　焊接接头汇总流程界面

焊接接头汇总分析界面左侧是项目文件区，所有启动的项目均在项目区上有记录，界面右侧是所有项目的流程实例基本信息表，通过信息表可以查看项目实例信息。

在这里也可以添加新的项目，单击“新建”按钮，界面跳转至流程启动界面，用户可以根据项目实际情况编辑项目内容，其中包括“修改名字”“添加文件夹”“添加项目开始时间”“删除”、流程节点人员分配和时间限制，如图 19-24 所示（图片仅供参考）。

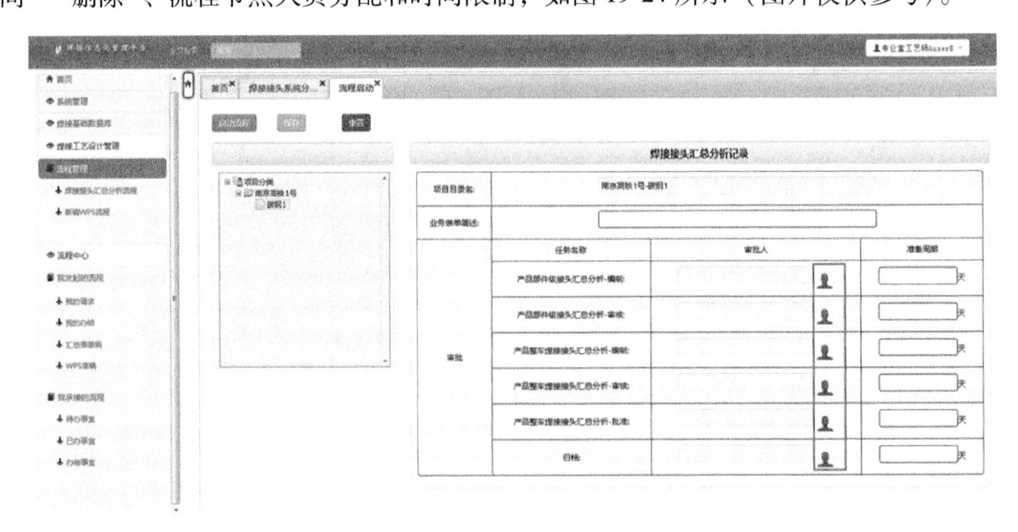

图 19-24　新建项目流程界面

2）新编 WPS 流程。新编 WPS 流程界面列表显示了所有新编 WPS 流程的基本信息，单击目录名称可查看流程详细信息如图 19-25 所示（图片仅供参考），通过鼠标左键单击切换即可查看流程的运行明细、流程图、审批历史以及业务表单。

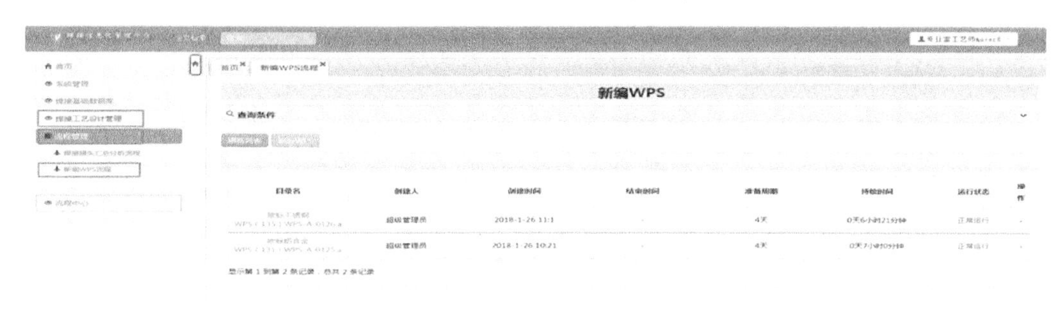

图 19-25 新编 WPS 流程界面（1）

在新编 WPS 流程界面中，可以单击“新建 WPS”按钮，系统将跳转到 WPS 流程启动界面，在该界面中可以选择 WPS 类型（碳钢、不锈钢）、编辑 WPS 编号及版本号，分配 WPS 流程节点人员和时间限制，如图 19-26 所示（图片仅供参考）。

WPS 编辑、审核、批准、修订流程如图 19-26 所示。

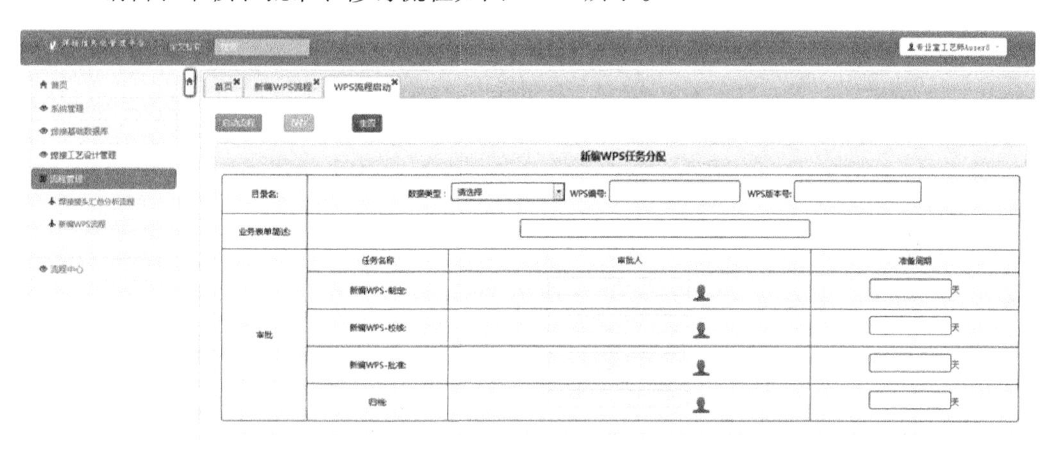

图 19-26 新编 WPS 流程界面（2）

3）项目资料管理

① 针对轨道交通项目、EN 15085/ISO 3834 标准要求，整理并归集焊接资料，主要内容有：公司 EN 15085/ISO 3834-2 证书。

② 焊接要求评审与技术评审，表格内容符合 EN 15085/ISO 3834 要求，主要包括：母材要求及焊接接头性能、焊缝质量及合格要求、焊缝位置、焊接可达性及焊接顺序、焊接方法、焊接人员等（评审表格式及具体信息需与 PBTS 工艺人员确认）。

③ 焊接接头清单，按项目进行归集，焊接接头统计完成后自动生成接头清单，可导出清单。

④ WPS 及清单，焊接接头统计完成后自动生成 WPS 清单。

⑤ WPQR 及清单，焊接接头统计完成后自动生成 WPQR 清单。

⑥ 焊工及资质清单。

⑦ 工作试件清单及报告，工作试件报告格式及具体信息需与 PBTS 工艺人员确认。

⑧ 母材清单及材质证书。

⑨ 焊材清单及材质证书。

（4）流程中心　流程中心包括“我发起的流程”和“我承接的流程”两大模块。我发起的流程是用户个人建立的流程的信息，而不包括其他用户建立的流程，主要有“我的请求”“我的办结”“汇总表草稿”和“WPS 草稿”四个小模块；“我承接的流程”是所有项目分配给“我”的任务的信息，主要有“待办事宜”“已办事宜”和“办结事宜”三个小模块，公司部门架构主要包括运营部（生产、工艺及资产管理）、质量部、工程部、人力资源部、市场部、采购部、财务部等。

1）我发起的流程

① 我的请求。“我的请求”界面主要对“我发起的流程”进行查看，可以单击请求标题栏内流程实例的名称查看流程的详细信息，也可以通过单击操作栏内的“删除”按钮，删除流程实例。

② 我的办结。“我的办结”界面主要对我发起的且已经运行结束的流程进行查看，可以单击请求标题栏内流程实例的名称查看流程的详细信息。

③ 汇总表草稿。“汇总表草稿”保存的是汇总表启动界面保存的信息，选中流程实例后单击“编制”按钮，界面将跳转至汇总表流程启动界面，在该界面可以对汇总表流程信息进行编制或启动操作。在“汇总表草稿”界面内，选中流程实例后单击“启动”按钮，也可以启动汇总表流程。选中流程实例后单击“删除”按钮，删除该汇总表流程实例。

④ WPS 草稿。同汇总表草稿，略。

2）我承接的流程

① 待办事宜。在“待办事宜”界面，通过“待办事宜”列表可以找到待完成的工作。“待办事宜”列表主要包含了待办事宜的概要信息，可以通过状态栏查看需要完成的工作是什么，如编制、审核等。单击“待办事宜”列表中事项名称，界面将跳转至待完成工作的操作界面。

② 已办事宜。“已办事宜”模块存储的是“我”已经完成的工作，但是整个实例的流程又没有运行结束的实例，通过单击请求标题栏的实例名称，可进入到实例的详细信息查看界面进行查看。

③ 办结事宜。“办结事宜”模块存储的是“我”已经完成的工作，并且整个实例的流程也已经运行结束的实例，通过单击请求标题栏的实例名称，可进入到实例的详细信息查看界面进行查看。

（5）其他　本工具是基于整个轨道交通装备焊接生产企业打造的，针对不同类型、规模的企业有相应的版本，并能不断升级优化，而且还能拓展功能，为后继的焊接智能车间做好了接口准备、数据准备，而且也形成了自己的智能焊接车间解决方案。

项目20

培训与指导

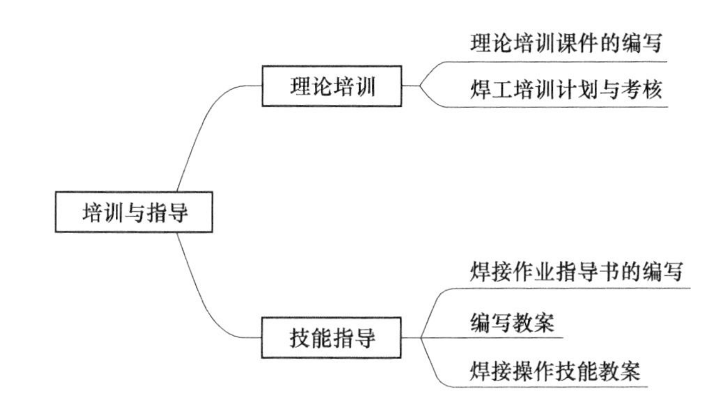

20.1 理论培训

20.1.1 理论培训课件的编写

1）标题：包括课件名称、培训老师授课时间等。

2）目录：包括课件的相关课程大纲。

3）内容：课件的相关课程大纲的具体内容。

4）总结：课件的需要掌握的重点。

5）示例。

20.1.2 焊工培训计划与考核

1. 焊工培训计划

1）培训目标：根据相关要求确定初步培训目标。

2）培训对象与周期。

① 培训对象：根据需要确定参加培训的相关人员。

② 培训周期：根据培训内容预计具体进度来确定培训周期。

3）培训方式与师资：根据培训需要确定相关培训方式及师资。

4）培训内容：根据培训目标确定相关内部。

5）培训材料需求：包括劳动保护防护用品、工具、培训材料、其他耗材等。

6）培训相关管理制度：为保证培训目标的实现制定相关制度。

2. 焊接考核

（1）焊接理论考核

1）焊前准备：包括安全检查、工件准备、设备准备、焊接工艺规程的制订。

2）焊接：特种焊接方法、焊接自动控制、新型材料的焊接、焊接接头静强度计算和结构可靠性分析、焊接结构生产。

3）焊后检查：焊接结构质量检查，焊接结构生产、质量验收。

4）焊接生产管理相关内容。

5）焊工管理相关内容。

（2）焊接技能操作考核

1）能够根据相关图样正确焊接要关工件。

2）了解焊工技师、高级技师的命题标准。

3）了解焊工技师、高级技师的论文编写框架及格式。

4）能够根据相关图样编制简单的焊接作业指导书。

5）制定相关的工艺实施方案。

20.2 技能指导

20.2.1 焊接作业指导书的编写

（1）适用范围　本作业指导书适用于城轨铝合金常规车辆侧墙单元组焊工序。

（2）编制目的　规范侧墙组焊工序现场人员标准化作业，确保工艺要求或措施有效贯彻实施，同时也使工艺、质量监控过程更具可操作性。

（3）引用文件　单位各相关工艺守则、操作规程、检验规程、工具使用及报废规程等。

（4）作业规程

1）工装布置与检测。

① 根据工装布置图调试组焊工装，注意侧墙组焊工装是否设置异常脱落时的安全防护装置。

② 调好工装后，通知相关人员进行工装检测。

③ 采用激光测量仪、水平仪测或其他工具测量工装垫块平面度、垂直度等。

④ 测量完成后填写《工装检验记录表》。

⑤ 工艺人员根据《工装检验相关记录表》记录确认工装状况，同意后方可进行后工序作业。

2）焊前准备。

① 工具是否状态良好，并放在工具柜对应的存放位置上。

② 吊带是否完好齐全，是否保证能生产使用。

③ 根据物料清单清点配件数量，把领取到的物料放在班组指定对应位置上。

④ 检查焊机运行是否良好，导电嘴是否松动，及时填写焊机日检卡。

⑤ 检查焊机是否有保护气体，当气压不大于 0.2MPa 时，及时更换，更换时做好记录。

⑥ 焊丝房领取焊丝，将焊丝出厂日期、牌号、焊丝型号填写在出库表上。

⑦ 作业人员根据劳动安全防护要求，正确穿戴劳动保护用品，如焊接手套、口罩、袖套、围裙、耳塞等。

3）场地与材料准备。

① 根据现场作业状况所需，应及时放置作业标识牌或临时占道牌。

② 依据《部件吊运、翻边及堆放操作规程》将材料吊运至准备工位平台上。

③ 按《母材追溯要求》对来料进行检查，按图样要求进行检查。清理工作表面的油污、切削液等。

4）工件组焊。

① 依据《部件吊运、翻边及堆放操作规程》，将清洗、抛光好的工件吊入工装，过程中应轻吊轻放，注意观察，避免碰伤、撞伤。

② 对工件进行防错装识别并按规范填写工序流程单。

③ 按图样与工艺要求装配工件并进行定位焊固定。

④ 测量工件是否满足工艺焊前的尺寸要求。

⑤ 按《工艺守则文件》规定的焊接参数及作业指导书的焊接顺序完成工件的焊接。

⑥ 待焊缝冷却后，自检与互检焊缝及按《打磨操作规程》进行焊缝的精整。

⑦ 对工件进行尺寸、平面度、轮廓度等检验，如有疑问联系质量工程师现场解决。

⑧ 填写相关工序流程单，达到工件可追溯要求。

⑨ 作业工具归位并清理现场卫生。

20.2.2 编写教案

技能指导老师在课前应组织教材，编写好完整的教案（讲稿）。一个完整的操作项目教案内容应包括授课班级、授课地点、授课项目名称、教学目的、授课内容、授课时间、教学方法、教具等。教案的主要部分是授课内容，可采用焊接操作指导书形式编写，每个操作项目一般应包括以下内容。

1）培训项目操作特点和教学目的。

2）焊前准备。

① 试件材料牌号。

② 试件规格尺寸和坡口形式。

③ 试件焊前清理要求。

④ 试件焊前装配与定位焊。

⑤ 焊接材料选用及要求。

⑥ 焊接电源选用及要求。

3）焊接参数的选择。

4）焊接操作方法（如打底焊、填充焊、盖面焊）。

5）焊后试件检验要求。

6）教学方法选择和物资材料准备。

操作技能教学方法是为完成教学任务所采用的手段，是根据授课内容与要求、教学条件，以及学员的实际情况而确定的，对实现教学目的有重要意义。教学方法包括讲授法、演示法、练习法等，教学方法将在后面再做介绍。物资材料的准备应包括培训场地、培训工位、焊接设备、工具、试件、焊材、教材、参考资料以及指导老师数量等都应为完成教学任务提供保障。

7）组织教学。

① 考核学员的出勤，检查劳动保护用品的穿戴和学习用品的准备。

② 查阅学员报名登记表，掌握学员原有知识水平和操作技能水平；通过与学员交谈，了解身体健康情况，熟悉学员接受能力，做到心中有数，便于指导教学。

20.2.3 焊接操作技能教案

示例 碱性焊条电弧焊的仰对焊

【教学目的】

能够选择合理的焊接规范、采用正确的焊接角度及运条方法，对焊接缺陷有一定的预防措施，将焊件的内部与外观控制在一定范围内。

【重点和难点】

1）焊缝气孔的控制。

2）焊缝外观尺寸的控制。

3）焊接层间熔渣控制。

4）焊缝未熔合的控制。

【注意事项】

解决措施要简单适用，焊条的烘烤是否符合要求。

【教学过程】

（1）焊机的安全操作注意事项

（2）作业规程中安全操作注意事项

（3）焊前准备

1）试件规格与材质，如图 20-1 所示。

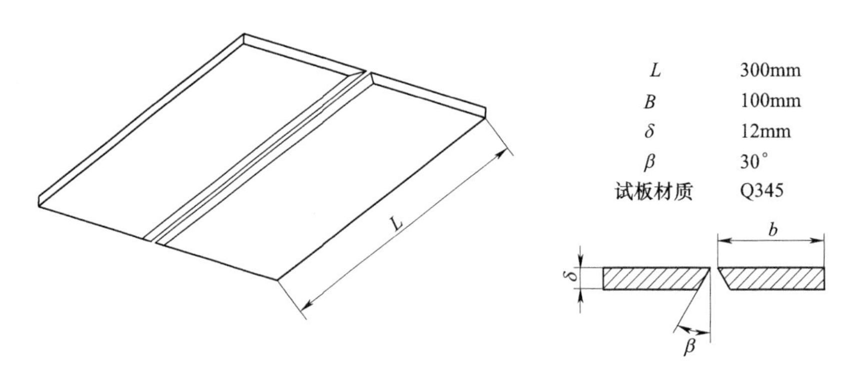

图 20-1 试件规格与材质

2）焊材：E5015，ϕ3. 2mm；焊前必须对焊条进行烘干处理，烘烤温度为 350~400℃保温 1h 降至 100℃保温，在焊接过程中使用保温筒，保温筒的温度控制在 100°左右并做到随取随用，每天用不完的应放回烘箱内保温。

3）焊接过程中为防止焊缝收缩对焊接间隙的影响，焊缝的组对间隙应前端窄后端宽，前端3.5~4.0mm，后端4.0~4.5mm；焊缝定位焊长度为20mm左右。具体组对尺寸如图20-2所示。

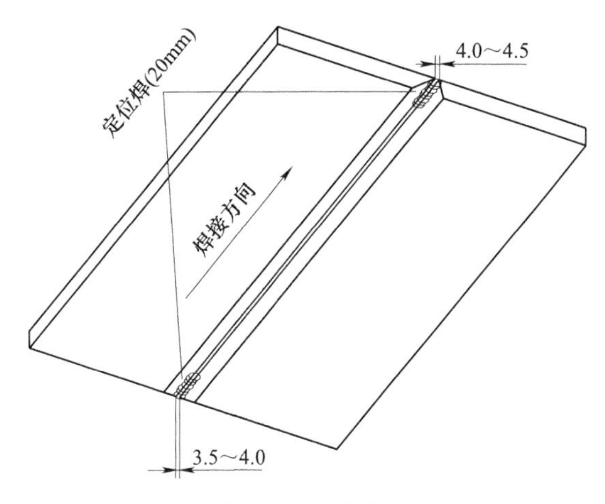

图20-2　试件装配

4）试件清理：用异丙醇将油污、锈、灰尘等污物清洗干净，用角磨机将坡口及近坡口20mm左右的铁锈去除直至露出金属光泽。

5）反变形的设置：预留反变形量为4~5mm，如图20-3所示。

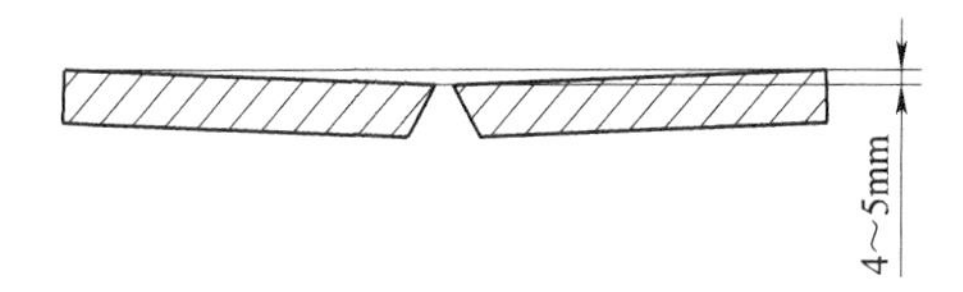

图20-3　试件预留反变形量

（4）工艺准备

1）焊接角度：仰对接焊接时，由于焊接过程重力的影响，在焊缝两侧很容易产生沟槽，因此采用拖焊法，采用角度为70°左右，来保证焊缝的平整度，如图20-4所示。

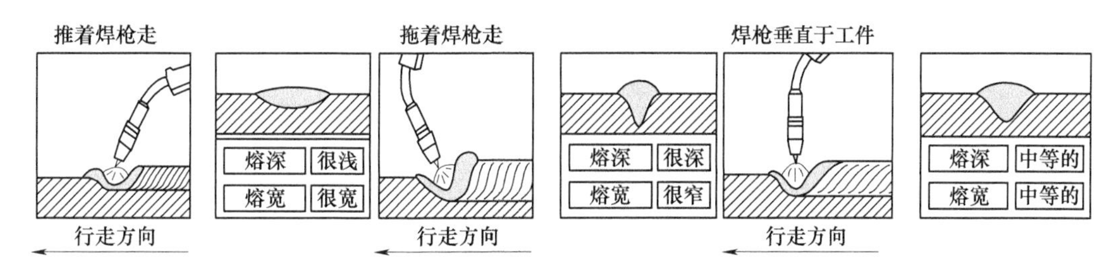

图20-4　焊接角度

2）作业环境：焊接操作要避免穿堂风对焊接过程的影响，空气的剧烈流动使空气中的氢会进入熔池中去，从而产生气孔，影响焊缝的内部质量。

3）电源极性：打底焊采用直流正接，填充焊与盖面焊采用直流反接。

4）焊接参数与层道数见表20-1。

表 20-1　焊接参数与层道数

层次	电流/A	电压/V
1	120~130	22~24
2	125~135	22~24
3	125~135	22~24
4	120~130	22~24

（5）实习操作练习

1）引弧：打底焊采用接触引弧的直击法，填充焊与盖面焊采用接触引弧的划擦法。

2）打底焊。

① 焊枪与焊缝前进方向角度控制在 70°左右之间，与焊缝两侧试板夹角为 90°，运条方式采用月牙式断弧运条方法，两侧既是起弧点也是收弧点，如图 20-5 所示，每次断弧控制在 1~2s 之间。

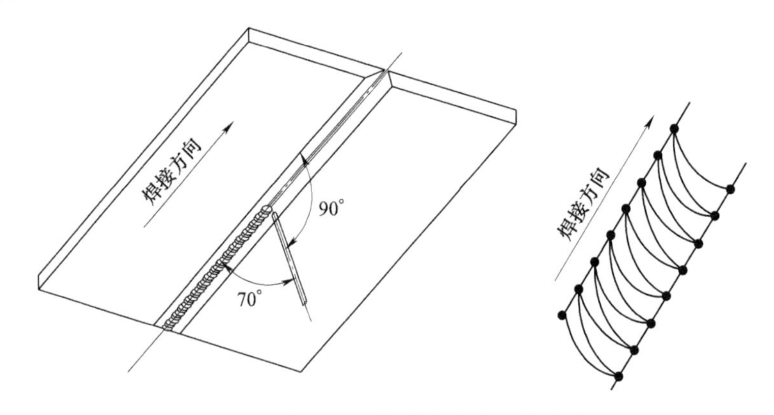

图 20-5　打底焊的焊条角度与运条方法

② 焊接时，电弧长度应保持在 2~3mm 之间，并将电弧保持在熔池前端约 1/3 处，且断弧要有一定的节奏。

③ 焊接接头时，为保证接头良好，应从焊缝收弧处后面 10~15mm 开始引弧。

④ 为保证焊缝正面两边不产生夹沟和成形不良，在月牙形的中部应摆动稍快，焊缝厚度控制在 3mm 左右。

3）填充焊。

① 焊枪与焊缝前进方向角度保持在 70°左右，与焊缝两侧试板夹角为 90°，采用月牙式断弧运条方法，两侧稍有停顿，如图 20-6 所示。

② 为了保证焊缝两侧焊缝不出现夹渣现象，焊接时应注意观察熔池是否与母材有良好的熔合，并保持焊条的角度。

③ 合理的分布各填充层的焊缝高度，第二道焊缝厚度应控制在 3mm 左右，太大会引起打底层焊透，太小影响下道焊缝成形，焊完第三道填充层后，确保填充层表面距试件坡口面 1~1.5mm，焊缝的凸度控制在 1mm 左右，来保证坡口的棱边不被熔化，如图 20-7 所示，以便盖面层焊接时控制焊缝的直线度，还可防止盖面层过高。

4）盖面焊。

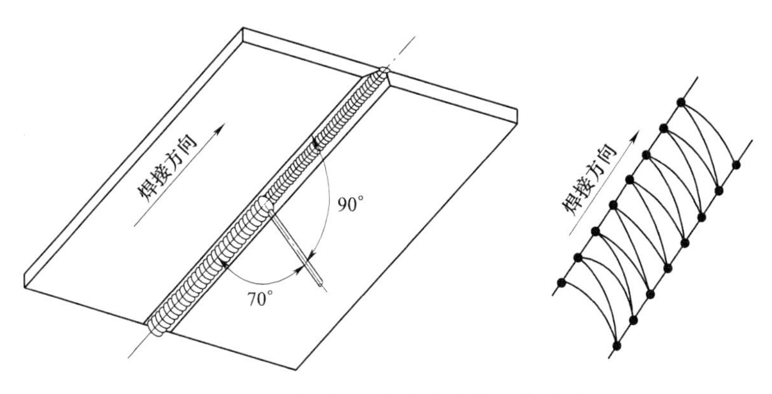

图 20-6　填充焊的焊条角度与运条方法

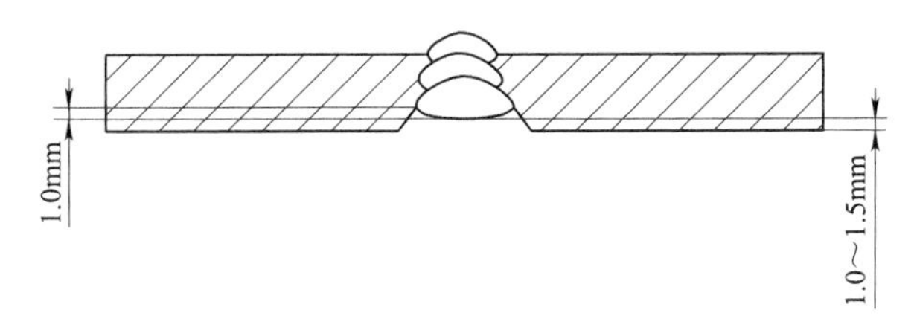

图 20-7　填充焊的尺寸要求

① 焊枪与焊缝前进方向角度保持在 80°~85°左右，与焊缝两侧试板夹角为 90°，采用断弧锯齿式运条方法，两侧稍有停顿，如图 20-8 所示。

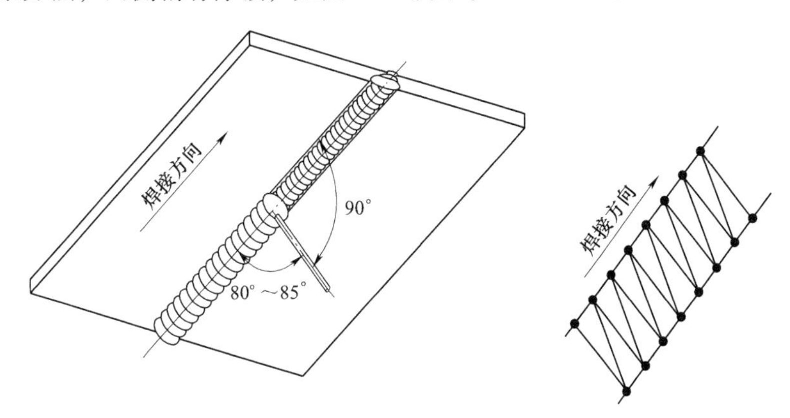

图 20-8　盖面焊的焊条角度与运条方法

② 为保证焊缝的外观成形，避免焊缝两侧产生咬边，在两侧停顿时应观察熔池是否填满，且中间过渡稍快些。

③ 为避免起始端焊接时焊缝熔化金属因重力的作用造成往下流，形成焊瘤，在起弧时可在起始端定位焊 3~4 点，然后再进行连续焊接，收弧时采用断弧法填满弧坑。

5）收尾：打底焊收弧采用反复熄弧-引弧法进行收弧，填充层采用回焊收弧法，盖面层采用反复熄弧-引弧法进行收弧。

焊接变形控制见表 20-2。

表 20-2　焊接变形控制

培训主题：焊接变形控制（授课时间：60min）				培训对象：电焊工	
项目	教学内容	教学方法	教学手段	教学进行	时间分配
一、引入：编写教学目标	开场破冰（5min）介绍现场的实物产品 老师说明介绍教学目标（5min） 通过1h的简单介绍焊接变形控制相关内容，使学员能够了解焊接变形的概念、分类、产生原因、控制方法及案例分享 知识目标（掌握焊接变形的概念、分类、产生原因、控制方法） 能力目标（能在生产过程中掌握焊接变形的控制方法）				5min
二、讲授或实训：教学设计	1. 焊接变形的基础知识 焊接变形的概念 焊接变形的分类 1）纵向和横向收缩变形 2）角变形 3）弯曲变形 4）扭曲变形 5）波浪变形 6）错边变形 2. 焊接变形控制 焊接变形产生原因 1）焊接变形流程 2）焊接变形因素 焊接变形控制 设计 尽量减少焊缝数量 合理选择焊缝形状及尺寸 合理设计结构形式及焊缝位置 工艺 刚性固定法 合理的焊接方向			焊接变形的基础知识（5min） 讲授：焊接变形的概念 提问：大家知道有哪几种焊接变形？引出焊接变形种类。 图片：讲解焊接变形种类 焊接变形控制（30min） 焊接变形产生原因 图片：讲解焊接变形过程 版书教学：讲解焊接变形的原因 焊接变形控制 提问：控制焊接变形的解决方案？引出焊接变形控制 1）设计上 图片对比：介绍设计上控制焊接变形的方法 2）工艺上 图片：介绍各种工艺措施控制法来控制焊接变形 3）矫正 图片：介绍各种矫正措施控制法来控制焊接变形	50min

	合理的焊接顺序 反变形法 散热法 留余量法 预留收缩余量 采用多层多道与小热输入焊接 锤击焊缝 预拉伸法 选择合理的装配焊接顺序 自重法 矫正 手工矫正 机械矫正 火焰矫正 3. 焊接变形控制案例分享 1）设计 尽量减少焊缝数量 合理选择焊缝形状及尺寸 2）工艺 刚性固定法 合理的焊接顺序 3）矫正 手工矫正 火焰矫正	讲授法 案例教学法 实物教学法 实地教学法	PPT 现场教学 板书教学	焊接变形控制案例分享（15min） 提问：以案例变形图片提问控制焊接变形采取方式？引出案例控制方法。 1）图片：以案例形式，介绍设计上控制焊接变形的方法在生产中的应用 2）图片：以案例形式，介绍工艺上控制焊接变形的方法在生产中的应用 3）图片：以案例形式，介绍矫正上控制焊接变形的方法在生产中的应用	
三、归纳总结：知识、能力作业	总结要点（3min） 评估和检查（2min）				5min

模拟试卷样例及答案

技师模拟试卷样例

一、判断题（对画√，错画×，画错倒扣分；每题1分，共30分）

1. 线状加热的特点是线宽方向的收缩量明显的比长度方向的收缩量大，并且随加热宽度的增加而增加。（ ）

2. 焊接接头热影响区的硬度越高，材料的抗冷裂性越好。（ ）

3. 当母材中含杂质（S、P等）较多时，为改善焊缝的性能应增大熔合比。（ ）

4. 碳当量的计算公式适用于一切金属材料。（ ）

5. 程序中插入标签指令，可以迅速判断焊接内容、命令内容。（ ）

6. 对于弧焊机器人，其轨迹重复精度应小于喷嘴的1/2，一般需要达到5mm以下。（ ）

7. 焊缝为直线时可以通过传感器与焊嘴位置的初始调整来消除附加误差。（ ）

8. 熔化极氩弧焊在氩气中加入一定量的氧气可以有效地克服焊接不锈钢时的阴极漂移现象。（ ）

9. 示教器上的三种速度是不能改变的。（ ）

10. 高度设定值是在机器人焊缝跟踪时，定义机器人焊丝到焊缝的距离。（ ）

11. 当驱动器关闭时，才能对机器人进行保养和修理。（ ）

12. 焊缝纵向收缩量随焊缝及其两侧的压缩塑性变形区的面积和焊件长度的增加而增加。（ ）

13. 点焊接头的焊点承受拉应力时，焊点周围产生极为严重的应力集中，它的抗拉能力比抗剪能力低。（ ）

14. 冷裂纹的断面上，无明显的氧化色彩，断口发亮。（ ）

15. 过冷奥氏体在低于 Ms 时，将发生马氏体转变。这种转变虽有孕育期，但转变速度极快，转变量随温度降低而增加，直到 Mf 点才停止转变。（ ）

16. 间隙或过盈决定了孔和轴结合的松紧程度。（ ）

17. 焊接电流越大，熔深越大，因此焊缝成形系数越小。（ ）

18. CLOOS焊接机器人由六个自由度和三个定位自由度组合而成。（ ）

19. 在 T_1、T_2 状态下执行程序，只有按释放开关才会执行动作。（ ）

20. 点位控制（PTP）只控制运动所达到的位置和姿态，而不控制其路径。（ ）

21. 承受动载的重要结构，可用增大焊缝余高来提高其疲劳强度。（ ）

22. 异种钢焊后热处理的目的主要是改变焊缝金属的组织以提高焊缝金属的塑性，减少焊接残余应力。（ ）

23. 在焊接过程中，不论是人工控制还是自动控制，都是“检测偏差、纠正偏差”的过程。（ ）

24. 自动埋弧焊的焊缝成形系数，一般以 0.5~1 为宜。（　）

25. 生产管理的基本任务是使生产过程中的劳动力、劳动手段和劳动对象得到最优的组合。（　）

26. 钎焊接头是依靠钎料熔化后填满间隙形成的，因此，正确地确定接头间隙是获得优质接头的重要前提。（　）

27. 焊接件的尺寸公差大的一定比尺寸公差小的公差等级低。（　）

28. 焊工资格证的有效期为两年，在合格项目有效期满前六个月，继续担任焊接工作的焊工，应由焊接责任人员集中向所在考委会提出重新考试或免考的申请，并根据焊工考委会的决定安排焊工重新考试或办理免试手续。（　）

29. 电阻焊（又称压焊）是一种常用的焊接方法，它是利用电流直接流过工件本身及工件间的接触面所产生的电阻热，使工件局部加热到高塑性或熔化状态，同时加压而完成的焊接过程。（　）

30. 凸焊是点焊的一种特殊形式。在焊接过程中充分利用"凸点"的作用，使焊接易于达成且表面平整无压痕。（　）

二、单选题（将正确答案的序号填入空格内；每题 1 分，共 30 分）

1. 奥氏体型不锈钢焊接时，在保证焊缝金属抗裂性和抗腐蚀性能的前提下，应将铁素体相控制在（　）范围内。

（A）5%　（B）8%　（C）10%　（D）15%

2. 焊接人员发现直接危及人身安全的紧急情况时，有权（　）或者在采取可能的应急措施后，撤离作业场所。

（A）修改作业　（B）放弃作业　（C）停止作业　（D）报告作业

3. 低合金高强度钢焊接时最易出现的焊接裂纹是（　）。

（A）热裂纹　（B）冷裂纹　（C）再热裂纹　（D）弧坑裂纹

4. 焊件表面堆焊时产生的应力是（　）。

（A）单向应力　（B）平面应力　（C）体积应力　（D）线应力

5. 对接接头的应力集中出现在（　）。

（A）焊缝最高点　（B）焊缝根部　（C）熔合区　（D）焊趾

6. 左焊法的焊枪倾角以（　）为宜。

（A）小于°　（B）10°~20°　（C）15°~25°　（D）20°~40°

7. 焊接过程自动控制一般是依靠焊接（　）来实现的。

（A）传感器　（B）电抗器　（C）接触器　（D）调解器

8. 以下哪种形式的焊缝位置自动跟踪传感器没有附加跟踪误差（　）。

（A）电弧摆动式　（B）传感器固定在焊嘴的侧面

（C）传感器固定在焊嘴的前方　（D）传感器固定在焊嘴的后方

9. 如果焊接参数选择和操作不当，平焊打底时容易造成（　）。

（A）根部裂纹和气孔　（B）根部裂纹及未焊透

（C）根部焊瘤及咬边　（D）根部焊瘤或未焊透及咬边

10. 直流反接时，加热工件的热量主要是（　）。

（A）电弧热　（B）阳极斑点热　（C）阴极斑点热　（D）化学反应热

11. 在同样焊接条件下，采用（　　）坡口，焊接残余变形最小。
（A）X 形　（B）V 形　（C）U 形　（D）U 形和 V 形
12. CO_2 气体保护焊的熔滴过渡形式主要有（　　）。
（A）粗滴过渡和喷射过渡　（B）短路过渡和渣壁过渡
（C）短路过渡和喷射过渡　（D）粗滴过渡和短路过渡
13. 金属的焊接性是指金属材料对（　　）的适应性。
（A）焊接加工　（B）工艺因素　（C）使用性能　（D）化学成分
14. 焊缝中的偏析、夹渣、气孔等是在焊接熔池（　　）过程中产生的。
（A）一次结晶　（B）二次结晶　（C）三次结晶　（D）后热
15. 奥氏体型不锈钢与珠光体钢焊接时，为减小熔合比，应尽量使用（　　）焊接。
（A）大电流高电压（B）小电流高电压（C）大电流低电压　（D）小电流、低电压
16. PLC 是一种功能介于继电器控制和（　　）控制之间的自动控制装置。
（A）计算机　（B）顺序　（C）P10　（D）逻辑
17. CNC 装置只要改变相应的（　　）就可改变和扩展功能，来满足用户使用上的不同需要。
（A）外部硬件　（B）感应装置　（C）控制软件　（D）操作规程
18. 空间直线与投影面的相对位置关系有（　　）、投影面垂直线和投影面平行线 3 种。
（A）倾斜线　（B）水平线　（C）正垂线　（D）一般位置直线
19. 将钢加热到 Ar_3 或 Ar_{cm}线以上 30~50℃，保温一段时间后在空气中冷却的热处理方法叫（　　）。
（A）退火　（B）正火　（C）时效　（D）回火
20. 铝合金没有同素异构转变，不能像钢那样可以靠重新加热产生重结晶来（　　）。
（A）细化晶粒　（B）使晶粒长大　（C）合并晶粒　（D）分化晶粒
21. 工件在机床上或在夹具中定位，若定位支撑点数少于工序加工要求应予以限制的自由度数，则工件定位不足，称为（　　）。
（A）完全定位　（B）部分定位　（C）欠定位　（D）无定位
22. 钎焊接头必须具有足够的强度，也就是在工作状态下接头能承受一定的外力，其接头形式不包括（　　）。
（A）端接　（B）对接　（C）搭接　（D）T 型接头
23. 焊缝结晶后，晶粒越粗大，柱状晶的方向越明显，则产生结晶裂纹的倾向（　　）。
（A）越小　（B）不变　（C）越大　（D）为零
24. 对接接头进行强度计算时，（　　）接头上的应力集中。
（A）应该考虑　（B）载荷大时要考虑
（C）不需考虑　（D）精确计算时要考虑
25. 减少或防止焊接电弧偏吹不正确的方法是（　　）。
（A）采用短弧焊　（B）适当调整焊条角度
（C）采用较小的焊接电流　（D）采用直流电源
26. 在焊接机器人操作过程中，最简单的编程方法是（　　）编程法。
（A）脱机　（B）示教　（C）模拟复位　（D）编程台

27. 如果 ROF 命令没有在程序中使用，计算机会自动使用（　　）。

（A）ROF(1)　（B）ROE(1)　（C）ROF(2)　（D）ROF(3)

28. 在 IGM 设备编程操作时，一个子程序可以调用另一个子程序，通常最大的嵌套个数是（　　）。

（A）8 个　（B）6 个　（C）10 个　（D）12 个

29. TIG 焊熄弧时，采用电流衰减的目的是为了防止产生（　　）。

（A）未焊透　（B）内凹　（C）弧坑裂纹　（D）烧穿

30. 缝焊主要焊接参数不包括（　　）。

（A）焊接电流　（B）电极压力　（C）焊接时间　（D）焊接层道数

三、多项选择题（将正确答案的序号填入空格内，每题 1.5 分，共 30 分）

1. 设备坐标系中的坐标轴有（　　）。

（A）X　（B）Y　（C）Z　（D）A

2. 不安全状态的表现形式为（　　）。

（A）防护、保险、信号等装置缺少或有缺陷

（B）设备、设施、工具、附件有缺陷

（C）个人防护用品用具等缺少或有缺陷

（D）生产（施工）场地环境不良

3. 下列焊接属于特种焊的是（　　）。

（A）激光焊　（B）搅拌摩擦焊　（C）钎焊　（D）等离子弧焊

4. 按滚盘滚动与馈电方式分，缝焊可分为（　　）。

（A）连续缝焊　（B）断续缝焊　（C）步进缝焊　（D）脉冲缝焊

5. 弧焊用传感器可分为（　　）三大类。

（A）直流电弧式　（B）接触式　（C）非接触式　（D）交流电弧式

6. 弧焊机器人在运动过程中（　　）是两项重要的指标。

（A）灵敏度　（B）刚度　（C）速度的稳定性　（D）轨迹精度

7. 影响焊接性的原因有（　　）。

（A）金属材料的种类及其化学成分　（B）焊接方法及焊接工艺条件

（C）构件类型　（D）构件使用要求

8. 电弧的产生和维持的必要条件是（　　）。

（A）阳极电子发射　（B）液体电离

（C）阴极电子发射　（D）气体电离

9. 焊缝中随着含氧量的增加，则（　　）。

（A）强度和硬度下降　（B）强度和硬度增加

（C）塑性下降　（D）塑性增加

10. 焊接过程中的检查有（　　）。

（A）主要焊接参数　（B）预热/道间温度

（C）焊接顺序　（D）焊接变形控制

11. 独立型 PLC 具有的基本功能结构有 CPU 及其控制电路（　　）、与编程机等外部设备通信的接口和电源。

（A）系统程序存储器　　（B）用户程序存储器
（C）内部程序存储器　　（D）输入/输出接口电路

12. 正弦交流电的三要素包括（　　）。
（A）最大值　（B）频率　（C）相位　（D）最小值

13. 下列焊接方法属于电阻焊有（　　）。
（A）21　（B）22　（C）156　（D）181

14. 焊接过程中，控制氧的措施主要有（　　）。
（A）钝化焊接材料　　（B）控制焊接参数
（C）压弧焊接　　（D）脱氧

15. 焊接过程中检查的项目有（　　）。
（A）焊工证书的有效性　　（B）坡口制备的正确性
（C）主要焊接参数　　（D）焊接材料的正确使用

16. 焊接生产中降低应力集中的措施有（　　）。
（A）合理的结构形式　　（B）多采用对接接头
（C）避免焊接缺陷　　（D）对焊缝表面进行强化处理

17. 电阻焊的接触电阻大小与（　　）有关。
（A）焊接电流　（B）焊接电压　（C）电极压力　（D）材料性质

18. 焊接应力对结构的影响主要有（　　）。
（A）引起裂纹　　（B）促使发生应力腐蚀
（C）降低结构的承载能力
（D）产生变形，影响构件机械加工精度和外形尺寸的稳定性

19. 对焊机供电装置的要求是可输出（　　）。
（A）大电流、高电压　　（B）大电流
（C）低电压　　（D）小电流

20. CLOOS 焊接机械手使用 QUNTO503 焊机，主要参数值是（　　）。
（A）焊接速度和送丝速度　　（B）脉冲频率、脉冲适配及脉冲宽度
（C）摆动频率、摆动幅度　　（D）焊枪高度

四、简答题（每题 5 分，共 10 分）

1. 用于焊缝跟踪的非接触式传感器主要有哪些？
2. 简述弧焊机械手在工件固定的位置进行圆周平角焊，在编程焊接时的注意事项？

技师模拟试卷样例-答案

一、判断题

1. √	2. √	3. ×	4. ×	5. √	6. ×	7. √	8. √
9. ×	10. √	11. √	12. √	13. √	14. √	15. √	16. √
17. √	18. ×	19. √	20. ×	21. ×	22. ×	23. √	24. ×
25. √	26. √	27. ×	28. √	29. √	30. √		

二、单项选择题

1. A	2. C	3. B	4. B	5. D	6. B	7. A	8. A
9. D	10. C	11. A	12. D	13. A	14. A	15. B	16. A
17. C	18. D	19. B	20A	21. C	22. A	23. C	24. C
25. D	26. B	27. A	28. C	29. C	30. D		

三、多项选择题

1. ABC	2. ABCD	3. ABC	4. ABC
5. ABC	6. CD	7. ABCD	8. CD
9. AC	10. ABCD	11. ABD	12. ABC
13. AB	14ABD	15. CDE	16. AB
17. CD	18. ABCD	19. BC	20. ABCD

四、简答题

1. 答：用于焊缝跟踪的非接触式传感器主要有电磁传感器（1分）、光电传感器（1分）、超声波传感器（1分）、红外传感器（1分）及CCD视觉传感器（1分）等。

2. 答：示教开始位置要从离机器人较近的位置开始；工件的位置和高度不要影响机械手手腕的正常运转（1分）；一段圆弧原则上示教3个点，太多的点就会引起速度不一致，轨迹不稳定（1分）；根据姿态和形状，部分点可进行直线示教（1分）；圆周焊时，开始位置用低电流，搭接位置加大规范，从一开始确保熔深（1分）；保持干伸长和焊枪角度一定（1分）。

高级技师模拟试卷样例

一、判断题（对画√，错画×，画错倒扣分；每题 1 分，共 30 分）

1. 重复位姿精度是指工业机器人机械接口中心沿同一轨迹跟随 n 次所测得的轨迹之间的一致程度。（　）

2. 减少奥氏体型不锈钢中的碳含量，是防止晶间腐蚀最根本的方法。（　）

3. 奥氏体型不锈钢的焊接接头进行均匀化处理的目的是消除焊接残余应力。（　）

4. 焊缝在钢板中间纵向焊接时，钢板两侧产生拉伸应力，中间产生压应力。（　）

5. 焊接接头在焊接热循环过程中，形成拉伸应力应变，并随温度降低而降低。（　）

6. 一般情况下，焊缝位置自动跟踪传感器所检测到的标志点与要控制的电弧中心点之间有一定的距离。（　）

7. 弧焊机器人焊接过程中，焊丝伸出长越长，焊道凸起越明显，熔深也越深。（　）

8. 通常情况下，控制熔球直径为焊丝直径的 1.2 倍。（　）

9. IGM 焊接机械手的编程语言是 CAROLA。（　）

10. 用示教器存储点用 Mem 和 P 两个键。（　）

11. 连续路径控制（CP）不仅要控制运动的起点和终点，而且要控制其路径。（　）

12. 焊接结构的破坏主要包括塑性破坏、脆性破坏和疲劳破坏。（　）

13. 提高加载速度能促使材料脆性破坏，其作用相当于提高温度。（　）

14. 在焊接工艺评定时，一般将焊后热处理及其参数作为重要参数进行评定。（　）

15. 连续 CO_2 激光焊的焊接参数主要有四个，即激光功率 P、焊接速度 v、光斑直径 d、保护气体等。（　）

16. 在自动控制系统的框图中，进入环节的信号成为该环节的“输入量”，环节的输入量是引起该环节发生运动的原因。（　）

17. 铸铁件、低合金钢件、钛及钛合金件、铝及铝合金件等，都可以用磁粉检测进行质量检验。（　）

18. 焊接结构采用的金属材料应有生产厂出具的质量证明书，在入库前必须经过检查和验收。（　）

19. 焊接结构质量检验，就是根据产品的有关标准和技术要求，对焊接结构的原材料、半成品、成品的质量和工艺过程进行检查和验证。（　）

20. 奥氏体型不锈钢与珠光体耐热钢焊接时，扩散层的宽度决定于所用焊条的类型。（　）

21. 承受动载的重要结构，可用增大焊缝余高来提高其疲劳强度。（　）

22. 镍和镍合金焊缝金属流动性不如钢好，所以焊接时最好少许摆动，但其幅度不要大于三倍焊条的直径，不管是否采用摆动，焊缝的外形应稍凸。（　）

23. 坡口角度、钝边和根部间隙是坡口的三要素。（　）

24. 焊接机器人按照用途来分，可以分为弧焊机器人和点焊机器人。（　）

25. 完整的焊接结构质量的检验主要分为三个阶段：焊前检验，焊接过程检验，焊后成品检验。（　）

26. 在容器内交替进行电焊、气焊或气割时，要在容器外点燃焊、割炬，且容器内不得存放焊炬、割炬。（　）

27. 从事超声波检测和射线检测的无损检测人员，须持有国家相关部门颁发的有效三级以上合格证书，并经监理工程师确认后，方准予上岗操作。（　）

28. 质量管理体系具有最高管理者批准进行内部质量管理体系审核，不需进行管理评审。（　）

29. 建立贯标运行机构由最高管理者担任贯标工作机构负责人，管理者代表担任副职，贯标工作涉及的职能部门负责人担任机构成员。（　）

30. 质量管理体系文件由专门编写小组编写，可按自下而上进行，即按记录表格的顺序—支持性文件—程序文件及质量手册编写。（　）

二、单选题（将正确答案的序号填入空格内；每题 1 分，共 30 分）

1. 程序编制中首件试切的作用是（　）。
(A) 检验零件图样的正确性　(B) 检验零件工艺方案的正确性
(C) 检验程序单或控制介质的正确性，并检查是否满足加工精度要求
(D) 仅检验数控穿孔单的正确性

2. 21 代表的焊接方法是（　）。
(A) 点焊　(B) 缝焊　(C) 凸焊　(D) 闪光焊

3. 平面应力通常发生在（　）焊接结构中。
(A) 薄板　(B) 中厚板　(C) 厚板　(D) 复杂

4. 一般来说，焊接残余变形与焊接残余应力的关系是（　）。
(A) 焊接残余变形大，则焊接残余应力大　(B) 焊接残余变形大，则焊接残余应力小
(C) 焊接残余变形小，则焊接残余应力小　(D) 没关系

5. 一般出现在焊缝内部，并多沿结晶方向分布，常呈条虫状，表面光滑的气孔为（　）。
(A) 氮气孔　(B) 氢气孔　(C) CO 气孔　(D) CO_2 气孔

6. 中厚板焊接采用多层焊和多层多道焊有利于提高焊接接头的（　）。
(A) 耐蚀性　(B) 导电性　(C) 强度和硬度　(D) 塑性和韧性

7. 右焊法时，焊枪倾角以（　）为宜。
(A) 小于 10°　(B) 20°~40°　(C) 15°~25°　(D) 10°~20°

8. 将适当的词语填入括号内：SINGLE STEP+（　）。
(A) 到达步点　(B) 单步+　(C) 单步-　(D) 未到达步点

9. 主要用于检测构件位置、坡口位置或焊缝中心线位置，以达到焊缝位置自动跟踪的目的，这类传感器称为（　）。
(A) 焊接条件实时跟踪传感器　(B) 焊缝位置自动跟踪传感器
(C) 焊缝位置实时跟踪传感器　(D) 焊接条件自动跟踪传感器

10. 对冷裂纹的产生和扩展起决定性作用的是（　）。
(A) 扩散氢　(B) 残余 N_2V　(C) CO　(D) CO_2

11. 在多层焊和多层多道焊时，如每层焊道的焊缝金属增加，则会使焊缝金属组织的晶粒（　）。
(A) 变粗　(B) 细化　(C) 不变　(D) 变小

12. 焊接过程中，在高温下比较稳定的氢化物是（　　），它们不溶于液体金属中，可以减少氢在液体金属中的溶解度。

（A）HF 和 OH_2　　（B）2HF 和 OH　　（C）HF 和（OH）$_2$　　（D）HF 和 OH

13. 焊接碳含量高的中碳钢或高碳钢以及中碳调质钢，由于限制焊缝的碳含量很困难，所以严格控制有害杂质（　　）是非常必要的。

（A）S 和 P　　（B）S 和 N　　（C）P 和 N　　（D）N 和 O

14. 三角形加热的特点是收缩量从三角形的顶点起，沿两腰向下逐渐（　　）。

（A）减小　　（B）增大　　（C）减弱　　（D）膨胀

15. （　　）是指一定成分的液态合金，在一定的温度下同时结晶出两种不同相的转变过程。

（A）匀晶　　（B）共晶　　（C）共析　　（D）偏析

16. 40CrNiMo 钢由于含有提高淬透性的元素（　　），而且又使多元复合作用更大，所以钢的淬透性很好，在正火条件下也会有大量的马氏体产生。

（A）Cr、Mn、Mo　　（B）Mn、Ni、Mo　　（C）Cr、Ni、Mo　　（D）Cr、Mo

17. 钢材的碳当量越大，则其（　　）敏感性也越大。

（A）热裂　　（B）冷裂　　（C）抗气孔　　（D）层状撕裂

18. 弧焊机器人点到点方式移动速度可达 60m/min 以上，其轨迹重复精度可达（　　）。

（A）1mm　　（B）0.5mm　　（C）0.1mm　　（D）0.05mm

19. 大多数金属的反射率是随激光束波长的增加而（　　）的。

（A）增加　　（B）不变　　（C）减少　　（D）波动

20. 在摩擦焊过程中，当变形层较厚时，制动时间要（　　），以免出现过大的峰值力矩扭伤焊件。

（A）长些　　（B）尽量长些　　（C）短些　　（D）忽长忽短

21. 在（　　）的焊接过程中，焊接处不易形成未熔合、气孔、夹渣、裂纹及其他的金属微观缺陷。

（A）真空电子束　　（B）电阻焊　　（C）摩擦焊　　（D）钎焊

22. 低碳素钢热影响区的脆化区是指加热温度在（　　）区域。

（A）200~400℃　　（B）>400℃　　（C）<200℃　　（D）熔合区

23. 用锤击焊缝法来减少焊接变形和应力时，对底层和表面焊道一般（　　）以免金属表面冷作硬化。

（A）用锤轻击　　（B）用锤重击　　（C）不锤击　　（D）可轻可重

24. 焊接结构的失效大部分是由（　　）引起的。

（A）气孔　　（B）裂纹　　（C）夹渣　　（D）咬边

25. 焊接结构承受（　　）时，容易产生疲劳断裂。

（A）较大的拉应力　　（B）较大的压应力

（C）较大的弯曲应力　　（D）交变应力

26. CLOOS 焊接机械手使用的 QUINTO503 要想得到一定的焊接电流，需要在示教器中调节的焊接参数为（　　）。

（A）功率　　（B）送丝速度　　（C）热输入　　（D）焊接速度

27. 如何改变机器人自动状态下的空间运行速度（　　）。
（A）PTPMAX　（B）CP、GP　（C）GPMAX　（D）CPMAX
28. 通过示教板进行工件坐标系定义时需要定义（　　）点。
（A）3点　（B）4点　（C）5点　（D）6点
29. 程序名最大能包含（　　）位阿拉伯数字。
（A）七　（B）八　（C）九　（D）十
30. 焊接时弧焊电源发热取决于（　　）。
（A）焊接电流的大小　（B）焊接电压的大小
（C）焊钳大小　（D）焊接电流的负载状态

三、多项选择题（将正确答案的序号填入空格内，每题1.5分，共30分）

1. MIG焊时，影响喷射过渡电弧稳定的因素有：（　　）。
（A）焊接电流　（B）电弧电压　（C）焊丝直径　（D）电流极性
2. 焊接机器人的安全设备一般包括超速自断电保护、机器人系统工作空间干涉自断电保护、（　　）等。
（A）系统软件自断电保护　（B）驱动系统过热自断电保护
（C）动作超限位自断电保护　（D）人工急停断电保护
3. 点焊是由（　　）、休止四个基本过程组成。
（A）预压　（B）焊接　（C）保持　（D）升起
4. 为了解决珠光体和奥氏体型不锈钢焊接接头中的碳迁移问题，而采取的措施是（　　）。
（A）焊后焊接接头尽量不热处理　（B）尽量缩短高温停留时间
（C）提高奥氏体填充材料中的含镍量　（D）降低焊件的工作温度
5. 焊接热循环的4个主要参数是（　　）和冷却速度。
（A）加热速度　（B）加热的最高温度
（C）在相变温度以上停留时间　（D）加热宽度
6. 焊接铝合金时，防止热裂纹的主要措施（　　）。
（A）预热　（B）采用小的焊接电流
（C）合理选用焊丝　（D）采用氩气保护
7. 以下关于示教点的说法中，正确的有（　　）。
（A）在保存示教点时，机器人坐标数据和运行方式同时被保存
（B）示教点保存或更改的运行方式是从当前示教点到后一示教点的运行方式
（C）示教点可以为焊接起始点或焊接中间位置点
（D）示教点可以为PTP非焊接点或焊接结束点
8. 下列选项中，哪些是可编程序控制器的特点（　　）。
（A）可靠性高　（B）体积小、重量轻
（C）价格低廉　（D）控制程序一经编写不能更改
9. 每一个程序都是由（　　）几部分组成。
（A）程序名　（B）程序开始　（C）程序内容　（D）程序结束
10. 所有脆性材料，它与塑性材料相比，以下说法错误的是（　　）。
（A）强度低，对应力集中不敏感　（B）相同拉力作用下变形小

（C）断裂前几乎没有塑性变形　　（D）应力应变关系严格遵循胡克定律

11. 异步串行通信接口有（　　）。

（A）RS232　（B）RS48　（C）RS422　（D）RS486

12. 根据搅拌头的旋转速度，搅拌摩擦焊接规范可以分为（　　）。

（A）热规范　（B）冷规范　（C）弱规范　（D）强规范

13. 脉冲激光焊的焊接参数主要有（　　）。

（A）脉冲能量　（B）脉冲宽度　（C）功率密度　（D）离焦量

14. 以下选项中对插补的描述正确的有（　　）。

（A）示教点间的插补类型就是运动方式

（B）插补类型只有直线插补和圆弧插补两类

（C）在圆弧插补中，如果示教并保存的点少于三个连续的点，示教点的动作轨迹将自动变为直线

（D）直线插补适用于圆弧起始点

15. 焊接结构经过检验，当（　　）时，均需进行返修。

（A）焊缝内部有超过无损检测标准的缺陷（B）焊缝表面有裂纹

（C）焊缝表面有气孔　　（D）焊缝收尾处有大于 0.5mm 深的坑

16. 在结构设计和焊接方法确定的情况下，采用（　　）方法能够减小焊接应力。

（A）采用合理的焊接顺序和方向　　（B）采用较小的焊接热输入

（C）采用整体预热　　（D）锤击焊缝金属

17. 以下选项中关于机器人原点调整的描述正确的有（　　）。

（A）原点调整是机器人的各个轴的原点进行初始零位调整

（B）原点调整是焊接机器人重复精度的保证，是以初始位置的零位作为基准的

（C）可以通过示教操作调整主轴或外部轴的原点

（D）机器人在初次使用时，可以不用原点调整

18. 以下选项中关于机器人在平角圆周焊示教时描述正确的有（　　）。

（A）示教开始位置要从离机器人较近的位置开始

（B）工件的位置和高度不要影响手腕轴的正常旋转

（C）开始位置用低电流，搭接位置加大规范

（D）应保持干伸长和焊枪角度

19. 引起点焊飞溅的因素有（　　）。

（A）焊接电流　（B）焊接压力　（C）电极表面状态　（D）母材表面状态

20. 确定工装夹具的结构时，应注意（　　）。

（A）工装夹具应具有足够的强度和刚度　（B）焊接操作灵活

（C）产品在装配、定位焊或焊接后能够从工装夹具中顺利取出

（D）应具有良好的工艺性

四、简答题（每题 5 分，共 10 分）

1. 焊接机器人通用技术指标有哪些？

2. 由双面无坡口连续角焊缝焊成的 T 型接头，焊脚尺寸 $K=6mm$；当承受 120000N 的剪力时，试求焊缝长度最短应为多少？（已知：$[\tau']=9000N/cm^2$，由载荷引起的弯矩和应力集中等均忽略不计）

高级技师模拟试卷样例-答案

一、判断题

1. × 2. √ 3. × 4. √ 5. × 6. √ 7. × 8. √
9. × 10. √ 11. × 12. √ 13. √ 14. √ 15. × 16. √
17. × 18. √ 19. √ 20. × 21. × 22. × 23. √ 24. √
25. √ 26. √ 27. × 28. × 29. √ 30. ×

二、单项选择题

1. C 2. A 3. B 4. B 5. C 6. D 7. D 8. B
9. B 10. A 11. A 12. D 13. A 14. B 15. B 16. C
17. B 18. C 19. A 20. C 21. C 22. A 23. C 24. B
25. D 26. B 27. A 28. A 29. B 30. D

三、多项选择题

1. ABD 2. BCD 3. ABC 4. ABD
5. ABC 6. ABC 7. ACD 8. AB
9. ACD 10. ABD 11. ABC 12. BCD
13. ABCD 14. ACD 15. ABCD 16. ABCD
17. ABC 18. ABCD 19. ABCD 20. ABCD

四、简答题

1. 答：自由度（0.25 分）、负载（0.25 分）、工作空间（0.25 分）、最大速度（0.25 分）、点到点重复精度（0.25 分）、轨迹重复精度（0.25 分）、用户内存容量（0.25 分）、插补功能（0.25 分）、语言转换功能和自诊断功能（0.25 分）、自保护及安全保障功能（0.25 分）。

2. 解：$0.7K \times L \times [\tau'] \geqslant Q/2$

$$L \geqslant \frac{Q/2}{0.7K \times [\tau']}$$

将 $Q = 120000\text{N}$， $K = 6\text{mm}$ $[\tau'] = 9000\text{N/cm}^2 = 90\text{N/mm}^2$，代入上式，得：

$L \geqslant \dfrac{120000}{2 \times 0.7 \times 6 \times 90}\text{mm} = 158.7\text{mm}$， 取 $L = 160\text{mm}$。

答：最短的焊缝长度应取 160mm。

参 考 文 献

［1］湖南省人力资源和社会保障厅职业技能鉴定中心组织，焊工鉴定指南：职业资格二级一级/技师 高级技师［M］. 北京：中国劳动社会保障出版社，2018.

［2］金杏英，周培植. 焊工职业技能鉴定考核试题库：理论试题+技能试题+模拟试卷［M］. 北京：机械工业出版社，2017.

［3］赵卫. 焊工现代装备制造业技能大师技术技能精粹［M］. 长沙：湖南科学技术出版社，2013.